21世纪高等院校工程管理专业教材编写委员会

主 任

王立国　教授，博士生导师

委 员

（以姓氏笔画为序）

马秀岩　王全民　王来福　刘　禹　刘秋雁

李　岚　张建新　宋维佳　武献华　梁世连

总序

8年前，我们依照建设部高等院校工程管理专业学科指导委员会制定的课程体系，组织我院骨干教师编写了"21世纪高等院校工程管理专业教材"。目前，这套教材已出版的有《工程经济学》《可行性研究与项目评估》《工程项目管理学》《房地产经济学》《项目融资》《工程造价》《工程招投标管理》《工程建设合同与合同管理》《城市规划与管理》《国际工程承包》《房地产投资分析》《土木工程概论》《投资经济学》《建筑结构——概念、原理与设计》《物业管理理论与实务》等17部。

上述教材的出版，既满足了校内本科教学的需要，也满足了外院校和社会上实际工作者的需要。其中，一些教材出版后曾多次印刷，深受读者的欢迎；一些教材还被选入"普通高等教育'十一五'国家级规划教材"。从总体上看，"21世纪高等院校工程管理专业教材"已取得了良好的效果。

为进一步提升上述教材的质量，加大工程管理专业学科建设的力度，新一届编委会决定，对已出版的教材逐本进行修订，并适时推出本科教学急需的新教材。

组织修订和编写新教材的指导思想是：以马克思主义经济理论和现代管理理论为指导，紧密结合中国特色社会主义市场经济的实践，特别是工程建设的管理实践，坚持知识、能力、素质的协调发展，坚持本科教材应重点讲清基本理论、基本知识和基本技能的原则，不断创新教材编写理念，大力吸收工程管理的新知识和新经验，力求编写的教材融理论性、操作性、启发性和前瞻性于一体，更好地满足高等院校工程管理专业本科教学的需要。

多年来，我们在组织编写和修订"21世纪高等院校工程管理专业教材"的过程中，参考了大量的国内外已出版的相关书籍和刊物，得到国家发展和改革委员会、住房和城乡建设部等部门的大力支持，同时，东北财经大学出版社有限责任公司的领导、编辑为这套系列教材的及时出版提供了必要的条件，做了大量的工作，在此一并致谢。

编写一套高质量的工程管理专业的系列教材是一项艰巨、复杂的工作。由于编著者的水平有限，书中的缺点与不足在所难免，竭诚欢迎同行专家与广大读者批评指正。

21世纪高等院校工程管理专业教材编委会主任　王立国

第二版前言

经过几年的调整、修订和充实，经过几年间的读者反馈，也经过了作者这几年的教学摸索和学生们的学习实践，《建筑施工——技术、组织与管理》第二版与大家见面了。

从整体上看，本版的基本宗旨与逻辑体系没有根本性的变化，都是专门针对于工程管理及其相关专业的本科生的教学而专门编著的，尤其适用于那些非土木工程背景的工程管理专业的学生来使用。本书在编写过程中，发挥了第一版教材在相关课程体系中的承上启下作用，集成了建筑材料、建筑结构、建筑力学、工程测量、工程制图、建筑构造等多门工程技术基础课的相关知识，并将其综合运用；与此同时又为工程估价、工程合同管理、建设法规、建设项目评估、建设项目可行性研究等多门管理性课程提供必要的技术基础。

具体在写作中，本书继续以建筑工程项目的建设过程为主线进行阐述：

第一章，阐述土石方工程、基坑工程，包括地质状况、土方计量、场地处理、地下水的防范与降水、基坑坍塌的防范与土壁支撑、土方施工设备的选择与使用、基坑设计、验槽与回填等内容。

第二章，讲述桩基础工程施工，包括预制桩与灌注桩的基本工艺。

第三章，为普通现浇钢筋混凝土工程施工，包括钢筋工程、模板工程和混凝土工程，以及混凝土工程的最终验收与质量问题的处理。

第四章，简单介绍了预应力钢筋混凝土工程施工。

第五章，介绍了典型预制结构——钢结构的吊装与安装。

第六章，介绍了结构吊装与安装工程施工，并以此为基础阐述了预制结构的安装。

第七章，在整体结构已经完成的基础上，讲述隔墙的砌筑过程，并同时介绍与之相关的脚手架工程。

第八章，按照材料的性能、适用范围和工艺特点来讲述建筑防水工程。

第九章，建筑工程施工的最后环节——装饰装修工程，但仅涉及相对简单的工艺，以抹灰为主。

从第十章开始，介绍了工程施工组织的基础知识。第十章讲述流水施工原理和横道图、网络图的原理，包括单代号、双代号、双代号时标网络图，以及进度管理与控制、资源优化原理等。

最后的第十一章重点阐述了施工现场管理和施工组织原理。

本书是为工程管理专业的学生而作，但也适用于涉及工程造价、建设投资、房地产开发、工程财务、建设法律、工程合同管理等业务的工程技术与管理人员。

由于作者专业水平、理论基础以及实践经验的欠缺，书中难免有错误与表述不当之处，敬请读者谅解，也请广大读者及时指正。

作　者

2020 年 10 月

目录

第一章

工程准备与土方工程

□ **学习目标**

　　掌握：土方工程施工的基本技术资料；岩土工程关键技术参数的使用；地表水的处理方式；地下水的处理技术及其问题；土坡坍塌的原因及防治措施；基坑开挖方案的设计方法；土方工程机械的选择；回填土的质量保证措施。

　　熟悉：土方工程场地设计；土方量计算方法；不同基坑支护方式的比选；不同降水措施的选择与使用；土方工程验收过程。

　　了解：复杂的岩土工程技术指标的意义；土方施工的安全问题及注意事项。

第一节　工程施工的准备与地表处理

一、土方施工的基本技术基础资料

　　一般来说绝大多数工程建设项目的施工环节，都是从场地的整理与开挖开始的，一般称之为土方工程。但是土方工程施工之前，施工方至少要获得以下几份基本技术资料，才可以制订有效的施工方案，进行施工。按照建设工程基本建设程序与工程合同的基本要求，资料均要由发包人提供——这也是一般建设工程的基本惯例。

　　这些资料包括地质勘察报告、地下管网分布图、水准定位点、基础施工图、结构总说明。

　　地质勘察报告，是由勘察单位向发包人提供的，描述建设区域地下土层、岩层、地下水等关键技术参数和分布状况的文件。

地下管网分布图，是发包人从工程所在地市政与城市建设管理或档案部门获取的，用以描述建设区域地下市政管网关键技术参数和分布状况的文件或图纸。

水准定位点是发包人从城市规划、测控部门获取的，描述建设区域关键性地理信息，如地理坐标、高程等参数的定位点，在施工中用于确定未来建筑的基本位置、标高等。

基础施工图和结构总说明是工程设计单位向发包人提供的相关图纸与技术资料。通过基础施工图可以确定基坑的位置、平面尺寸、深度等关键信息；而结构总说明则是上部结构与地基基础设计的说明文件，阐述工程设计的基本依据和通用性的技术标准。

需要明确的是，尽管这些文件是发包人提供的，而且基于承发包双方的缔约原则，发包人应保证这些文件及其参数的正确性、完整性，但是施工方也必须按照建设程序，对其有效性——是否满足工程建设需要，进行准确的评价。当发现这些资料不满足要求时，应及时向发包人提出，补充资料；否则贸然施工的损失应由施工方承担。

二、施工场地前期的"三通一平"、地下管线与地表水的处理

施工场地保证施工的基本要求是"三通一平"，即水通、路通、电通和场地平整。

常规意义上，水通、电通，是指施工用的水电接驳点的引入能够保证施工要求；路通是能够获得进入工程的既有道路的通行权。但当工程地处野外，没有市政水电与道路保证施工要求时，承发包双方可以根据需要协商处理。

（一）施工场地的"三通一平"

1.道路通行权的获取

一般来说，通往施工场地的既有市政道路的通行权，需要由发包人通过工程所在地的市政与交通管理部门获取。如果有必要，承包人也可以代替发包人通过以上部门直接获得。承包人获取道路通行权后，必须在规定道路上按照限制范围进行使用，严禁超限、超大、超重车辆运行。如果因为特殊工艺要求，需要变更道路使用范围，承发包双方需要按原通行权获取程序，到原部门办理临时通行手续。

但是，当工程距离市政或现有道路较远，或现有道路的通行状况不满足要求时，承包人需要与发包人协商，确定工程用临时道路的修筑责任。

2.施工过程中的交通组织

获取道路通行权并不意味着道路可以保持畅通。由于相关道路不一定是属于本工程施工的专用道路，因此在施工中可能会因为各种原因造成拥堵。此时，施工方应该根据具体情况，合理组织交通，避免因拥堵给工程造成不必要的影响，更要避免因施工组织不当，致使市政道路形成拥堵或被破坏。

（二）水、电的接入

常规来讲，工程发包人应该在工程开工前，为承包人提供或指定施工用水、电的接驳点。与道路通行权一样，施工方在开工前也要根据施工要求评估水、电的供应状况。如果需要，施工方应与发包人协商，增设现场发电机和临时贮水设施，从而保证施工的特殊要求。

（三）地下管线的探查

在工程施工前，工程的发包人负责从工程所在地的市政、档案部门获取建设区域的地下管网分布状况资料，并保证该资料的完整、真实与准确。

城市建设项目一般都是旧城区的改造项目，地下管网较多，年代久远，构成十分复杂。如果施工方在地下管网状态不明时贸然施工，其后果有时是不堪设想的，甚至会造成人员伤亡或产生巨额经济损失。这在各种新闻报道中也比较多见，如煤气、输油管线破裂造成爆炸，供水、供热管线破裂产生"喷泉"，甚至主要通信线路中断造成国内大面积通信中断等。

因此在土方开挖前，施工方必须探明相关区域内的地下管网构造，与有关单位进行协商，及时封闭、处理相关管线，必要时先对相关管线进行挖掘、封堵、移位（线）处理，保证开挖区域内的管线处于安全状态，避免开挖时触碰管线造成破坏。

对于发包人所获得并提供的建设区域地下管网资料，施工方应结合实际情况进行评估，确定其符合建设区域的基本状态，符合施工要求。如果发包人不提供管网图，或所提供的管网图不能满足施工要求，或与建设区域的地下管网有可能不符，施工方应提出管网详探的要求，进一步确认后方可施工。否则，贸然施工所造成的后果与损失应由施工方承担。

（四）场地地表水处理

如果施工期内存在雨季，则施工方在土方施工之前必须对场地做好排水、挡水等处理，避免在下雨时周边流水汇集在坑内，对基坑安全造成影响，也对施工产生不便。

在具体施工中，一般采用坑口围堤模式，即在计划开挖的基坑周边，用土围筑成宽 1～1.5m，高 0.3～0.5m 的挡水堤。当施工场地存在自然坡度时，地势较高的坑口位置处的挡水堤应该相对高一些，这样能够在下雨时有效避免场地周边的雨水向坑中汇集（如图 1-1 所示）。

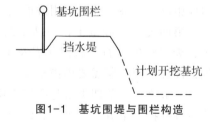

图1-1　基坑围堤与围栏构造

当基坑深度超过 2.0m 时，为了保证施工安全，防止坑壁周边出现跌落事故，应在围堤外侧设置基坑围栏。围栏构造要求与高空临边作业相同（详见第七章砌筑与脚手架工程有关高空施工与高处作业的安全要求）。

三、土的工程分类、性质与相关技术指标

（一）土的工程分类及性质

岩土的工程分类及工程性质是地基设计与施工的基础，是勘察工作及勘察报告的重要内容。在施工中，尤其是在土石方工程中，必须清楚地掌握土的工程性质，只有这样才能一方面确定正确的施工工艺，另一方面避免危险的发生。

1.不同分类标准下的土的类别

我国不同的标准对土的分类不同。

根据《土的工程分类标准》规定，土按其不同粒组的相对含量可划分为巨粒类土、粗粒类土、细粒类土，这是土的基本分类；根据《岩土工程勘察规范》规定，岩石按坚硬程度可分为坚硬岩、较硬岩、较软岩、软岩、极软岩；根据《建筑地基基础设计规范》的分类方法，作为建筑地基的岩土，可分为岩石、碎石土、砂土、粉土、黏性土和人工填土。

另外，在地质学上，根据地质成因，土可划分为残积土、坡积土、洪积土、冲击土、淤积土、冰积土和风积土等；而根据土的粒径和塑性指数，可分为碎石土、砂土、粉土、黏性土。

但是在施工中，更加常见并有价值的分类方式是根据土方开挖的难易程度不同，将土石分为八类，以便在选择施工方法和确定劳动量时，为选择机具以及计算劳动力和工程费用提供依据。

2.土的施工分类

第一类，松软土，包括砂、粉土、冲积砂土层、种植土、泥炭（淤泥）等，在施工的时候，只需要人工用锹、锄头挖掘即可。

第二类，普通土，包括粉质黏土，潮湿的黄土，夹有碎石、卵石的砂，种植土，填筑土和粉土。在施工的时候，需要人工用锹、锄头挖掘，少许用镐翻松。

第三类，坚土，包括软及中等密实黏土，重粉质黏土，粗砾石，干黄土及含碎石、卵石的黄土、粉质黏土、压实的填筑土等。施工时，可以采用镐来挖掘，少许需要用锹、锄头，部分要用撬棍施工。

第四类，砾砂坚土，包括重黏土及含碎石、卵石的黏土，粗卵石，密实的黄土，天然级配砂石，软泥灰岩及蛋白石。施工时需要先用镐、撬棍，然后用锹挖掘，部分坚硬土层需要用锲子及大锤进行松动开挖。

一般来说，前四类就是我们常说的土，在施工中虽有差异，但采用人工的方式均可以开挖。第五类至第八类即为石，从软石到特坚石，在施工中需要采用大型机械或爆破等施工方式开挖，如果采用人工方式开挖则极为困难。

第五类，软石，包括硬石炭纪黏土，中等密实的页岩、泥灰岩、白垩土，胶结不紧的砾岩，软的石灰岩。施工中如果人工开挖的话，需要用镐或撬棍、大锤，部分用爆破方法。

第六类，次坚石，即为泥岩，砂岩，砾岩，坚实的页岩、泥灰岩、密实的石灰岩，风化花岗岩、片麻岩等。施工时除了部分用风镐可以施工外，一般均用爆破方法。

第七类，坚石，包括大理岩，辉绿岩，玢岩，粗、中粒花岗岩，坚实的白云岩、砾岩、砂岩、片麻岩、石灰岩，风化的安山岩、玄武岩。施工时只能用爆破的方法开挖。

第八类，特坚石，包括安山岩，玄武岩，花岗片麻岩，坚实的细粒花岗岩、闪长岩、石英岩、辉长岩、辉绿岩，玢岩。施工时除采用爆破的方法外，几乎没有更好的方式进行开挖。

（二）地质报告中的关键指标及其对土方施工的影响

施工前，地质勘查部门会为施工单位提供一份地质勘察报告，用以说明施工场地内下部土层的分布状况，并提供相关土层岩层的基本地质特征指标，包括强度、弹性模量、变形模量、压缩模量、黏聚力、内摩擦角等物理力学性能。这些指标均是通过钻机取土、岩芯并采用标准试验方法经过试验而确定的。

1.土的内摩擦角

内摩擦角，是土的抗剪强度指标，是土力学上很重要的一个概念，是工程设计的重要参数，是土体中颗粒间相互移动和胶合作用形成的摩擦特性。在力学上，该概念可以理解为块体在斜面上的临界自稳角，在这个角度内，块体是稳定的；大于这个角度，块体就会滑动。

2.土抗剪强度

土抗剪强度是指土体抵抗剪切破坏的极限强度，包括内摩擦力和内聚力。抗剪强度可通过剪切试验测定。当土中某点由外力所产生的剪应力达到土的抗剪强度、发生了土体的一部分相对于另一部分的移动时，便认为该点发生了剪切破坏。工程实践和室内试验都验证了土最终是受剪遭到破坏的。剪切破坏是强度破坏的重要特点，强度问题也是土力学中最重要的基本内容之一。

3.土的黏聚力

黏聚力是在同种物质内部相邻各部分之间的相互吸引力，这种相互吸引力是同种物质分子之间存在分子力的表现。黏聚力能使物质聚集成液体或固体，特别是在与固体接触的液体附着层中，由于黏聚力与附着力相对大小的不同，致使液体浸润固体或不浸润固体。

4.土的天然含水率

土中所含水的质量与土的固体颗粒质量之比，称为土的天然含水率。土的天然含水率对挖土的难易、土方边坡的稳定、填土的压实等均有影响。

5.土的天然密度

土在天然状态下单位体积的质量，称为土的天然密度。土的天然密度随着土的颗粒组成、孔隙的多少和水分含量不同而变化，不同的土密度不同。

土的内摩擦角、土抗剪强度、土的黏聚力、土的天然含水率和天然密度等指标是计算土坡稳定性的重要指标。另外，土的天然含水率还对挖土的难易、填土的压实等有影响。

6.土的干密度

土的干密度是指单位体积内土的固体颗粒质量与总体积的比值，称为土的干密度。干密度越大，表明土越坚实。在土方填筑时，常以土的干密度控制土的夯实标准。由于在工程中土中会含有水分，因此干密度一般为实验室提供的数据。

7.土的密实度

土的密实度是指土被固体颗粒所充实的程度，反映了土的紧密程度。土的密实度也可以成为土的夯实标准，但由于该指标没有排除水的影响，因此不作为工程检测标准。

8.土的可松性

天然土经开挖后，其体积因松散而增加；在土体回填时，虽经振动夯实，仍不能完全恢复到自然状态时的体积，这种性质称为土的可松性。它是挖填土方时，计算土方机械生产率、回填土方量、运输机具数量以及进行场地平整规划竖向设计、土方平衡调配的重要参数。

土的可松性用可松性系数表示，包括最初可松性系数和最终可松性系数。

最初可松性系数 Ks，为开挖之后松散状土的体积 V_1 与同量的土在自然密实状态的体积 V_0 之比，即 $Ks = \dfrac{V_1}{V_0}$。

最终可松性系数 K's，为回填夯实后土的体积 V_2 与同量的土在自然密实状态的体积 V_0 之比，即 $K's = \dfrac{V_2}{V_0}$。

【例1-1】某工程需要填筑一低洼地带，经测算该地需要填筑的几何体积为 500m³，土石方施工企业的运输车辆每次能运输 10 m³。已知取原料土的成本为 10元/m³，开挖成本为 30 元/m³，夯填成本为 20 元/m³，运输成本为 2 元/m³·km，运输距离为 10km，Ks=1.1，K's=1.05。

试计算该填筑工程的综合单价（相关价格已包括间接费、利润和税金）。

【解】该地需要填筑的几何体积 V_2=500m³，则需要原状土量为：

$V_0 = V_2 / K'_s = 500 \div 1.05 = 476.19$（m³）

该土在运输过程中的散料 V_1 体积为：

$V_1 = Ks V_0 = 1.1 \times 476.19 = 523.81$（m³）

原土取土与开挖成本为：

$C_1 = V_0 \times (10+30) = 476.19 \times 40 = 1.90$（万元）

土料运输成本为：

$C_2 = V_1 \times 2 \times 10 = 523.81 \times 20 = 1.05$（万元）

土料填筑成本为：

$C_3 = V_2 \times 20 = 500 \times 20 = 1.00$ （万元）

总成本为：

$C = C_1 + C_2 + C_3 = 3.95$ （万元）

综合单价为：

$P = C/V_2 = 3.95 \div 500 = 79$ （元/m³）

四、场地测量与设计

（一）测量控制点的获取、设置与保护

1.测量控制点的获取与校核

在工程施工前，发包人应从工程所在地的有关规划勘测部门获取拟建工程的测量控制点，并将相关手续移交给施工单位。

2.测量控制点的场内设置与保护

施工单位在获得测量控制点后，应采取有效措施对该水准点进行保护，以避免在施工工程中使其产生不当的扰动或破坏。对引测到现场的测量控制点，施工单位应将其置于基坑变形影响区域以外。对一般场地和普通工艺的基坑，控制点必须设置于距离基坑底部边缘至少2倍基坑深度以上的稳固位置，并做好保护。当基础或护壁有打桩等强震动施工过程，或地质条件为软土地基时，应将测控点设置于更远的位置，以避免震动或土体变形的影响（如图1-2所示）。

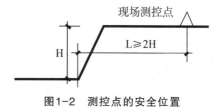

图1-2 测控点的安全位置

（二）土方计算

1.规则几何形体的土方计算

规则几何形体的土方工程几乎很少见，尽管基坑开挖后基坑的底面一般是规则的，但地表的高差将会导致场地内土方测算的困难。当场地表面平整度较好，高差较小（小于3%）时，可近似地认为地表处于水平状态，此时可以按照规则几何形体计算土体体积。考虑基坑开挖时土壁四周的坡状，如果开挖部分的长度为宽度的3倍或以上，可按槽型计算土方量，若不满足则可按斗型对基坑土体计算体积。

如图1-3所示基槽，基槽横截面积为S，底部中心线长度为L，则土方开挖量可近似地表示为：

$V = SL$

应该明确的是，基槽的两端由于施工安全的需要，也要进行放坡，但由于其影响相对较小，可以忽略。

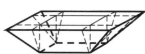

图1-3 规则基槽与基坑

一般长宽比例小于3:1的基坑，可以采用下面的公式进行简易计算：

$$V = \frac{H}{6}(A_1 + 4A_0 + A_2)$$

其中：

　　H——基坑开挖深度；

　　A_1、A_2——基坑的上、下底的面积；

　　A_0——基坑中截面的面积。

　　当然也可以将基坑分解为立方体、棱柱体和棱锥体精确计算。

　　在土方施工前，需要对场地进行方格网设置，目的是进行土方的丈量并进行场地的设计。

　　2.复杂场地的土方计算

　　地表崎岖的复杂场地，以上计算方法显然不能满足要求，此时需要采用方格网进行计算。

　　对于任意一个方格网 i，其四角上部高程测量结果为 H_{i1}、H_{i2}、H_{i3}、H_{i4}，下部高程根据设计要求，其结果为 H'_{i1}、H'_{i2}、H'_{i3}、H'_{i4}，则该方格网下部所需开挖的柱状土体体积为：

$$V_i = \frac{\left(H_{i1} - H'_{i1}\right) + \left(H_{i2} - H'_{i2}\right) + \left(H_{i3} - H'_{i3}\right) + \left(H_{i4} - H'_{i4}\right)}{4} A_i$$

　　则对于包括所有方格网的土体体积为：

$$V_i = \sum_{i=1}^{n} \left[\frac{\left(H_{i1} - H'_{i1}\right) + \left(H_{i2} - H'_{i2}\right) + \left(H_{i3} - H'_{i3}\right) + \left(H_{i4} - H'_{i4}\right)}{4} A_i \right]$$

　　原则上讲，在一个方格网内的坡度如果呈线性，方格网的大小对其计算精度没有影响，因此应根据地表的崎岖程度确定方格网的大小，以确保在一个方格网内的地表与基层底面呈线性坡度，从而提高计算精度。

　　在布置场地方格网时，应尽量根据场地高差起伏的状况确定方格网的基本尺度。一般来讲，常规建筑施工项目中，应使一个方格网内的地表高差控制在 0.5m 以内，以便减小后期数据处理的误差。在设置方格网时，也应尽可能与工程所在地的市政测控坐标系相一致，以方便后期施工。

（三）场地设计

1.场地设计原理

　　在施工中，施工场地一般无需特殊的设计，大多按照工程所在地原地表状态进行各种现场工作的安排与协调，并有效利用场地。场地设计主要是指工程完成后的地表状况（该状况主要是场地设计者提出的）需要满足未来建筑物及其周边环境的排水、交通、景观等方面的要求。

　　如果仅从施工角度来看，场地设计的基本原则是：保证场地排水组织和场地内土方运输量最小的要求。前者主要是坡度设计，一般为 1%～3%；而后者则是对场地内的挖土量与回填量进行平衡——挖填平衡原则，从而保证无余土外运或外运量最少，达到降低工程成本的目的。

在进行挖填平衡设计时，应该注意土的可松性所带来的影响，也就是说挖填之间不仅是简单的几何平衡，更要考虑土方可松性系数的影响，即填筑时的压缩状态与自然状态之间的差异性，从而真正做到挖填的工艺平衡。

2. 场地设计实例

某工程场地平面方格网测量结果如表1-1所示，若场地排水纵横向坡度设计为3%，坡度方向与原地表状态相同，场地土最初可松性系数为$K_s=1.1$，最终可松性系数为$K'_s=1.05$，方格网尺度为20m×20m，试确定场地内原方格网测量点的设计高程（精度要求0.01m）。

表1-1　　　　　　　　　　场地方格网基准点高程h_{ij}

点位	1	2	3	4	5	6	7	8	9	10
1	34.91	27.93	22.34	17.87	14.30	11.44	9.15	7.32	5.86	4.69
2	31.42	25.14	20.11	16.09	12.87	10.30	8.24	6.59	5.27	4.22
3	28.28	22.62	18.10	14.48	11.58	9.27	7.41	5.93	4.74	3.80
4	25.45	20.36	16.29	13.03	10.42	8.34	6.67	5.34	4.27	3.42
5	22.90	18.32	14.66	11.73	9.38	7.51	6.00	4.80	3.84	3.07
6	20.61	16.49	13.19	10.55	8.44	6.75	5.40	4.32	3.46	2.77
7	18.55	14.84	11.87	9.50	7.60	6.08	4.86	3.89	3.11	2.49
8	16.70	13.36	10.69	8.55	6.84	5.47	4.38	3.50	2.80	2.24
9	15.03	12.02	9.62	7.69	6.16	4.92	3.94	3.15	2.52	2.02
10	13.52	10.82	8.66	6.92	5.54	4.43	3.55	2.84	2.27	1.82

根据表1-1中的数据可以计算出每一个方格网的平均高程为：$\overline{h_{ij}}=\dfrac{h_{i,j}+h_{i+1,j}+h_{i,j+1}+h_{i+1,j+1}}{4}$，计算可得表1-2。

表1-2　　　　　　　　　　场地方格网平均高程$\overline{h_{ij}}$

	1	2	3	4	5	6	7	8	9
1	29.85	23.88	19.10	15.28	12.23	9.78	7.82	6.26	5.01
2	26.86	21.49	17.19	13.75	11.00	8.80	7.04	5.63	4.51
3	24.18	19.34	15.47	12.38	9.90	7.92	6.34	5.07	4.06
4	21.76	17.41	13.93	11.14	8.91	7.13	5.70	4.56	3.65
5	19.58	15.67	12.53	10.03	8.02	6.42	5.13	4.11	3.29
6	17.62	14.10	11.28	9.02	7.22	5.78	4.62	3.70	2.96
7	15.86	12.69	10.15	8.12	6.50	5.20	4.16	3.33	2.66
8	14.28	11.42	9.14	7.31	5.85	4.68	3.74	2.99	2.40
9	12.85	10.28	8.22	6.58	5.26	4.21	3.37	2.69	2.16

根据设计要求坡度并考虑土的可松性进行试算，当场地最高方格网平均高度为 $\overline{H_{1,1}}=14.65\text{m}$ 时[①]，整个场地内的方格网平均设计高程为：$\overline{H_{i+1,j}} = \overline{H_{i,j}} - 20 \times 3\%$，$\overline{H_{i,j+1}} = \overline{H_{i,j}} - 20 \times 3\%$，可得表1-3。

表1-3　　　　　　　　　　　场地内方格网平均设计高程为 $\overline{H_{i,j}}$

	1	2	3	4	5	6	7	8	9
1	14.65	14.05	13.45	12.85	12.25	11.65	11.05	10.45	9.85
2	14.05	13.45	12.85	12.25	11.65	11.05	10.45	9.85	9.25
3	13.45	12.85	12.25	11.65	11.05	10.45	9.85	9.25	8.65
4	12.85	12.25	11.65	11.05	10.45	9.85	9.25	8.65	8.05
5	12.25	11.65	11.05	10.45	9.85	9.25	8.65	8.05	7.45
6	11.65	11.05	10.45	9.85	9.25	8.65	8.05	7.45	6.85
7	11.05	10.45	9.85	9.25	8.65	8.05	7.45	6.85	6.25
8	10.45	9.85	9.25	8.65	8.05	7.45	6.85	6.25	5.65
9	9.85	9.25	8.65	8.05	7.45	6.85	6.25	5.65	5.05

根据表1-2、表1-3的数据，以及每个方格网的平面面积 $S_i=20\times20=400$（m^2），可以计算各个方格网内土方开挖量 $V_i=(\overline{h_{ij}} - \overline{H_{i,j}})\times S_i$，如表1-4所示。

表1-4　　　　　　　　　　场地方格网实际挖填土方量（负数表示填方）

	1	2	3	4	5	6	7	8	9
1	6 079.22	3 931.38	2 261.10	972.88	−9.70	−747.76	−1 290.21	−1 676.16	−1 936.93
2	5 125.30	3 216.24	1 736.99	601.59	−258.73	−898.98	−1 363.18	−1 686.55	−1 897.24
3	4 290.77	2 596.61	1 289.29	291.43	−458.85	−1 011.08	−1 404.87	−1 671.89	−1 837.51
4	3 563.69	2 062.95	910.36	36.29	−614.97	−1 087.97	−1 418.38	−1 634.70	−1 759.76
5	2 933.32	1 606.66	593.33	−169.34	−731.47	−1 133.18	−1 406.54	−1 577.23	−1 665.79
6	2 389.99	1 219.99	331.99	−330.41	−812.32	−1 149.86	−1 371.89	−1 501.51	−1 557.21
7	1 924.99	895.99	120.79	−451.36	−861.09	−1 140.87	−1 316.70	−1 409.36	−1 435.49
8	1 530.49	628.39	−45.29	−536.23	−880.98	−1 108.79	−1 243.03	−1 302.42	−1 301.94
9	1 199.44	411.55	−170.76	−588.61	−874.88	−1 055.91	−1 152.73	−1 182.18	−1 157.74

根据最终可松性系数 $K'_s=1.05$，对表1-4中的正数（挖方量）进行修正，对负数（填方量）不进行修正，即 V'_i：[If $V_i>0$, $V'_i=V_iK'_s$; Else, $V'_i=V_i$]，可得表1-5。

①　也可以取任意指标进行试算，并逐步趋近目标值。

表1-5 场地方格网实际修正挖填土方量（负数表示填方）

	1	2	3	4	5	6	7	8	9
1	6 383.18	4 127.94	2 374.16	1 021.52	−9.70	−747.76	−1 290.21	−1 676.16	−1 936.93
2	5 381.56	3 377.05	1 823.84	631.67	−258.73	−898.98	−1 363.18	−1 686.55	−1 897.24
3	4 505.31	2 726.45	1 353.76	306.00	−458.85	−1 011.08	−1 404.87	−1 671.89	−1 837.51
4	3 741.88	2 166.10	955.88	38.10	−614.97	−1 087.97	−1 418.38	−1 634.70	−1 759.76
5	3 079.99	1 686.99	622.99	−169.34	−731.47	−1 133.18	−1 406.54	−1 577.23	−1 665.79
6	2 509.49	1 280.99	348.59	−330.41	−812.32	−1 149.86	−1 371.89	−1 501.51	−1 557.21
7	2 021.24	940.79	126.83	−451.36	−861.09	−1 140.87	−1 316.70	−1 409.36	−1 435.49
8	1 607.02	659.81	−45.29	−536.23	−880.98	−1 108.79	−1 243.03	−1 302.42	−1 301.94
9	1 259.41	432.13	−170.76	−588.61	−874.88	−1 055.91	−1152.73	−1 182.18	−1 157.74

对表1-5中的数据求和，可得 $\sum V'_i = 202.18\text{m}^3$。

当场地最高方格网平均高度 $\overline{H_{1,1}} = 14.64\text{m}$ 时，重复以上过程，可得 $\sum V'_i = 531.98\text{m}^3 > 202.18\text{m}^3$；当场地最高方格网平均高度为 $\overline{H_{1,1}} = 14.66\text{m}$ 时，重复以上过程，可得 $\sum V'_i = -127.62\text{m}^3$，负值表示需要取土回填。这说明，14.64m 和 14.66m 均不是最优设计基准高程。

因此，可以认为 $\overline{H_{1,1}} = 14.65\text{m}$ 为设计高程，此时实际余土量为：

$$V_{余} = \sum V'_i / K'_s = 202.18 \div 1.05 = 192.55 \text{（m}^3\text{）}$$

根据场地坡度关系，最终可以确定场地各个测量方格网点位的设计高程为：

$H_{ij} = \overline{H_{i,j}} + 20 \times 3\%$，且 $H_{10,j} = \overline{H_{9,j}} - 20 \times 3\%$，$H_{i,10} = \overline{H_{i,9}} - 20 \times 3\%$，其中，$i \in [1, 9]$，$j \in [1, 9]$；

当 $i=10$，$j=10$ 时，$H_{10,10} = \overline{H_{10,9}} - 20 \times 3\%$。

场地各测量方格网点位的设计高程见表1-6。

表1-6 场地各测量方格网点位的设计高程

	1	2	3	4	5	6	7	8	9	10
1	15.25	14.65	14.05	13.45	12.85	12.25	11.65	11.05	10.45	9.85
2	14.65	14.05	13.45	12.85	12.25	11.65	11.05	10.45	9.85	9.25
3	14.05	13.45	12.85	12.25	11.65	11.05	10.45	9.85	9.25	8.65
4	13.45	12.85	12.25	11.65	11.05	10.45	9.85	9.25	8.65	8.05
5	12.85	12.25	11.65	11.05	10.45	9.85	9.25	8.65	8.05	7.45
6	12.25	11.65	11.05	10.45	9.85	9.25	8.65	8.05	7.45	6.85
7	11.65	11.05	10.45	9.85	9.25	8.65	8.05	7.45	6.85	6.25
8	11.05	10.45	9.85	9.25	8.65	8.05	7.45	6.85	6.25	5.65
9	10.45	9.85	9.25	8.65	8.05	7.45	6.85	6.25	5.65	5.05
10	9.85	9.25	8.65	8.05	7.45	6.85	6.25	5.65	5.05	4.45

此时余土外运量为：

V=192.55×1.1=211.81（m³）

按一般自卸式土方运输卡车容量为10 m³计，需要外运22车次。

第二节　地下水的防范与降水

择水而居是人类社会的一般做法，城市几乎都在江河之滨，湖海之畔，因而地下水位一般都会较高。在绝大多数城市施工时，地下水都将成为施工方不得不面对的首要问题。

一、地下水对工程施工的不利影响与控制要求

（一）地下水对工程施工的不利影响

1.使施工状况恶化

基坑开挖过程中，当基坑底部接近或超过地下水位时，由于土的含水层被切断，地下水会不断地渗入坑内。此时如果不采取有效的降水措施，把流入基坑内的水及时排走或把地下水位降低至基坑底面以下，将会使施工作业状况恶化。

2.降低地基承载力

对于大多数类别的土，在被水浸泡之后，一般都会出现软化的现象，如果是黏性土、粉质黏土，将更加明显。虽然地下水位以下的土层在自然状态时也是处于水浸状态，但其状态是稳定的。然而在基坑开挖之后，含水的土层更容易受到施工人员或机械的扰动，其表层的承载力会迅速降低。但如果保持其相对干燥，则会有效避免产生这种影响。

3.土壁坍塌风险加剧

自然界的山体在雨后和水流作用下容易滑坡，基坑土坡也一样。基坑边坡在水流作用下，细小的土颗粒会被水流带走，使得大颗粒之间的支撑减小，处于脆弱的平衡状态，当受到外部扰动时，很容易造成边坡塌方。

另外，如果基坑下有承压含水层，若不采取降水减压措施，基底可能会被涌出的地下水冲溃破坏，这将使施工人员面对更大的风险。

（二）对地下水的控制要求

为了保证工程质量和施工安全，在基坑开挖前或开挖过程中，必须采取措施，控制地下水位，使地基土在开挖及基础施工时保持干燥或处于无水状态。

一般来讲，当地下水位位于基坑底面标高以下500mm时，将不对工程施工过程与工艺产生影响。因此，人工降水的基本要求就是保证施工时的地下水上表面低于基坑最低标高500mm以上。

二、地下水的简单处理方法——集水坑（井）降水

（一）集水坑（井）降水法的基本原理

集水坑（井）降水的方法就是施工时在基坑底部设置集水坑（井），随着基坑的挖深过程，该集水坑（井）同步开挖并保证其底部一直比基坑底面低700 ~ 1 000mm。基坑周边汇集至坑内的地下水将流入集水坑中，采用水泵及时抽出即可。

（二）集水坑（井）降水法的施工工艺

1.集水坑设置原则

集水坑一般应设置在基础范围以外，置于地下水流的上游，当基坑面积较大时，也可在基础之间设置，并在基坑范围内设置盲沟相连进行排水。如果是大型筏板或箱型基础，必要时可以在基坑中部加设集水井，在垫层施工时对其进行盲沟式封闭。根据地下水量、基坑平面形状及水泵能力，集水坑可以每隔20 ~ 40m设置一个（如图1-4所示）。

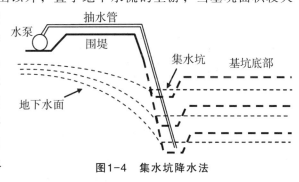

图1-4　集水坑降水法

集水坑的直径或宽度一般为0.6 ~ 0.8m，其深度随着挖土的加深而加深，并保持低于挖土面0.7 ~ 1.0m。必要时，集水坑壁可用竹、木材料等简易加固，避免坍塌。

2.集水坑后期处理

当基坑挖至设计标高后，集水坑底应低于基坑底面1.0 ~ 2.0m，并铺设碎石滤水层（0.3m厚）或下部砾石（0.1m厚）上部粗砂（0.1m）的双层滤水层，以免由于抽水时间过长而将泥沙抽出，并防止坑底土被扰动。集水坑之间的盲沟也需要采用碎石进行填筑密实，表面采用不透水材料覆盖，其上浇筑垫层。

（三）集水坑（井）降水法的问题

集水坑降水法施工简单，排水迅速，成本低廉。当地下水量不大，基坑以岩石为主，或基坑放坡较大，没有坍塌风险时，该降水模式具有较大的优势。

但应该注意的是，采用集水坑降水时，地下水处于自流状态，且渗流方向是基坑内部，当水量较大时，这种渗流必然会导致前文所提到的土坡稳定性问题。因此，该方式对拥有较大地下水量的基坑并不适合。同时，尽管理论上该降水法也适用于大型基坑，但必须在基坑中部也设置集水坑。这就导致基础底部存在坑槽之类的不良构造，一方面影响基础的受力效果；另一方面也会使基础施工的难度增加。

因此，当地下水量较大，土质为渗透性好的砂性土，土坡较小并存在坍塌的可能性时，应尽量避免采用集水坑降水法。

三、复杂状态下地下水的处理

（一）井点降水法

为了避免地下水直接向基坑中渗流导致土坡稳定性下降，防止出现坍塌事故，可以采用在基坑外部设置井点的方式，排除地下水。

1.井点降水法的基本原理

井点降水法，即在基坑外侧设置多个成排的井点，采用水泵直接从井点中将地下水抽出，避免其向基坑内部渗流，从而降低地下水位的方法。其基本原理如图1-5所示。

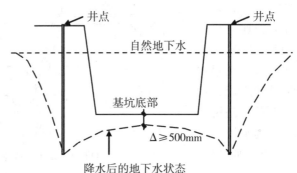

图1-5　井点降水剖面图

由于该方法是将井点置于基坑外围周边，因此可以有效避免地下水向基坑内的渗流，改变了地下水的局部流向，可以有效避免基坑侧壁的坍塌和底部的突涌问题的发生。

2.井点的设计

（1）井点的平面设计

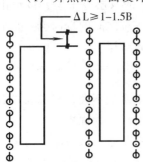

图1-6　基槽井点降水平面图

井点在基坑或基槽周边布置时，可以采用多种模式。

对于基槽来讲，井点可以采用单侧或双侧布置，如图1-6所示。单排布置适用于小型的上口宽度小于6m的基槽，且降水深度不超过5m的情况，井点管应布置在地下水的上游一侧，两端的延伸长度ΔL不宜小于坑槽的宽度B，建议采用ΔL=1.5B。双排布置适用于基坑宽度大于6m或土质不良的情况（如图1-6所示）。

对于平面较大的基坑，可以采用环形布置，但如果基坑底部土方作业需要大型机械进出，建议采用U形布置，以方便车辆通行。采用U型布置时，井点管不封闭的一段应在地下水的下游方向。对于不设置井点管的一侧，其两侧的井点管应有适当的延伸 ΔL，但该数值需要根据施工具体情况而定。如果基坑坑口宽度较大而场地相对狭小，应将两侧延伸段向内转向，形成 C 形布置，C 口宽度满足车辆进出即可（如图 1-7 所示）。

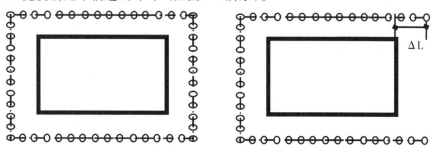

图1-7　基坑井点降水平面图

（2）井点的剖面高程设计

平面设计仅仅是井点的初步布置，更加重要和关键的是井点的剖面设计，以确定具体的施工方案。

如图 1-8 所示，B_1 为井点管至坑口的距离，井点应该在基坑顶部挡水围堤外侧设置；B_2 为坑口与坑底的距离，可根据基坑设计坡度和基坑深度 H 计算得到；B_3 为基坑中心与基坑底部边缘的距离；b 为降水后的地下水面与基坑底部的距离，最小为 500mm；i 为地下水自基坑中心点到井点管处的降水梯度，可根据地质报告中的地下水量、土层的渗透系数等参数计算得到。通过以上数据可以计算井点的基本深度 L：

$$L = H + b + i(B_1 + B_2 + B_3)$$

显然，L 数值越大，基坑的降水难度越高，需要选择不同种类的水泵或特殊降水构造才能实现有效的降水（如图 1-8 所示）。

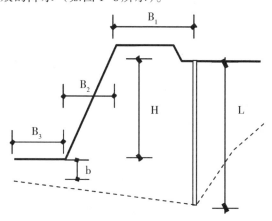

图1-8　井点降水高程设计

3.井点的选择

结合井点设计的平面与剖面构造，可以在不同的情况下采用相应的降水措施，保证工程目标的实现。

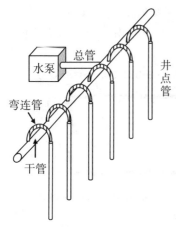

图1-9 轻型井点基本构造

（1）单级轻型井点

当L的计算结果小于6m时，可以采用轻型井点，即在基坑周边仅需要设置少量水泵，每个水泵带动数个井点进行抽水，井点之间通过弯连管与干管相连，如图1-9所示。

轻型井点施工简便，成本低廉，是工程降水常用的方案。一般来说，如果地下水量不是很大，且深度较浅，该方案是最好的选择。

但当计算结果L>6m时，轻型井点降水深度过大，抽水困难。此时可以在基坑边上做干管沟槽，降低井点管顶部标高，使降水深度在6m以内，以满足要求。但当沟槽深度D过深，$D \geqslant \dfrac{B_1}{2}$时，应将该沟槽与基坑之间的土全部清除，避免产生基坑围堤坍塌风险——此时将形成阶梯状基坑布置，如图1-10（A）、图1-10（B）所示。

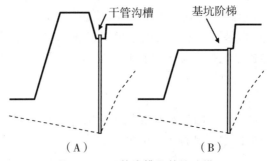

图1-10 干管沟槽及基坑阶梯

（2）多级轻型井点

如果基坑较深，采用单级轻型井点时，基坑阶梯深度较大，仅在阶梯底部布置轻型井点很难保证降水目标的实现，此时需要采用多级井点进行降水。多级井点的工艺相对复杂，降水效果并不乐观，而且土方量巨大，场地占用量也大，这对于位于城市中心区域的施工项目来说，由于土地占用成本高昂，几乎是不可能做到的（如图1-11所示）。

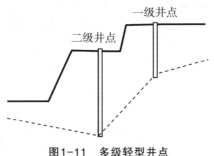

图1-11 多级轻型井点

（3）深井井点

当地下水较多，基坑较深导致降水深度较深时，可以采用单井单机的施工方案，增加抽水能力，形成深井井点。深井井点原理与轻型井点相同，所不同的仅是构造方式。由于其采用单机单井模式，因此可不设置泵房、总管、干管、弯连管等构造，一般可以采用潜水泵直接置于井底进行抽水，因而井的孔径也相对较大。

深井井点应对降水能力强，但所需设备较多，相应的成本也会较高，在具体使用中，应与多级井点进行比较选用。

（4）中心附加井点

中心附加井点是指在中心地域的基坑最深处加设井点进行降水，形成更好的水力坡度，起到有效降水的目的。该方式特别适用于大型或超大型基坑，此时仅在基坑边缘降水有时难以满足中部地下水渗透的要求，尤其是在基础底部水压较大的时候，可以有效防止管涌事故的出现，具体如图1-12所示。

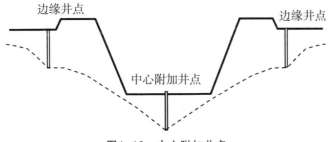

图1-12 中心附加井点

采用中心附加井点的主要问题是施工后其难度较大，由于降水施工过程需要持续至地下工程完工为止，井点需要穿过垫层、基础底板，一直延伸至基础底板表面，并持续抽水，因此会造成基础底板防水层的穿透，如果处理不当会导致基础底板沿管路周围渗漏。但与众多的地下穿墙管的构造相比，该井管不存在特殊性，只要处理得当，不会存在任何问题。有关地下管线穿墙构造将在本书第八章进行详细讲解。

📖 **扩展阅读——井点的种类与井点降水的施工**

1.井点的基本分类

根据井点的设备构成和抽水能力，可以将其分为以下几类：

（1）真空（轻型）井点

真空（轻型）井点系在基坑的四周或一侧埋设井点管深入含水层内，井点管的上端通过连接弯管与集水总管连接，集水总管再与真空泵和离心水泵相连，启动抽水设备，地下水便在真空泵吸力的作用下，经滤水管进入井点管和集水总管。排出空气后，由离心水泵的排水管排出，使地下水位降到基坑底以下。本法具有机具简单、使用灵活、装拆方便、降水效果好、可防止流砂现象发生、提高边坡稳定性、费用较低等优点，但需配置一套井点设备，适于渗透系数为 0.1～20.0m/d 的土以及土层中含有大量的细砂和粉砂的土或明沟排水易引起流砂、坍方等情况使用。

真空（轻型）井点系统主要机具设备由井点管、连接管、集水总管及抽水设备等组成。井点管的布置应根据基坑平面与大小、地质和水文情况、工程性质、降水深度等确定。

（2）喷射井点

喷射井点降水是在井点管内部装设特制的喷射器，用高压水泵或空气压缩机通过井点管中的内管向喷射器输入高压水（喷水井点）或压缩空气（喷气井点）形成水汽射流，将地下水经井点外管与内管之间的间隙抽出排走。本法设备较简单，排水深度大，可达 8～20m，比多层轻型井点降水设备少，基坑土方开挖最少，施工快，费用低，适于在基坑开挖较深、降水深度大于 6m、土渗透系数为 0.1～20.0m/d 的填土、粉土、黏性土、砂土中使用。

（3）管井井点

管井井点由滤水井管、吸水管和抽水机械等组成。管井井点设备较为简单，排水量大，降水较深，较轻型井点具有更大的降水效果，可代替多组轻型井点作用，水泵设在地面，易于维护，适于渗透系数较大，地下水丰富的土层、砂层或用明沟排水法易造成土粒大量流失，引起边坡塌方及用轻型井点难以满足要求的情况下使用，但管井属于重力排水范畴，吸程高度受到一定限制，要求渗透系数较大（1.0～200.0m/d）。

2.井点降水的施工

（1）基本准备工作

井点降水施工的准备工作，包括井点设备、动力、水源及必要材料的准备，开挖排水沟，观测附近建筑物标高以及实施防止附近建筑物沉降的措施等。

（2）井点管的埋设

首先，进行干管的排设，确定其位置与走向；其次，根据计算确定的井点管的数量与间距，埋设井点管；再次，采用弯联管将井点与总管接通；最后，安装抽水设备。

（3）井点管的连接与试抽

井点系统全部安装完毕后，需进行试抽，以检查有无漏气现象。在确认无误后，即可抽水作业。

（4）井点运转与监测

为了避免出现滤网堵塞，抽出土粒，使水混浊，并引起附近建筑物由于土粒流失而沉降开裂等问题，井点开始抽水后不宜停抽。应该做到小水流不间歇地抽水，水质澄清，避免土中的小颗粒流失。

抽水时需要经常检查井点系统工作状况以及水位下降情况，如果发生井点管堵塞，影响降水效果，应用高压水反向冲洗管路或重新设置管路。

（5）井点管的拆除

当地下工程完成后，地下水对工程施工不构成影响时，即可拆除井点系统。一般可以采用手工倒链、起重机将井点管拔出，所留孔洞用砂或土塞。如果对地基有防渗要求，地面下2m可用黏土填塞密实。

井点管拆除后地下水位将迅速回升至正常状况，对地下结构产生较大的浮力，此时建筑物上部结构的自重不满足要求，或底板混凝土强度不足，则会引起地下结构浮动或破坏底板，这在具体工程中屡见不鲜，应引起注意。

4.井点降水对周围环境的不利影响

井点抽水深度大，抽水量大，可以在施工抽水区域内形成漏斗状的地下水面，即所谓"降水漏斗"，这将大幅度地改变处于地下水位变化区域内的土颗粒的存在状态。降水漏斗区域内的土颗粒由于失去浮力作用，在自重的作用下会出现下沉现象，并且由于水流作用所产生的毛细作用，土颗粒之间的距离会产生驱密固结现象。以上作用在宏观上就是土体收缩和沉降，当这种作用均匀发生时，地表的沉降也会均匀；但大多数情况是不均匀的，即靠近基坑边缘的区域沉降较大，越远离基坑沉降越小，直至消失。如果在沉降区域内存在其他建筑物或构筑物，或有地下构造（如管线）时，将造成附近建筑物及地下管线的不同程度的损坏（如图1-13所示）。

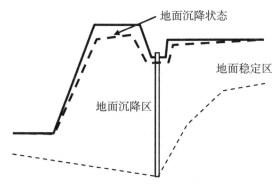

图1-13　降水产生的地表沉陷

由于井点降水会引起周围地层的不均匀沉降，但在高水位地区开挖深基坑又离不开降水措施，因此一方面要保证开挖施工的顺利进行，另一方面又要防范对周围环境的不利影响，即采取相应的措施，减少井点降水对周围建筑物及地下管线造成的影响。目前来看，可采用止水帷幕法、冻结法或回灌法等几种相对有效的辅助方法。

（二）止水帷幕法

1.止水帷幕法的基本原理

地下水不同于地表水，其向基坑内部的渗流状况与水压无关而与水力梯度有关。随着水力梯度的增加，地下水的渗流加剧。

所谓水力梯度，是指两点之间的水压差与水流路径距离的比值，即：

$$i = \frac{\Delta P}{L} = \frac{P_1 - P_2}{L}$$

其中：

P_1——地下水上游的水压；

P_2——地下水下游的水压；

L——两点之间的水流路径距离。

在工程中，地下水渗流上下游的水压状况往往是固定的，是难以通过施工工艺改变的，因此根据水力梯度原理，通过改变地下水的渗流路径，使之延长，则可以有效地降低水力梯度，达到缓解或消除地下水渗流的目的——具体则采用止水帷幕构造。

2.止水帷幕的构造

止水帷幕，就是利用水力梯度原理进行止水的有效措施，即在基坑外围地下周边设置一道封闭式的构造，致使地下水渗透至基坑内的路径增加，当两端的水压差恒定不变时，水力梯度降低，渗透性下降，达到有效的阻水的目的（如图1-14所示）。

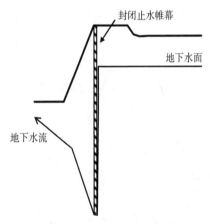

图1-14　止水帷幕构造

在具体施工中，可以采用基坑周边地下连续墙、钢板桩、水泥注浆封闭等多种措施实现止水帷幕。当设计得当时，该止水帷幕也可以成为防止基坑侧壁坍塌的有效措施——护壁。

为了保证止水帷幕外部地下水位维持在自然状态，减小地面沉降，在基坑施工并抽取地下水时，可以向帷幕外侧土层中进行加压回灌。当然，该措施仅限于砂性土层等可以回灌的地质状况。

止水帷幕法抽水量相对小，地面沉降小，稳定性好，并可以同时作为护壁，起到防止土坡坍塌的作用。但为了保证止水效果，必须满足足够小的水力梯度，因此帷幕埋置深度较深，施工难度也较大。

（三）冻结法

当地基土为黏土、软黏土等类别时，降水难度会进一步增加。这类土层含水率大，但由于土层对地下水的吸附能力也强，施工中难以有效排除地下水；同时此类土体蠕变性较大，易于坍塌。此时，采用集水坑、井点管、止水帷幕等方式效果均不理想，这种情况下可以考虑使用冻结法。

1. 冻结法的基本原理

所谓冻结法，就是对基坑周边土层进行降温，使其中的水分冻结凝固，失去流动性，将基坑周边土体中的地下水转化为固体。

采用冻结法施工的优势非常明显。首先，该方法可以有效避免土层中的地下水渗流至基坑中，并在基坑周边形成一个固结的封闭区，防止远处的地下水向基坑中汇流；其次，当冻结深度较深时，冻结区域还可以成为有效的止水帷幕，起到相应的效果；再次，冻结的土层几乎完全固化，强度较高，可以有效地防止土体的蠕变，避免土壁坍塌；最后，该方法不改变土体中的任何成分，不向土体内注入任何物质，保证了原状土体的自然状态，符合环保要求（如图1-15所示）。

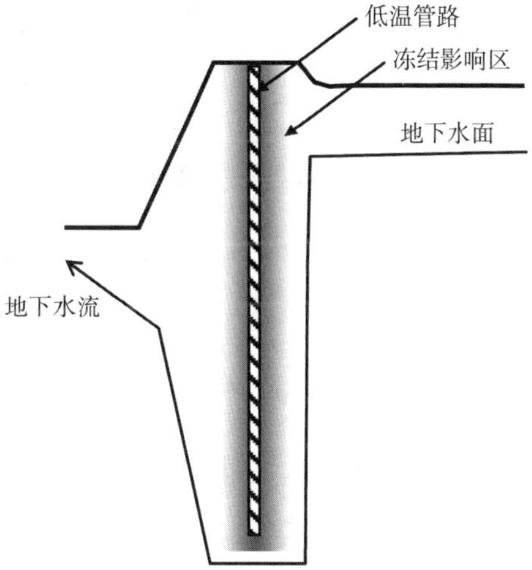

冻结法几乎可以用于任何地质状况的土层中，但由于采用该方法的成本较高，一般仅用于特殊的土层，如在软黏土的基坑中采用。

图1-15　冻结法原理

2. 冻结法的施工工艺

采用冻结法施工时，首先根据土层和冷却液体的热力学参数确定低温冻结影响区域与成孔的间距，然后根据设计在土层开挖之前在基坑周边确定位置处实施成孔。由于软黏土的缩孔现象比较严重，成孔困难，因此可以采用钢套管进行成孔（钢套管成孔工艺详见套管成孔灌注桩一节）。成孔的同时可以同步建设主机房，安装冷却设备和循环泵。成孔完成后，将循环管路插入孔中，并在孔中注入清水，确认密闭后，实施冷却。

在冷却过程中，孔径中的清水先行冻结，随后其周边的土层也逐步冻结，当确认冻结区域达到设计规定并满足施工要求后，即可进行土方施工。

地下工程施工过程中，冻结循环过程应连续进行，直至地下工程完成。回填完毕后，停止冻结过程，随着温度的上升，管路周边土层逐步融化，达到要求后，可将钢管抽出。为了防止钢管抽出后土体回缩产生地表变形和局部地表回缩，在抽出钢管的同时，可以向孔中注入细砂（如图1-16所示）。

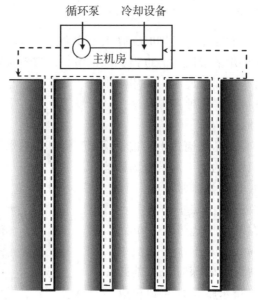

图1-16 冻结法工艺

📖 扩展阅读——井点涌水量的计算

确定井点管数量时，需要知道井点管系统的涌水量。井点管系统的涌水量根据水井理论进行计算。

1. 水井分类

根据地下水有无压力，水井分为无压井和承压井。当水井布置在具有潜水自由

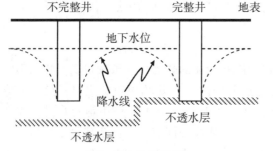

图1-17 井的种类

面的含水层中时（即地下水面为自由面），称为无压井；当水井布置在承压含水层中时（含水层中的水充满两层不透水层之间，含水层中的地下水水面具有一定水压），称为承压井。当水井底部达到不透水层时，称为完整井，否则称为不完整井（如图1-17所示），各类井的涌水量计算方法都不同。

2. 无压完整井涌水量计算

目前水井涌水量的计算方法都是以法国水利学家裘布依（Dupuit）的水井理论为基础。该理论基本假定为，在抽水影响半径内，从含水层的顶面到底部任意点的水力坡度是一个常数，并等于该点水面处的斜率。在抽水前，地下水是静止的，即天然水力坡度为零；对于承压水，顶、底板是隔水的；对于潜水，适用于井边水力坡度不大于1/4，底板是隔水的，含水层是均质水平的；地下水为稳定流（不随时间变化）。

　　当均匀地在井内抽水时，井内水位开始下降。经过一定时间的抽水，井周围的水面就由水平的变成降低后的弯曲水面，最后该曲线渐趋稳定，成为向井边倾斜的水位降落漏斗。图1-17所示为无压完整井抽水时的水位变化情况。在纵剖面上流线是一系列曲线，在横剖面上水流的过水断面与流线垂直。

　　由此可导出单井涌水量的裘布依微分方程，设不透水层基底为x轴，取井中心轴为y轴，对距井轴x处水流的过水断面近似地看作一个垂直的圆柱面，其面积为：

$$\omega = 2\pi xy$$

式中，x为井中心至过水断面处的距离；y为距井中心x处水位降落曲线的高度（即此处过水断面的高）。

　　根据裘布依理论的基本假定，这一过水断面水流的水力坡度是一个恒值，并等于该水面处的斜率，则该过水断面的水力坡度$i = \dfrac{dy}{dx}$。由达西定律，水在土中的渗透速度为：

$$V = Ki$$

　　由$\omega = 2\pi xy$和$V = Ki$及裘布依假定$i = \dfrac{dy}{dx}$，可得到单井的涌水量（m³/d）为：

$$Q = \omega V = \omega Ki = \omega K\frac{dy}{dx} = 2\pi xyK\frac{dy}{dx}$$

　　将上式分离变量：$2ydy = \dfrac{Q}{\pi K}\dfrac{dx}{x}$

　　水位降落曲线在x = r时，y = l'；在x = R时，y = H，l'与H分别表示水井中的水深和含水层的深度。对$2ydy = \dfrac{Q}{\pi K}\dfrac{dx}{x}$两边积分：

$$\int_y^H 2ydy = \frac{Q}{\pi K}\int_y^R \frac{dx}{x}$$

$$H^2 - l'^2 = \frac{Q}{\pi K}\ln\frac{R}{r}$$

于是：

$$Q = \pi K\frac{H^2 - l'^2}{\ln R - \ln r}$$

　　设水井中水位降落值为S，l' = H - S，则：

$$Q = \pi K\frac{(2H - S)S}{\ln R - \ln r}$$

$$Q = 1.364K\frac{(2H - S)S}{\lg R - \lg r}$$

式中：

　　R——单井的降水影响半径（m）；

　　r——单井的半径（m）。

　　裘布依公式的计算与实际有一定出入，这是由于在过水断面处的水力坡度并非恒值，靠近井的四周误差较大，但对离井外有相当距离处，其误差是很小的。

$Q = 1.364K\dfrac{(2H - S)S}{\lg R - \lg r}$ 是无压完整单井的涌水量计算公式，但在井点系统中，各井点管布置在基坑周围，许多井点同时抽水，即群井共同工作，其涌水量不能用各井点管内涌水量简单相加求得。

群井涌水量的计算，可把由各井点管组成的群井系统视为一口大的单井，设该井为圆形的，在上述单井的推导过程中积分的上下限成为：x 由 $x_0 \to R'$，y 由 $l' \to H$。于是由 $2ydy = \dfrac{Q}{\pi K}\dfrac{dx}{x}$ 积分可得群井的涌水量计算公式：

$$Q = \pi K\dfrac{H^2 - l'^2}{\ln R' - \ln x_0}$$

或

$$\int_y^H 2ydy = \dfrac{Q}{\pi K}\int_y^R \dfrac{dx}{x}　(m^3/d)$$

式中：

R′——群井降水影响半径（m）；

x_0——由井点管围成的大圆井的半径（m）；

l′——井点管中的水深（m）。

假设在群井抽水时，每一井点管（视为单井）在大圆井外侧的影响范围不变，仍为 R，则有 $R'=R+x_0$。设 $S=H-l$，由此，

$$Q = \pi K\dfrac{(2H - S)S}{\ln(R + x_0) - \ln x_0}$$

或

$$Q = 1.364K\dfrac{(2H - S)S}{\lg(R + x_0) - \lg x_0}　(m^3/d)$$

其为实际应用的群井系统涌水量的计算公式。

在实际工程中往往会遇到无压完整井的井点系统，这时地下水不仅从井的面流入，还从井底渗入，因此涌水量要比完整井大。为了简化计算，仍可采用该公式，此时式中 H 换成有效含水深度 H_0，即：

$$Q = \pi K\dfrac{(2H_0 - S)S}{\ln(R + x_0) - \ln x_0}$$

或

$$Q = 1.364K\dfrac{(2H_0 - S)S}{\lg(R + x_0) - \lg x_0}　(m^3/d)$$

H_0 可查表1-7。当算得的 H_0 大于实际含水层的厚度时，取 $H_0=H$。

表1-7　　　　　　　　　　　　　　　　有效深度H_0值

S/（S+1）	0.2	0.3	0.5	0.8
H_0	1.3（S+1）	1.5（S+1）	1.7（S+1）	1.84（S+1）

注：S/（S+l）的中间值可采用插入法求H_0。

表1-7中，S为井点管内水位降落值（m）；l为滤管长度（m）。有效含水深度 H_0 的意义是，抽水是在 H_0 范围内受到抽水影响，而假定在 H_0 以下的水不受抽水影响，因而也可将 H_0 视为抽水影响深度。

应用上述公式时，先要确定 x_0，R，K。

由于基坑大多不是圆形，因而不能直接得到 x_0。当矩形基坑长宽比不大于5时，环形布置的井点可近似作为圆形井来处理，并用面积相等原则确定，此时将近似圆的半径作为矩形水井的假想半径：

$$x_0 = \sqrt{\frac{F}{\pi}}$$

式中：

　　x_0——环形井点系统的假想半径（m）；

　　F——环形井点所包围的面积（m²）。

抽水影响半径与土的渗透系数、含水层厚度、水位降低值及抽水时间等因素有关。在抽水 2~5d 后，水位降落漏斗基本稳定，此时抽水影响半径可近似地按下式计算：

$$R = 1.95S\sqrt{HK} \quad (m)$$

式中：

　　S，H 的单位为 m；

　　K 的单位为 m/d。

渗透系数 K 值对计算结果影响较大。K 值可通过现场抽水试验确定或在实验室测定。对重大工程，宜采用现场抽水试验以获得较准的值。

3. 井点管数量的计算

井点管的最少数量由下式确定：

$$n' = \frac{Q}{q} \quad (根)$$

式中：

　　q——单根井管的最大出水量，由下式确定：

$$q = 65\pi dl^3 \sqrt{K} \quad (m^3/d)$$

式中：

　　d——滤管直径（m），其他符号同前。

井点管最大间距为：

$$D' = \frac{L}{n'} \quad (m)$$

式中：

　　L——总管长度（m）；

　　n'——井点管最少根数。

实际采用的井点管间距 D 应当与总管上的接头尺寸相适应，即尽可能采用

0.8m，1.2m，1.6m或2.0m且D<D'，这样实际采用的井点数n>n'，一般n应当超过1.1n'，以防井点管堵塞等影响抽水效果。

第三节　基坑坍塌的防范与土壁支撑

随着基坑挖深的增加，土壁坍塌的风险逐步增大，如果不采取有效措施，将会给工程带来巨大的隐患。如果发生坍塌，不仅会造成工程延期，更重要的是可能会带来财产的损失甚至人员伤亡，因此作为土方开挖的施工方，必须认清土方坍塌的风险，仔细评估其发生的可能性，掌握其规律，并采取有效的措施，防止坍塌的发生。

一、土坡稳定原理

（一）土坡坍塌的原因

土坡坍塌的原因非常简单，如图1-18所示，对于土体内部任意一点，在自然界中均处于力学平衡状态，当土体内部某点一侧的土被移除后，该点将失去此方向侧向支撑作用，此时如果土颗粒之间不存在任何摩擦或黏结作用，土体将迅速坍塌，直至将移除的部分填满，重新建立相应的平衡——如水体一样。

内应力平衡　　　　一侧移除　　　　坍塌土坡

图1-18　土坡坍塌过程

但由于土颗粒之间的摩擦与黏结作用的存在，因此在一侧移除后，当深度不大时，其侧向应力较小，土体仍可以维持直立状态。当超过一定深度后，或受到不当的外部扰动时，就会坍塌。由于土体颗粒之间的黏结与摩擦作用，在土体坍塌时不会像水体一样完全崩溃，而是最终形成一个相对稳定的土坡——滑裂面，滑裂面以上的土会坍塌，而其下部土层相对稳定（如图1-18所示）。

（二）土压力的简单计算

基于以上分析，假设土体内部任意一点Ω，其深度为X，且其上部不同土类的层数为n，每层重度为γ_i，每层厚度为x_i，$X = \sum x_i$，则有该点的侧向应力为：

$$\sigma_i = \sum_{i=1}^{n} k_i \gamma_i x_i$$

其中：k_i——土的侧向系数，其与土的内摩擦角、内聚力等技术参数有关。

以上仅仅是对土体侧向压力的简单分析，该指标被称为静土压力P_0。

📖 扩展阅读——经典土压力理论简介

1.土压力的基本概念

主动土压力——挡土墙向前移离填土，随着墙的位移量的逐渐增大，土体作用于墙上的土压力逐渐减小，当墙后土体达到主动极限平衡状态并出现滑动面时，作用于墙上的土压力减至最小，称为主动土压力 P_a。

被动土压力——挡土墙在外力作用下移向填土，随着墙位移量的逐渐增大，土体作用于墙上的土压力逐渐增大，当墙后土体达到被动极限平衡状态并出现滑动面时，作用于墙上的土压力增至最大，称为被动土压力 P_p。静土压力、主动土压力和被动土压力在相同条件下的数值 $P_p > P_o > P_a$（如图1-19所示）。

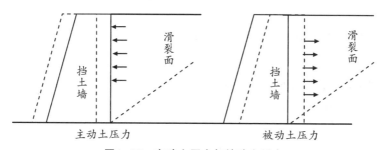

图1-19　主动土压力与被动土压力

2.经典土压力理论

（1）朗肯土压力理论。

朗肯土压力理论是英国学者朗肯（William John Maquorn Rankine，其另一个专长是热力学，提出了著名的朗肯循环，是热力学的经典理论之一）1857年根据均质的半无限土体的应力状态和土处于极限平衡状态的应力条件提出的。在其理论推导中，首先作出以下基本假定。

①挡土墙是刚性的墙背垂直；

②挡土墙的墙后填土表面水平；

③挡土墙的墙背光滑，不考虑墙背与填土之间的摩擦力。

把土体当作半无限空间的弹性体，而墙背可假想为半无限土体内部的铅直平面，根据土体处于极限平衡状态的条件，求出挡土墙上的土压力。

（2）库仑土压力理论。

该理论是法国的库仑（Charles Augustin Coulomb，就是物理学家库仑，静电理论的奠基人，库仑定律的发现者）于1776年，根据研究挡土墙墙后滑动土楔体的静力平衡条件提出的。他假定挡土墙是刚性的，墙后填土是无黏性土。当墙背移离或移向填土，墙后土体达到极限平衡状态时，墙后填土是以一个三角形滑动土楔体的形式，沿墙背和填土土体中某一滑裂平面通过墙踵同时向下发生滑动。根据三角形土楔的力系平衡条件，求出挡土墙对滑动土楔的支承反力，从而解出挡土墙墙背所受的总土压力。

3.关于朗肯和库仑土压力理论的简单说明

（1）朗肯和库仑土压力理论都是由墙后填土处于极限平衡状态的条件得到的，但朗肯理论求的是墙背各点土压力强度分布，而库仑理论求的是墙背上的总土压力。

（2）朗肯理论在其推导过程中忽视了墙背与填土之间的摩擦力，认为墙背是光滑的，计算的主动土压力误差偏大，被动土压力误差偏小，而库仑理论考虑了这一点，所以主动土压力接近于实际值，但被动土压力因为假定滑动面是平面误差较大，因此一般不用库仑理论计算被动土压力。

（3）朗肯理论适用于填土表面为水平的无黏性土或黏性土的土压力计算，而库仑理论只适用于填土表面为水平或倾斜的无黏性土，对无黏性土只能用图解法计算。

（三）防止土坡坍塌的基本措施与原则

土坡坍塌事故一直属于建筑工程中的主要事故之一，且危害巨大。根据土坡坍塌状态，只要将可能坍塌的土——滑裂面以上的土层清除，即可以有效避免坍塌。在土方工程中，将该方法称为放坡。

1.放坡防止坍塌

所谓放坡，就是在土方、基坑开挖时，留有一定的坡度，将斜坡以上的土层全部清除避免坍塌的办法，如图1-20所示。其中H为基坑深度，m为放坡宽度，在工程中多采用放坡系数K来表示放坡状况，即：$K=\dfrac{H}{m}$，或 $K=1：m/H$（如图1-20所示）。

图1-20　放坡示意图

放坡是最简单、最安全的防止土坡坍塌的措施，也是成本最低的，如果有可能，应该是施工的首选方案。但放坡会带来一些施工上的不便，比如土方量过大，不仅开挖量大，回填土方量也十分巨大，而且随着基坑深度的增加，土方量会惊人地增加。

不仅仅是土方量，放坡最大的问题在于场地占用量过大，当K的指标一定时，随着基坑深度的增加，m也将增大，这将导致地表施工场地的扩大。如果项目地处野外，该问题并不严重，但对于市区建设项目来讲，采取该方案几乎是不可能的。实际上，近年来所有中心城市的建设项目中，一般基坑工程几乎极少采用放坡的措施来防止坍塌，深基坑从来也不采用。

2.基坑支护防止坍塌

正因为放坡的场地占用问题，使其在大型城市中心区的建设项目中难以被采用，所以相关基坑必须采取支护措施——采用特定的地下结构平衡土体的侧向应力，防止土坡坍塌。

二、浅基坑、简单地质条件的土壁支撑

所谓浅基坑是指开挖深度在3m以内，且地质条件相对简单的基坑。地质条件简单，一般是指开挖深度范围内无地下水，无滑坡，无特殊松散土或新回填土，无软黏土，基坑边缘在基坑深度2倍范围内无地下特殊构造和其他建筑基础等。地质条件稳定，土方内部质地均一，内聚力良好，有助于土坡的完整性。当深度较浅（2m或以下），土类较好（3～4类土）时，甚至可以不采用放坡和支护等任何措施进行开挖。

当属于浅基坑且周边场地紧张无法放坡时，需要做一些简单的支撑，防止坍塌。

（一）坑底支撑

基坑越深，其侧向土压力越大，不论理论上的分析还是工程实际的坍塌状况均表明，浅基坑坍塌一般是从底部土层蠕变隆起开始的。如果坑底堆置一些重物，则可以非常有效地防止其下部土层的隆起变形，也就可以防止上部土层的坍塌（如图1-21所示）。

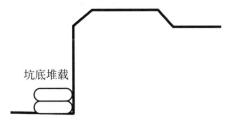

坑底堆载

图1-21　坑底支撑防止坍塌

重物堆载一般采用沙袋，必要时可向砂中注入一定的水，增加其重量。因堆载物成本较低，基本没有回收价值，因此在地下工程施工完毕后，可将堆载物直接作为回填土置于坑底不再清除。

由于基坑较浅，坍塌作用较小，因此施工中对堆载重物的数量、重量等参数较少进行可靠度的计算，大多按照施工经验和现场的状态进行确定。坑底堆载方法在防止基坑坍塌方面的安全度相对较低，一般作为黏性土这种内聚力较强的土坡的支撑。由于砂性土的坍塌不仅仅发生在土坡底部，因此该方式适用性较差。

（二）预制桩护壁

对于侧向稳定性差，采用底部堆载难以解决问题的土坡，可以使用特定的构造进行支护。由于浅基坑侧壁的土层一般强度较低，密实度不高，且基坑较浅，因此可以考虑采用预制桩进行护壁（如图1-22所示）。

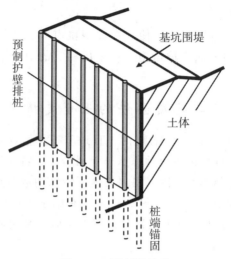

图1-22　预制桩护壁

　　预制桩护壁，就是在基坑开挖之前，按照基坑边缘的位置与走向，沿其边缘以设计间距打入预制桩，完成后再在预制桩围拢的区域内进行开挖。预制桩可以采用钢板桩或预制混凝土方桩、松木桩等，如有必要则在地下工程施工完成后，采用特定的设备将桩拔出，但混凝土桩一般不进行拔出作业。由于钢板桩的封闭性好，因此还可以兼作止水帷幕（如图1-23所示）。关于预制桩的打桩作业等问题详见第二章。

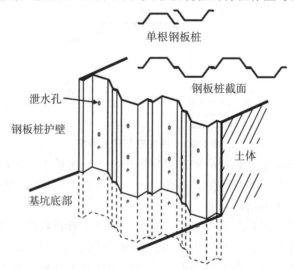

图1-23　钢板桩护壁

　　在实际工程中，底部固定、顶部自由的预制桩护壁系统可视为悬臂梁结构，其底部构造为固定端节点，因此必须保证预制桩桩端埋入土中的深度，防止出现不当的位移或变形。一般来讲，对于浅基坑预制桩护壁，桩端埋入土中的必要深度不仅与基底土质情况有关，也与预制桩所承担的侧向弯矩有关。当侧向弯矩较大、土质较软时，埋入深度较大；反之则相对较小。具体依工程的实际情况分析确定，以保证安全。

预制桩护壁的有效深度较小，不适用于大型基坑，原因主要有以下几方面：

第一，预制桩必须采用打入或压入的送桩方式进行施工。为了保证送桩过程的顺利进行，预制桩截面不可能很大，所以其自身抗弯能力非常有限。作为护壁的受弯结构，也不可能采用接桩的方式来增加桩的长度，尽管在承压桩基础中这种接桩施工是非常多见的。

第二，为了保证预制桩的制作、吊装、运输、施工等作业的可行性与方便性，防止在这些辅助作业过程中桩身发生折断破坏，预制桩的长度通常也会受到限制，以减小自重产生的弯矩作用。

第三，预制桩护壁在力学上属于悬臂结构，桩端必须埋入土层中一定的深度，以实现端部力学构造，因此其外露有效护壁长度也将随之减小。

第四，如果基坑所在区域岩层埋置深度较浅，尤其是当基坑深度超过表层土层达到岩层以下时，由于预制桩难以打入岩层，此时或者桩端部锚固作用不满足要求，或桩端部达不到基坑底部，土壁支撑作用将难以实现。

第五，采用预制桩护壁还需要注意挤土效应的问题，尤其是截面相对较大的混凝土预制桩更是如此。打桩完成后，土层中存在的挤压应力需要缓慢释放，此时如果立即开挖，失去单侧支撑的护壁桩在土体异常挤压应力作用下可能会坍塌，此类问题在软土地基中尤为突出。因此打桩之后，需要待土体稳定再进行开挖，一般应停留一定时间，并用降水设备预抽地下水，待土中由于打桩积聚的应力有所释放，孔隙水压力有所降低，被扰动的土体重新固结后，再开挖基坑土方。土方开挖时宜均匀、分层，尽量减少开挖时的压力差，以保证桩位正确和边坡稳定。

📖 扩展阅读——水泥注浆固化土层

对于砂性土，由于内聚力较低，坍塌的概率会更大，因此如果能提高其内聚力，对防止坍塌事故具有很大的意义。提高其内聚力可以采用水泥等胶凝材料对可能坍塌的土层实施固化。

在具体施工中，首先根据基坑深度和土层的基本状况，计算出需要固化土层的范围，包括深度范围和宽度范围（自基坑边缘向外延伸的距离），一般深度、宽度范围均不小于基坑深度，然后进行钻孔或打孔，孔径为 50～100mm，成孔后将注浆管插入孔底，并将孔口封闭，加压注入水泥浆，水泥浆多采用325以下水泥制备，以便降低成本。在注浆过程中，应根据土层中土颗粒的松散状态确定注浆压力的稳定与持续时间，保证水泥浆向土层中的渗透效果。一般情况下，在注浆完成后7～10天，土层将基本固化，虽不能达到100%的强度，但能够满足土坡稳定要求，即可进行土方开挖，土层将随着开挖的过程逐步达到强度要求。

水泥固化土层施工简便，成本较低，对渗透性高的砂性土层效果尤其明显。但由于该方法将水泥浆注入较大的土层范围并使之固化，且该过程完全不可逆，因此会导致后期一些施工相对困难。另外，该模式在浅基坑中效果较好，主要是因为浅基坑土坡侧向压力较小，且固化范围也不大，对周边影响较小。随着基坑深度的增加，该模式将逐步不再适用。

三、深基坑护壁

随着基坑深度的增加，坍塌风险加剧，必须选择更加有效的措施才能保证安全。为了保证安全，当基坑深度达到或超过3m时，施工方应制订专项基坑安全施工方案；当深度达到或超过5m时，施工方还应组织相关专家对该方案进行论证，并按照论证结果进行施工。当施工时的情况与方案不符时，施工方应立即停工，重新制订方案或组织论证，直至消除风险保证安全后，才能继续施工。

预制桩、水泥固化护壁等方式在3m左右深度的基坑中也可以根据情况进行采用，但当基坑深度超过5m，或地质条件相对复杂时，选择使用应慎重。为了保证安全，深基坑经常根据不同的情况采用灌注桩或地下连续墙、灌注桩-锚杆腰梁、灌注桩-大型支撑等构造进行护壁。个别地质状况相对稳定的以岩层为主的基坑也可以直接使用锚杆护壁，此时一般称为土钉。

(一) 灌注桩 (地下连续墙) 护壁

灌注桩的力学护壁原理与预制桩基本相同，当桩距紧密相连甚至并列时，该构造即可形成地下连续墙。

灌注桩截面更大，可以承担更大的侧向弯矩作用，相比预制桩可以用于更深的基坑。不仅如此，其优势还有以下几方面：

首先，灌注桩由于没有打桩的要求，在土层中直接成孔，因此可以根据需要将其截面做得较大，配筋增加，可以满足较高的抗弯要求。实际上，很多深基坑工程所采用的灌注桩的成孔方式为人工挖孔，其桩径可达1.0~1.5m，承载力非常大。

其次，灌注桩的连续性好。由于灌注桩必须采用在现场浇筑的形式，因此可以保证其桩身的完整性与连续性，这对于抵抗侧向的弯矩与剪力作用是十分重要的。受到桩机和运输吊装等因素的制约，预制桩的长度受到限制，如果满足深基坑的要求，必须采用接桩工艺，这对受压桩影响很小，但对于承担受弯作用的护壁桩来说显然是不可以的。

最后，由于不存在挤土效应，灌注桩的距离可以较小，甚至可以紧密相连，因此可以有效提高其侧向承载力，而且当单排桩不能满足要求时，可以采用双排或多排来保证安全，这对于预制桩来说是难以做到的。

但是灌注桩必须在现场施工，不仅成孔速度慢，而且混凝土强度增长速度也较慢，施工周期较长，资金占用量大，因此除非深基坑且有必要，一般灌注桩不会被作为基坑护壁的首选方案。

作为护壁的灌注桩与基础灌注桩施工工艺相同，详见第二章。

（二）灌注桩-锚杆腰梁护壁

1.灌注桩-锚杆腰梁基本原理

尽管灌注桩可以承担较大的弯矩作用，但随着基坑深度的增加，以悬臂梁为计算模型的构造，其根部弯矩的几何级数的增大会导致严重的后果。在力学计算中，如果在悬臂梁中部增加支座，则可以将其改变为连续梁，其最大弯矩也会显著下降。

在实际工程中，可以在灌注桩中部附加腰梁形成支座并采用锚杆将侧向荷载传递至土层内部，该种护壁称为灌注桩-锚杆腰梁护壁。腰梁可以采用槽钢、工字钢等材料，十分方便可靠。对于密排桩，一般每间隔3~5根桩设置一根锚杆，每根腰梁采用不少于3跟锚杆加以固定；如果桩距较大（桩间距大于桩径2倍以上），可以在每根桩间设置一根锚杆进行加强固定。

附加腰梁可以有效地降低护壁桩中的弯矩值，因此适用于更深的基坑（如图1-24所示）。

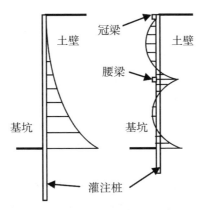

图1-24　灌注桩-锚杆腰梁护壁

2.锚杆构造的几点注意事项

第一，由于锚杆要向土层中锚入一定的深度，必须达到计算滑裂面以外，且满足锚固要求，因此，当基坑周边，尤其是浅层位置存在地下构造时，锚杆将难以打入，或可能破坏周边构造。此时采用锚杆应极为慎重，工程中此类事故时有发生，将地下管网破坏，造成漏水、漏电、燃气泄漏甚至爆炸事故。

第二，如果基坑周边土层属于软黏土、淤泥质土层，由于该类土质回缩严重，若不采取有效措施成孔将十分困难。另外此类土质锚固作用差，所需锚杆较多、较细，采取相关支撑措施也会造成成本的上升，相比其意义或其他施工方式，价值较低。与此同时，此类土层中锚杆的锚固部分也会产生十分明显的滑移作用，无法满足锚固要求。

第三，锚杆在施工时应区分锚固段与非锚固段。计算滑裂面以外的部分，固结在土层中，起到锚固作用，属于锚固段；在滑裂面以内至孔口的部分，应具有自由变形的能力，属于非锚固段（如图1-25所示）。除了保证锚固段的锚固长度之外，保证非锚固段的自由变形能力也非常重要——一方面该变形的伸展可以有效释放土层中的应力作用，防止锚固段被拔出导致基坑坍塌；另一方面，在北方寒冷地区，如果基坑的施工周期需要经历冬季，则这种变形可以有效适应冬季土层冻涨与春季的融陷过程，不会产生锚固失效而致使基坑坍塌。同时，如果是预应力锚杆的话，那么非锚固段的自由变形将更加重要——只有非锚固段自由伸展，才能实现预应力的作用。

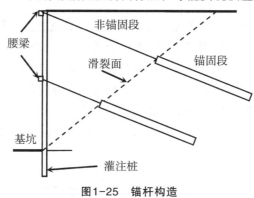

图1-25　锚杆构造

📖 扩展阅读——非锚固段的形成方式与锚杆施工

在具体施工中，由于无法判断锚杆灌浆液面的位置，不可能采取非锚固段不灌浆的做法，因此，一般是在施工中采取对设计计算的锚杆非锚固段包裹塑料布的方式，来实现锚杆非锚固段的构造。在加压灌入膨胀水泥浆时，由于塑料布的隔离，水泥浆硬化后不能对非锚固段钢筋形成握裹作用，非锚固段自由变形可以实现。

锚杆钻孔可以根据土层状况采用螺旋钻或冲击钻，孔深度满足设计要求。成孔、清孔完成后，将钢筋插入孔中，钢筋侧部应设置必要的支架，以保证钢筋位于孔中央，并在设计确定的钢筋非锚固段用塑料布包裹，然后采用注浆管将水泥浆注入孔中，水泥浆中应加入膨胀剂。由于无法振捣密实，注浆速度不宜过快，避免充入气泡，待孔口有水泥浆流出后，即可完成注浆。水泥浆体固化后，锚杆形成。

第四，锚杆在长度设计中，其自由段长度不宜小于5m，并应超过潜在滑裂面1.5m；锚固段长度不宜小于4m；锚杆杆体下料长度应为锚杆自由段、锚固段及外露长度之和，外露长度须满足台座、腰梁尺寸及张拉作业要求。锚杆布置中，上下排垂直间距可根据腰梁位置确定，但水平间距不宜小于1.5m；锚杆锚固体上覆土层厚度不宜小于4.0m；倾角一般是向下15°~25°，且不应大于45°。

3.灌注桩-锚杆腰梁护壁的一般工艺

采用灌注桩-锚杆腰梁护壁，在灌注桩施工中与普通灌注桩护壁相同，但可能由于设计中考虑锚杆的布置，桩距会有所调整——在锚杆钻孔的位置桩距稍加大。灌注桩成孔、下钢筋笼、浇筑混凝土完成基本养护达到预期强度后，即可开挖。

首次土层开挖深度一般不超过1.5m，然后在坑口标高附近预设位置进行锚杆钻孔并设置锚杆。锚杆前端安装腰梁，腰梁一般采用槽钢或工字钢制作，并用锚具进行初步固定，待锚杆内部的水泥浆达到设计强度后，进行最后固定。如果设计需要施加预应力，则需要在锚杆最终固定或施加预应力之前，选择一定比例进行试拔，确认无误后方可进行预应力张拉施工。若将试拔锚杆抽出，应及时补充加设锚杆。

完成以上工作后，即可进行下一层土的开挖，深度按照下一道腰梁的位置确定，直至基坑底部，如图1-26所示。

图1-26　灌注桩—锚杆腰梁护壁

📖 扩展阅读——单纯锚杆护壁（土钉墙）的使用

在有些工程中，尤其是以岩层为主或深度不超过10m的基坑中，也可以只采用锚杆进行护壁，其一般称为土层或岩层锚杆，也可称为土钉（如图1-27所示）。

图1-27　锚杆（土钉墙）护壁

土钉的构造与前文所述锚杆相同，但表面做法完全不同。如果仅仅是土钉，基坑侧壁土层表面没有相关构造，土层在施工期间风化剥落，会产生大规模的坍塌。一般采用表层钢筋网喷射混凝土的方式进行固化，防止脱落与坍塌事故的发生。另外与存在桩或地下连续墙不同，单纯土钉护壁时，其侧壁一般呈一定的坡度，但要比放坡开挖小，其地面坡度不宜大于1：0.1。

在具体构造中，应注意土钉必须和面层有效连接，应设置承压板或加强钢筋等，承压板或加强钢筋应与土钉螺栓连接或与钢筋焊接；土钉的长度宜为开挖深度的0.5～1.2倍，间距宜为1～2m，与水平面夹角宜为5°～20°；土钉钢筋宜采用HRB335、HRB400级钢筋，钢筋直径宜为16～32mm，钻孔直径宜为70～120mm；注浆材料宜采用水泥浆或水泥砂浆，其强度等级不宜低于M10；喷射混凝土面层宜配置钢筋网，钢筋直径宜为6～10mm，间距宜为150～300mm；混凝土强度等级不宜低于C20，面层厚度不宜小于80mm；坡面上下段钢筋网搭接长度应大于300mm。

当地下水位高于基坑底面时，应采取降水或截水措施；土钉墙墙顶应采用砂浆或混凝土护面，坡顶和坡脚应设排水措施，坡面上可根据具体情况设置泄水孔。

（三）灌注桩-大型支撑护壁

为避免锚杆向基坑周边延伸，与基坑周边地下构造形成冲突，以及锚杆因软土的锚固作用较差而产生问题，对于特殊大型深基坑，可以采用基坑内部支撑的方式，称为灌注桩-大型支撑护壁（如图1-28所示）。

图1-28　灌注桩-大型支撑护壁

大型支撑护壁的原理与灌注桩-锚杆腰梁相同，其目的均是有效增加灌注桩的侧向支撑，从而达到降低其内力（弯矩）的效果。

1.灌注桩-大型支撑护壁的基本工艺

采用大型支撑护壁，首先应将灌注桩或地下连续墙施工完成。由于大型支撑在基坑开挖后，不仅将承担基坑侧向挤压作用产生的轴向力，而且要承担自身巨大的跨度与自重产生的垂直（竖向）弯曲作用。因此，为了防止垂直受弯作用产生破坏，需要在大型支撑中部预设竖向支撑。竖向支撑一般采用与灌注桩相同的构造，与灌注桩同步施工，其位置在大型支撑的设计中确定。

以上工作完成后，开挖表层土，一般深度为500～800mm；之后在护壁灌注桩处设置冠梁，满足要求后设置安装第一层大型支撑。在确认无误后，实施下部开挖，直至需要安装第二层腰梁与大型支撑的标高，重复以上过程直至基坑底面。

2.大型支撑的设置

在支撑的设置上，一般采取以下几种模式：

（1）对向支撑模式

对于长度较长而宽度相对窄的基坑，如地铁车站，多采用对向支撑模式（如图1-29所示）。

图1-29 对向支撑模式

对向支撑构造简单，使用方便，传力明确，安全可靠，但这种支撑布置相对密集，空间狭小，对施工现场的空间利用情况影响较大。

（2）角部支撑模式

当基坑平面尺度较大时，对向支撑的跨度较大，自重所产生的支撑体系的侧向弯矩也将呈几何状态迅速增加。在基坑水平支撑结构下部预设垂直支撑虽是很好的方法，但由于占用了坑内空间，不仅导致基坑内部土方施工障碍，而且在下部结构体系施工时，也会形成很多不便。因此当基坑较大时，可以采用角部支撑的模式，以较小的支撑跨度承担较大的基坑侧壁（如图1-30所示）。

图1-30 角部支撑模式

（3）内环-外部支撑模式

角部支撑的有效范围是有限的，如果基坑平面尺度进一步加大，仅设有角部支撑无法满足要求，此时可以考虑采用内环-外部支撑模式。在大型支撑体系的内部构架一个封闭的环状结构，从而形成较大的内部空间，而大型支撑则构筑在外部护壁结构与内环之间，形成完整的护壁支撑体系（如图1-31（A）所示）。

理论上内环一般设计成圆形，外部支撑则以放射状分布其周边，能够更加有效地承受侧向作用。实际上由于外部支撑的轴向力并不完全相同，为了保证其内力在平面内被优化为仅有轴力，没有弯矩与剪力的作用，内环也有可能不是圆形，甚至可以被设计为方形（如图1-31（B）所示）。

（A）　　　　　　　　　　　　　　　　　　（B）

图1-31　内环支撑模式和内部矩形（方形）支撑模式

3.大型支撑的几个特殊问题

（1）土方开挖困难

大型支撑位于基坑内部，尽管可以有效支撑其侧壁，防止坍塌，但基坑内部的大型构造显然会对土方作业产生极其不利的影响，尤其是采用大型设备挖土时，犹如绣花一般。因此，在土方施工中应尽量减少坑内的支撑数量，提高施工效率（如图1-32所示）。

图1-32　大型支撑内部土方开挖

（2）影响地下结构施工

大型支撑的存在占用了大量的基坑内部空间，在地下结构施工中，将形成不利的障碍，需要将大型支撑逐层拆除。拆除过程既艰难又存在风险，一方面拆除混凝土结构本身就是十分困难的，另一方面当支撑体系被拆除后，失去侧向支撑的护壁体系有可能会坍塌。为了防止基坑坍塌，需要在地下室外墙外侧，在楼板等水平结构标高处，重新设置横向替代支撑。因此，在设置大型支撑时，其标高应避免与地下楼板发生冲突。工程在设置坑内大型护壁支撑时，也可以将其与永久性地下结构进行整合设计，使其成为地下结构的组成部分，这样无需再行拆除（如图1-33所示）。

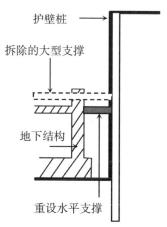

图1-33　地下支撑与地下结构的施工次序

（3）特殊土质的土体回缩坍塌风险

大型支撑安全效果好，当土壁存在向坑内坍塌的趋势时，土壁与支撑之间呈压紧状态，该支撑体系受力稳定，安全度较高。但当土壁在外部作用下出现反向回缩变形时，土壁与支撑之间将出现相互分离的趋势，当支撑中部没有竖向支撑，或竖向支撑不能承担其自重时，大型支撑将会脱落。特别是当基坑较深，设置有多层大型支撑系统时，基坑坍塌几乎是必然的。此时往往是土壁上部出现回缩现象，而下部向坑内挤压应力却是增加的趋势，如果上部支撑脱落下砸，将导致下部支撑也出现坍塌，从而使下部土壁失去支撑，进而向坑内变形迅速加剧，直至坍塌。这一坍塌过程往往在瞬间发生，如果基坑下部尚有操作工人，后果难以想象。

为了避免这种灾难性事故的出现，一般需要在支撑体系与护壁桩之间施加预应力，并时刻监控两者之间挤压应力的变化状况，特别是外部土层为含水率较高的黏性土、软黏土且地下水位存在季节性变化时，更应加强这种监控，当挤压应力出现减小趋势时，应立即采取措施，防止意外发生。

四、基坑的安全监测与施工注意事项

（一）基坑安全监测

尽管采取了有效的支护措施，基坑尤其是大型深基坑在施工过程中仍然存在着坍塌的可能性，需要严密监测。如果发生以下现象，应引起施工人员的注意，需要进一步仔细观察分析，否则随时有坍塌的可能。

如果周围地面出现裂缝，并有不断扩展的现象，或环梁、排桩、挡墙的水平位移较大，并持续发展，这说明基坑的侧壁在发生着持续性的变形，若继续发展下去，基坑随时有可能坍塌。在巨大的侧向压力作用下，支撑系统可能会发出挤压等异常响声，甚至是相当数量的锚杆螺母松动、槽钢松脱等，这代表着支撑系统在承受较大内力时，材料内部构造发生了微观的破坏，如果持续下去，将转化为宏观的裂缝或滑移；若出现支护系统局部失稳，或大量水土不断涌入基坑等现象，说明基坑已经开始小范围出现坍塌，必须立即采取抢险措施，否则大型坍塌随时有可能发生。

为了防止基坑坍塌，在基坑开挖前应作出系统的开挖监控方案，监控方案应包括监控目的、监测项目、监控报警值、监测方法及精度要求、监测点的布置、监测周期、工序管理和记录制度以及信息反馈系统等。基坑工程的监测包括支护结构的监测和周围环境的监测，重点是做好支护结构水平位移、周围建筑物、地下管线变形、地下水位等的监测。

（二）基坑（槽）土方开挖其他安全技术措施

首先，基坑（槽）开挖时，为了防止基坑坍塌的损失过大，一般严格要求操作人员与设备之间的距离，两人操作间距不应小于2.5m；多台机械开挖，挖土机间距应大于10m。在挖土机工作范围内，不允许进行其他作业，挖土应由上而下逐层进行，严禁先挖坡脚或逆坡挖土，更不得在危岩、孤石的下边或贴近未加固的危险建筑物的下面进行。

其次，基坑周边严禁超堆荷载。在坑边堆放弃土、材料和移动施工机械时，应与坑边保持一定的距离，当土质良好时，要距坑边1m以外，堆放高度不能超过1.5m。当采用反铲挖土机置于坑顶部边缘向下挖土时，应特别谨慎，只有当土质良好，基坑较浅时方可采用。

（三）基坑施工的安全应急措施

在基坑开挖过程中，一旦出现渗水或漏水，应根据水量大小，采用坑底设沟排水、引流修补、密实混凝土封堵、压密注浆、高压喷射注浆等方法及时进行处理。对于轻微的流砂现象，在基坑开挖后可采用加快垫层浇筑或加厚垫层的方法"压住"流砂；对于较严重的流砂，应增加坑内降水措施进行处理。如果发生管涌，可以在支护墙前再打设一排钢板桩，在钢板桩与支护墙间进行注浆处理。

如果支护结构位移超过设计估计值，应予以高度重视，同时做好位移监测，掌握发展趋势。如果位移持续发展，超过设计值较多时，水泥土墙则应采用背后卸载、加快垫层施工及加大垫层厚度和加设支撑等方法及时进行处理；悬臂式支护结构应采取加设支撑或锚杆、支护墙背卸土等方法及时进行处理。如果悬臂式支护结构发生深层滑动，应及时浇筑垫层，必要时也可以加厚垫层，以形成下部水平支撑。

如果支撑式支护结构发生墙背土体沉陷，应采取增设坑外回灌井、进行坑底加固、垫层随挖随浇、加厚垫层或采用配筋垫层、设置坑底支撑等方法及时进行处理。对邻近建筑物沉降的控制一般可以采用回灌井、跟踪注浆等方法。对于沉降很大，而压密注浆又不能控制的建筑，如果基础是钢筋混凝土的，则可以考虑采用静力锚杆压桩的方法进行处理。

对基坑周围管线进行保护的应急措施一般有增设回灌井、打设封闭桩或管线架空等方法。

第四节　土方施工设备的选择与使用

正确地选择和使用工程设备，是降低成本尤其是机械使用费用的基本前提。土方工程所使用的大型设备较多，成本较高，需要谨慎选择，满足施工技术、安全、成本和进度等多方面的需求。特别需要注意的是，由于技术的进步与发展，各种设备更新周期较快，相关性能很可能与教材甚至手册中的说明不一致，需要及时了解掌握，更好地发挥设备的功效。

土方机械化开挖应根据基础形式、工程规模、开挖深度、地质、地下水情况、土方量、运距、现场和机具设备条件、工期要求以及土方机械的特点等合理选择挖土机械，以充分发挥机械效率，节省机械费用，加速工程进度。土方机械化施工常用的机械有：推土机、铲运机、挖掘机（包括正铲挖掘机、反铲挖掘机、拉铲挖掘机、抓铲挖掘机等）等。

一、推土机

推土机是使用最为广泛的土方机械，大量用于矿山、水利、道路、建设等工程。

（一）推土机的分类

推土机按行走装置不同可分为轮胎式（如图1-34所示）和履带式（如图1-35所示）。其中履带式推土机牵引力大，爬坡能力强，但行驶速度慢，不能自行转场，必须采用大型拖挂车完成。轮胎式推土机行驶速度快，机动灵活，可以自行在公路上运行转场，但牵引力小，适合在需要经常变换工地的情况下使用。

图1-34　轮胎式推土机

图1-35　履带式推土机

推土机按用途分为通用型和专用型两种。专用型推土机是为了满足某些特殊用途而制造的，如沼泽地推土机、水下推土机等。建筑工程一般采用通用型推土机。

（二）推土机的应用范围

推土机是最常用的土方设备，操纵灵活，运转方便，所需工作面较小，行驶速度快，易于转移，爬坡能力强，应用范围较广。尽管在理论上推土机只适于开挖一至三类土，多用于平整场地和开挖深度不大的基坑，移挖作填，回填土方，堆筑堤坝以及配合挖土机集中土方、修路开道等，但实际工程中，由于推土机技术的发展，尤其是加挂犁钩后，其开挖能力已经达到可以开挖五类甚至更加坚硬的六类土，如果配以有效的通行坡道，推土机可以在任意深度的大型基坑中作业。

（三）推土机的工作状况

推土机作业以切土和短距离推运土方为主，切土时应根据土质情况，尽量采用最大切土深度在最短距离（6~10m）内完成，以便缩短低速行进的时间，然后直接推运到预定地点。推土机开挖的基本作业是铲土、运土和卸土三个工作行程和空载回驶行程。推土机工作时上下坡坡度一般不超过35°，横坡不超过10°。在进行回填土和填沟渠时，铲刀不得超出土坡边沿。几台推土机同时作业时，前后应保持足够的安全操作距离。

常规推土机经济运距在100m以内，效率最高的运距为60m。为提高生产率，可采用槽形推土、下坡推土以及并列推土等方法。

二、铲运机

铲运机（如图1-36所示）是一种能综合完成挖土、运土、卸土、填筑、整平等多项作业的机械。铲运机施工时利用铲削土壤，并将碎土装入铲斗进行运送和卸土整平。铲运机操作灵活，几乎不受地形限制，不需特设道路，能实现原地转向，在气候恶劣、场地狭窄、地质状况差的泥泞和沼泽地带，能实现全天候、连续、高效作业，具备良好的可靠性和适应性。一台主动式铲运机在单位时间内可以完成相当于一台挖机、一台推土机和两台装载车共同的作业量。

图1-36　铲运机

一般的铲运机适于开挖一至三类土，常用于坡度在20°以内、运距在2 000m以内的野外非公路运输的大型土石方施工，包括土方挖、填、平整、压实等。该设备在筑路工程、水利工程等施工中较为常见，在建筑工程中，由于场地周转的限制，相对使用较少，在城市建设中更是罕见。

铲运机按行走方式不同可分为自行式铲运机（如图1-37（A）所示）和拖式铲运机（如图1-37（B）所示）两种。按铲斗的操纵系统不同又可分为机械操纵和液压操纵两种。

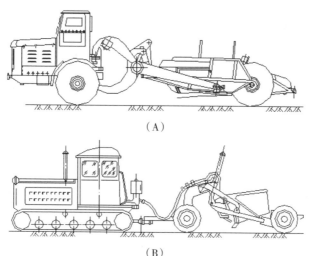

（A）

（B）

图1-37　自行式铲运机与拖式铲运机

铲运机运行路线和施工方法视工程大小、运距长短、土的性质和地形条件等而定。其运行线路可采用环形路线或8字路线，适用于运距为600～1 500m的工程，当运距为200～350m时效率最高。具体施工时可以采用下坡铲土、跨铲法、推土机助铲法等，以缩短装土时间，提高土斗装土量，充分发挥其效率（如图1-38所示）。

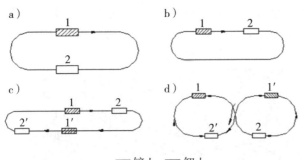

a）环形路线
b）环形路线
c）大环形路线
d）8字路线

▨铲土 □卸土

图1-38　铲运机的运行路线

三、挖掘机

挖掘机无疑是土方工程中的关键性设备，是用铲斗挖掘高于或低于承机面的物料，并装入运输车辆或卸至堆料场的土方机械。挖掘机挖掘的物料主要是土壤、煤、泥沙以及经过预松后的土壤和岩石。选用挖掘机所要参考的最重要的三个参数是操作重量（质量）、发动机功率和铲斗斗容，其中最主要的是操作重量，其决定了挖掘机的级别，决定了挖掘机挖掘力的上限，如果超过这个极限，挖掘机将出现打滑，甚至出现危险。

常见的挖掘机按驱动方式分有内燃机驱动挖掘机和电力驱动挖掘机两种，其中电动挖掘机主要应用在高原缺氧与地下矿井和其他一些易燃易爆的场所。按照行走方式的不同，挖掘机可分为履带式挖掘机和轮式挖掘机。按照传动方式的不同，挖掘机可分为液压挖掘机和机械挖掘机。机械挖掘机主要用在一些大型矿山上。按照用途来分，挖掘机又可以分为通用挖掘机、矿用挖掘机、船用挖掘机、特种挖掘机等不同的类别；按照铲斗的不同来分，挖掘机又可以分为正铲挖掘机、反铲挖掘机、拉铲挖掘机和抓铲挖掘机。正铲挖掘机多用于挖掘地表以上的物料，反铲挖掘机多用于挖掘地表以下的物料。

（一）正铲挖掘机

铲斗向前，前进向上，强制切土的挖掘机是正铲挖掘机（如图1-39所示）。

图1-39　正铲挖掘机

　　由于采用向前推进的形式，正铲挖掘机力量较大，但也只能开挖停机面以上的土。正铲挖土机的开挖方式根据开挖路线与运输车辆的相对位置的不同，挖土和卸土的方式有以下两种：正向挖土，侧向卸（装）土；正向挖土，反向卸（装）土。

　　（1）正向挖土，侧向卸（装）土：正铲向前进方向挖土，汽车位于正铲的侧向装车。采用这种方式装车方便，循环时间短，生产效率高，一般用于开挖工作面较大，深度不大的边坡、基坑（槽）、沟渠和路堑等，为最常用的开挖方法。

　　（2）正向挖土，反向卸（装）土：正铲向前进方向挖土，汽车停在正铲的后面。采用这种方式开挖工作面较大，生产效率较低，一般用于开挖工作面较小且较深的基坑（槽）、管沟和路堑等。

　　应该注意的是，由于正铲挖掘机向上开挖作业，因此正铲挖掘机可以将基坑挖大，但挖深比较困难。

（二）反铲挖掘机

　　铲斗向下，采用后退向下，强制切土的方式进行施工作业的是反铲挖掘机。相对于正铲挖掘机，反铲挖掘机更加灵活，既可以向上挖掘停机坪以上的土，也可以向下挖掘停机坪以下的土，但由于自重的关系，在挖掘停机坪以上的土时，其力量有限；同时挖掘停机坪以下的土时，存在一定的风险，用力过大时，易产生土坡坍塌。该设备主要适用于开挖含水率高的砂土或黏土，可以用于停机面以下深度不大的基坑（槽）或管沟、独立基坑及边坡的开挖（如图1-40所示）。

图1-40　反铲挖掘机

　　根据挖掘机的开挖路线与运输汽车的相对位置不同，一般有沟端开挖法、沟侧开挖法、沟角开挖法、多层接力开挖法等几种模式。

　　作为目前国内建筑业最常使用的土方工程机械，反铲挖掘机在绝大多数情况下并不用来实施挖掘作业，而是利用其操作灵活的特点实施装车作业，挖土的工作主要由推土机承担。其具体操作模式是：采用推土机将土层铲起，并在场地内推送至指定位置形成土堆；再由反铲挖掘机在土堆上装车运离现场。因此，国内土石方工程界经常将推土机、反铲挖掘机、自卸汽车列为基本的和必选的设备，而其他设备一般是可有可无的。

（三）拉铲挖掘机与抓铲挖掘机

拉铲挖掘机与抓铲挖土机也叫索铲挖土机，其挖斗均采用柔索与斜臂相连。

拉铲挖掘机工作时，利用惯性将铲斗抛出，向后向下，靠自重切土，挖土半径和挖土深度较大，但柔索难以控制，不如反铲灵活准确，而且受力较小。拉铲挖掘机主要适用于一至三类土，散料最为适合，可开挖停机面以下的土方，如较大基坑（槽）和沟渠、水下泥土等，也可用于填筑路基、堤坝等（如图1-41（A）所示）。

抓铲挖掘机也叫抓斗挖掘机，直上直下，靠自重切土，用于开挖停机面以下的一、二类土，在软土地区常用于开挖基坑、沉井等，尤其适用于挖深而窄的基坑或疏通旧有渠道以及挖取水中淤泥等，或用于装载碎石、矿渣等松散料等。在河流疏浚工程中，抓斗易被淤泥吸住，应避免用力过猛，以防翻车。抓铲挖掘机施工一般需加配重以保证安全（如图1-41（B）所示）。

（A）　　　　（B）

图1-41　拉铲挖掘机与抓铲挖掘机

📖 扩展阅读——工程机械选用的几个特殊问题

大型工程机械是经济投入较大的固定资产，在选用时除非土石方专营企业外一般以租用为主。为提高其使用年限获得更大的经济效益，设备所有者对于相关设备必须做到定人、定机、定岗，明确职责，如果必须调岗，应进行设备交底。在使用时，使用方应根据工程的具体情况选择不同的设备，没有最好的设备，只有最合适的设备。

大型工程机械进入施工现场后，驾驶员应先观察工作面地质及四周环境情况，大型工程机械旋转半径内不得有障碍物，以免对车辆造成划伤或损坏。机械启动后，禁止任何人员站在铲斗内、铲臂上及履带上，以确保安全生产。大型工程机械在工作中，禁止任何人员在回转半径范围内或铲斗下面工作、停留或行走，非驾驶人员不得进入驾驶室乱摸乱动，不得带培训驾驶员，以免造成电气设备的损坏。

大型工程机械在挪位时，驾驶员应先观察并鸣笛，后挪位，避免机械旁边有人造成安全事故，挪位后的位置要确保大型工程机械旋转半径内无任何障碍，严禁违章操作。工作结束后，应将大型工程机械挪离低洼处或地槽（沟）边缘，停放在平地上，关闭门窗并锁好。

驾驶员必须做好设备的日常保养、检修、维护工作，做好设备使用中的每日记录，发现车辆有问题不能带病作业，应及时汇报修理。

大型工程机械操作属于特种作业，需要有特种作业操作证才能进行大型工程机械作业。

📖 扩展阅读——工程机械的发展历程

最早的推土机是美国人B.霍尔特在1904年制作的，他在以蒸汽机为动力的履带式拖拉机的前端安装了靠人力提升的推土装置。1906年，推土装置装在以汽油机为动力的拖拉机上。1928年，推土装置的提升由手动改为钢丝绳操纵。1931年，推土装置装在以柴油机为动力的拖拉机上，增大了推土机的功率，降低了使用成本。20世纪30年代末，出现了轮胎式推土机。随着液压技术的兴起，推土装置的升降改为液压操纵。20世纪50年代初，液力机械传动开始用于推土机。1968年，日本制成了水陆两用推土机，作业水深为3m。1974年，联邦德国生产出全液压推土机。

铲运机的发展已经有上百年的历史，18世纪就出现了马拉式铲运机，其铲运斗置于地面，用马拖拉，运距为15~50m。1883年制造出轮式全金属铲运机，1910年，美国制造了拖拉机牵引的专用铲运机，苏联在20世纪20年代以后成批制造了轮胎拖式铲运机。

1938年美国制造出自行式铲运机，1949年制造出双发动机铲运机，20世纪60年代制造出了链板装载式铲运机和世界上最大的铲运机（其斗容量为200m³）。

最初挖掘机是手动的，从发明到现在已经有130多年了，期间经历了由蒸汽驱动斗回转挖掘机到电力驱动和内燃机驱动回转挖掘机、应用机电液一体化技术的全自动液压挖掘机的逐步发展过程。第一台液压挖掘机由法国波克兰工厂发明，1899年，第一台电动挖掘机出现。由于液压技术的应用，20世纪40年代有了在拖拉机上配装液压反铲的悬挂式挖掘机。1951年，第一台全液压反铲挖掘机由位于法国的Poclain（波克兰）工厂推出，从而在挖掘机的技术发展领域开创了全新空间。20世纪50年代初期和中期，相继研制出拖式全回转液压挖掘机和履带式全液压挖掘机。

随着技术的进步与大型工程的需要，20世纪80年代特大型挖掘机开始出现，如美国马利昂公司生产的斗容量50~150m³的剥离用挖掘机，斗容量132m³的步行式拉铲挖掘机；B-E（布比赛路斯-伊利）公司生产的斗容量168.2m³的步行式拉铲挖掘机，斗容量107m³的剥离用挖掘机等，是世界上目前最大的挖掘机。

从20世纪后期开始，国际上挖掘机的生产开始向大型化、微型化、多功能化、专用化和自动化的方向发展。

第五节　土石方施工方案设计

当前述工作均已完成后，基坑开挖就可以正式开始了，但仍需注意的是，基坑开挖是工程事故的多发环节，安全不容小觑；同时，土方工程量巨大，地下结构异常复杂，变异较多，在工程成本控制与进度控制方面尤其需要加强，否则可能在开工之际就会形成巨额亏损或长期延误。

一、基坑施工的基本原则

在基坑施工过程中，安全是最为重要的，必须牢记以下原则，即"开槽支撑，先撑后挖，分层开挖，严禁超挖，注意排水，随时观察，坡顶限载，基坑不塌"。一般来讲，只要是基坑坍塌事故，必然与以上至少一个原因相关。

另外，由于现有科技发展水平的限制，土层的真实状态不可能与地质勘察报告完全一致，甚至可能存在较大的差异，因此"如有异常、必须报告，等待处理、按图施工"也是施工过程中应坚持的重要原则，即在施工中发现任何异常状况，施工方必须立即停工，及时向发包人和驻地监理工程师报告，等待下一步的指令，按照相关要求进行施工。如果施工方没有遵循以上程序，若发生事故，或造成成本增加、进度延迟等不利后果，必须承担全部责任——"擅自施工，自行担责"。

二、基坑开挖工艺设计

基坑开挖的工艺设计包括平面设计和剖面设计两个环节，但两个环节并非完全独立，而是相辅相成的。基坑开挖具体方案需要根据基础施工图、结构总说明、地质勘察报告等关键性技术资料来确定。

（一）基坑平面设计

基坑开挖的平面设计包括工程机械行走路径、坡道、基坑内部各部分的关系以及边坡、围堤等。边坡、围堤在前文已经阐述，此处专门介绍坡道以及基坑内部的几何关系。

1.工程机械的回转路径与坡道设计

大型设备功效高，单方成本低，相比人工土方开挖具有无可比拟的优势。当使用大型设备进行开挖时，相关设备的行走路径设计是十分重要的，一方面要保证设备的运行顺畅，另一方面还要保证安全施工的要求。在具体设计过程中，要遵循以下原则：

（1）设备运转需要基本的工作面与道路。

大型设备的运行需要具备足够的工作面，包括基本道路宽度、回转半径、停车位置等，不能满足要求时，设备将无法运行。

设备运转所需的道路必须具备足够的承载能力，防止因重压导致变形过大致使设备无法运行。如果在城市中施工，现场道路的出口必须设置有效的清洁设施，防止轮胎所携带的泥土、渣屑给城市造成污染。道路应根据所采用的车辆进行宽度设计，采用单向车道时，应将场地内的车道设计成回转模式，以保证车辆的有效通行；采用双向车道时，应在场内道路尽端设置足够的回转场地。

（2）设备运转需坡道的设置。

由于基坑存在深度，很多基坑深度在10m以上，有的甚至20～30m，上海虹桥交通枢纽在施工时，其基坑的最深处可达70m，因此必须设置有效的方式，才能保证大型设备的正常进出。目前绝大多数的基坑均采用坡道的方式解决设备进出基坑的问题。在坡道的设置上，有以下几种模式：

模式一：外坡道模式

所谓外坡道，即坡道设置于预建地下结构边缘外部，一般坡道与基坑一边平行，为了保证坡度方便机械进出，深基坑坡道往往比较长，可能围绕在基坑内侧周边设置（如图1-42所示）。由于坡道在地下结构以外，因此所形成的基坑较大，地表占地较大，土方量无疑也会增加。但该模式坡道留设简单，在基坑施工周期内，坡道可以完全保留，有利于基坑和地下结构的材料周转、人员进出等工作的顺利进行。如果该工程设计有地下车库，施工坡道经过处理后，可以成为地下车库的永久性坡道。

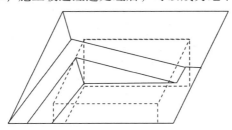

图1-42　外坡道基坑

模式二：内坡道模式

所谓内坡道，即坡道设置于预建地下结构边缘内部，其他构造与外坡道相同。由于坡道在地下结构以内，当基坑完成后，需要将坡道挖除，才能进行地下结构施工（如图1-43所示）。如果基坑较浅，土质适当，可以采用反铲挖掘机站位在坡道上，后退挖土，将坡道清除后，挖掘机停在坑顶端；如果基坑较深，则只能采用普通施工模式，将坡道挖除后，挖掘机可能滞留于坑底，此时必须采用大型起重机将其运走（如图1-44所示）。之后采用脚手架来架设工人进出基坑的通道（如图1-45所示）。

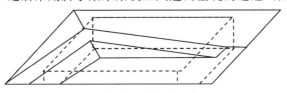

图1-43　内坡道基坑

图1-44 挖掘设备吊出基坑

内坡道模式场地占用小，土方量低，但由于在基坑施工后期必须将坡道清除，在施工中会形成不便，难度较大。

图1-45 人员上下基坑通道

2.基坑之间的平面关系

当现场存在多个坑槽时（如独立基础的基坑就是由多个独立的坑槽构成的），每个小型坑槽可以采用独自进行开挖的模式。此时土方量小，基于土方量所计算的成本相对低廉——但需要明确的是，这种精细化的施工方式一般仅可以采用人工方式进行，而且必须在较软的土层中（一、二类土）开挖较浅的基坑（深度不超过1.5m）才可以，与此同时，功效也会较低。

对于较深的基坑、相对坚硬的土层或为满足施工效率的需要，可以采用机械开挖。机械施工不可能采用小型坑槽独自开挖的施工模式，必然是大面积普遍开挖。此时土方量将超出预估的范围，不论是开挖量还是回填量均会大幅度提高，成本将上升，但与效率提高所获得的收益相比，总成本可能会下降。

在进行机械施工时采用全部成片开挖还是部分基坑联合开挖，一直是困扰现场工程技术与成本核算人员的问题之一。

（二）基坑的剖面设计

如果现场基坑数量较多，或一个基坑底部存在着不同的深浅组成部分，则需要对各个部分进行合理的设计，既要满足图纸设计要求，也要保证施工的方便与安全。

1.基坑之间的水平位置相关关系

一个建筑物可能存在多个基坑，在采用独立基础的建筑物中尤其如此。独立基础一般可以采用每个基础基坑单独人工开挖，以便减少土方量。但是采用该施工模式的前提是，基坑之间的距离与基坑深度必须满足一定的条件，否则必须将独立基坑之间的土墙清除，以防止坍塌事故。

如图1-46所示，当相对浅基坑深度H大于其底边缘距深基坑等标高处水平距离D时，为了防止基坑之间的土墙坍塌，应将其及时清除至浅基坑坑底标高。

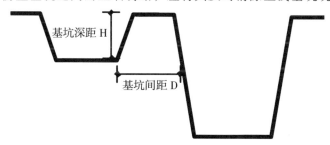

图1-46　深浅基坑的相关关系1

2.基坑之间的高差处理

如果相邻独立基础底标高之间存在较大的高差，基础的滑坡问题将会较为严重，这不仅会造成施工的不便，更重要的是在主体竣工后，由于上部结构产生的巨大的压力，会致使高位基础向低处产生滑坡，其后果是难以想象的，因此必须在施工时加以处理。其具体处理方式有以下两种：

方法1：将浅基坑挖深

该做法是将相对浅的基坑继续挖深，使相邻基坑底部高差与底部外边缘的距离的比值ΔH/D控制在限定范围之内——当相邻基坑之间为土质时应小于1/2，当相邻基坑之间为石质时应小于1，且基坑底边缘连线以下的土层不得挖除（如图1-47所示）。

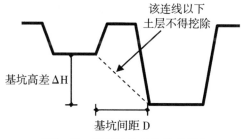

图1-47　深浅基坑的相关关系2

该做法适用于开挖相对容易，挖掘成本较低的工程。同时，由于浅基础加深，会导致其上部结构的变化，主要是上部柱子需要延长，应及时与设计方沟通解决。

方法2：对深基坑进行强化回填

为了防止滑坡的出现，也可以将深基坑的回填土置换为低强度混凝土进行强化回填，这样可以有效阻挡深基坑侧壁的滑移。为防止滑坡，混凝土强度一般不应低于C20。为了节约成本，可以在混凝土中加入毛石，减少混凝土用量。该方式主要用于岩石地基中，此时由于土层坚硬，开挖困难，若按照方法1处理，将耗费大量的人工成本，工期也会较长；而按照本方法处理，尽管回填成本有所增加，但相对来说成本较低。当然，在具体施工时应做好比选，以保证达到工期、质量和成本等多方面的要求。

相邻基坑开挖时，应遵循先深后浅或同时进行的施工程序。挖土应自上而下水平分段分层进行，边挖边检查坑底宽度及坡度；不满足要求时要及时修整至设计标高后，再统一进行一次修坡清底，检查坑底宽度和标高。

三、土方施工方案的整体设计

对于一个基坑施工，一般工艺工序的选择与确定按照实用、安全、经济的原则，遵循以下程序进行：

1.设置现场测控点与测量控制方格网，进行场地测量和土方测算。

2.根据基础深度、场地状态、地质状况，判断是否需要护壁，如果不需要，则确定放坡开挖的计划，并根据现场坡度状况设置场地围堤。

3.如果需要土坡支护，则根据土质、深度、周边建筑的状况，确定护壁的种类。

（1）浅基坑、软土，优选钢板桩，周边扰动小、挤土效应小、可以回收，成本低，速度快，能满足止水要求。

（2）浅基坑、一般土层，可以采用钢板桩或混凝土预制桩，但当周边建筑或构造对振动较为敏感，或基坑岩层较浅不满足要求时，需要采用灌注桩或水泥浆固化土层。

（3）基坑周边地下无相关构造，非软土地质状况，满足要求时可以选择土层/岩层锚杆进行护壁，成本相对较低，施工周期短，可与基坑土方开挖同步进行。

（4）深度较大或周边地表、基坑地面以上部位以及地质条件复杂时，需要采用灌注桩、地下连续墙。

（5）当基坑非常深，地下连续墙、灌注桩护壁不能承担土侧压力产生的弯矩时，如果周边土层允许，可以采用附加锚杆设置腰梁、冠梁，将悬臂构造转化为连续梁，减小弯矩。

（6）当（5）所述情况中，周边土层复杂，或为软土，不能进行锚杆施工时，可以采用基坑内部大型水平支撑系统。当基坑较大时，最好在基坑中部预先设置构造桩，作为大型水平支撑的跨中支座，避免水平轴力与竖向弯矩的共同作用产生破坏。

一般来说，以上几种基本做法可以满足各种基坑支护的要求，当基坑及其地质构造、周边状况非常特殊时，应与勘察设计单位协商选择施工方案。

4.根据地下水状况，选择地下水位的降低与控制办法。

（1）地下水较少，且土层受地下水流影响较小时，可以采用集水坑（井）进行降水。

（2）地下水较多，土层易产生流沙时：

① 浅基坑采用轻型井点为佳，不满足要求时采用管井等大出水量的降水方式；

② 深基坑、周边场地允许时，可以采用多级降水；

③ 深基坑场地不允许时，采用深井井点降水。

（3）降水对于周边土层、地下构造产生不利影响，造成地表沉降、建筑倾斜或地下结构开裂时，应设置止水帷幕或采用压力回灌的方式解决。

（4）淤泥质土层水量丰富但难以抽排时，可以采用冻结法施工。

5.进行整体基坑的平面、剖面、坡道设计，最终确定土方总量。

6.选择土方施工机械，一般市区工程多采用推土机、反铲挖掘机和自卸汽车进行联合作业。

7.具体实施土方施工，实时监测，按计划进行。

第六节　土方工程施工后的几个问题

一、基底土层的保护

（一）基底保护的目的

基坑底部的土层是自然界经过亿万年形成的原状土层，完全处于各种平衡与稳定的状态。但在基坑开挖后，这部分土层暴露出来，一方面会由于上部的土层压力消失而出现反弹，另一方面会由于空气、雨水的作用产生风化，其基本状态会发生改变，可能会导致承载力或其他关键性能的变化。因此，在基坑施工完成后，应立即进行上部结构的施工，减少基底暴露的时间，避免基坑暴露于冬季严寒中和雨季的水浸，并及时做好基底的保护。

（二）基底保护的方法

基坑开挖应尽量防止对地基土的扰动，基坑挖好后不能立即进行下道工序时，应采取保留土层的方式对持力层进行保护。保留土层厚度随着开挖方式的不同而不同——当用人工挖土时，应保留15～30cm的一层土不挖；采用机械开挖基坑，使用铲运机、推土机时，保留土层厚度为15～20cm，使用正铲、反铲或拉铲挖土时保留土层厚度为 20～30cm。

雨季施工时应适当增加保留土层的厚度，并采用分段开挖的形式，挖好一段后随即浇筑垫层，同时在基坑四围筑土堤或挖排水沟，以防地面雨水流入基坑内，并且常检查边坡和支撑情况，以防止坑壁受水浸泡，造成塌方。

对于深基坑，要防止挖土后土体回弹变形过大。施工中减少基坑回弹变形的有效措施是设法减少土体中有效应力的变化，减少暴露时间，并防止地基土浸水。因此，在基坑开挖过程中和开挖后，均应保证井点降水正常进行，并在挖至设计标高后，尽快浇筑垫层和底板，必要时可对基础结构下部土层进行加固。

二、验槽

所有的建（构）筑物基坑均应进行施工验槽——即基坑完成后，由相关工程技术人员对基坑的基本状况，对基坑是否符合地质勘察报告，对基坑是否符合设计要求进行确认的程序。

（一）验槽时必须具备的资料和条件

基坑挖至基底设计标高并清理后，施工单位必须会同勘察、设计、建设（或监理）等单位共同进行验槽，合格后方能进行基础工程施工。验槽时所需的基本资料包括基础施工图和结构总说明、详细勘察阶段的岩土工程勘察报告。验槽必须在基坑开挖完毕、槽底无浮土、松土（若分段开挖，则每段条件相同）条件良好时进行。

1.验槽的准备

在进行验槽之前应做好充足的准备工作，以便验槽的顺利进行。这些准备工作包括：

（1）仔细阅读和察看结构说明与地质勘察报告，对比结构设计所用的地基承载力、持力层与报告所提供的是否相同；现场查看建筑位置是否与勘察范围相符；如有不同，则必须查明情况，请相关单位予以说明，并出具正式的变更报告。

（2）察看场地内是否有软弱下卧层或特别不均匀场地，是否存在勘察方要求进行特别处理的情况而设计方没有进行处理，这些都会对未来的基础受力与变形产生关键性的影响，必须明确。

（3）要求建设方提供场地内地下管线和相应的地下设施的有关说明。

2.无法验槽的情况

如果现场存在以下情况，则一般无法实施验槽程序，需要进行处理。

（1）基槽底面与设计标高相差太大，此时无法满足设计要求，高出设计标高自然不可以，过低也需要局部加强填筑处理，才能够达到设计要求。

（2）基槽底面坡度较陡，高差较大。如果有这种情况，有可能会导致滑坡事故，如果这一事故发生在建筑物建成之后，则可能是灾难性的。

（3）槽底有明显的机械车辙痕迹，槽底上扰动明显或基底有明显的机械开挖、未加人工清除的沟槽、铲齿痕迹，这将无法对基底的土层作出合理的判断，不能准确了解基底土层的基本状态。

（4）现场没有详勘阶段的岩土工程勘察报告或基础施工图和结构总说明。这是最基本的技术资料，如果没有则验槽无法进行。

3.验槽中止与推迟

有的时候验槽正常进行过程中发现有异常现象，验槽也需要中止，待相关问题被处理后再进行验槽，此时称为推迟验槽。常见的验槽中止与推迟的情况包括：

（1）设计所使用的承载力和持力层与勘察报告所提供的不符；

（2）场地内有软弱下卧层而设计方未说明相应的原因；

（3）场地为不均匀场地，勘察方需要进行地基处理而设计方未进行处理。

（二）验槽的主要内容

不同建筑物对地基的要求不同，基础形式不同，验槽的内容也不同，但常规的内容基本相同，主要有以下几点：

（1）根据设计图纸检查基槽的开挖平面位置、尺寸、槽底深度；检查基坑是否与设计图纸相符，开挖深度是否符合设计要求。该过程主要由设计方进行确认。

（2）仔细观察槽壁、槽底土质类型、均匀程度和有关异常土质是否存在，核对基坑土质及地下水情况是否与勘察报告相符。该过程主要由勘察方进行确认。

（3）检查基槽之中是否有旧建筑物基础、古井、古墓、洞穴、地下掩埋物及地下人防工程等。这一过程将由现场有关各方共同进行。

（4）检查基槽边坡外缘与附近建筑物的距离，基坑开挖对建筑物稳定是否有影响。该过程需要勘查和设计方共同确认，如果存在问题，则由双方根据现场状况提出正式书面意见，由施工方执行。

（5）对于现场异常的地域除了一般的观察之外，还需要进行钎探或轻型动力触探，如果进行了相关工作，勘察与设计方必须检查、核实、分析钎探资料，对存在的异常点位进行复核检查。

（三）验槽方法

验槽通常采用观察法，而对基底以下土层的不可见部位要先辅以钎探法配合共同完成。在采用观察法时，以下情况需要注意：

（1）仔细查看槽壁、槽底的土质情况，验证基槽开挖深度，初步验证基槽底部土质是否与勘察报告相符，观察槽底土质结构是否被人为破坏。

（2）观测基槽边坡的稳定性，是否有影响边坡稳定的因素存在，如地下渗水、坑边堆载或近距离扰动等，对难于鉴别的土质，应采用局部探孔等手段挖至一定深度仔细鉴别。

（3）查看基槽内有无旧的房基、洞穴、古井、掩埋的管道和人防设施等。如存在上述问题，应沿其走向进行追踪，查明其在基槽内的范围、延伸方向、长度、深度及宽度。

在进行直接观察时，可用袖珍式贯入仪作为辅助工具。

验槽时应重点观察桩基、墙角、承重墙下或其他受力较大部位。如有异常部位，要会同勘察、设计等有关单位进行处理。

📖 扩展阅读——验槽的钎探法与轻型动力触探

对于绝大多数基坑，验槽采用观察法即可，但特殊情况下，需要进行辅助钎探或轻型动力触探，以便更深入地了解土层的分布状态。

1. 钎探法

（1）工艺流程

绘制钎点平面布置图→放钎点线→核验点线→就位打钎→记录锤击数→拔钎→盖孔保护→验收→灌砂。

（2）人工（机械）钎探

采用直径22～25mm钢筋制作的钢钎，使用人力（机械）使大锤（穿心锤）自由下落规定的高度，撞击钎杆垂直打入土层中，记录其单位进深所需的锤数，为设计承载力、地勘报告、基土土层的均匀度等质量指标提供验收依据。其是在基坑底进行轻型动力触探的主要方法。

（3）作业条件

人工挖土或机械挖土后由人工清底到基础垫层下表面设计标高，表面人工铲平整，基坑（槽）宽、长均符合设计图纸要求；杆上预先用钢锯锯出以300mm为单位的轴线，0刻度从钎头开始。

（4）主要机具

钎杆：用直径为22～25mm的钢筋制成，钎头呈60°尖锥形状，钎长2.1～2.6m；

大锤：普通锤子，重量8～10kg；

穿心锤：钢质圆柱形锤体，在圆柱中心开孔28～30mm，穿于钎杆上部，锤重10kg；

钎探机械：专用的提升穿心锤的机械，与钎杆、穿心锤配套使用。

（5）根据基坑平面图，依次编号绘制钎点平面布置图

按钎点平面布置图放线，孔位洒上白灰点。用盖孔块压在点位上做好覆盖保护、盖孔块宜采用预制水泥砂浆块、陶瓷锦砖、碎磨石块、机砖等。每块盖块上面必须用粉笔写明钎点编号。

（6）就位打钎

钢钎的打入分人工和机械两种。

人工打钎：将钎尖对准孔位，一人扶正钢钎，一人站在操作凳子上，用大锤打钢钎的顶端；锤举高度一般为50cm，自由下落，将钎垂直打入土层中，也可使用穿心锤打钎。

机械打钎：将触探针尖对准孔位，再把穿心锤套在钎杆上，扶正针杆，利用机械动力拉起穿心锤，使其自由下落，锤距为50cm，把触探杆垂直打入土层中。

（7）记录锤击数

钎杆每打入土层30cm时，记录一次锤击数。钎杆深度以设计为依据，如设计无规定，一般钎点按纵横间距1.5m梅花形布设，深度为2.1m。

（8）拔钎、移位

用麻绳或钢丝将钎杆绑好，留出活套，套内插入撬棍或钢管，利用杠杆原理，将钎拔出。每拔出一段将绳套往下移一段，以此类推，直至完全拔出为止；将钎杆或触探器搬到下一孔位，以便继续投钎。

（9）灌砂

钎探后的孔要用砂灌实。打完的钎孔，经过质量检查人员和有关工长检查孔深与记录无差异后，用盖孔块盖住孔眼。当设计、勘察和施工方共同验槽办理完验收手续后，方可灌孔。

（10）质量控制及成品保护

①同一工程中，钎探时应严格控制穿心锤的落距，不得忽高忽低，以免造成钎探不准。使用钎杆的直径必须统一。

②钎探孔平面布置图绘制要有建筑物外边线、主要轴线及各线尺寸关系，外圈钎点要超出垫层边线200～500mm。

③遇钢钎打不下去时，应请示有关工长或技术员，调整针孔位置，并在记录单备注栏内做好记录。

④钎探前，必须将钎孔平面布置图上的针孔位置与记录表上的针孔号先行对照，无误后方可开始打钎，如发现错误，应及时修改或补打。

⑤在记录表上用有色铅笔或符号将不同的钎孔（锤击数的大小）分开。

⑥在钎孔平面布置图上，注明过硬或过软的孔号的位置，把枯井或坟墓等尺寸画上，以便设计勘察人员或有关部门验槽时分析处理。

⑦打钎时，注意保护已经挖好的基槽，不得破坏已经成型的基槽边坡；钎探完成后，应做好标记，用砖护好钎孔，未经勘察人员检验复核，不得堵塞或灌砂。

2.轻型动力触探

遇到下列情况之一时，应在基坑底普遍进行轻型动力触探（现场也可用轻型动力触探替代钎探）：

①持力层明显不均匀；

②浅部有软弱下卧层；

③有浅埋的坑穴、古墓、古井等，直接观察难以发现时；

④勘察报告或设计文件规定应进行轻型动力触探时。

三、垫层

基坑完成并经过验槽后，应立即覆盖垫层进行保护。垫层一般以低强度等级的素混凝土（多为C15）铺筑完成，垫层的最薄厚度应控制在100mm以上，垫层在平面尺度上每边应大于基础底面边缘约100mm。

另外，如果是岩层地基，基坑底部经爆破或大型设备开挖后，很难保证是平整规则的几何状态，因此局部垫层可能较厚，但最薄处的厚度仍不得小于100mm。当垫层厚度大于300mm时，应适当提高垫层混凝土的强度等级至C20或C25，具体应与结构工程师协商后，按照正式图纸与施工指导意见进行处理。

如果局部存在软弱的下卧层，应及时将其清理干净，根据结构工程师所出具的正式图纸与施工指导意见进行处理后，再以垫层覆盖。

尽管经垫层覆盖后的基坑可以在相对长的时间内抵御自然的侵蚀与风化，但仍应尽早回填，防止气候变化可能导致的水浸或长期暴露所产生的滑坡风险。

四、基底的交接程序

如果在一个工程中，土方工程与结构工程同属一个施工承包商，且连续施工，则该环节的问题将不存在。

然而从目前大型建设项目的一般实施模式来看，大型土方开挖工程大多独立施工，由发包人直接外包作业的较多，因此必然会形成土方工程与主体工程的交接界面责任。该问题的核心是如何保证基底土层在程序交接过程中尽可能不受到任何扰动，尤其是两个施工环节交接产生较长时间间隔的情况下更是如此。此时必须确定基底的保护模式，避免长时间间隔的扰动，致使后期施工困难。

一般来说，土方基底交接有两种模式，垫层模式和预留土层模式。不论是哪一种模式，都需要发包人在其发包招标文件中具体明确，否则将产生不必要的纠纷与损失。

（一）垫层模式

所谓垫层模式，就是在确认土方开挖完成并实施验槽工作后，由土方施工单位实施基底垫层的浇筑与覆盖，从而保证基底在交接过程中完全处于封闭状态，避免基底土层岩层受到风化扰动。由于该模式需要将基坑验槽与底部处理全部完成，因此其前期成本相对较高，但基坑保留的时间相对较长，对抗外部干扰的能力较强。

（二）预留土层模式

所谓预留土层模式，就是要在土方开挖将要达到底面设计标高时，留存一定厚度的土层，用以保护基坑底部不受到扰动。该厚度一般不小于300mm，如基坑土方施工后有可能存在较长的间隔时间，该预留土层厚度可以适当增加。当后期主体施工单位进场后，应先对留存土层进行清除，再进行验槽，确认无误后浇筑垫层并进行上部结构的施工。

由于不能确定基坑底面土层的具体状况，不能进行验槽工作，存在基坑底部土层处理的可能性，预留土层模式后期风险相对较高。另外，基坑暴露时间较长，受季节变换影响较大，尤其是面对可能经历的雨季，预留土层将难以保证地基持力层不受风化和扰动。

五、基坑回填

在基础施工完成后，基坑应尽快回填，一方面为上部结构施工提供较好的地面条件，另一方面也能够减少基坑暴露的时间，降低坍塌的风险。目前在绝大多数建筑施工中回填均采用自然夯实的方式，有特殊需要时采用人工夯填。土方回填前应清除基底的垃圾、树根等杂物，抽除坑穴积水、淤泥，验收基底标高。如在耕植土或松土上填方，应在基底压实后再进行。

（一）土方填筑的种类

一般土木工程中，土方填筑的种类较多，但在普通建筑施工项目中，主要包括基坑基础周边回填和房芯土回填两类。

1.基坑基础周边回填

基础工程完成后，其周边要及时回填。基础回填应达到设计地表标高，没有特殊要求时应达到原地面标高。基础回填应在主体工程施工时同步进行，以保证上部脚手架的顺利架设，否则将会导致脚手架悬挑，增加成本。当主体施工有特殊要求，基坑不能回填时，应至少不迟于主体工程封顶之前将其回填完毕，从而保证后期外网（水、电、热、燃气管道接驳）、散水、坡道施工的顺利进行。基坑周边回填时间允许时，采用自然回填即可。

2.房芯土回填

房芯土是指无地下室的建筑一层室内地面下部的填土（如图1-48所示）。由于上部即是室内环境，因此房芯土回填的质量要比一般基础回填的质量高得多。在土料的选用上，应精选细密、含水率适中、颗粒均匀的黏性土，不满足要求时可掺入石灰、水泥等固结材料进行拌合。

图1-48　房芯土回填

房芯土回填可在室内地面施工时再进行，为避免后期墙体砌筑完成后形成土料运输阻挡，可将土料事先堆置在房芯处，在地面施工时再进行处理。但此施工方式的土料含水率、铺土厚度等夯实关键参数不易满足要求，土料中掺有石灰水泥等掺合料时，也会提前固结失效。

（二）土料的选用

回填土的土料选用，应以稳定性好、密实度高、压缩性小和成本低廉为基本原则。一般淤泥质土，有机质含量超过8%的土，水溶性硫酸盐含量超过2%的土，或冻结的土均不适合作为填土使用。在没有特殊要求的情况下，砂子、石料由于价格因素，不宜作为填土使用；较大的石块，由于填土的均匀性要求，也不宜作为填土使用。

（三）自然夯填

所谓自然夯填，就是在基础施工完成后立即进行回填土施工，但仅回填，不做夯实作业，依靠自然降水使其密实。该过程与自然界土层越来越密实的过程完全相同，只要经历足够长的时间与降水过程，土层在内部水流的作用下，会逐渐密实。该方式对于砂性土、石渣屑等透水性好的土层效果尤为明显。

1.自然夯填的前提条件

采用自然夯填模式回填土时，应具备以下两个前提条件：

首先，该过程需要较长的时间，没有足够长的时间，自然密实是不可能实现的。一般来讲，工程回填至竣工周期在3年或以上时，该模式可以达到密实效果，如果时间过短，则难以保证密实度。

其次，需要保证自然降水或人工洒水的水量与频次。在我国东南地区的夏秋季节，降水比较频繁，雨量较大，基本可以满足要求，但在中西部地区，如果采用该模式，则需要人工向土层浇水并保证浸透，这一般难以做到。

最后，土层的渗透性。该模式由于是土层中的水流作用的结果，因此填土下部土层的透水性十分重要，从而保证回填土层中的水能够渗流至更深的土层中，否则将形成水的滞留，不仅达不到密实的效果，而且将产生严重的问题。

有些工程技术人员会认为该模式不能满足工程技术要求，但实际上，很多人工夯填的土方工程，在回填当时是满足了技术要求的，但在经过一些年的自然降水过程后，也会出现一定的沉陷现象，这恰恰说明了自然沉陷密实的效果。自然夯填最大的问题在于其过程不好控制，难以把握土层密实度，难以控制自然降水的频次与雨量，而且当采用该模式时，如果年度降水不能达到要求，后期补偿处理将会十分困难，使得工程质量不稳定性增加。

2.自然夯填的适用范围

自然夯填一般会在那些夯填的时间、质量要求不高的建筑工程中采用，而对短期内，尤其是一个年度以内的工程不宜采用，以免增加后期风险。而对诸如筑路工程、室内回填土工程等要求较高的工艺过程，该模式的质量稳定性较差，一般不予采用。

另外，采用自然夯填时，由于土层密实度难以在短时间内达到要求，因此在上部结构架设脚手架时，不能直接落地，需要进行特殊处理才可以。

（四）人工夯填

人工夯填即在短时间内采用人工的方式对填土进行有效的密实。人工夯填的时间较短，质量稳定性好，但过程相对复杂，成本也较高，适合对回填密实度要求较高的工程。

保证人工回填密实度的基本要素包括：最优含水率、铺土厚度与压实功。

1.最优含水率

人工回填土料的选用中，优选含水率符合压实要求的黏性土作为填土，但由于黏性土压实后排水性较差，因此在道路工程中其不是理想的路基填料，在使用其作为路基填料时必须充分压实并设有良好的排水设施。

填土应严格控制含水率，施工前应进行检验。若含水率过大，土中的毛细水压力将阻碍土颗粒之间的密实，使得土层难以密实；而含水率过小时，由于土颗粒之间没有足够的润滑作用，内部摩擦力过大，也难以密实。

回填土的最优含水率如表1-8所示：

表1-8　　　　　　　　　　　**回填土的最优含水率**

土的种类	砂土	黏土	粉质黏土	粉土
最优含水率	8%～12%	19%～23%	12%～15%	16%～22%

当土的含水率过大时，应采用翻松、晾晒、风干等方法降低含水率，或采用换土回填、均匀掺入干土或其他吸水材料、打石灰桩等措施；如含水率偏低，则可预先洒水湿润。

2.铺土厚度

不论哪一种压实设备，其作用在土层中的力，都会随土层深度的增加而逐渐减小。压实效果的影响深度与压实机械、土的性质和含水率等有关。在施工中，铺土厚度应小于压实机械压土时的有效作用深度，而且还应考虑最优土层厚度。铺得过厚，要压很多遍才能达到规定的密实度；铺得过薄，则要增加机械的总压实遍数。最优的铺土厚度应能使土方压实而使用机械的费用最少。填土的铺土厚度及压实遍数可参考表1-9选择。

表1-9　　　　　　　　　　　**填方每层的铺土厚度和压实遍数**

压实机具	每层铺土厚度（mm）	每层压实遍数
平碾	200~300	6~8
羊足碾	200~350	8~16
蛙式打夯机	200~250	3~4
人工打夯	<200	3~4

3.压实功

一般将土方填筑压实过程中所需要的外部做功称为压实功，在压实力没有超出土方受压承载力的前提下，压实功越大，其所作用的土层的密实度则会越高。

在具体工程施工中，要按照所填筑的土方选择有效的工程机械，并要保证足够的压实遍数，以确保压实效果。

4.填筑方法

填土可采用人工填土和机械填土两种方式。人工填土一般用手推车运土，人工用锹、耙、锄等工具进行填筑，从最低部分开始由一端向另一端自下而上分层铺填。机械填土可用推土机、铲运机或自卸汽车进行。用自卸汽车填土，需用推土机推开推平，采用机械填土时，可利用行驶的机械进行部分压实工作。

如果采用人工夯填，则填土必须分层进行，并逐层压实，特别是机械填土，不得居高临下，不分层次，一次倾倒填筑。

5.压实方法

人工填土的压实方法有碾压、夯实和振动压实等几种。

碾压适用于大面积填土工程，如水利工程、道路工程等。碾压机械有平碾（压路机）、羊足碾和气胎碾。羊足碾需要较大的牵引力而且只能用于压实黏性土，因在砂土碾压时，土的颗粒受到"羊足"较大的单位压力后会向四面移动，而使土的结构被破坏。气胎碾在工作时是弹性体，其压力均匀，填土压实质量较好。应用最普遍的是平碾。利用运土工具碾压土壤也可达到较大的密实度，但必须很好地组织土方施工，利用运土过程进行碾压。如果单独使用运土工具进行土壤压实工作，在经济上是不合理的，它的压实费用要比用平碾压实更高。

夯实主要用于小面积填土，可以夯实黏性土或非黏性土。夯实的优点是可以压实较厚的土层。夯实机械有夯锤、内燃夯土机和蛙式打夯机等（如图1-49所示），其中蛙式打夯机是建筑工程中最常使用的打夯设备。

图1-49　蛙式打夯机

振动压实主要用于压实非黏性土，采用的机械主要是振动压路机、平板振动器等。

（五）压实效果的检验

土方夯填后需要进行相关检验以确定压实效果，目前常见的检测方式是通过压实系数进行确定。

压实系数 λ_c 为土的控制干密度（实际）ρ_d 与该土的最大干密度 ρ_{dmax} 的比值，即：

$$\lambda_c = \rho_d / \rho_{dmax}$$

☐ 本章小结

土方工程几乎是所有建设工程项目的第一步，由于地表以下的复杂性和工程量的巨大性，使得该过程已经成为目前土木工程施工中索赔最多，成本控制最为复杂的环节。另外，土方坍塌也是最为常见的工程事故之一。因此作为工程师，必须重视这一施工过程，不论其身份是招标方、发包人，还是投标方、承包人。

土方工程施工的各个环节既是相互独立的，又是紧密联系的，每一个环节都可以独立进行，必要时也可以采用专业分包的方式，由专业施工单位来完成。但在进行各个环节的工艺选择时，又必须服从土方工程的整体施工计划和方案，否则将给其他环节造成不必要的麻烦或损失，甚至难以施工。因此，作为土方工程的工程师，要从全局上把握工艺，选择整体有效的、适合工程施工的工艺，而不是在某一个环节上追求最优的效果。

▢ 关键概念

土方施工的基本技术的类别和应用；土的工程分类、性质与地质报告中的关键数据及其对土方施工的影响；施工场地的测量、设计的原则；土方的测算方法；水准点保护的方法；施工场地前期三通一平、地下管线与地表水问题处理方法；地下水对工程施工的影响与控制要求；集水坑（井）降水的设置原则与施工方法；复杂状态下地下水的处理方式；井点降水；基坑坍塌的原因；土壁支撑的方法及其适用范围；深基坑施工安全注意事项；土方施工设备的选择与使用；基坑平面设计、基坑剖面设计、土方施工方案的整体设计、基底保护的方法、验槽的流程与相关问题、基坑回填的用料与工艺

▢ 复习思考题

1.土方工程施工的基本技术资料有哪些？如何获取？施工方应注意哪些问题？

2.常见的地质勘察报告中的岩土工程关键技术参数有哪些？如何使用？

3.施工中如何防止地表水汇入基坑中？

4.人工降低地下水位的方法有哪些？如何选择使用？

5.水力梯度的基本原理是什么？止水帷幕的基本原理是什么？其有什么作用？

6.如何进行人工降低地下水位的井点剖面设计？

7.土坡坍塌的原因是什么？如何防治？

8.各种基坑支护方案在工程中如何进行选择？

9.基坑开挖方案设计中要考虑的因素有哪些？

10.常见的土方工程机械是什么？其各有什么特点？使用范围如何？

11.回填土的质量保证措施是什么？

12.土方工程场地设计的原则是什么？

13.土方量计算方法有哪些？如何进行一般场地的土方测量？

第二章

桩基础工程

第一节　桩基础工程概述

一、桩基础的特点与应用

　　桩基础是最常用的基础形式之一，由于建筑物可以通过桩将上部荷载越过建筑物下面的软弱土层，直接传到深层的持力层上，或将荷载扩散到周边土层中，因此桩基础更是结构工程师在高层建筑和软土地基中的最爱。往日的上海黄浦江畔的建筑都不会超过汇丰银行的钟楼，其原因就在于软土地基的承载力和沉降问题难以解决，但现在不论是上海大厦，还是环球金融中心，这些超过400m，甚至500m的建筑能够屹立在此，靠的就是桩基础。

　　不仅仅是软土地基，坐落于基岩上的建筑也可以采用桩基础，由于岩层分布的不均匀性，一般基础难以满足复杂建筑的要求，桩基础可以很好地解决这些问题。事实上，桩基础几乎可以在任何土层中采用，其承载力强，质量稳定，深得工程师们的喜爱。不仅在承载基础中，在土坡支护工程中，桩结构也是最主要的应用选项，这在前一章中已经有过详细的介绍。不论是承载桩基础，还是护壁桩结构，在施工过程中几乎没有实质性的差异。

二、桩基础的基本分类

根据不同的分类原则与模式，桩基础可以分为多种类型。

（一）按受力方式分类

按照受力方式分类，桩基础可以分为端承桩与摩擦桩。

1.端承桩

端承桩是将上部荷载通过桩身直接传递至桩端（尖），并进而传递至其下部的坚硬土层或岩层的桩。在大多数情况下，端承桩的持力层为坚硬的基岩，强度高，变形小，稳固可靠。当基岩深度较浅时，端承桩是绝大多数桩基础的选择。

在工程设计中，如果结构工程师采用的是端承桩，一般均需要在设计说明中阐明——该桩基础的桩端承载力为××Kpa。

2.摩擦桩

如果基岩较深，常规的桩长根本达不到持力岩层，上部荷载沿桩身向下传递的过程中，会不断通过桩身侧壁与土层之间的摩擦作用，将荷载传递至土层中，桩身中的建筑荷载随之逐渐递减，直至为0。这种依靠桩身侧壁与土层之间的摩擦作用，将上部荷载分散传递至土层中的桩，称为摩擦桩。

在工程设计中，如果结构工程师采用的是摩擦桩，则需要在设计说明中严格要求桩的长度，以保证桩身与土层的基础面积，保证摩擦力。

（二）按桩基础对上部结构的作用分类

按照桩基础对上部结构的作用不同，可以分为承压桩与抗拔桩。

1.承压桩

在工程中绝大多数的桩基础都属于承压桩，即通过桩将上部荷载传递至土层中，其桩身是受压的。端承桩与摩擦桩均可以设计为承压桩。承压桩对桩身的强度、完整性以及承压效果等与其承载力相关的关键性因素要求较高，必要时需要通过试验检测来验证。

2.抗拔桩

如果建筑物上部结构存在较大的不均衡，或由于高度导致侧向作用较大，或上部结构重量较小甚至不存在上部结构，而此时地下水位较高产生的浮力较大，在这些情况下建筑物基础的一部分或整体将与地基产生分离，建筑物甚至将产生倾覆。

为了防止建筑物产生倾斜甚至倾覆，需要将桩打入地下，产生抗拔作用，这些桩称为抗拔桩。抗拔桩完全依靠桩身与土层之间的摩擦作用实现抗拔，在拉拔的过程中，由于混凝土的抗拉能力较弱，桩中的纵向钢筋将承担主要的拉力。

除了承受拉压应力，结构的桩基础一般在设计上不承担剪力与弯矩作用，但护壁桩则主要承担这两种内力。

（三）按材质分类

按照桩的材质分类，桩基础可以分为木桩、普通混凝土桩、预应力混凝土桩和钢桩。

1.木桩

木桩，也称为防腐木桩，是历史最为悠久的桩基础，秦代著名水利工程——灵渠的基础即采用了松木桩。

木桩一般采用圆而直的松木制作，松木含有丰富的松脂，能防止地下水和细菌对其的腐蚀，适宜在地下水位以下工作。但对于地下水位变化幅度较大或地下水具有较强腐蚀性的地区，则不宜使用松木桩。木桩一般打入土层中，主要用于处理软地基、河堤等，在建筑中也较多采用。大连火车站所采用的就是防腐木桩，至今仍在使用，没有任何问题（如图2-1所示）。

图2-1　大连火车站

但在现代建筑中，由于要耗费大量的原木材料，且承载效果一般，因此这类基础很少采用。

2.普通混凝土桩

普通混凝土桩如果是预制的一般为方形，灌筑的为圆形，是最常见的桩基础，广泛地用于基础、护壁工程中。在绝大多数的教材或工程手册中，均着重对此有所阐述，本书也是如此。在没有特殊说明的情况下，一般桩基础即默认为普通混凝土桩。

3.预应力混凝土桩

预应力混凝土桩是管状截面，因此称为预应力空心管桩，主要是先采用先张法预应力工艺和离心成型法制成的一种空心筒体细长混凝土预制构件，由圆筒形桩身、端头板和钢套箍等组成。管桩按混凝土强度等级和壁厚可分为预应力混凝土管桩和预应力高强混凝土管桩，预应力管桩平面布置图如图2-2所示。

图2-2　预应力管桩平面布置图

预应力混凝土管桩代号为PC，预应力高强混凝土管桩代号为PHC，薄壁管桩代号为PTC。PC桩的混凝土强度不得低于C60，薄壁管桩的混凝土强度等级不得低于C60，PHC桩的混凝土强度等级不得低于C80。管桩按外径不同分为300mm、350mm、400mm、450mm、500mm、550mm、600mm、800mm和1 000mm等规格，实际生产的管径以300mm、400mm、500mm、600mm为主。预应力混凝土管桩适应面广，适用于工业与民用建筑低承台桩基础，铁路、公路与桥梁、港口、码头、水利、市政等工程基础。

预应力混凝土管桩强度高，桩身承载力大，抗弯性能好。由于采用了预应力工艺，有较高的抗裂弯矩与极限弯矩，其桩身承载力比其他桩种高2～5倍。高强混凝土使其密实耐打，有较强的穿透能力，对持力层起伏变化大的地质条件有较强的适应性。

在施工中，预应力桩运输吊装方便，接驳迅速，成桩长度不受限制，用普通的电焊机即可实现接驳。

4. 钢桩

由于钢桩与砼桩比较，价格较高、抗腐蚀性差，因此工程中采用较少，在使用前需要对表面进行防腐处理。一般钢桩包括钢板桩、型钢桩和钢管桩几类。

在第一章基坑支护的有关内容中已经提到过钢板桩，其成本较高，但可多次使用，仅用于水平荷载桩，主要作为基坑开挖的临时支挡措施（如图2-3所示）。

图2-3　护壁钢板桩

型钢桩可用于承受垂直荷载或水平荷载，贯入各类地层的能力强且对地层的扰动较小。H型和I型钢桩的截面积较小，不能提供较高的端承桩承载力，有时容易在打入时出现弯曲现象，弯曲超过一定限度时即不能作为基础桩使用。

钢管桩的贯入能力、抗弯曲的刚度、单桩承载力和接长焊接等方面都有明显的优越性，但钢管桩造价较高，图2-4为某大型桥梁桥墩的钢管桩基础。日本生产的钢管桩的外径可达500~1 000mm，壁厚9~19mm。钢管桩打入土层时，其端部可敞开或封闭，端部开口时易于打入，但端部承载力较封闭式小。采用端部封闭模式的钢管桩，必要时钢管桩内可充填混凝土以提高其刚度。上海地区的工程项目很多都采用了钢管桩，如卢浦大桥和杨浦大桥。

图2-4　桥梁工程的钢管桩基础

（四）按施工方式分类

按照施工方式分类，桩基础可以分为预制桩和灌筑桩，这是一般工程施工类教材的主要分类方式，也是本书的分类原则。预制桩是桩体在进入土层之前即已经制作完成，通过相应的技术将其送入土层之中。灌筑桩则需要在土层中通过相关技术手段成孔，再放置钢筋，灌入混凝土最终形成桩体。

1.预制桩

预制桩施工速度快，桩体在构件厂中制作完成，质量稳定性好，但预制桩主要通过打桩的方式送入土中，施工过程中振动较大，不仅对周边环境影响较大，而且可能会造成桩身被破坏，因此预制桩施工完成后需要进行桩身完整性的检测；预制桩打入土中，挤土效应明显，大截面桩不能打入，对承载力要求较高的结构，需要的桩较多，加重了挤土效应；预制桩打桩力量有限，对于坚硬的土层、岩层不适用。预制桩在软土、黏土、粉质黏土地基中应用广泛。

2.灌筑桩

灌筑桩成孔方式较多，适用范围很广，直径不受限制，承载力非常高，在成孔过程中，施工人员可以对桩体所经过的土层、桩端土层进行土样分析，质量更有保证，但灌筑桩施工速度较慢，对工期影响较大，同时成本也较高。尽管灌筑桩可以在任何土层中使用，但适合打桩作业的工程中，一般较少采用灌筑桩。

在工程中是采用预制桩还是灌注桩，主要参考的是设计师的意见。而一般关于施工技术的书籍、教材或资料中，主要按照预制桩与灌注桩的分类来进行阐述，本教材也不例外。

第二节　预制桩基础工程施工

预制桩是在专门的预制构件生产工厂中按照固定的型号与标准制作完成的，如果没有特殊的情况，该型号、标准与任何工程都没有关系，设计师可以通过预制桩厂家提供的产品目录与技术指标来选用。在有特殊需要时，设计师也可以提出专门的技术参数，厂家可现场进行专项生产。

一、预制桩的制作与吊运

桩是承担竖向荷载作用的构件，任何工程师都基于竖向荷载与内力对其进行设计，但桩在制作过程中却必须是水平放置的，从水平制作到竖直使用的过程中，桩身的内力会出现较多的变化，应予以注意——其基本原则是尽可能地减小桩身在制作、运输过程中的非构件承载设计内力，避免在制作、运输过程中被破坏，从而降低构件因非结构承载构造产生的成本。

（一）预制桩的制作工艺

1.预制桩的截面选择

常规预制桩即普通钢筋混凝土方桩，一般截面边长为250～550mm，很少有过大的截面，其中以300mm截面居多。过大截面的预制桩在工程中送入地下非常困难，同时与相同截面面积的小截面桩相比，尽管其桩端、桩身承载力相同，但桩侧面表面积却小得多，因此摩擦力大打折扣，不适合作为摩擦桩使用。

小截面桩的问题在于其抗弯折能力有限，桩从制作的平置状态起吊时所产生的弯矩作用可能会导致其被破坏，因此桩身长度会受到较大的限制，以减小弯矩。但是较短的桩在现场打桩作业中会产生较多的接桩作业，同时不能承担侧向弯矩作用，在作为护壁桩使用时会受到较大的限制。

综合以上原因，作为承压的预制桩一般截面边长为250～300mm，作为基坑护壁的预制桩一般截面边长以300～400mm为宜，有特殊需要时可根据具体情况进行专项设计。

2.预制桩的制作

（1）预制桩的基本要求

单根桩或多节桩的单节长度应根据桩架高度、制作场地、运输和装卸能力而定，如在工厂制作，长度不宜超过12m；如在现场预制，长度可以适当加长，但也不宜超过30m，且需要特殊的设计。如果设计采用较长的预制桩基础，则需要在现场进行接桩，接桩一般不宜承担侧向作用，且接头不宜超过三个。预制桩所采用的混凝土强度等级不宜低于C30（静压法沉桩时不宜低于C20）。

桩身配筋与沉桩方法、桩身的长度、桩的用途等因素有关，需要根据设计来确定。锤击沉桩的纵向钢筋配筋率不宜小于0.8%，静力压入桩的纵向钢筋配筋率不宜小于0.4%，桩的纵向钢筋直径不宜小于14mm，桩身宽度或直径大于或等于350mm时，纵向钢筋不应少于8根。打入桩顶2~3D（D为桩截面宽度）长度范围内箍筋应加密，并设置钢筋网片，以防止打桩时的桩头损坏。预制桩的纵向钢筋的混凝土保护层厚度不宜小于30mm。桩尖处可将主筋合拢焊在桩尖辅助钢筋上，在密实砂和碎石类土中，可在桩尖处包以钢板桩靴，加强桩尖。

（2）预制桩的基本做法

方形截面的预制桩一般采用密置多层叠合浇筑法（如图2-5所示）。

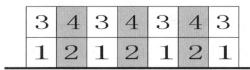

图2-5　预制桩的浇筑次序

首先，在平整的地面上浇筑细石混凝土垫层，表面平整、坚实，不得产生不均匀沉降。垫层达到强度后在其上部以油毡覆盖，或涂刷隔离剂。

其次，以单桩宽度为距离，间隔设置桩身，进行第一批次桩的钢筋绑扎、侧模板的架设和混凝土的浇筑。

再次，单桩混凝土养护至拆除侧向模板后，在桩侧面以油毡或隔离剂封闭间隔，并在间隔处绑扎第二批次桩身钢筋，再浇筑第二批次的混凝土，完成首层桩的制作。在绑扎钢筋时应设置好吊环，吊环不得采用冷拉钢筋制作，其位置应经计算确定。

最后，在首层桩的混凝土强度达到其标准强度的30%后，在其上部重复该过程完成次层第三、第四批次桩的浇筑，每层以油毡或隔离剂进行间隔，一般不超过3~4层。

该做法的好处是节约用地，但问题是较早制作的桩在下部，不能提前吊装，工期必须按照后期制作的顶层桩强度增长情况确定。当桩为独立产品，与具体工程无关时，该做法可以采用。如果桩为某一工程订购并等待施工的产品，则不宜采用，否则会拖延工期，此时应采用单层间隔法进行浇筑。

📖 **扩展阅读——预应力管桩的制作工艺**[①]

预应力混凝土管桩可分为后张法预应力管桩和先张法预应力管桩。先张法预应力管桩是采用先张法预应力工艺和离心成型法制成的一种空心筒体细长混凝土预制构件，主要由圆筒形桩身、端头板和钢套箍等组成。而后张法则是待管桩内混凝土初凝后通过内部预留的孔洞进行预应力的施加。

（1）钢筋笼的绑扎

钢筋笼的绑扎可以在一定程度上采用机械化的方式，一名工人2~3个小时即可产出一个车间一天所需要使用的钢筋笼（如图2-6所示）。

① 陈龙.预应力管桩制作流程介绍［EB/OL］.［2013-04-07］.https://www.yantuchina.com/people/detail/50/6140.html.

图2-6　预应力管桩钢筋制作

（2）钢筋入模

当钢筋笼绑扎完成后，使用吊车将其吊入预制模中。钢筋笼两端均设有螺帽，将钢筋笼吊入钢模后，两端采用环形的钢板与其固定在一起，钢板上设有与螺帽相对应的螺栓（如图2-7所示）。当钢筋笼安装完成以后，桁架吊车将其吊入混凝土灌筑区。

图2-7　预应力管桩模板架设

（3）混凝土浇筑

一根桩的混凝土用量均控制在一台浇筑车内，小车在中空的半开模上运行，下部露出的混凝土逐渐填筑入模型中。混凝土浇筑完成后吊来另一半的钢模，进行封闭（如图2-8所示）。

图2-8　预应力管桩混凝土浇筑

（4）张拉

将管桩张拉端送入特定的机器进行张拉，张拉的具体量根据不同的要求确定（如图2-9所示）。

图2-9　预应力管桩预应力张拉

（5）离心成型

将张拉好的管桩放入离心槽中进行离心，离心按慢速、低速、中速、高速四个阶段进行，以保证混凝土密实。离心的时间控制在15分钟左右，一般根据离心速率确定。环形钢板的中空部分使用橡胶圆封堵，便于离心成型，当成型后可拔出多余的浆液保证桩内部平整（如图2-10所示）。

图2-10　预应力管桩离心成型

（6）养护

经离心成型的桩根据需要采用高压或常压蒸养。蒸养池为混凝土砌成的大池子，将离心成型后的管桩放入池子中，盖上混凝土盖板，即可进行蒸压养护（如图2-11所示）。

图2-11　预应力管桩养护

（7）脱模

当达到蒸压时间后，将钢模调出，拆掉两侧的固定螺栓，通过桁架吊车即可将模型拆开成型（如图2-12所示）。

图2-12　预应力管桩最终成形

（二）预制桩的吊装

预制桩强度达到75%时可以实施吊装。75%为混凝土施工强度，由同条件养护试件确定，具体见第三章。

吊装时应注意吊点的选择，吊点是在钢筋绑扎时确定的，并已经设置好吊环。

由于桩以承压为主，其受弯能力较低，因此吊点的设置应以吊装时的内力——弯矩最小为基本原则。

📖 扩展阅读——吊点的选择

采用单点起吊，如图2-13所示，起吊的桩刚好离开地面时，其力学计算简图为一外伸梁结构：一端着地，可假设为固定铰支座，吊点可假设为滑动铰支座；假设桩截面沿桩身长度不变，其荷载分布为 $q(x)=q$。

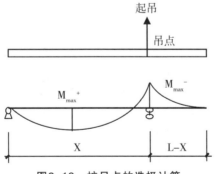

图2-13　桩吊点的选择计算

吊点位置在端部，x=1时，杆件产生最大的正弯矩；吊点在中点，x=1/2时，杆件产生最大的负弯矩。因此，当吊点处于某一位置x时，能够实现杆件内的正负弯矩最大值恰好相等，此时杆件内的弯矩最小，此处即为最佳吊点。

根据力学原理，可以计算出左侧支座A的竖向反力为：

$$Y_A = \frac{2lx - l^2}{2x}q$$

此处的最大负弯矩为：

$$M_{max}^- = \frac{q(1-x)^2}{2}$$

同时根据力学的基本知识，连续杆件的内力之间的基本关系是：剪力为0处的弯矩为该连续杆件段落的极值，且杆件 [0，x] 段落的剪力方程为：$Q(x') = Y_A - qx'$，因此有：

$$Q(x') = 0$$

即：

$$Y_A - qx' = 0$$

可得：

$$x' = \frac{Y_A}{q}$$

即此处的弯矩为最大正弯矩，为：

$$M_{max}{}^+ = Y_A x' - \frac{1}{2}qx'^2$$

根据最大正弯矩与最大负弯矩数值相等的原则，并将已解出的数据 Y_A、x' 代入，可以解得：

$$x = \frac{\sqrt{2}}{2}1$$

即：

$$x = 0.7071。$$

采用两点起吊时，由于结构是对称的，计算求解比较简单，此处不再赘述，最终结果为 0.207：0.586：0.207。如果是超长桩，采用三点起吊，计算属于超静定结构连续梁，最终结果为 0.145：0.355：0.355：0.145。

（三）预制桩的运输与堆放

预制桩一般采用平板卡车或拖车运输，当桩身混凝土强度达到75%以上时，可以起吊与运输。运输过程中，预制桩必须平置于车上，并采用垫木进行支撑。垫木的位置即在吊点处，以保证桩身在运输过程中的内力最小。大型载重车可以一次运输较多的桩，可以多层放置，但一般不超过4层。层与层之间必须设置垫木，垫木必须置于所支撑桩的吊点处，且上下垫木位置必须对齐。

预制桩运输到现场后，如果不立即打桩，需要在现场堆放。现场堆放应置于平整的场地上，但不得直接放置在地上，必须采用垫木进行支撑，垫木位置即为吊点位置。现场也可以多层堆放，但一般不超过4层。层与层之间必须设置垫木，垫木必须置于所支撑桩的吊点处，且上下垫木位置必须对齐。

在运输与堆放时尤其应注意的是，不同规格的桩由于吊点位置不同，垫木支撑位置也会有差异，因此应分别堆放，严禁混放。

二、预制桩的沉桩施工

预制桩一般都会选择锤击法，即打桩的方式，将桩送入土层中。这一方式简单方便，成本低廉，适合绝大多数土层，但较大的振动与噪声是该方式无法避免的弊病。在一些特殊的土层中，可以采用静力压桩的方式，没有振动和噪声，但由于该方式没有冲击作用，力量较小，因此适用范围非常有限。

（一）锤击法打桩施工

1.锤击法打桩施工的设备

锤击法打桩施工是通过桩锤的作用——桩锤的冲击克服土对桩的阻力，使桩沉到预定深度或达到持力层，是最常用的一种沉桩方法。作为初学者来讲，锤击法打桩施工可以对照日常钉钉子的过程来进行理解。锤击法打桩设备包括桩锤（锤子）、桩架（固定桩的设施，如钉钉子时的钳子）和动力装置（手，力气）。

（1）桩锤

桩锤是对桩施加冲击作用，将桩打入土中的主要机具。桩锤主要有落锤、蒸汽锤、柴油锤和液压锤等多种，目前应用最多的是柴油锤。不论哪一种锤，作用原理都相同，都是通过自重、自落作用来打桩的。

通过锤击沉桩时，为了有效地实现能量的转换，并防止桩顶受到过大的冲击应力作用而损坏，应依据"重锤轻击，低提重打"的原则进行。如果"轻锤重击"，锤击能量很大一部分会被桩身吸收，桩不仅不易打入，而且桩头容易打碎。具体施工时的锤重可根据土质、桩的规格等进行选择。

（2）桩架

桩架是支持桩身和桩锤，在打桩过程中引导桩的运行方向，并保证桩锤能沿着所要求方向实现冲击的设备。桩架的形式多种多样，常用的通用桩架（能适应多种桩锤）有两种基本形式：一种是沿轨道行驶的多功能桩架；另一种是装在履带底盘上的桩架。

多功能桩架由立柱、斜撑、回转工作台、底盘及传动设备组成。它的机动性和适应性很大，在水平方向可进行360°回转，立柱可前后倾斜，底盘下装有铁轮，可在轨道上行走，也可以采用固定设施直接在地面上定位。这种桩架可适应各种预制桩，也可用于灌筑桩施工。这种桩架的缺点是体积较庞大，现场组装和拆迁非常麻烦（如图2-14所示）。

图2-14　多功能桩架

履带式桩架以履带式起重机为底盘，增加立柱和斜撑用以打桩。其性能较多功能桩架灵活，移动方便，可适应各种预制桩施工，是目前应用相对较多的打桩设备（如图2-15所示）。

图2-15　履带式桩架

（3）动力装置

动力装置的配置取决于所选的桩锤。当选用蒸汽锤时，则需配备蒸汽锅炉和卷扬机。蒸汽锤设备较多，施工不便，目前多选用柴油锤进行施工。

2.锤击法打桩施工的前期准备工作

打桩会产生强烈的振动，同时会产生挤土效应，将对土层与地表产生较大的影响，尤其是当桩的中心距小于4倍桩径时，这种挤土效应更加明显，因此在打桩之前必须对这种特殊问题加以考虑，才能保证施工的顺利进行。

（1）打桩施工的基本准备

打桩前应对场地进行平整，对地表、地下障碍进行探明与清除；然后应在不受打桩影响的地点设置不少于2个打桩测控点，在施工过程中可依据该点检查桩位的偏差以及桩的入土深度。为了避免挤土效应产生地表位移对定位点的影响，在桩的定位过程中应采用单桩定位——打一根桩，定一个位。如果在打桩之前将所有桩进行一次定位，打桩过程所产生的挤压作用将可能会使原来所确定的位置产生偏移，无法满足后期打桩施工的要求。

（2）确定打桩的顺序

挤土效应会导致土层紧密，若打桩次序不当，会致使后期桩难以打入，因此必须确定合理的打桩顺序。

根据桩群的密集程度，可选用下述打桩顺序：

顺序1，由一侧向单一方向进行（如图2-16（a）所示）。

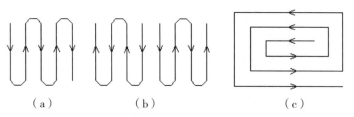

（a）　　　　　　　　（b）　　　　　　　　（c）

图2-16　打桩的顺序

打桩应注意推进方向宜逐排改变，以免土朝一个方向挤压，而导致土壤挤压不均匀；对于同一排桩，必要时还可采用间隔跳打的方式。

顺序2，自中间向两个方向对称进行（如图2-16（b）所示）。

顺序3，自中间向四周进行（如图2-16（c）所示）。

对于大面积的桩群，宜采用顺序2、3进行打桩，以免土壤受到严重挤压，使桩难以打入，或使先打入的桩受挤压而倾斜，或虽勉强打入，但使邻桩侧移或上冒。

特别大面积的桩群，宜分成几个区域，由多台打桩机采用合理的顺序同时进行打设。

3.锤击法打桩施工的一般方法

（1）打桩的一般过程

打桩之前应确定桩身的混凝土强度状况，只有当混凝土强度100%达到设计指标时，才可以进行打桩。

打桩时先使打桩机就位，再将桩锤和桩帽吊起，然后将桩吊起并送至导杆内，垂直对准桩位缓缓送下插入土中，并进行垂直度校正，偏差不得超过0.5%。随后固定桩帽和桩锤，使桩、桩帽、桩锤在同一铅垂线上，确保桩身能垂直下沉。在桩锤和桩帽之间应加弹性衬垫，桩帽和桩头周围应有5~10mm的间隙，以防损伤桩头。

打桩时应控制桩锤的落距——开始应较小，待桩入土至一定深度且稳定后，再按标准落距进行锤击。在打桩过程中，遇有贯入度剧变、桩身突然发生倾斜及移位或有严重回弹、桩顶或桩身出现严重裂缝或破碎等异常情况时，应暂停打桩，及时研究处理。每一根桩的打入必须一次性完成，不能中间长时间停顿（短时间的接桩作业没有问题），否则桩身与土层可能会产生固结作用，桩难以被打入，影响后期打桩作业。

如桩顶标高低于自然土面，则需用送桩管将桩送入土中，桩与送桩管的纵轴线应在同一直线上，拔出送桩管后，桩孔应及时回填或加盖。

对基础标高不一的桩，打桩时宜先深后浅；对不同规格的桩，宜先大后小、先长后短，这样可使土层挤密均匀，以防止位移或偏斜。

（2）接桩

如果建设项目所在地土层密实度较差，承载力或持力层较深，单根桩不能达到要求时，承压桩可以通过接桩来延长桩身，但抗拔桩和受弯桩不能进行接桩作业。接桩可用焊接或法兰锚接，焊接接桩应用最多（如图2-17所示）。

图2-17　接桩施工

4.锤击法打桩工程质量控制的几个问题

与其他基础形式不同的是，桩基础完工后，其内部状态几乎无法直接通过观察来知晓，因此必须采用特殊措施进行检测，才能确定其质量状况。打桩工程的质量检查项目包括桩的偏差、最后贯入度与沉桩标高，以及桩顶、桩身的完整性和承载能力的检测等。

（1）贯入度控制

贯入度，即桩锤一击所产生的桩身下沉量。贯入度越小，说明桩身受到的阻力越大，承载能力越好。贯入度与桩端阻力、桩身侧面摩擦力直接相关，尤其受前者的影响较大。因此根据设计要求，如果桩为端承型桩，则以贯入度指标控制为主，桩尖进入持力层深度或桩尖标高可做参考。如贯入度已达到要求，但桩尖标高未达到，应继续锤击3阵，其每阵10击的平均打桩贯入度不应大于规定的数值。

（2）标高控制

标高，即桩尖的高程，是核算桩体入土深度的主要指标。对于摩擦型桩，桩身长度与其表面积呈正相关，也即与摩擦力呈正相关，因此摩擦桩应以桩尖设计标高控制为主，贯入度可做参考。在施工中如桩端标高指标已符合要求，而其他指标（贯入度）与要求相差较大，应会同有关单位研究解决。设计与施工中所控制的贯入度以合格的试桩数据为准，如无试桩资料，可参考类似土的贯入度，由设计单位确定。

如果沉桩尚未达到设计标高，而贯入度突然变小，则可能土层中夹有硬土层，或遇到孤石等障碍物，此时切勿盲目施打，应会同设计勘察部门共同研究解决。

（3）垂直度与平面偏差控制

桩作为基础来讲，其垂直度至关重要。垂直度偏差将导致受力不均，因此对桩的垂直偏差应严格控制，一般应控制在1%之内。同样，桩位的准确度也必须满足要求，对于建筑物桩基，单排或双排桩的条形桩基，垂直于条形桩基纵轴线方向的平面偏差控制指标为100mm，平行于条形桩基纵轴线方向为150mm；桩数为1~3根的桩基中，平面偏差控制指标为100mm；桩数为4~16根桩基中为1/3桩径或1/3边长；桩数大于16根桩基中的桩最外边的桩，其偏差应小于1/3桩径或1/3边长，中间桩则不超过1/2桩径或边长。

（4）桩身完整性的保证

不论是桩头还是桩身，在打桩时发生破碎或严重裂缝，均会对后期承载或施工产生不利影响，因此如有此类情况发生，应立即暂停施工，在采取相应的技术措施后，方可继续施打。除了注意桩顶与桩身由于桩锤冲击破坏外，还应注意桩身受锤击拉应力而导致的水平裂缝——这是由于桩身在桩锤下所发生的收缩与反弹作用致使混凝土开裂。在软土中打桩时，桩顶以下1/3桩长范围内常会因反弹作用引起水平裂缝。开裂的地方往往出现在吊点和混凝土缺陷处，这些地方容易形成集中应力。采用重锤低速击桩和较软的桩垫可减少锤击所形成的反弹作用，减少这种裂缝的发生。

（5）桩头低于地表时的特殊问题

在大多数情况下，桩上部的承台结构的下表面会低于地表，这就意味着桩顶标高也必须低于地表才能够满足要求。打桩施工时，需要采用送桩器将桩打入地面以下。送桩器多由钢管构成，当打桩作业过程中桩顶接近地表时，将送桩器置于桩顶与桩锤之间，继续向下打入即可。

由于此类桩施工后会降于地表之下，会给验收带来不便，因此在打桩至地表时应提前进行中间验收环节，待后期土方开挖至桩头后，再进行最终验收。

5.打桩的环境危害与简单对策

打桩作业过程会产生强烈的振动与挤土效应，这是该施工模式的主要问题。挤土效应可以通过打桩的顺序设计进行缓解，但较大的振动和噪声却没有任何办法可以消除，只能减小其危害。

对振动和噪声问题目前一般采取以下简单的对策：

首先，严格控制施工时间段。由于噪声较大，因此在夜晚，一般是晚上22：00—早上6：00，特殊情况下为晚上20：00—早上7：00，禁止施工。同时，由于高噪声作业受到城市环保标准的严格控制，因此施工方必须在施工之前到工程所在地环保部门审批，否则严禁施工。得到审批的企业在现场施工时，也必须采取有效的措施，减少和控制噪声排放，向周边企事业单位和居民公告说明，以求谅解，必要时进行补偿。

其次，对打桩场地与周边场地采取有效的隔震措施。由于土层中的振动越接近地表振幅越大，因此在打桩场地周边设置防震沟是最有效的办法。防震沟宽度在1.0m左右，深2.0m左右，可以大大减轻振动的传递。当其影响地面交通时，可采用碎石填入其中。

最后，对满足要求的场地与地质条件，应尽量采用静力压桩的施工工艺。

（二）静力压桩法施工

静力压桩是通过静力压桩机，将预制钢筋混凝土桩分节压入地基土层中的成桩工艺，多采取分段压入、逐段接长的方法。静力压桩的挤土效应仍然存在，但没有

振动和噪音，所以在施工场地周边存在特殊建筑物的情况下可以采用该施工模式
（如图2-18所示）。

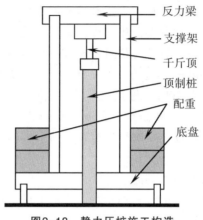

图2-18　静力压桩施工构造

1.静力压桩的前提条件

虽然静力压桩没有振动和噪声，但其使用范围比较有限。

首先，由于没有动力加速度，没有冲击作用，静力压桩所产生的作用力相对要
小得多，对于坚硬的土层和相对大一些的桩径，几乎没有任何办法。

其次，静力压桩所需要的向下的压力，必须依靠足够的反力支撑才可以实现，
从图2-18的静力压桩施工设施构造来看，其实现的难度无疑是巨大的，仅能保证
较小压力的实现。

因此，静力压桩一般仅用于软土地基之中，或辅助以振动冲击等手段，实现送
桩施工。

2.静力压桩的施工过程

压桩时，用起重机将预制桩吊运或用汽车运至桩机附近，再利用桩机自身设置
的起重机将其吊入夹持器中，夹持油缸将桩从侧面夹紧，调正位置即可开动压桩油
缸，先待桩压入土中1m左右后停止，矫正桩垂直度后，压桩油缸继续伸程动作，
把桩压入土层中。伸长完后，夹持油缸回程松夹，压桩油缸回程。重复上述动作，
可实现连续压桩操作，直至把桩压入预定深度土层中。

压同一根（节）桩时应连续进行，当压力表读数达到预先规定值时，便可停止
压桩。

压桩过程中应检查压力、桩垂直度、接桩间歇时间、桩的连接质量及压入深
度。对承受反力的结构应加强观测。压桩用压力表必须标定合格方能使用，压桩时
桩的入土深度和压力表数值是判断桩的质量和承载力的依据，也是指导压桩施工的
一项重要参数，必须认真记录。

📖 *扩展阅读—— 射水沉桩法与振动沉桩法*

除了打桩和静力压桩之外，在一些特殊土层中，射水沉桩法和振动沉桩法也可

以采用。

● **射水沉桩法**

射水沉桩法往往与锤击（或振动）沉桩法同时使用，具体如何选择应视土质情况确定：在砂夹卵石层或坚硬土层中，一般以射水沉桩法为主，以锤击沉桩法或振动沉桩法为辅；在粉质黏土或黏土中，为避免降低承载力，一般以锤击沉桩法或振动沉桩法为主，以射水沉桩法为辅，并应适当控制射水时间和水量。

下沉空心桩，一般用单管内射水。当下沉较深或土层较密实时，可用锤击或振动，配合射水；下沉实心桩，将射水管对称地装在桩的两侧，并使其能沿着桩身上下自由移动，以便在任何高度上射水冲土。必须注意，不论采取何种射水施工方法，在沉入最后阶段1～1.5m至设计标高时，应停止射水，用锤击或振动使其沉入设计深度，以保证桩的承载力。

水压与流量根据地质条件、桩锤或振动机具、沉桩深度和射水管直径及数目等因素确定，通常在沉桩施工前经过试桩选定。

● **振动沉桩法**

振动沉桩法是利用振动锤沉桩，将桩与振动锤连接在一起，振动锤产生的振动力通过桩身带动土体振动，使土体的内摩擦角减小、强度降低而使桩沉入土中。该方法在砂土中，尤其是含水量较高的砂土中，由于砂土的液化作用，可以减小摩擦，加快桩体的沉陷，施工效率较高。

该方式特别适用于大型钢板桩的施工，如图2-19所示。

图2-19　振动法压入钢板桩

第三节　灌筑桩基础工程施工

与预制桩相比，灌筑桩在现场成孔，不存在挤土效应，没有振动和噪声，也没有孔径限制，承载力高，质量稳定。同时，灌筑桩还有一个特殊的优势在于，伴随着成孔过程，工程师们可以对桩身周边以及桩端的土层、岩层进行确认与分析，这对桩的最终承载状况的判断及其可靠性非常重要。

灌筑桩的主要问题在于成孔的过程相对缓慢，造成工期较长——这对于巨额的投资来说是十分关键的问题，资金的占用所产生的利息是投资成本的重要组成部分。灌筑桩的混凝土强度增长的过程对工程进展并没有实质性影响——这是因为，灌筑桩完成后，一般不立即进入承载状态，其上部结构的建设需要一个过程，这一过程可以与灌筑桩的混凝土强度增长同步。另外，受限于各种具体的成孔方案，灌注桩的桩长一般不会非常大，30m以上的超长灌筑桩极为罕见，因此如果需要超长桩，工程师们往往会选择预制桩。

灌筑桩的成本普遍要比预制桩高，在可以使用预制桩的情况下，一般也不选择灌筑桩。

灌筑桩的核心工艺是成孔过程，目前主要的常规成孔工艺有螺旋钻、泥浆护壁和套管成孔、人工挖孔等几类。

一、干作业螺旋钻成孔灌筑桩

干作业是相对于泥浆护壁成孔而言的，一般采用螺旋钻进行施工，施工过程中无需泥浆。

（一）螺旋钻原理

螺旋钻犹如扭螺丝，如果钻机旋转一周，螺杆应入土一个螺距，但当控制钻机的入土速度使其旋转一周的入土深度小于一个螺距时，螺纹对土体会产生剪切作用，在土中成孔，并将土沿螺片排出孔外。因此，螺旋钻可以实现钻孔、排土一次完成（如图2-20所示）。

图2-20　螺旋钻机

（二）螺旋钻成孔的适用范围

螺旋钻主要在含水率适当的黏土、粉质黏土中使用，土颗粒具有一定的黏聚力，土层蠕变性小是采用该施工方法的基本前提。如果土颗粒之间没有黏聚力，采用螺旋钻可能会塌孔；如果土层蠕变性大，该施工方式则可能会产生缩孔——钻孔时成孔，钻机抽出时缩孔。另外，由于岩石地基比较坚硬，螺旋钻也无法实施成孔作业。

（三）螺旋钻成孔灌注桩的工艺过程

1.成孔

采用螺旋钻成孔，首先将场地基本平整，再测控桩位。由于灌注桩不存在挤土效应，成桩过程对地表或地下土层不会产生严重的位置变异，因此可以一次性对所有桩孔进行定位。

定位完成后，将钻机就位、整平，调整钻杆的垂直度后，就可以开始成孔。在成孔的过程中，应时刻观察钻机的转速、稳定性，如有异常应及时停机，防止土层中的异常构造或杂物损坏钻机。

钻孔达到预定深度或土层后抽出钻杆，及时覆盖封闭孔口，防止异物入内。

2.成桩

根据施工进度计划，将制作好的钢筋笼吊入到孔中，钢筋笼侧面做好支撑，保证钢筋保护层厚度，确认无误后浇筑混凝土。混凝土浇筑一般采用漏斗加钢管的办法，将钢管伸至桩孔底部，混凝土经漏斗注入钢管，一边浇筑，一边拔起钢管，并上下反复插拔，促使混凝土密实，直至混凝土筑满桩孔。

二、泥浆护壁成孔灌筑桩

如前所述，黏聚力较差的砂性土或以坚硬岩石为主的土层中，螺旋钻无法实现钻孔的目的。此类土层需要使用潜水钻加泥浆护壁的施工工艺。

（一）泥浆护壁的作用及原理

泥浆护壁成孔是将膨润土与水、添加剂混合后所形成的泥浆注入所钻的孔中，利用泥浆的护壁、润滑、降温和携渣的作用，实现成孔的工艺过程。泥浆在此过程中的作用在不同的土层中表现不同。

1.护壁功能

对于砂性土层，细腻的泥浆可以渗透至砂土之中，在土颗粒之间形成固化、封闭的构造，能够有效地防止砂土的塌孔现象。但应该注意，泥浆护壁方式对孔壁坍塌的防范作用是有限的，当孔径过大时，其作用将下降。目前最大的孔径是在北京地铁工程中出现的，为1 000mm。

2.润滑与降温功能

对于岩石层中的钻孔施工，由于岩石与钻头的剧烈摩擦，会产生高热高温，泥浆可以有效润滑并降温，防止高温作业给钻机带来的危害。

3.携渣功能

在钻孔过程中，各种岩屑、土渣将混合在泥浆里，如果施工过程中注入过量的泥浆，并进行泥浆循环，则可以将土、石渣携带出孔，随后在沉渣池中沉淀固化后，由专用车辆运走即可。

(二) 泥浆护壁钻孔的基本工艺过程

1.场地的总体布置与设计

当现场采用泥浆作业时，防止泥浆流溢，保持现场整洁，并保证泥浆循环使用是非常重要的。

现场布置内容包括孔位确定、泥浆导流槽确定、沉渣池设置、泥浆池设置等。同时还应注意的是，如果可能的话，施工场地还应采用混凝土进行覆盖，保证现场清洁。

首先，在现场选定泥浆池、沉渣池的位置，泥浆池一般是一个，多布置在相对低的位置；沉渣池至少一个，用来回收携带土渣的泥浆，并在此沉淀。采用多个沉渣池时，应采用梯级布置。梯级沉渣池布置在泥浆池的相对高位，并用溢流槽与之相连。

其次，定位放线，确定桩位，并在桩位之间以及沉渣池、泥浆池与桩位之间设置泥浆导流槽。桩位与泥浆导流槽的设计应考虑现场施工的次序与泥浆循环的流动过程，每一个桩位都要用导流槽相连，然后以低强度等级的混凝土（一般与垫层相同，C15）对场地实施覆盖（桩口、泥浆导流槽位置除外）。如现场有大型载重车辆运行，应适当提高混凝土的强度等级。泥浆护壁成孔施工场地如图2-21所示。

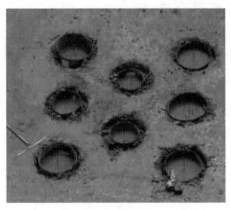

图2-21　泥浆护壁成孔施工场地

2.钻孔与泥浆循环

钻孔之前，应在孔位处设置钢护筒，主要作用是规范桩口并起到引导作用。护筒内径比桩径大100mm左右，并设置溢流孔。护筒上口高于地面300～500mm，并深入到地面以下一定的深度d，当场地为黏性土时，d≥1m；当场地为砂性土时，d≥

1.5m。然后架设好钻机，进行垂直度校正后，开始正式钻孔。钻孔过程中，使泥浆通过导管引入孔中并伸至孔底，同时注入泥浆，进行施钻。随着泥浆的进入、钻孔、满溢的过程，土渣被携带出来，通过泥浆导流槽排到泥浆沉淀池中进行沉淀。

泥浆在沉渣池中沉淀并注满后，表层的泥浆可以溢流至泥浆池中，重新进行泥浆二次循环，同时对沉淀在泥浆池中的土渣采用相关机械及时清理排出。这一过程中，泥浆会有减损，需要及时补充。如果桩孔比较深，孔中不需要时刻注满泥浆，仅在溢流排渣时注浆即可。但如果存在地下水的话，则必须保持孔内浆面高出地下水位至少1m以上，防止地下水渗流导致塌孔。

施工开始时应控制钻孔速度，防止偏位；当钻孔深度较大，能够控制钻机的稳定性时，可以加快速度。钻孔达到预定深度后，撤离钻机，并继续采用泥浆循环，将土渣完全携带出孔，这是第一次清孔的过程。如果是砂土中的桩孔，在清孔后，孔中仍应注满泥浆，以保持相对于周边土层的封闭状态。

（三）泥浆护壁成孔后的成桩过程

1.清孔与钢筋安装

钢筋笼应预先按设计图纸在施工场地或加工厂制作成型。

为保证钢筋笼在运输、吊装过程中不发生变形，应采用螺旋箍或焊接环形箍筋，并每隔2m加设一道加强箍筋，加强箍筋应设置在纵筋内侧，起到钢筋笼成形支撑的作用，并逐点与主筋焊牢。

钢筋的保护层宜用专用保护层间隔件进行确定。

钢筋笼吊起并进行垂直校正后，沿导向钢管缓缓下放，不得碰撞孔壁，如下放困难应查明原因，不得强行下放。桩成孔后尽快安放钢筋笼，以减少孔底回淤。钢筋笼的顶面和底面标高应符合设计要求，误差不大于±50mm。

下放钢筋笼之前应进行一次清孔作业，将孔内沉渣尽量排除。如有可能，清孔可以采用清水进行，或先采用泥浆并逐步加入清水，最终以清水为主。这样可以有效避免钢筋笼下放之后，泥浆细微颗粒附着在钢筋表面，形成后期混凝土与钢筋的黏结隔离。

2.水下浇筑混凝土

钢筋笼下放后应尽快浇筑混凝土。

混凝土浇筑前，应根据状况对桩孔进行二次清理，并具体检测桩底沉渣厚度，不大于100mm时满足要求。沉渣厚度检查目前均采用专人负责重锤检测法，避免不同检测人员因手感不同产生的差异。

混凝土浇筑采用导管进行，导管搭配及组装需根据孔深事先进行计算，导管应达到桩底部。导管上口与混凝土料斗下口直接相连，且高于桩口。

浇筑时，先将料斗口内塞入弹性聚酯球，球径略大于导管内径，并用钢丝拴住，然后向料斗内倾倒混凝土，混凝土自重作用推动聚酯球下落至导管中，再用铁剪剪断钢丝，聚酯球落至管底并冲出后，混凝土注入桩孔中（如图2-22（a）所示）。首次浇筑混凝土应保证浇筑量，以确保混凝土下落至桩底后没过导管口。之后应连续浇筑，严禁中途停工，混凝土灌筑的上升速度不小于2m/h，同时缓慢提拔导管，并确认导管口低于桩孔内混凝土表面300~500mm，直到混凝土石子溢出桩口为止（如图2-22（b）所示）。

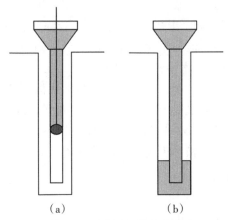

（a）　　　　　　　　（b）

图2-22　水下浇筑混凝土

　　由于无法实施振捣过程，为了保证混凝土的密实度，可以对导管进行上下插拔，促使混凝土密实。另外，混凝土浇筑时，混凝土表面界面与泥浆相混合，在发生溢流后，要及时排出表面混合浆，直至看到青色的石子溢流出桩口才可以视为浇筑完成。

📖 扩展阅读——泥浆的制备以及泥浆护壁灌筑桩常见质量问题的处理方法

　　（1）泥浆制备

　　泥浆用塑性指数 $I_p \geqslant 17$ 的黏土、自来水加适量的膨润土、分散剂和增黏剂搅拌而成。泥浆循环系统设置循环池、储浆池和沉淀池，现场安排车辆，随时外运泥浆，泥浆在存放过程中不断地用泵搅拌，使之保持流动状态，由专职检查人员每天按规定时间对其进行检查，每天检查不少于两次。现场检查两个指标：比重和含砂率。泥浆的技术指标应符合：比重在1.1~1.3之间；含砂率≤4%；胶体率在95%以上；黏度为18~22s；Ph值≥6.5。

　　（2）泥浆护壁钻孔灌筑桩常见质量问题的处理方法

　　①钢筋笼下落。

　　应严格细致地下好钢筋笼，并将其牢固地绑扎或焊接在孔口，下导管时，使导管顺桩孔中心位置而下，斜桩灌筑时，导管的每个接头处加装外表面光滑的罩子，避免挂住钢筋笼。在浇灌过程中，一经发现钢筋笼下落立即停止浇灌混凝土，将笼吊至设计标高重新固定，如笼沉入混凝土中拔不出来，应先探明笼顶标高、沉入深度，在断桩部位增加一节钢筋笼，然后继续浇筑混凝土。

②钢筋笼上浮。

将钢筋笼牢固地绑扎或焊接在孔口，使钢筋笼内径与导管外壁之间空隙大于粗骨料最大粒径的两倍，在浇筑混凝土的过程中，随时观测凝土面位置，接近钢筋底时，控制混凝土的浇筑量和浇筑速度，确认导管与钢筋笼之间有无挂带现象。

③坍孔壁。

提升、下落冲锤或掏渣筒以及安放钢筋骨架时，应保持垂直上下。用冲孔机时，开机阶段保持低锤密击，确保孔壁坚固耐用后，再恢复正常冲击。清孔结束立即浇灌混凝土，轻度坍孔，加大泥浆密度并提高水位，严重坍孔，用黏土、泥膏投入，待孔壁稳定后低速重新钻进。

④钻孔偏移倾斜。

将桩架重新安装牢固，并对导架进行水平和垂直校正，检修钻孔设备，如有孤石，宜用钻机钻透。用冲孔机时，用低锤密击，将石打碎。基岩倾斜时，投入块石使表面略平，用锤密击，偏斜过大时，填入石子黏土，重新钻进，控制钻速，慢慢提升、下降，往复扫孔纠正。

⑤导管漏水。

检查后重新设置，提起导管重新上紧法兰螺丝，提出导管，清除灌入的混凝土，重新开始灌筑。若孔内已灌入少量混凝土，应清除干净后方可灌，若孔内灌筑混凝土较多，应暂停灌筑，下一个比原孔径小一级的钻头钻进至一定深度起钻，用高压水将混凝土面冲洗干净，并将沉渣吸出，将导管下至中间小孔内恢复灌筑。

⑥断桩。

加强探深员的技术培训，反复细心探测混凝土面，认真绘制混凝土灌筑曲线，正确指导导管的提升。灌筑中严格遵守操作规程，使导管提升匀速平稳。灌筑前对各个作业环境和岗位进行认真检查，制定有效的预防措施，保证灌筑作业连续紧凑。

⑦缩颈。

摸清承压水的准确位置，在灌筑前下入专门护筒进行止水封隔，成桩后经验桩发现缩颈，如位置较浅可开挖进行补救，如位置较深，且缩颈严重，则应考虑补桩。

⑧导管拔空。

发现导管拔空后，应迅速将导管插入到混凝土中，利用小型水泵将导管中的水抽出，再继续浇灌混凝土。之后迅速提出导管，重新设隔水球灌筑混凝土，在隔水球冲出导管后，应使导管继续下降，直到导管不能插入时再少许提升导管，继续浇筑混凝土。

三、套管成孔灌筑桩

套管成孔灌筑桩，顾名思义，就是采用钢套管进行辅助成孔施工的灌筑桩。

在淤泥质土层、饱和软黏土等复杂的地基中，由于土体变形较大，不论是螺旋钻等干作业成孔模式，还是泥浆护壁等方法，均不能解决该类土层成孔后的缩孔甚至愈合的问题。但套管成孔的方式则有效地解决了这一问题，由于钢套管的存在，可以有效支撑周边土层，形成封闭的桩孔。

这种方式对以碎石为主的土层也十分有效。尽管泥浆护壁对砂土层的作用十分明显，但这种封闭效果对较大颗粒的碎石则显得十分有限。通过振动等方式将钢管插入碎石层中，就可以封闭管孔周边，继续下放钢筋笼并浇筑混凝土，进而成桩。

（一）套管成孔灌筑桩的基本工艺

套管成孔灌筑桩兼有预制桩与灌筑桩两种工艺。

首先，在钢管贯入土层这一施工过程中，基本与预制桩相同，可以采用锤击法或振动法，所不同的是——作为套管的钢管前端要设置一个桩头（亦称桩靴），桩头一般由混凝土制成。

其次，在钢套管打入土层之后，向其中吊入绑扎制作好的钢筋笼，就位校正并固定后，向其中灌筑混凝土。随着混凝土的灌筑，同时采用专用设备将钢套管缓缓拔出。为了保证混凝土的密实度，还可以实施复打，即重新打入，重新灌入混凝土后再拔出。钢管完全拔出后，套管成孔灌筑桩施工完成。这一过程与灌筑桩施工基本相同。

（二）套管成孔灌筑桩的具体实施过程

1.桩靴及其分类

套管成孔桩的桩身采用钢管成孔，但桩尖在打入时必须封闭，封闭构造称为桩尖或桩靴。

桩靴基本有两类，钢制活瓣式（如图2-23（a）所示）与混凝土圆锥式（如图2-23（b）所示）。

（a）　　　　　　　　　　（b）

图2-23　钢制活瓣式桩靴和混凝土圆锥式桩靴

钢制活瓣式桩靴在打桩之前可以关闭，呈棱锥状，以有效阻止泥土进入桩孔中。桩打入土层中以后，下入钢筋笼，浇筑混凝土时将钢管拔出。拔出时，桩靴在混凝土的阻力下可以展开，顺利拔出，以后施工可以重复使用。但应该注意的是，由于钢制活瓣与钢管并非完全吻合，因此在拔管时可能会有一定的阻力，造成拔管困难。

混凝土圆锥式桩靴一般在锤击施工之前将其安装于钢管的前部，形成整体，锤击沉桩后，向钢管中插入钢筋笼，灌筑混凝土，完成后将钢管拔出，桩靴留在土层中。由于桩靴是预制的，因此在选用时应注意其型号与钢管之间的关系。另外由于桩靴不能随钢管拔出，因此将形成一部分成本消耗。该桩靴的优势在于，拔管的过程中其不随钢管拔出，不形成任何阻力。

2.锤击沉管灌筑桩

沉管灌筑桩施工时，用桩架吊起钢套管，关闭活瓣或对准预先设在桩位处的预制混凝土桩靴，套入桩靴。钢套管沉管过程中不能接桩，因此钢套管的长度应按照设计要求以及地质报告的持力层深度进行确定，应保证钢管一次沉入地面后即可满足设计要求，且至少在地面以上留有足够的长度，以保证拔管和混凝土的灌筑。套管与桩靴连接处宜进行密封处理，以防止地下水渗入管内。随后放下套管，压进土中，在上端扣上桩帽，检查套管与桩锤是否在同一垂直线上，套管偏斜不大于0.5%时，即可起锤沉套管。

锤击时，先用低锤轻击，观察后如无偏移，即可正常施打，直至达到设计要求的贯入度或沉入标高，并检查管内有无泥浆或水进入，随后灌筑混凝土。

套管内混凝土浇筑过程中就可以拔管，从而避免浇筑完成后摩擦力过大钢管难以拔出情况的发生。拔管要均匀进行，不宜一次拔管过高，要保证管内混凝土表面高于管口。拔管时应保持密锤低击，连续不停。拔出速度对一般土层来讲控制在1m/min为宜；在软弱土层及软硬土层交界处，应控制在0.8m/min以内。拔管时要注意混凝土落下的扩散情况，一般随着钢管的拔出，混凝土会随之下落，更加密实。

3.沉管灌筑桩的复打

为了提高桩的质量和承载能力，可以采用复打法，扩大灌筑桩。

在第一次灌筑桩施工完毕拔出套管后，清除管外壁上的污泥和桩孔周围地面的浮土，立即在原桩位再埋预制桩靴或合好活瓣第二次复打沉套管，使未凝固的混凝土向四周挤压扩大桩径，然后第二次灌筑混凝土。浇筑混凝土后的拔管方法与初打时相同。

复打时应该注意的是，前后两次沉管的轴线应相吻合；复打施工必须在第一次灌筑的混凝土初凝之前进行，否则对前次浇筑的混凝土将产生破坏。另外，采用复打法时，第一次灌筑混凝土前不能放置钢筋笼，应在第二次灌筑混凝土前放置。

4.振动沉管灌筑桩

锤击沉管的方式振动和噪声比较大，如果土层中砂石砾石较多，含水量较大，可以采用振动锤或振动冲击锤沉管。

采用振动沉管施工前，先安装好桩机，将桩管下端活瓣合起来或套入桩靴，对准桩位，徐徐放下套管，压入土中，勿使其偏斜——这与锤击沉管的方式是一样的。确认无误后，即可开动激振器沉管。桩管受振后与土体之间摩阻力减小，同时利用振动锤自重在套管上加压，套管即能沉入土中。沉管时，必须严格控制最后的贯入速度，其值按设计要求或根据试桩情况和当地的施工经验确定。

振动流管灌筑桩适用于在一般黏性土、淤泥、淤泥质土、粉土、湿陷性黄土、松散的砂土及填土中使用，在坚硬砂土、碎石土及有硬夹层的土层中，由于容易损坏桩尖，不宜采用。

（三）套管成孔的新形式——套管钻机

套管钻机是近些年出现的新型机械，是在钢套管内部加设钻孔设备，是可以在施工中将钢管立于地面，钻机于其内部进行钻进的设备。该设备的优势在于，由于钢套管形成了有效的护壁作用，因此可以使用螺旋钻这种简单的设备，在绝大多数土层中实现成孔。

四、人工挖孔灌筑桩

前文所述的灌筑桩成孔方式适用于不同的土层与岩层，但在实际工程中，岩层与土层的分布极为复杂，在有些地区（如大连），岩层、土层、碎石、卵石、砂土甚至淤泥相互交错，难以选择单一的成孔方式进行桩基础的施工。此时，可以采用人工挖孔的方式进行成孔，即人工挖孔灌筑桩，简称人工挖孔桩。

顾名思义，人工挖孔桩是采用人工挖孔的方式来进行成孔的灌筑桩。

人工挖孔桩在施工中的确存在很多问题，包括无法采用机械施工导致的劳动力消耗量大、效率低下；施工过程安全问题突出，跌落、物体打击和中毒，甚至坍塌事故也时有发生。因此在很多地区都有明文规定，严禁或限制采用该类施工工艺。尽管如此，人工挖孔桩的一些难以比拟的优势，仍使得工程技术人员在特殊情况下会毫不犹豫地采用。

（一）人工挖孔桩的优势与应用范围

人工挖孔桩在工程中的优势主要体现在以下几方面：

1.承载力高且质量稳定性好

人工挖孔桩的成孔由人工进行，人工操作基本工作面的要求使得挖孔桩的孔径最小值不会低于800mm，如果综合考虑施工与安全需要，桩孔内径不宜小于1m。这样的孔径所形成的桩基础其承载力是毋庸置疑的，每根柱子下面设置一根挖孔桩即可满足要求。大口径所形成的较大的刚度与抗弯能力，使其在深基坑的护壁构造中也经常被采用。

人工挖孔桩不仅承载力强，质量稳定性也非常好。没有打桩过程，其混凝土内部不会存在打桩可能造成的开裂等隐患；孔径大，混凝土浇筑、振捣过程相对完善，混凝土密实度较好，基本不存在内部孔洞这种在小孔径灌筑桩中经常出现的问题。

2.桩身土层分布与桩端地质构造明确

人工挖孔过程中，工人和工程技术人员都可以直接进入到孔内，对桩身所经过的土层状态进行实地或采样分析，并对桩端的岩石、土层进行具体探测，甚至在桩底继续设置探孔，进行详细勘察。这种实地勘察过程，将为确定桩端与桩身承载状况提供最可靠的数据，其承载质量的可靠性是任何其他模式的桩基础都无法比拟的。

3.土层适应度好

正如前文所述，预制桩、一般灌筑桩、套管成孔桩等都有其使用范围，但变异性较大的特殊地质构造会因受到各种限制难以施工。人工挖孔桩则不然，通过采用有效的护壁措施，几乎所有土层、岩层均可以实现成孔。

（二）人工挖孔桩的安全问题

人工挖孔桩的安全性一直是制约它的关键性问题，随着深度的增加安全性愈加突出，有资料称人工挖孔桩深可达40m，但限于施工安全的考虑，其深度不应超过30m，一般应控制在15～20m。为了保证安全，人工挖孔桩必须考虑采用护壁、照明、排水和通风等基本安全措施和防止跌落与物体打击的辅助安全措施。

1.人工挖孔桩的护壁

护壁是人工挖孔桩采用的最重要的安全措施——工人的作业安全是第一位的。人工挖孔桩施工时必须考虑预防孔壁坍塌和流砂现象发生，制定合理的护壁措施。

护壁方法可以采用现浇混凝土护壁、喷射混凝土护壁、砖砌体护壁、沉井护壁、钢套管护壁、型钢或木板桩工具式护壁等多种形式。在工程实施过程中，应根据地质状况和孔径的大小来进行合理的选择。但要注意的是，人工挖孔桩护壁的设置与其深度一般无关，当挖孔深度达到设置护壁的基本要求时（一般600mm左右），即需要开始设置护壁。这是因为护壁必须逐层设置，若挖孔深度较大，有坍塌风险时再开始设置就已经来不及了。

护壁一般自上而下，随着深度的增加分段进行。护壁多为一种形式，在极特殊的情况下可以考虑在不同的土层阶段采用不同的护壁形式。由于采用了护壁，在保证桩体净直径的前提下，桩孔的开挖内径会相对增加150～200mm。采用混凝土护壁时，根据需要可以配置一定的钢筋，多为Φ6～Φ8@200的网格状设置（如图2-24所示）。

2.人工挖孔桩的照明、通风和排水

除了护壁之外，照明、通风、排水这三项措施也是人工挖孔桩在施工过程中经常采用的。

（1）照明

当挖孔深度较深，照明不足时，需要采用人工照明措施。人工照明所使用的设备、电压必须满足防止漏电、触电和防爆的基本要求，必须采用安全矿灯及12V以下的安全电压进行供电。同时，建议采用新型低热量、高亮度灯具，如LED灯等。

（2）通风

较深的挖孔桩下的供氧量较低，加之采用风镐之类的掘进设备所排出的废气，对人体的危害很大，所以桩孔开挖深度超过10m时，必须设置专门向井下送风的设备；不足10m时，根据现场情况设置送风通风设施。另外，当挖孔桩穿过有机质含

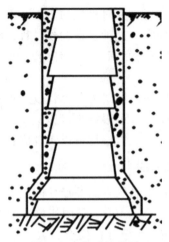

图2-24　挖孔桩护壁

量较高的土层时，需要防止各种不良气体渗出，必要时应加强通风，避免出现窒息、中毒或爆炸事故。

另外，民间常见的以蜡烛实验来判断井下是否存在窒息危险的方法应慎重采用，若井下腐殖层产生的可燃气体聚集，会导致严重的爆炸事故。

（3）排水

如果挖孔深度范围内存在地下水，则需要采取排水措施。与基坑排水降水不同的是，人工挖孔桩一般只是采用孔内排水的形式，随着土层中的地下水渗入孔内，采用污水泵随时排出。

3.人工挖孔桩的其他辅助性安全设施

除了以上基本安全措施之外，人工挖孔桩的辅助性安全措施还有防止跌落、物体打击等。

为了避免相关事故的发生，人工挖孔桩施工前应编制专项施工方案，严格按方案规定的程序组织施工。开挖深度超过16m的人工挖孔桩工程还要对专项施工方案进行专家论证。桩孔内必须设置应急软爬梯供人员上下井，使用的电葫芦、吊笼等应安全可靠，并配有自动卡紧保险装置。但电葫芦、吊笼等仅作为运土工具，严禁工人乘坐设施上下井。每日开工前必须对井下有毒有害气体成分和含量进行检测，并应采取可靠的安全防护措施。工人在孔下施工时，必须戴好安全帽。

孔口四周必须挖出的土石方应及时运离孔口，不得堆放在孔口四周1m范围内。机动车辆通行应远离孔口。人工挖孔桩各孔内用电严禁一闸多用。孔上电缆必须架空2.0m以上，严禁拖地和埋压土中，孔内电缆线必须有防磨损、防潮、防断等措施。

人工挖孔桩施工时，井口上方必须由专人看守，井口四周应围设专用施工区域，无关人员严禁进入。施工场地设置专用人员、车辆通道。施工间歇时，必须及时将孔口采用硬板覆盖，并设置围栏。夜晚停工时，对人工挖孔桩施工整片场地应实行封闭管理，禁止任何人员通行，并在所有孔口处悬挂警示灯，防止跌落事故，同时场地四周设置高位照明灯。

另外，为了满足孔下可能发生的救援需要，对于深度超过 3.0m 的人工挖孔桩，其孔径不宜小于 1.2m；深度超过 5.0m 的，孔径不宜小于 1.5m。当设计不满足要求时，应及时沟通解决。

📖 **扩展阅读——广东省对人工挖孔桩的特殊限制**

有些省份，如广东省就明确提出，在人工挖孔桩开挖工作面以下，有下列情况之一者，不得使用挖孔桩：

（1）地基土中分布有厚度超过 2m 的流塑状淤泥或厚度超过 4m 的软塑状土；

（2）地下水位以下有层厚超过 2m 的松散、稍密的砂层或层厚超过 3m 的中密、密实砂层；

（3）溶岩地区；

（4）有涌水的地质断裂带；

（5）地下水丰富，采取措施后仍无法避免边抽水边作业；

（6）高压缩性人工杂填土厚度超过 5m；

（7）工作面 3m 以下有腐殖质有机物、煤层等可能存在有毒气体的土层；

（8）孔深超过 25m 或桩径小于 1.2m；

（9）没有可靠的安全措施，可能会对周围建（构）筑物、道路、管线等造成危害。

第四节　桩头的处理与桩基础的验收

一、桩头处理与桩的附加长度

不论是灌筑桩还是预制桩，其上部都是承台或其他类似构造，施工中需要采取有效措施，保证上下部结构的有效连接。保证连接的基本方法是将桩向承台或底板中延伸一定的长度，确保锚固效果。一般做法是将桩的混凝土部分深入承台或底板 100~150mm，将桩的纵向钢筋深入到承台或底板 800~1 000mm，这样既可以保证连接锚固效果，也可以方便施工。

对于灌筑桩来讲，其桩顶不包括桩顶上部的水泥浮浆硬化成分，必须将其清除掉，露出完整青色的石子；对于预制桩而言，不得是破损的桩头，必须将破损部位清理干净，露出坚实的混凝土。

桩身钢筋（全部纵筋）伸入到上部结构中时，应向外呈莲花状散开，并与结构钢筋焊牢，如图 2-25 所示。

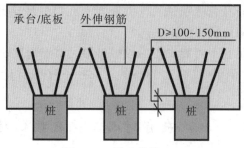

图2-25　桩头构造

施工单位在施工前，应该做好桩长计划，不仅要保证建筑结构所要求的基本长度，还应包括基于以上两点所形成的附加长度，确保施工的顺利进行。在可能的情况下，施工时的桩长应尽可能长一些，从而保证后期桩头处理的需要。

二、桩基础的验收

桩基础工程完工后，需要开展相关验收工作。除了常规的对混凝土强度、钢筋隐蔽工程的检验之外，还需要进行桩身完整性和承载能力的检验。

当设计有要求时或设计等级为甲级的桩基础，或无相关试桩资料可参考的设计等级为乙级的桩基础，或地基条件复杂、施工质量可靠性低的桩基础，以及工程所在地或施工单位采用的新桩型或采用新工艺成桩的桩基础，施工完成后应进行单桩承载力和桩身完整性检测。桩基础工程除应在施工前和施工后进行检测外，还应根据工程需要，在施工过程中进行质量的检测与监测。

桩身完整性的验收又称桩身质量检验。对设计等级为甲级或地质条件复杂，成检质量可靠性低的灌注桩，抽检数量不应少于总数的30%，且不应少于20根；其他桩基工程的抽检数量不应少于总数的20%，且不应少于10根；对混凝土预制桩及地下水位以上且终孔后经过核验的灌注桩，检验数量不应少于总桩数的10%，且不得少于10根，每个柱子承台下不得少于1根。

对于基础设计等级为甲级或地质条件复杂，成桩质量可靠性低的灌注桩，应采用静载荷试验的方法进行检验，检验桩数不应少于总数的1%，且不应少于3根；当总桩数少于50根时，不应少于2根。

□ 本章小结

桩是非常有效的基础形式，在国内任何地区、任何地质条件下均有采用。从施工的角度来看，桩基础施工分为灌筑桩和预制桩两类。

预制桩施工工期短，构件工业化生产，成本低，质量好，但绝大多数预制桩必须通过打桩的方式进行施工，挤土效应、振动、噪声等问题较为突出，而且适用土层范围较小。静力压桩虽然可以解决振动、噪声等问题，但挤土效应依旧存在，且适用范围更加有限。另外，由于预制桩采用预制的生产模式，需要通过吊装、运输等方式才能到达现场，因此必须注意这些辅助施工过程中可能会出现的问题。

　　灌筑桩没有类似预制桩的问题，但施工周期长、成本高。灌注桩的成孔方式包括干作业螺旋钻、泥浆护壁、套管成孔和人工挖孔等，可根据不同的土层状况采用。干作业成孔成本最低，速度较快；泥浆护壁施工模式适应度较大，泥浆除了护壁之外，还有携渣、润滑和降温的作用。泥浆护壁成孔模式在浇筑混凝土时，应注意水下浇筑中的问题。套管成孔灌筑桩兼有预制桩和灌筑桩的特点，在软黏土等软弱地基中比较适用。人工挖孔桩主要面对的是安全问题，在施工中常采用护壁、通风、照明、排水等措施，保证工人井下施工的顺利进行。

　　桩基础完成后，需要将表层浮灰、破损清理干净，并与上部结构有效连接。

☐ 关键概念

　　桩基础的分类原则；预制桩的打桩方法、打桩的质量控制与打桩的环境危害及对策；灌筑桩螺旋钻成孔原理、工艺过程与适用范围；泥浆护壁的作用及原理；泥浆护壁钻孔的基本工艺过程；人工挖孔桩的安全问题及应对措施

☐ 复习思考题

　　1.在工程中根据桩基础对上部结构的作用，可分为几个类别？在工程中如何保证其基本作用的实现？

　　2.预制桩的打桩顺序有什么规定？为什么有这样的规定？

　　3.预制桩打桩的质量控制措施有哪些？

　　4.预制桩打桩的环境危害有哪些？如何应对？

　　5.如何确定预制桩的吊点和运输支撑点？

　　6.灌筑桩螺旋钻成孔的适用范围是什么？

　　7.泥浆护壁钻孔灌筑桩的基本工艺过程是什么？除了护壁之外泥浆还有什么作用？

　　8.泥浆护壁灌筑桩施工中如何浇筑混凝土？

　　9.如何保证人工挖孔桩施工过程的安全？

　　10.人工挖孔桩的优势与应用范围是什么？

第三章

普通现浇钢筋混凝土工程

□ **学习目标**

　　掌握：建筑热轧钢筋的基本力学性能、加工性能，钢筋代换原则与程序，钢筋连接的工艺与要求，各类基本构件钢筋绑扎构造，钢筋隐蔽的基本程序，建筑工程常见的模板架设方法，模板拆除的基本原则，混凝土的基本材料构成与性能要求，普通混凝土配合比要求，混凝土浇筑基本要求与浇筑方案的确定，大体积混凝土的施工问题与处理。

　　熟悉：钢筋下料的基本技术问题，钢筋加工的基本工艺（钢筋调直、除锈、切断、弯曲），模板系统的基本要求，建筑工程常用的模板形式，模板系统的安全施工要求，混凝土的搅拌要求，混凝土的运输要求，混凝土振捣的基本要求，混凝土的养护要求。

　　了解：钢筋的基本分类、钢筋下料长度的计算与实际应用，一般构件模板的位置，机械化模板，混凝土工程的最终验收与质量问题的处理。

　　现浇普通钢筋混凝土工程，一般可以简称为钢筋混凝土工程，是最为常见和普遍的建筑工程施工，也是工程技术和工程经济管理人员必须掌握的施工工艺。所谓现浇，就是指该工艺过程完全在施工现场完成，包括现场绑扎钢筋、架设模板和浇筑与养护混凝土。与之相对的是预制钢筋混凝土结构，预制结构的承载性构配件一般在工厂中生产，运到现场进行拼装。与预制结构相比，现浇结构具有更好的整体性，但由于现场条件的限制，其工程质量一般要逊色于预制结构。由于目前我国预制结构发展相对滞后，难以进行成本方面的有效比较。但可以肯定的是，单纯从结构自身的施工周期来看，现浇结构由于有混凝土的成型与养护过程，工期相对慢一些。

　　钢筋混凝土的一般工艺过程是绑扎钢筋—架设模板—浇筑混凝土—养护混凝

土，但对于水平跨度结构来讲，首先是从架设模板开始，其次是绑扎钢筋，浇筑和养护混凝土。这仅仅是工艺过程的差异性，就每一个工艺过程来说基本是一样的。

第一节　钢筋工程

钢筋工程是钢筋混凝土的关键性工艺过程，也是混凝土结构关键性的力学构造。对于承受外部作用，尤其是动力作用的结构来讲，混凝土自身可能会出现裂缝甚至断裂，但只要钢筋没有断开——没有拉断或拔出，整体结构就不会发生垮塌，这对于建筑结构的抗震性来说是至关重要的，既可以为逃生赢得关键性的时间，又可以通过充分伸展的变形耗散巨大的能量，从而避免整体结构的坍塌破坏。

钢筋工程，就是按照结构设计图纸以及设计与施工规范的要求，将钢筋制作并绑扎成型的工艺过程。但是，对于作为材料的钢筋来讲，不可能如设计图纸中所绘制的那种理想的状态，不是连续不断的，因此在施工中，如何保证钢筋连接的效果将成为钢筋工程的主要问题。

另外，为了保证钢筋能够有效受力，锚固也非常重要。锚固问题的解决一般相对比较简单，只要按照设计图纸与规范要求，保证相应的锚固长度即可以满足设计与实际工程的受力要求。

除此之外，钢筋的调直、除锈、弯曲、切断等也有一些简单的施工工艺需要注意。

一、建筑工程常用的钢筋与性能

（一）钢筋的基本分类

建筑工程常用的钢筋包括普通钢筋、钢丝和钢绞线三类，普通钢筋又可分为热轧钢筋和冷加工钢筋两类。其中热轧钢筋是普通钢筋混凝土最为常用的钢材，其他品种相对较少使用。钢丝、钢绞线、冷拉钢筋等在预应力钢筋混凝土中使用相对较多。

1.钢筋

钢筋按其化学成分不同分为低碳钢钢筋和普通低合金钢钢筋（在碳素钢中加入锰、钛、钒等以改善性能）。钢筋分为热轧钢筋和热处理钢筋，热轧钢筋按强度不同分为 HPB235，HRB335，HRB400，RRB400 四个级别，热处理钢筋分为 40Si2Mn，48Si2Mn，45Si2Cr 三个级别，钢筋的强度和硬度逐级升高，但塑性则逐级降低。HPB235 钢筋的表面光圆，HRB335，HRB400 钢筋表面为人字纹、月牙形纹或螺纹，RRB400 钢筋表面则有光圆与螺纹两种。

为便于运输，Φ6~Φ9 的钢筋常卷成圆盘，大于 Φ12 的钢筋则轧成 6~12m 长一根。

2.建筑钢丝

常用的钢丝有刻痕钢丝、碳素钢丝和冷拔低碳钢丝三类，而冷拔低碳钢丝又分为甲级和乙级，一般皆卷成圆盘。

3.钢绞线

钢绞线一般由7根圆钢丝捻成，钢丝为高强钢丝。

目前我国重点发展屈服强度标准值为400MPa的新Ⅲ级钢的钢筋和屈服强度为1 720~1 860MPa的低松弛、高强度钢丝的钢绞线，同时辅以小直径（Φ4~Φ12）的冷轧带肋螺纹钢筋。同时，我国还大力推广焊接钢筋网和以普通低碳钢热轧盘条经冷轧扭工艺制成的冷轧扭钢筋。

（二）热轧钢筋的性能

钢筋的基本性能包括力学性能和加工性能。

1.建筑钢筋的基本力学性能——强度与延性

钢筋的基本力学性能主要体现在拉伸性能上，即强度与延性。

（1）强度

反映建筑钢材拉伸性能的强度指标包括屈服强度、抗拉强度（极限强度）和伸长率。屈服强度是结构设计中钢材强度的取值依据，在屈服强度下，钢材会产生较大的塑性变形。极限强度是钢材最终受拉断裂的强度指标，极限强度要高于屈服强度。

在工程中，将钢筋的抗拉强度与屈服强度之比（强屈比）作为评价钢材使用可靠性的一个参数，强屈比愈大，钢材屈服后的储备强度越高，可靠性越好。因此，我国规范规定，作为抗震地区所使用的结构主筋，其实测抗拉强度与实测屈服强度之比不得小于1.25，以保证钢筋具有充分的延性。另外还规定，钢筋实测屈服强度与规范标准值之比不宜大于1.30，以避免浪费。

（2）延性

延性，简单而言就是材料屈服并发生较大的变形后保持其强度的能力，其与材料的塑性有很大的关系。在工程应用中，钢材的塑性指标通常用伸长率表示。伸长率是钢材发生断裂时所能承受永久变形的能力，伸长率越大，说明钢材的塑性越大，延性相应就越好。钢筋的伸长率为试件拉断后标距长度的增量与原标距长度之比，一般随钢筋（强度）等级的提高而降低，规范要求钢筋的最大力总伸长率不小于9%。

2.建筑钢筋的基本加工性能——弯曲与可焊性

钢筋的加工性能是指钢筋在各种常规加工过程中，保持其基本力学性能并适合加工工艺的能力，在普通钢筋混凝土工程中，主要包括钢筋的冷弯性能和可焊性。

钢筋冷弯性能是钢筋加工所需具备的主要性能之一，不仅如此，其也是反映钢筋塑性的指标。该性能主要是指钢筋在常温下，在以特定直径（与钢筋直径有关）

为内弯角的弯折加工过程中，外侧不发生任何起皮、龟裂，内侧无褶皱，整体不断裂的能力。只有冷弯性能满足要求，钢筋才可以使用。钢筋冷弯性能一般随着强度等级的提高而降低。低强度热轧钢筋冷弯性能较好，强度较高的稍差，冷加工钢筋的冷弯性能最差。

钢材的可焊性是指钢筋在常温下的焊接性能，即焊接后保持钢材自身力学性能的能力。由于焊接是高温加工的过程，在常温环境中，会因剧烈的温差在焊缝处及周边形成强烈的内应力与变形，从而使焊缝在实际使用中易发生脆断。因此建筑用钢材必须进行可焊性的检验。钢材的可焊性用碳当量（Ceq）来估计，可焊性随碳当量百分比的升高而降低。

（三）冷加工钢筋

冷加工是指在常温下所进行的加工作业。冷加工钢筋可分为冷轧带肋钢筋、冷轧扭钢筋和冷拔螺旋钢筋等（冷拉钢筋和冷拔低碳钢丝已逐渐淘汰）。常规建筑结构中一般较少使用冷加工钢筋，但在预应力结构中使用较多。

预应力混凝土用高强度钢筋和钢丝、冷轧带肋钢筋呈硬钢性质，延性相对较差，但也可以作为建筑钢筋使用。冷加工钢筋在力学试验中不会出现明显屈服点，因此在设计中采用塑性应变为 0.2% 时的应力确定为屈服强度，用 $\mu_{0.2}$ 表示，称为条件屈服强度。

正是因为冷加工钢筋延性相对较差，破坏先兆不明显，因此在承受特殊动力荷载的构造中，如吊环、锚筋等，国家规范均明确规定，不得采用冷加工钢筋制作。

📖 扩展阅读——钢筋的冷拉与冷拔

1. 钢筋冷拉

钢筋冷拉是在常温而不是低温下，对热轧钢筋进行超过其屈服强度，使其产生塑性变形的强力拉伸，以达到调直钢筋、提高强度、节约钢材的目的。如果钢筋是经过焊接接长的，也可以对接头质量进行很好的检验。冷拉之后的 HPB235 钢筋多用于结构中的受拉钢筋，冷拉 HRB335、HRB400、RRB400 钢筋多用作预应力构件中的预应力筋。

（1）冷拉原理

钢筋冷拉原理如图 3-1 所示，图 3-1 中 a、b、c、d、e 为大家熟知的钢筋的拉伸应力应变曲线。冷拉时，拉应力超过屈服点 b 达到 c 点，然后卸荷。由于钢筋已产生塑性变形，卸荷过程中应力应变沿 co_1 降至 o_1 点。如再立即重新拉伸，应力应变图将沿 $o_1$cde 变化，并在高于 c 点附近出现新的屈服点，该屈服点明显高于冷拉前的屈服点 b，这种现象称为"变形硬化"。其原因是冷拉过程中，钢筋内部结晶面滑移，晶格变化，内部组织发生变化，因而屈服强度提高，但塑性降低，弹性模量也降低。

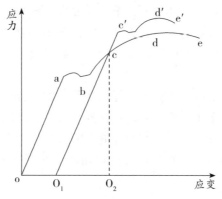

图3-1　钢筋冷拉原理

钢筋冷拉后，钢筋内部的内应力依旧存在，会促进钢筋内晶体组织调整，经过调整，屈服强度又进一步提高。该晶体组织的调整过程称为"时效"。钢筋经冷拉和时效后的拉伸特性曲线即改为 $o_1c'd'e'$。HPB235、HRB335 钢筋的自然时效在常温下需 15～20d，但在 100℃温度下 2h 即可完成，因而为加速时效可利用蒸汽、电热等手段进行人工时效处理。HRB400、RRB400 钢筋在自然条件下一般达不到时效的效果，更宜用人工时效，一般通电加热到 150～200℃，保持 20min 左右即可。

（2）冷拉的实施

钢筋冷拉工艺有两种：一种是采用卷扬机带动滑轮组作为冷拉动力的机械式冷拉工艺；另一种是采用长行程（1 500mm 以上）的专用液压千斤顶和高压油泵的液压冷拉工艺。

机械式冷拉工艺的冷拉设备主要由拉力设备、承力结构、回程装置、测量设备和钢筋夹具组成。拉力设备为卷扬机和滑轮组，多用慢速卷扬机，通过滑轮组增大牵引力。承力结构可采用地锚，冷拉力大时宜采用钢筋混凝土冷拉槽。回程可用荷重架或用卷扬机滑轮组。测力设备常用液压千斤顶或用装传感器和示力仪的电子秤。

如在零度以下进行冷拉，温度不宜低于-20℃。如用冷拉应力控制，由于钢筋的屈服强度随温度降低而提高，冷拉控制应力应较常温时提高 30N/mm²；如用冷拉率控制则与常温相同。

（3）冷拉控制

为了防止冷拉力过大，出现钢筋被拉断的事故，必须对冷拉拉力进行控制。在具体实施时，一般采用冷拉应力控制法或冷拉率控制法。但对不能分清炉批号的热轧钢筋，不应用冷拉率控制。

①冷拉应力控制法。

该方法即在冷拉时对钢筋内所产生的拉应力进行控制，使其不超过相应的限值。

对抗拉强度较低的热轧钢筋，如拉到符合标准的冷拉应力，其冷拉率已超过限值，将对结构非常不利，故规定了最大冷拉率。

②冷拉率控制法。

钢筋冷拉以冷拉率控制时，其控制值由试验确定。对同炉批钢筋，测定的试件不宜少于4个，每个试件都按规定的冷拉应力值在万能试验机上测定相应的冷拉率，取其平均值作为该炉批钢筋的实际冷拉率。如钢筋强度偏高，平均冷拉率低于1%时，仍按1%进行冷拉。用冷拉率控制法冷拉钢筋时，钢筋的冷拉应力比用冷拉应力控制法时要高。

不同炉批的钢筋，不宜用控制冷拉率的方法进行钢筋冷拉，钢筋的冷拉速度也不宜过快。

冷拉之后的钢筋，强度有一定的提高，塑性将会降低，但强度等级并不提高，直径也不会有明显的变化。

2.钢筋冷拔

钢筋冷拔是对直径8mm以下的热轧钢筋，通过钨合金的拔丝模进行强力冷拔，在轴向拉伸与径向压缩的作用下，钢筋内部晶格变形而产生塑性变形的过程。冷拔之后，钢筋的抗拉强度可提高50%～90%，但塑性降低，呈硬钢性质。光圆钢筋经冷拔后称"冷拔低碳钢丝"。

冷拔之后的钢筋强度有明显的提高，塑性将大幅度降低，强度等级也会改变，直径也会明显缩小，已经不是原来的钢筋了。

📖 扩展阅读——钢材化学成分及其对钢材性能的影响

钢材中除主要化学成分铁（Fe）以外，还含有少量的碳（C）、硅（Si）、锰（Mn）、磷（P）、硫（S）、氧（O）、氮（N）、钛（Ti）、钒（V）等元素，这些元素虽含量很少，但对钢材性能的影响很大。

碳：碳是决定钢材性能的最重要的元素。建筑钢材的含碳量不大于0.8%，随着含碳量的增加，钢材的强度和硬度提高，塑性和韧性下降。含碳量超过0.3%时钢材的可焊性显著降低。碳含量的增加还会增加钢材的冷脆性和时效敏感性，降低抗大气锈蚀性。

硅：当硅含量小于1%时，可提高钢材强度，对塑性和韧性影响不明显。硅是我国钢筋用钢材中主要的合金元素。

锰：锰能消减硫和氧引起的热脆性，使钢材的热加工性能有所改善，同时也可提高钢材强度。

磷：磷是碳素钢中有害的元素之一。磷含量增加，钢材的强度、硬度提高，塑性和韧性显著下降，特别是温度愈低对塑性和韧性的影响愈大，从而显著加大钢材的冷脆性，也使钢材的可焊性显著降低。但磷可提高钢材的耐磨性和耐蚀性，在低合金钢中可配合其他元素作为合金元素使用。

硫：硫也是有害的元素，呈非金属硫化物夹杂于钢中，会降低钢材的各种机械性能。硫化物所造成的低熔点使钢材在焊接时易产生热裂纹，形成热脆现象，称为热脆性。硫使钢的可焊性、冲击韧性、耐疲劳性和抗腐蚀性等均有所降低。

氧：氧是钢中的有害元素，会降低钢材的机械性能，特别是韧性，另外钢材中的氧化物所造成的低熔点亦会使钢材的可焊性变差。

氮：氮对钢材性质的影响与碳、磷相似，会使钢材强度提高，塑性（特别是韧性）显著下降。

二、钢筋的基本加工

钢筋的基本加工是指绑扎钢筋之前的钢筋准备工作，包括下料、代换、调直、切断、除锈、弯曲等。

（一）钢筋的下料

钢筋的下料也称配料，是根据构件设计配筋图，先绘制出单根钢筋简图并加以编号，然后分别计算钢筋下料长度、根数及重量，填写钢筋配料单，作为申请、备料、加工的依据。

1.钢筋下料的基本技术问题

目前我国结构施工图均采用标准制图模式，其特点为高度概括与简化，有关通用构造以标准图进行详注，因此施工人员必须熟悉设计规范，掌握标准图集，针对施工图纸仔细研读，必要时与设计者进行沟通，确保工程施工满足设计与规范要求。

钢筋下料的过程中，首先确定钢筋在构件中的基本长度；其次根据钢筋在构件中的受力要求，确定锚固长度与锚固方式，以确保钢筋的有效受力；最后确定钢筋的连接位置，包括自身的接长位置和与相邻构件同类钢筋的连接方式。施工人员必须分别对每一根钢筋的锚固构造、连接做法加以确定，绘制下料图（单），指导工人进行加工。

在进行下料的过程中，必须结合钢筋的原材料的定尺长度[①]指标来进行，以减少钢筋废料的数量。

2.钢筋下料长度的计算与实际应用

为使钢筋满足设计要求的形状和尺寸，需要对钢筋进行各种弯折。严格来讲，弯折后钢筋各段长度的总和并不等于其在直线状态下的长度，所以要对钢筋剪切下料长度加以计算。各种钢筋下料的理论长度计算如下：

直钢筋下料长度＝构件长度－保护层厚度+弯钩增加长度

弯起钢筋下料长度＝直段长度+斜段长度－弯曲调整值+弯钩增加长度

箍筋下料长度＝箍筋周长+箍筋调整值

上述钢筋如需要搭接，还要增加钢筋搭接长度。

然而该计算过程过于理论化，在具体施工过程中，工人们不一定完全按照该模式进行下料，尽管会存在一定的偏差，但仍然以简单的直线长度替代，很少再对复

---

① 定尺长度，是指钢筋出厂时的基本尺度，一般以6m、12m居多。

杂的钢筋弯折调整值进行计算，并且这种偏差对实际结构的受力效果与破坏模式的影响也是微乎其微的。

但有一点必须明确，钢筋在加工过程中的锚固长度、弯折之后的平直段长度等关键参数是必须得到保证的。

（二）钢筋的代换

在有些情况下，如在市场上难以购买到原设计图纸中的钢筋，或施工单位某种型号的钢筋有大量的库存，为了保证施工进度并降低成本，施工时需要对原设计图纸中的钢筋进行代换。首先应该明确的是，钢筋代换并非常规性的施工过程，必须满足特殊的条件、遵循特定的程序，才可以对原设计钢筋进行调整。

1.钢筋代换原则

钢筋代换后不得对原结构性能形成任何减损，包括承载力、变形等——这是钢筋代换的最基本原则。因此，在钢筋代换中，一般都遵循等强度代换或等面积代换的原则。

当构件配筋受强度控制时，按钢筋代换前后总承载力相等的原则进行代换；当构件按最小配筋率配筋时，或同钢号钢筋之间的代换，按钢筋代换前后面积相等的原则进行代换。当构件受裂缝宽度或挠度控制时，代换前后应进行裂缝宽度和挠度验算。

在具体代换过程中，不同级别的钢筋不宜互相代换。为了避免钢筋锚固效果的降低，也不宜采用较大直径的钢筋替代较小直径的钢筋。

2.钢筋代换的程序

钢筋代换是关键的技术问题，必须严格执行相关程序。

首先，钢筋代换应征得设计单位的同意，未经设计方出具合法有效的图纸或变更说明，施工中任何一方均不得实施代换；其次，钢筋代换之后必须留有相关施工记录，并在原图纸中进行标注；最后，由于钢筋代换使成本发生了变化，所以由提出代换的一方（承发包双方之一）进行承担。

（三）钢筋的加工

钢筋加工包括调直、除锈、切断、弯曲、接长等。

1.钢筋的调直

如果钢筋呈圆盘状进场，则必须通过调直工艺进行调直后才能使用，调直可以采用冷拉调直与机械调直两种方式来进行。

（1）冷拉调直

冷拉调直与钢筋冷拉的工艺类似，区别是进行冷拉调直时，其冷拉应力必须控制在钢筋的比例极限以下，即保持钢筋的弹性状态。具体实施时，HPB235钢筋、HPB300光圆钢筋冷拉伸长率不宜大于4%；对于HRB335级、HRB400级、RRB500级、HRBF335级、HRBF400级、HRBF500级、RRB400级钢筋，冷拉伸长率不宜大于1%。

　　冷拉调直之后的钢筋，不存在硬化现象，不是冷加工钢筋。冷拉调直的时候，其表面的浮锈会脱落，因此可以同步进行除锈工作。

　　（2）机械调直

　　钢筋也可以采用无延伸功能的机械设备进行调直。使用设备调直时，没有张拉过程，不存在锚固松脱导致的任何事故，安全、经济、方便。除了调直之外，同时可以对钢筋按照预设尺度进行切断，但机械调直不能完成除锈工作，除锈需要另外进行。

　　必须指出的是，钢筋调直工艺仅是针对出厂钢筋的简单非直线状态而进行调整的过程，不是对加工后的弯曲钢筋进行再次调直。严禁将其他弯曲钢筋，尤其是加工后弯曲的钢筋通过调直工艺加工为直钢筋后再次使用。

　　2.钢筋的除锈

　　钢筋表面的严重锈蚀会降低钢筋与混凝土之间的黏结锚固效果，但轻微的锈蚀不会有很大的影响，对于表面光圆的钢筋来讲，轻微的锈蚀还可以增强锚固效果。判断锈蚀是否严重主要靠眼观与手摸——锈蚀点连续成片，手摸后会有锈屑，这是判断是否需要除锈处理的基本依据。

　　钢筋可以在冷拉或调直过程中除锈，也可以采用专门的机械除锈或喷砂除锈、酸洗除锈以及手工除锈等。

　　3.钢筋的切断

　　钢筋的下料切断可采用钢筋切断机或手动液压切断器进行。在工程中一般不采用喷枪等热加工设备对待安装绑扎的钢筋进行切割。同时要求，钢筋的切断口不得有马蹄形或起弯等现象。

　　4.钢筋的弯曲

　　钢筋的弯曲可以手工进行或采用专用机械进行（如图3-2所示）。低强度等级的较小直径钢筋，手工即可完成弯曲，而高强度等级的较大直径钢筋则必须采用机械弯折。钢筋弯折后，其外部表面也不得出现任何裂纹、起皮等现象，而其内侧则不得出现褶皱。

图3-2　钢筋弯曲

另外，受力钢筋的弯钩和弯折除应满足规范规定的基本构造要求外，弯折工艺本身还必须满足下列规定，以保证受力效果。

首先，HPB235钢筋末端应作180°弯钩，其弯弧内直径不应小于钢筋直径的2.5倍，弯钩的弯后平直部分长度不应小于钢筋直径的3倍；当设计要求钢筋末端需作135°弯钩时，HRB335、HRB400钢筋的弯弧内直径不应小于钢筋直径的4倍，弯钩的弯后平直部分长度应符合设计要求；钢筋作不大于90°的弯折时，弯折处的弯弧内直径不应小于钢筋直径的5倍。

其次，除焊接封闭环式箍筋外，箍筋的末端应作弯钩，弯钩形式应符合设计要求；当设计无具体要求时，箍筋弯钩的弯弧内直径除应满足前项的规定外，尚应不小于受力钢筋直径；箍筋弯钩的弯折角度对一般结构来说不应小于90°，对有抗震等要求的结构来说应为135°；箍筋弯后平直部分长度对一般结构来说不宜小于箍筋直径的5倍；对有抗震等要求的结构来说不应小于箍筋直径的10倍（如图3-3所示）。

图3-3　箍筋角度与平直段长度

三、钢筋连接

钢筋的连接是钢筋工程中最重要的工作。

对于设计者来讲，钢筋最好是连续不断的，这样才能保证其传力效果，但实际采购的材料无法满足这一点，为了加工与运输的方便，钢筋在出厂时被分割成标准化的尺寸，如6m、12m或18m，因此在施工中需要按照设计图纸的要求对其进行连接。

（一）钢筋连接施工的基本要求

钢筋连接最重要的原则是保证连接点的传力效果与完整钢筋相同。为了保证钢筋连接之后的传力效果，防止钢筋因接头不良导致承载力降低，并最大限度地分散连接点所产生的薄弱环节，连接时必须按特定的要求进行：

首先，对于单根钢筋，其接头宜设置在受力较小处；在同一根纵向受力钢筋上不宜设置两个或两个以上接头；接头末端至钢筋弯折点的距离不应小于钢筋直径的10倍。

其次，对于多根并行排列的钢筋，相邻两根钢筋的接头，接头区域宜相互错开，避免薄弱环节相互集中可能导致的问题。

再次，对于同一构件同一截面内的各种钢筋，其接头的横截面积与该构件截面内钢筋总截面面积之比不得超过规范限值。一般当设计无具体要求时，对梁类、板类及墙类构件不宜大于25%，对柱类构件不宜大于50%；当工程中确有必要增大接头面积百分率时，对梁类构件不应大于50%，对其他构件可根据实际情况放宽。

最后，对于各种钢筋，应根据其直径、级别、受力特点与结构的具体要求选择连接方式，不得随意采用。

（二）钢筋绑扎连接

绑扎连接是最简单的连接方式（如图3-4），也称为钢筋的搭接。钢筋搭接是将钢筋搭接在一起，保证其达到规范规定的搭接长度，用钢丝进行绑扎即可。钢筋绑扎接头连接区段的长度为1.3倍搭接长度，凡搭接接头中点位于该区段的搭接接头均属于同一连接区段。同一构件位于同一区段内的受拉钢筋搭接接头面积百分率不宜超过25%。

图3-4　钢筋绑扎链接

钢筋绑扎是依靠钢筋周边混凝土进行传力的，当其周边混凝土强度不够，搭接长度不足或握裹力较小时，绑扎连接不能达到效果。另外，由于钢筋绑扎搭接，钢筋在传力过程中会产生偏心，大直径钢筋受力不好。因此，为了保证安全，规范规定，当受拉钢筋直径大于28mm、受压钢筋直径大于32mm时，不宜采用绑扎的方式搭接接头。轴心受拉及小偏心受拉杆件（如桁架和拱架的拉杆等）的纵向受力钢筋和直接承受动力荷载结构中的纵向受力钢筋均不得采用绑扎搭接接头。

（三）钢筋焊接连接

焊接是钢材最好的连接方式之一，其传力效果远高于绑扎连接。在具体焊接模式中，对于钢筋来讲，包括对焊和搭焊。对于焊接工艺来说，包括闪光对焊、电渣压力焊和电弧焊等多种。

1.钢筋焊接的基本问题

焊接属于热加工过程，淬火是钢筋焊接过程中最严重的问题——淬火将使钢筋的焊接处产生强烈的内部应力，使其脆性增加，承载力降低，易脆断，安全性下降。因此焊接施工应该注意避免在雨雪天气中进行，避免在低温（0℃以下）环境中实施。尽管如此，钢材焊接连接内部的微观结构的不稳定性依旧存在，因此规范规定，直接承受动力荷载的结构构件中，不宜采用焊接接头；而对于较大直径钢筋（一般直径在32mm以上），也不宜采用焊接连接，避免接头过大导致内部焊接残余应力过大，从而影响宏观受力效果。

另外，焊接也是高温加工的过程，有些焊接过程会产生火花，因此为了防止火灾、烫伤等事故，焊接应在专门的区域由专人（持有证书的焊工）进行实施，并注意防风，及时清理周边易燃易爆材料，避免火灾事故的发生。

纵向受力钢筋焊接接头连接区段的长度为35d（d为纵向受力钢筋的较大直径）且不小于500mm，凡中点位于该连接区段长度内的接头均属于同一连接区段。同一连接区段内，纵向受力钢筋焊接的接头面积百分率为该区段内有接头的纵向受力钢筋截面面积与全部纵向受力钢筋截面面积的比值，当设计无要求时，在受拉区不宜大于50%；焊接头也不宜设置在有抗震设防要求的框架梁端、柱端的箍筋加密区。

2.钢筋焊接工艺的选择

钢筋焊接的方法有很多，常见的适合施工现场操作并具有可靠性的是闪光对焊、电渣压力焊、电弧焊和气压焊等几种。目前气压焊在钢筋加工中使用相对较少，多用于水暖管材的焊接中。

（1）闪光对焊

钢筋闪光对焊（如图3-5所示）是利用对焊机使两段钢筋接触，通过低电压的强电流，待钢筋被加热到一定温度变软后，进行轴向加压顶锻，形成对焊接头。具体工艺有连续闪光焊、预热闪光焊和闪光—预热—闪光焊。

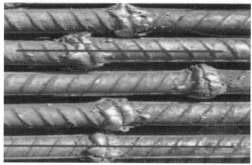

图3-5 钢筋闪光对焊

闪光对焊工艺广泛用于钢筋连接及预应力钢筋与螺丝端杆之间的焊接中，该工艺质量可靠稳定，是最好的连接方式之一，一般设计人员在图纸说明中都强调，热轧钢筋的焊接宜优先采用闪光对焊。

但闪光对焊是在加工厂或工棚里才能实施的工艺过程，需要将钢筋平置于对焊机上进行，因此该工艺虽然可以把短钢筋接长，但不能把长钢筋接的更长——工厂的钢筋无法加工。在工程中，闪光对焊可以对钢筋在工棚中实施预先焊接接长后，再进行加工、绑扎，但不适合在实体结构上对钢筋新型现场焊接作业——对普通跨度的梁内钢筋，该焊接方式较为实用，但其不适用于柱、墙等在实体结构中需要钢筋接长作业的构件。

📖 扩展阅读——闪光对焊的工艺过程

进行连续闪光焊时，首先将钢筋夹紧在电极钳口上，闭合电源，使两个钢筋端面轻微接触。由于钢筋端部不平，开始只有一点或数点接触，接触面小而电流密度和接触电阻很大，接触点很快熔化并产生金属蒸气飞溅，形成闪光现象。闪光一开始就徐徐移动钢筋，使其形成连续闪光，同时接头也被加热，待接头烧平、闪去杂质和氧化膜、白热熔化时，随即施加轴向压力迅速进行顶锻，使两根钢筋焊牢。连续闪光焊适用于直径 25mm 以下的 HPB235~HRB400 级钢筋，直径较小的钢筋最适合。

对于较大直径的钢筋，其端面比较平整时可以采用预热闪光。该工艺与连续闪光焊的不同之处在于前面增加了一个预热时间，先使大直径钢筋预热后再连续闪光烧化进行加压顶锻。

对于端面不平整的大直径钢筋连接，可以采用半自动或自动对焊机，进行闪光—预热—闪光焊。这种焊接的工艺过程是进行连续闪光，使钢筋端部烧化平整，再使接头处作周期性闭合和断开，形成断续闪光使钢筋受热，接着连续闪光，最后进行加压顶锻。

钢筋闪光对焊后，应对接头进行外观检查，并检查焊后钢筋是否无裂纹和烧伤、接头弯折不大于 4°，接头轴线偏移不大于 0.1d，也不大于 2mm，此外，还应按规定进行抗拉试验和冷弯试验。

（2）电渣压力焊

钢筋电渣压力焊是将两根钢筋安放成竖向对接形式，利用焊接电流通过两个钢筋间隙，在焊剂层下形成电弧过程和电渣过程，产生电弧热和电阻热，熔化钢筋，加压完成的一种压焊方法。与电弧焊相比，其工效高、成本低，适用于现浇钢筋混凝土结构中竖向或斜向（倾斜度在 4∶1 范围内）钢筋的连接，特别是对于高层建筑的柱、墙钢筋，应用尤为广泛（如图3-6所示）。

由于电渣压力焊属于现场对接施工，存在轴线对中过程，误差对钢筋受力效果的影响较大，因此对大直径钢筋和竖向钢筋尤为适合。而对水平放置的钢筋或小直径的钢筋，则存在着一定的难度。在具体工程施工中，对 25mm 以上直径的柱、墙钢筋采用这种方式最为常见。

图3-6　电渣压力焊

📖 扩展阅读——电渣压力焊的工艺过程

电渣压力焊包括四个阶段：引弧、电弧、电渣和顶压。

焊接之前将钢筋用夹具固定，并采用专用容器封闭钢筋连接部位，内部加入焊剂。焊接开始时，首先在上、下两个钢筋端面之间引燃电弧，使电弧周围焊剂熔化形成空穴；随之焊接电弧在两个钢筋之间燃烧，电弧热将两个钢筋端部熔化，熔化的金属形成熔池，熔融的焊剂形成熔渣（渣池），覆盖于熔池之上，此时，随着电弧的燃烧，上、下两个钢筋羰部逐渐熔化，将上钢筋不断下送，以保持电弧的稳定，继续电弧过程。随电弧过程的延续，两个钢筋端部熔化量增加，熔池和渣池加深，待达到一定深度时，加快上钢筋的下送速度，使其端部直接与渣池接触，这时电弧熄灭，变电弧过程为电渣过程。待电渣过程产生的电阻热使上、下两个钢筋的端部达到全截面均匀加热的时候，迅速将上钢筋向下顶压，挤出全部熔渣和液态金属，随即切断焊接电源，完成焊接工作。

（3）电弧焊

电弧焊是利用电弧焊机使焊条与焊件之间产生高温，电弧使焊条和电弧燃烧范围内的焊件熔化，待其凝固便形成焊缝或接头的焊接过程。电弧焊是普遍使用的电焊工艺，当人们说起"电焊"一词时，一般就默认为是电弧焊。电弧焊广泛用于钢筋接头、钢筋骨架焊接、装配式结构接头的焊接、钢筋与钢板的焊接及各种钢结构焊接中。用于钢筋的接头形式有搭接焊接头（如图3-7（a）所示，单面焊缝或双面焊缝）、帮条焊接头（如图3-7（b）所示，单面焊缝或双面焊缝）、剖口焊接头（如图3-7（c）所示，平焊或立焊）和熔槽帮条焊接头（如图3-7（d）所示）。

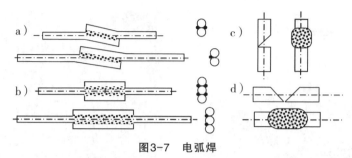

图3-7　电弧焊

对直径较小的钢筋，弯折相对容易，多采用搭接接头，为了保证钢筋受力效果，对搭接接头进行小幅度弯折，角度一般为15°。但对于较大直径钢筋，如直径在22mm以上时，钢筋的小角度弯折比较困难，一般采用帮条焊。搭焊与帮条焊的焊缝长度，当采用单侧焊缝时，长度不小于5倍钢筋直径；采用双面焊缝时，长度不小于10倍钢筋直径。

对于更大直径的钢筋，如直径在30mm以上时，帮条焊操作复杂，可以采用剖口焊，但实际工程中除非有特殊需要，该工艺一般不采用。当钢筋是竖向放置时，一般采用电渣压力焊；水平放置时，采用机械连接则更为方便。

（四）钢筋机械连接

钢筋机械连接技术是目前推广较快的新型钢筋连接工艺，可以称为继绑扎、焊接之后的"第三代钢筋接头"。机械连接具有强度高（高于钢筋母材）、速度快（比焊接快5倍）、无污染、损耗低（节省20%钢材）、操作简便（任何工人均可以操作，没有复杂的技术过程，甚至也无需培训）等优点。

钢筋机械连接工艺有钢筋套筒挤压连接、钢筋锥螺纹连接和钢筋直螺纹连接（包括镦粗直螺纹连接、滚压直螺纹连接）三种方法，通常适用 HRB335、HRB400、RRB400等较大直径钢筋，最小直径宜为16mm。

在具体实施时应注意，纵向受力钢筋机械连接接头连接区段的长度为35倍的d（d为纵向受力钢筋的较大直径）且不小于500mm，凡中点位于该连接区段长度内的接头均属于同一连接区段。同一连接区段内，纵向受力钢筋机械连接及焊接的接头面积百分率为该区段内有接头的纵向受力钢筋截面面积与全部纵向受力钢筋截面面积的比值，当设计无要求时，在受拉区不宜大于50%；接头不宜设置在有抗震设防要求的框架梁端、柱端的箍筋加密区。当无法避开时，等强度高质量机械连接接头不应大于50%；当采用机械连接接头时，不应大于50%。

1.钢筋套筒挤压连接

该工艺通过挤压力使连接件钢套筒塑性变形与带肋钢筋紧密咬合而形成接头（如图3-8所示）。挤压连接具体有两种形式，径向挤压连接和轴向挤压连接。由于轴向挤压连接现场施工不方便及接头质量不够稳定，因此没有被广泛采用。目前一般都是径向挤压连接接头，从20世纪90年代初至今被广泛应用于建筑工程中。

图3-8　钢筋挤压连接

但要注意的是，挤压连接在施工现场需要特殊的挤压设备，施工速度较慢。

2.钢筋锥螺纹连接

钢筋锥螺纹连接工艺通过钢筋端头特制的锥形螺纹和连接件锥形螺纹咬合形成接头（如图3-9所示）。钢筋锥螺纹连接技术的诞生克服了套筒挤压连接技术现场操作过程缓慢的不足，完全是提前预制，现场直接连接，几乎不占用额外的时间，不需搬动设备和拉扯电线，只需用力矩扳手即可操作。

图3-9　钢筋锥螺纹连接

但是钢筋锥螺纹连接接头质量不够稳定。由于加工螺纹的过程削弱了母材的横截面积，从而降低了接头强度，一般只能达到母材实际抗拉强度的85%～95%。另外该工艺螺距单一，直径16～40mm钢筋螺距都为2.5mm，而2.5mm螺距最适合于直径22mm钢筋的连接，太粗或太细钢筋连接的强度都不理想。因此尽管钢筋锥螺纹连接也得到了较大范围的推广使用，但由于存在的缺陷较大，已逐渐被钢筋直螺纹连接所替代。

3.钢筋直螺纹连接

等强度钢筋直螺纹连接接头质量稳定可靠，连接强度高，施工方便、速度快，是大直径钢筋最好的连接方式。

钢筋直螺纹连接主要有镦粗直螺纹连接和滚压直螺纹连接。这两种工艺采用不同的加工方式增强钢筋端头螺纹的承载能力，达到接头与钢筋母材等强的目的。

（1）镦粗直螺纹连接

镦粗直螺纹连接是将钢筋端头镦粗后制作直螺纹，从而避免钢筋母材的截面损失，然后再与连接件进行螺纹咬合。

　　钢筋端头镦粗有热镦粗也有冷镦粗。热镦粗主要是消除镦粗过程中产生的内应力，但加热设备投入费用高；冷镦粗对钢筋的延性要求高，对延性较低的钢筋，镦粗质量较难控制，易产生脆断现象。

　　镦粗直螺纹连接接头其优点是强度高，现场施工速度快，工人劳动强度低，钢筋直螺纹丝头全部提前预制，现场连接为装配作业。其不足之处在于镦粗过程中易出现镦偏现象，一旦镦偏必须切掉重镦；镦粗过程中将产生内应力，钢筋镦粗部分延性降低，易产生脆断现象，螺纹加工需要两道工序两套设备完成。

　　（2）滚压直螺纹连接

　　滚压直螺纹连接接头是通过钢筋端头直接滚压或挤（碾）压肋滚压或剥肋后滚压制作的直螺纹和连接件螺纹咬合形成的接头。

　　目前，国内常见的滚压直螺纹连接接头有三种类型：直接滚压直螺纹连接接头、挤（碾）压肋滚压直螺纹连接接头、剥肋滚压直螺纹连接接头。这三种形式的连接接头获得的螺纹精度及尺寸不同，接头质量也存在一定差异。

　　直接滚压直螺纹连接接头螺纹加工简单，设备投入少，螺纹精度差，现场施工有时会出现困难，套筒与丝头配合松紧不一致，有个别接头会出现拉脱现象。

　　挤（碾）压肋滚压直螺纹连接接头是用专用挤压设备先将钢筋的横肋和纵肋进行预压平处理，然后再滚压螺纹，目的是减轻钢筋肋对成型螺纹精度的影响，但其不能从根本上解决钢筋直径不一致对成型螺纹精度的影响，而且螺纹加工需要两道工序两套设备完成。

　　剥肋滚压直螺纹连接接头是先将钢筋端部的横肋和纵肋进行剥切处理后，使钢筋滚丝前的柱体直径达到同一尺寸，然后再进行螺纹滚压成型。该工艺由中国建筑科学研究院有限公司建筑机械化研究分院研制，是独立知识产权，产品质量稳定，对钢筋直径与施工、使用环境适应度较好。

　　与其他滚压直螺纹连接接头相比，采用该工艺的螺纹牙型好、精度高、牙齿表面光滑；螺纹直径一致性好，容易装配，连接质量稳定可靠；滚丝轮寿命长，接头附加成本低；通过200万次疲劳强度试验，接头处无破坏；抗低温性能好。

四、钢筋的绑扎与安装

　　钢筋绑扎是钢筋混凝土工程最为关键的环节。当钢筋质量、连接方法、数量与截面等不存在问题时，绑扎构造则是最为重要的。绑扎构造主要体现在钢筋的位置、连接的位置、锚固长度的确定、钢筋保护层和工艺流程等。

　　1.钢筋绑扎的准备工作

　　首先，钢筋绑扎在现场进行弹线，并剔凿、清理构件接头处表面混凝土浮浆、松动石子、混凝土块等，整理接头处插筋；其次，核对需绑钢筋的规格、直径、形状、尺寸和数量等是否与料单、料牌和图纸相符，并准备绑扎用的钢丝、工具和绑扎架等。准备相应的支撑辅助设施，确保钢筋保护层和位置的正确性。目前钢筋保护层、钢筋位置等多采用特定的间隔件（如图3-10所示），质量稳定，工艺标准，值得推广。但应注意相关成本，将其摊销在钢筋或模板工程的相应工程量中。

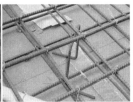

　a.板钢筋复杂支架　　　b.墙钢筋支架　　　c.钢筋塑料卡环　　　d.板钢筋常见支架
　　　　　　　　　　　　　　　　　　　　　　（钢筋间隔与保护层）

图3-10　钢筋间隔件

2.基础钢筋绑扎

完成基础垫层施工后，将基础垫层清扫干净，用石笔和墨斗弹放钢筋位置线，按钢筋位置线布放基础钢筋进行绑扎。

钢筋网绑扎时，四周两行钢筋交叉点应每点扎牢，中间部分交叉点可相隔交错扎牢，但必须保证受力钢筋不位移。双向主筋的钢筋网，则须将全部钢筋相交点扎牢。绑扎时应注意相邻绑扎点的钢丝扣要成八字形，以免网片歪斜变形。

基础底板采用双层钢筋网时，在上层钢筋网下面应设置钢筋撑脚，以保证钢筋位置准确。钢筋的弯钩应朝上，不要倒向一边，但双层钢筋网的上层钢筋弯钩应朝下。独立柱基础为双向钢筋时，其底面短边的钢筋应放在长边钢筋的上面。现浇柱与基础连接用的插筋，一定要固定牢靠，位置准确，以免造成柱轴线偏移。基础梁与基础同步浇筑时（或采用条形基础时），应保证基础梁与基础钢筋同步绑扎，此时基础上部柱的插筋应按梁顶标高进行延长，保证与上部结构的有效衔接。

基础中纵向受力钢筋的混凝土保护层厚度应符合设计要求，且不应小于40mm；当无垫层时，不应小于70mm。

3.柱钢筋绑扎

柱钢筋的绑扎应在柱模板安装前进行。

框架梁、牛腿及柱帽等钢筋，应放在柱子纵向钢筋内侧。柱中的竖向钢筋搭接时，角部钢筋的弯钩应与模板成45°角（多边形柱为模板内角的平分角，圆形柱应与模板切线垂直），中间钢筋的弯钩应与模板成90°角。箍筋的接头（弯钩叠合处）应交错布置在四角纵向钢筋上；箍筋转角与纵向钢筋交叉点均应扎牢（箍筋平直部分与纵向钢筋交叉点可间隔扎牢），绑扎箍筋时绑扣相互间应成八字形。

柱的纵向钢筋第一个连接点的位置（H_2）应高于楼地面500mm以上，且不小于柱大截面的尺寸，也不小于柱高的1/6；第二连接点与第一连接点的间距（H_1）

满足连接构造要求（如图3-11所示）。

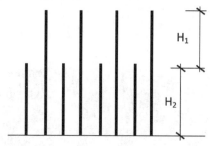

图3-11　柱（墙）钢筋接长

当设计没有特殊要求时，采用搭接接头的，直径25mm以上的钢筋，应在接头两端外100mm范围内加设两道箍筋，间距50mm。

没有特殊说明时，柱钢筋的混凝土保护层最小厚度为25mm。

4.墙钢筋绑扎

墙钢筋的绑扎也应在模板安装前进行。

墙（包括水塔壁、烟囱筒身、池壁等）的垂直钢筋每段长度不宜超过4m（钢筋直径≤12mm）或6m（钢筋直径＞12mm）或层高加搭接长度，水平钢筋每段长度不宜超过8m，以利绑扎。所有钢筋的弯钩应朝向混凝土内，采用双层钢筋的同时，在两层钢筋间应设置撑铁或绑扎架，以确保钢筋间距。

通常情况下，墙内的水平钢筋应置于竖直钢筋外侧进行绑扎，并采用水平横向拉筋固定水平钢筋，设计没有注明时，拉筋采用Φ6@500进行放置。

墙体竖向钢筋第一个连接点的位置（H_2）应高于楼地面500mm以上，且不小于墙体厚度，也不小于墙高的1/6；第二连接点与第一连接点的间距（H_1）满足连接构造要求（如图3-11所示）。墙中有暗柱、暗梁等构造时，墙体钢筋应置于暗梁钢筋内侧，暗梁钢筋应置于暗柱钢筋内侧。

没有特殊说明时，墙钢筋的混凝土保护层最小厚度为20mm。

5.梁、板钢筋绑扎

当梁的高度较小时，梁的钢筋可架空在梁模板上部绑扎，然后再落位；当梁的高度较大（H≥1.0m）时，梁的钢筋宜在梁底模上绑扎，然后在进行两侧模板安装。板的钢筋在模板安装后铺设。梁纵向受力钢筋采用双层排列时，两排钢筋之间应垫以直径≥25mm的短钢筋，以保持其设计距离。箍筋的接头（弯钩叠合处）应交错布置在两根上部架立钢筋上。

板的钢筋网绑扎，四周两行钢筋交叉点应每点扎牢，中间部分交叉点可相隔交错扎牢，但必须保证受力钢筋不位移。双向主筋的钢筋网则须将全部钢筋相交点扎牢。采用双层钢筋网时，在上层钢筋网下面应设置钢筋撑脚，以保证钢筋位置正确。绑扎时应注意相邻绑扎点的钢丝扣要成八字形，以免网片歪斜变形。对于板底钢筋，如果没有特殊设计要求，则短跨方向的钢筋应置于长跨方向钢筋的下部进行固定。

同时应特别注意板上部的负筋，要防止被踩下，必要时应假设专门的桥板供工人通行，特别是雨篷、挑檐、阳台等悬臂板，要严格控制负筋位置，以免拆模后断裂。

板、次梁与主梁交叉处，板的钢筋在上，次梁的钢筋居中，主梁的钢筋在下；当有圈梁或垫梁时，主梁的钢筋在上。框架节点处钢筋穿插十分密集时，应特别注意梁顶面主筋间的净距要有30mm，以利浇筑混凝土。

另外，梁、板中水电管线较多，钢筋绑扎时，应防止水电管线影响钢筋位置。没有特殊说明时，板钢筋的混凝土保护层最小厚度为20mm，梁为25 mm。

📖 扩展阅读——隐蔽工程的记录与验收

所谓隐蔽工程，是指在施工过程中，被其后一道工艺完全覆盖的施工过程。为了防止日后无法对该过程及其工程质量进行追溯，在该工艺被隐蔽覆盖之前，必须进行详实记录。钢筋工程就是典型的隐蔽工程。

钢筋工程完成后，必须进行隐蔽验收，验收合格之后填写隐蔽验收记录表（图）。钢筋隐蔽记录必须按照实际绑扎状态进行，包括钢筋的位置、数量、截面面积、接头做法、接头位置以及施工过程的异常事项。隐蔽记录必须由工程的实际操作人员填写，得到现场的有关监理工程师、设计单位代表和发包人代表的签字确认后，再合模或浇筑混凝土。

第二节　模板工程

模板工程也是混凝土工程的关键性工艺过程，是混凝土由半液态转为固态凝结硬化过程中，保证混凝土几何形态的关键性构造。

一、模板工程概述

与钢筋工程和混凝土工程不同，模板并非最终实体建筑的组成部分，仅属于施工过程中使用的一种特殊的设施，因此尽管模板工程也要消耗巨大的劳动力，是工程成本的重要组成部分，但在很多工程中，最终结算或招标工程量清单中，并没有模板的单列项目。这就要求施工方在投标时要有效量化模板工程可能产生的成本和费用，并将其摊销在工程量清单表述的相关工程量中。

在目前国内的工程估价标准和工程量清单计价规范中，注意到了上述问题对工程成本的影响，已经将模板工程所消耗的工程量列于措施费用中。但在具体实施时，仅计算模板面积，不对模板的种类、工艺加以区分。施工方在保证质量与安全的前提下，可以根据需要来自主选择不同的模板形式，相关设计图纸与规范对此均不做特定的要求。

同时，与构成工程实体的材料不同，模板属于周转性材料，虽在工程中使用但能够回收再次利用，直至最终破损。在具体工程中，施工方可以采用购买的方式获取模板，也可以通过租赁的方式获取。

另外，模板的架设所需要的空间、工作面在施工中必须得到保证，否则无法施工，因此需要在施工中架设各种平台、支撑等设施。而在基础模板的架设中，还需要土方工程的配合，扩大基坑尺寸，满足基础侧向模板架设、拆除的工作空间要求。

对于模板工程，工程师们所要解决的问题包括：在哪些地方需要使用模板，需要使用什么样的模板，如何架设模板以及最后如何拆除模板，当然也有不需要拆除的模板。这些过程估价人员、管理人员也要明确，这样才能准确地量化其成本，合理地安排工艺过程。

二、模板系统的基本要求与形式

（一）模板系统的基本要求

模板系统对混凝土工程起成形的作用，由模板和支撑体系两部分构成。在混凝土浇筑完成，形成固定的几何形状与可靠的强度之后，还需要拆除。因此，对于模板工程来讲，一般应满足以下几点要求：

（1）实用性——模板要保证构件形状尺寸和相互位置的正确，且构造简单，支拆方便、表面平整、接缝严密不漏浆等。

（2）安全性——模板，尤其是支撑体系，要具有足够的强度、刚度和稳定性，保证施工中能够承担各种施工与材料的荷载，不变形，不被破坏，更不能倒塌。

（3）经济性——模板工程并非最终实体结构的组成部分，仅仅是一个工艺措施，因此在确保工程质量、安全和工期的前提下，应尽量减少一次性投入，增加模板周转次数，减少支拆过程的用工量，有效降低成本。

以上三点要求不仅仅是针对模板工程提出的，对施工中的所有临时性构造、工艺，如护壁、脚手架、上料平台或栈桥等，均应按以上要求进行设计搭设，保证安全并节约成本。

（二）建筑工程常用的模板形式

目前在工程中最为常见的模板形式主要包括非定型模板和定型模板两大类，前者主要是木模板，后者包括钢制、钢木、铝合金等多种材质。

1.木模板

木模板是一种最为原始的模板，尽管近年来各种新型模板层出不穷，但木模板一直被工程人员使用着。究其原因，在于木模板有着独特的优势（如图3-12所示）。

首先，木模板易于切割，几何形状适应度高。这对于不规则或不符合模数的结构体系，如圆形、三角形、多边形来说非常重要。当其他模板无法满足一些特殊的

图3-12　木模板

造型时，通过木工的切割，可以将木模板拼制成各种几何造型，对构件的特殊边角部位进行填补，达到设计者的要求。但需要注意的是，木模板最开始都是按照固定的几何尺寸进行制作的，如果不进行切割，也可以多次周转使用，因此除非特殊情况，木模板不宜切割，避免浪费和增加成本。

其次，木模板密度低，单位面积重量较轻，这就意味着如果采用木模板，则可以获得更高的工作效率——制作成更大的模板，满足人工架设模板的需要。对小型截面的梁、柱来讲，这一优势并不明显，但对于板来说，该优势则极为明显。采用大面积胶合板制作而成的模板，非常适合作为楼板底模来使用，工人们可以迅速完成相关工作。

尽管如此，木模板的问题也是不容忽视的。

首先，木模板的强度明显偏低，这是由于木材本身的低强度导致的。木模板既无法承担较大的混凝土压力，也不宜采用特殊加强构造，如螺栓等进行加固。因此，虽然木模板可以作为板的模板，但不会用作墙的模板。

其次，强度偏低还会导致木模板的使用损耗率远高于钢模板。在施工中，工人的操作过程必须十分谨慎，稍有差错就可能造成损坏。损耗率高导致周转次数低，最终则会使采用木模板的成本增加。

基于以上优缺点，目前在工程中，木模板主要用于大面积楼板和作为其他材质模板的辅助模板来使用，在其他构件中使用较少。

2.组合模板

组合模板，即定型组合模板，最初采用薄钢板（面板）和钢肋板制成。随着各种材料技术的发展，面板逐渐发展为高强胶合板、竹压板、玻璃钢板等多种形式，但肋板一般还是使用钢材（如图3-13所示）。近年来，铝合金模板在工程中崭露头角，以其刚度好、重量轻、密封性好、施工效率高等优势被广大工程技术人员所熟知，但由于组合模板的形状基本固定，按照模数标准制作成不同的基本几何形状，在使用时可以根据具体结构的尺寸来进行拼接，以满足各种尺寸和形态的要求，非常方便可靠。近年来，组合模板采用了高强度材料，周转次数多，单次使用成本显著降低。正因为如此，组合模板已经成为目前建设工程项目中主要的模板形式，大量地用于柱、梁、墙、楼梯、基础等现浇构件。

图3-13　组合模板

组合模板的主要问题也是由固定的模数、尺寸形成的。为了保证模板的宏观适应性，减少模板的规格和种类，降低成本，单片组合模板的集合尺寸一般较小，这就导致现场拼接劳动强度大、效率低下，对尺寸或规格不规则的构件，往往需要工程师或技术工人事先进行专门的排模设计，否则现场的一般工人有可能会由于模板选择不当，而使构件难以成型。组合模板的尺寸固定，对特殊的几何形体的适应性较差，需要使用木模板进行辅助架设。

3.其他模板

建筑工程施工除了主要使用木模板和组合模板之外，在一些特殊情况下，还将使用一些特殊的模板。

（1）专用（定制）模板

专用或定制模板是指在某一项目施工过程中，由于其构件尺寸的特殊性，施工方不得不进行专项设计与制造的模板。这类模板往往规格特殊，不能普遍使用，因此成本较高。比如直径小于600mm的圆柱、城市立交桥的桥墩上部构造等，就是典型的需要定制模板的构件。这类构件都是特殊的曲线形式，无法采用直线小型组合模板进行拼接，施工方必须定制模板。

（2）一次性模板

一次性模板属于在施工后留在实体结构中，不再拆除的模板。这主要是由于模板的架设与拆除都需要特定的工作面，当构件工作面空间狭小难以满足常规架设与拆除要求时，模板就会被永久留存在构件中。因此应该采用价格低廉且刚度、强度较低的材料来制作此类模板。其一方面可以降低成本，另一方面也能够避免留存的模板对原结构力学计算模型产生影响。

木材、空心砖、加气混凝土砌块、油毡等，均是一次性模板的选材。

（3）机械化模板

传统的模板工程属于劳动密集型工作，劳动力消耗大，工作效率低下，但同时也应该注意到，对于尺寸、形状相同的不同构件，如果直接重复利用模板，而不是拆解之后重新安装，则会大大提高工作效率，加快工程的进展。机械化模板就是以此为基本出发点开发研制的重复使用、快速安拆、标准化、工业化的模板体系。目前较为多见的机械化模板体系包括大模板、滑升模板、爬升模板、桌模、筒模等。

但是机械化模板仅能在特定的工程中使用，标准化几何造型是使用机械化模板的基本前提之一。在一般工程中，普通模板仍将是最为主要的模板形式。

三、建筑工程常见的模板构件架设方法

（一）模板的位置

在施工中应根据材料（混凝土、砂浆）的基本性能和构件形状需要来确定模板的架设模式与位置。

常规来讲，竖向无跨度构件（如柱、墙、基础），当其侧向高度高于100mm时，需要侧向模板；低于100mm时（如垫层侧面），视情况设置模板。横向有跨度构件（如梁、板、壳）需要底部模板和侧向模板；除非极特殊的情况，否则一般不需要顶部模板。对于斜向构件，当倾斜面与水平夹角小于30°时，常规浇筑混凝土时其顶部可不设置模板；当倾斜角度大于45°时，上下两侧均需要设置模板；倾斜角度在30°~45°之间时，根据混凝土的现场坍落度（流态）视情况而定——如果流动性较大，初凝时间较长的话，则在一些构件倾斜度较大的部分视现场需要使用顶部模板。

阶梯形构件，如楼梯、独立基础等，一般仅设置侧向模板，不设置顶部模板。浇筑混凝土时尤其应注意混凝土的流动性、初凝时间与模板的关系——在混凝土施工时，要有效判断初凝时间，当底部台阶混凝土接近初凝时，再缓慢浇筑上部台阶，避免上部混凝土自重将下部台阶压坏。目前也有在楼梯浇筑时设置梯段顶部模板的情况，但此时由于模板内部几何造型复杂，混凝土易出现蜂窝空洞等表面问题。

（二）模板的架设

1.垫层模板

绝大多数基础底部均设有垫层，起到平整钢筋绑扎工作面、保护基础的重要作用。垫层基本厚度为100mm，每侧边超出上部基础边缘100mm即可。垫层混凝土一般为C15以下，但不得低于C10，在模板的使用上比较灵活。

如果采用模板，一般木模即可。由于厚度较薄，混凝土对模板产生的侧向压力

几乎可以忽略，因此模板的外部支撑也比较简单。在实际工程中，不设模板的情况也比较多，一方面是由于垫层的几何形状并非十分重要，只要平面尺度和厚度满足基本尺度即可；另一方面，混凝土的半液态的性质也使得垫层不会因缺少模板而四处蔓延流淌。

2. 独立基础模板

独立基础呈台阶形，多数台阶高度在500mm以下，混凝土侧压力存在但不大，需要使用侧向模板。施工中应合理地确定混凝土浇筑过程，在先浇筑的底层台阶混凝土接近初凝时，再开始浇筑上层台阶，并有效控制浇筑速度，保证下层混凝土不出现隆起变形，因而可以不设置台阶顶层封闭模板（如图3-14所示）。

图3-14 独立基础模板

在底层模板的设置中，由于台阶高度较低，混凝土侧向压力不大，直接采用简单的外部支撑即可，外部占用空间也较小，一般不大于台阶高度。第二层模板需要架空设置，一般不需要在底层模板内侧设置垂直支撑，而是采用横担的方式，将第二层模板架空在第一层模板上部。对于第二层模板的混凝土侧压力，需要通过内部拉结的做法，避免模板在混凝土作用下鼓胀坍塌。

独立基础的精度要求（如垂直度、偏差等）较低，一般不做仪器检查，仅凭观察确定即可。

3. 柱模板

柱只有侧向模板，且高度较高，混凝土侧压力作用较大。为了避免对周边施工作业环境产生干扰，柱在施工时不能在其外部侧面架设大量支撑，需要在其内侧增设对拉螺栓或拉杆来抵抗混凝土的侧压力。柱的平面尺寸与形状比较重要，对矩形、方形柱，应在角部设置专门的直角卡口来保证其整体的形状（如图3-15A所示）。而对于圆形柱，则需要在外部设置专门的圆形找型装置（如图3-15B所示）。

同时，也是由于柱的高度较高、钢筋密集，会形成混凝土浇筑振捣困难，因此可以根据实际情况，在柱的模板侧边设置中间浇筑口。在浇筑时可以打开该口浇筑混凝土至该高度后再进行封闭，然后浇筑上部混凝土。

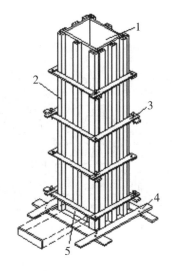

1—内拼板；2—外拼板；

3—柱箍；4—梁缺口；5—清理孔

A.矩形截面柱　　　　　　　　　　　　　　　　B.圆形截面柱

图3-15　柱模板

为了保证柱的垂直度符合要求，一般在柱的四个角部设置拉结钢丝（或钢杆），与地锚相连，调整钢丝（钢杆）的长短，即可确定柱的垂直度（如图3-16所示）。对于边部和角部的柱，由于不可能在四面设置拉结钢丝，可以采取预设偏移的方式——架设模板是预先设置反向偏差，再采用钢丝拉结调整至垂直即可。

图3-16　柱模板的垂直度校正

4.墙体模板

墙也是竖向结构，高度较高，但墙与柱子的模板构造却有较大的差别——墙在一个方向上的水平尺度较大，不能够采用外框约束的形式来应对混凝土的侧压力，而必须采用大量的对拉螺栓进行固定（如图3-17A所示）。墙体模板的垂直度校正模式与柱基本相同，一般采用两侧拉结钢丝或顶撑的方式进行调整（如图3-17B所示）。

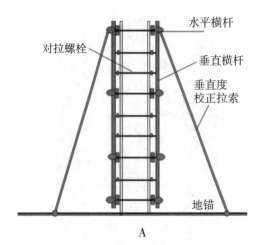

水平横杆

对拉螺栓

垂直横杆

垂直度
校正拉索

地锚

A　　　　　　　　　　　　　B

图3-17　墙体模板

墙体模板的对拉螺栓可以采用Φ6或Φ8的圆钢加工而成，长度为墙体厚度外加两端预留锚固长度，放置时应根据模板侧压力的大小确定其间隔距离，并用专用扣件扣紧，拆模时将扣件、螺帽松开即可。这种做法需要在现场加工大量的钢筋螺栓，且预埋在墙中后不能拆除；模板拆除后还要对伸出墙面的钢筋进行后期切割。但这种螺栓工艺简单、成本低廉，在工程中仍然被大量采用（如图3-18A所示）。

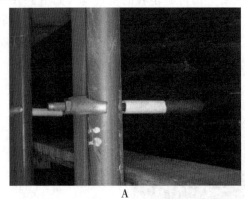
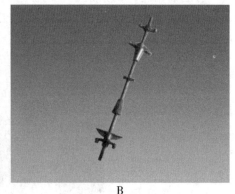

A　　　　　　　　　　　　　B

图3-18　对拉螺栓

目前较为先进和规范的做法是在墙体中按照预埋螺栓的位置安放横向水平套管，合模时采用专用螺栓穿过套管进行固定，拆模时将螺栓两端扣件松开后，可以将其完全抽出，重复使用（如图3-18B所示）。这种模式螺栓属工业化成品，一次性采购成本相对高，但周转使用后的长期成本非常低廉；螺栓质量可靠，承载力高，施工安全有保证，是目前大力推广使用的工艺方式。随着相关加工企业的增多，市场供应量增加后，其价格也逐步降低。采用套管留孔方式对拉螺栓时，应注意后期对螺栓孔的封堵方法。

另外，墙、柱等竖向构件在其顶部一般都会有水平构件（如梁、板等）与之相衔接，在架设模板的时候应注意留有相应的接口。墙与柱也经常整浇在一起，此时墙与柱的模板应该同步架设。

5.梁、板模板

梁、板属于跨度构件，其底部应根据需要架设特殊的支撑体系。

板周边一般都会有边缘构件，如梁、墙等，大多不需要侧向模板。除非是特大跨度（短向超过6m），多数板的底部不设置竖向支撑，一般仅设置桥架型支撑形成跨度，两端搭在其两侧构件模板支撑系统上即可。桥架可以采用木质、钢制或专用横梁制作，其中抽拉式钢桁架以其灵活多变的特点在施工中采用较多（如图3-19所示）。

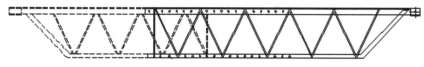

图3-19　抽拉式钢桁架

普通梁两侧模板高度相同，与板底模板相连。当梁为边部构件时，梁两侧模板存在高差，并至少大于板的厚度。由于普通梁高度较矮，一般不会大于800mm，因此在梁模板高度内不设置对拉螺栓承担混凝土侧压力，其侧压力由上部板的模板和下部梁底模板来承担。但当梁高较高（一般大于900mm）时，梁侧向模板外侧应设置横肋，并加设对拉螺栓以承担混凝土侧压力，对拉螺栓的设置方法及模式与墙体相同。

由于梁的混凝土重量较大，跨度也较大，并要承接板的混凝土与施工荷载，因此其底部需要架设专门的竖向支撑体系。梁模板系统的支撑体系一般采用高度可调的支架，上部与梁模板底部顶紧，下部支撑在垫板上，中部可以采用可调螺旋调整其长短（如图3-20所示）。架设支撑时应注意，垫板不得采用脆性材料制成，并确定下层同一位置处的竖向支撑并未拆除，否则可能由于局部承载过大导致下部结构的破坏。

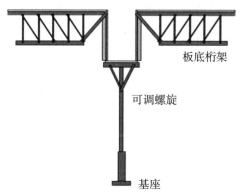

板底桁架

可调螺旋

基座

图3-20　梁模板及支撑

施工时，首先按照施工方案要求设置好垫板，立设梁底支撑，再搭设梁底模板，调整支撑螺旋确定梁底模板的位置。对跨度不小于4m的现浇钢筋混凝土梁、板，其底部模板应按设计要求起拱；当设计无具体要求时，起拱高度应为跨度的 1/1 000 ~ 3/1 000。梁底支撑与模板确定无误后，架设梁的侧模，然后放置板的桥架，搁置板的模板。确认无误后，用专用密封胶条（带）将模板缝隙封闭，避免后期浇筑混凝土时出现漏浆。

四、模板系统的拆除

（一）模板拆除的基本原则

当浇筑完成的混凝土达到应有的强度时，模板系统可以拆除。在模板拆除时所遵循的基本原则是——越早越好。只有这样才能尽量减少模板的占用，加快模板系统的周转频次，降低成本。但也要注意，拆模时混凝土强度必须得到保证，否则就会产生坍塌等重大事故。

1.混凝土强度的基本要求

模板拆除时的混凝土强度应满足设计要求，当设计方没有具体要求时，应按照以下原则实施。

对 3.6m 以下高度的竖向构件，当混凝土满足基本强度时，模板拆除后混凝土表面不会产生缺棱掉角现象即可拆除，但对于高度超过 3.6m 的大型竖向构件，建议混凝土强度不低于 50% 标准强度再实施拆模。

存在跨度构件，随着跨度的增加，拆模时机也会产生变化。对于板，当跨度小于或等于 2m 时，混凝土强度不小于 50% 即可拆除底部模板与支撑；当跨度小于或等于 8m 时，混凝土强度需要达到不小于 75% 时才可以拆除底部模板与支撑；若跨度大于 8m，混凝土强度达到 100% 时，才可以拆除底部模板与支撑。

普通梁，其侧向模板的拆除原则和要求与竖向构件相同。梁底部模板尤其是对于支撑来讲，当跨度小于或等于 8m 时，混凝土强度达到 75% 时可以拆除；跨度大于 8m 时，混凝土强度需要达到 100% 才可以拆除。

对于悬挑结构，由于其结构受力的复杂性，不论跨度是多少，混凝土强度均需达到 100% 时才可以拆除其底部支撑。

2.混凝土强度的判断原则

关于实体结构拆模时的混凝土强度状况，需要通过现场留存的混凝土同条件养护试块，而不是标准试块来进行判断。同条件养护试块至少留设两组，当情况复杂时应适当增加。

（二）模板拆除的其他事项

除了混凝土强度之外，模板的拆除还需要满足其他的工艺与安全要求。

首先，为了保证模板的有效拆卸，在模板安装之前，应该在其内表面涂刷隔离剂（或称脱模剂），以保证在混凝土浇筑之后与其表面形成隔离，便于拆模。隔离剂可以采用专用的产品，也可以使用废机油进行涂刷。涂刷隔离剂应在模板安装架设之前，在模板堆放场地上进行。在构件架设的现场应谨慎操作，尤其是避免隔离剂污染钢筋，使钢筋与混凝土之间形成隔离，从而失去锚固作用。

其次，在模板架设时就应该注意模板拆除必须遵循"先支的后拆，后支的先拆"的原则，避免生拉硬撬，导致模板变形甚至损坏，产生不必要的损失。

再次，模板，尤其是支撑系统的拆除要注意合理的力学次序，防止模板体系在拆除过程中形成原结构体系的力学变化异常，导致坍塌。当某一层间的梁、板支撑准备拆除时，必须确定在其上部层间没有尚未拆除的对中支撑，或梁、板的承载力已经能够承担上部落地支撑的局部压力，否则应较为慎重，避免支撑拆除后导致梁、板产生裂缝甚至被破坏。支撑拆除时，应采用对称、间隔的次序进行，尤其是拱、壳结构必须如此，防止结构体的不对称性导致坍塌。

最后，模板的存在可以有效地防止混凝土表面水分的散失，对于柱、墙等拆模较早的结构尤其如此。拆模过早，会导致混凝土表面由于失水而形成大量的、细小的裂缝。尽管这些裂缝一般不深，不会影响混凝土的实体强度，但会使混凝土保护层疏松，导致钢筋的锈蚀。为了防止这种情况的出现，模板拆除后应及时在混凝土表面涂刷养护剂，或包裹塑料薄膜，封闭混凝土表面实施养护。

📖 扩展阅读——机械化模板

架设模板的操作过程复杂，劳动强度大，劳动成本高，但由于建筑构件的几何形体并非千变万化，绝大多数宏观上形态各异的建筑都是由接近标准化几何形体的微观构件构成的，模板几何形状的重复率较高，因此在施工中可以制作专门形状的模板，不断重复使用，减少在现场的拼装，提高生产效率，降低成本。

这类固定几何形状的模板简称工具式模板，也可以称为专用模板。如果对这类模板的周转加以机械辅助，加快其周转过程，就形成了机械化模板体系。滑升模板、大模板、爬模等都属于工具式机械化模板。

（一）滑升模板

滑升模板简称滑模，是目前现浇混凝土结构工程施工中机械化程度高、施工速度快、现场场地占用少、结构整体性强、抗震性能好、安全作业有保障、环境与经济综合效益显著的一种模板。传统上理解，横向结构较少的竖向管、筒状钢筋混凝土构造，最适合采用滑模进行施工，如烟囱、空心桥墩、桥塔、冷却塔、筒仓等。外部为钢结构、内部核心筒为钢筋混凝土的结构体系，也十分适合使用滑模。普通钢筋混凝土结构的核心筒，由于横向连接构件（如楼板、梁等）较多，滑模与周边结构同步性差，不宜采用。

现代滑模的使用已经突破了以上的原则，只要这些混凝土结构在某个方向是基本不变化的规则几何截面，便可采用滑模快速、高效率地施工。

1.滑模体系的构成

滑模由普通或专用等工具式模板、动力设备系统和配套平台与支架系统构成（如图3-21所示）。

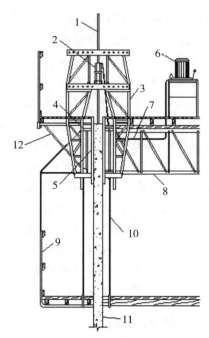

图3-21　滑升模板的构成

1—支承杆；2—液压千斤顶；3—提升架；4—围圈；5—模板；6—高压油泵；7—油管；
8—操作平台桁架；9—外吊脚手架；10—内脚手架吊杆；11—混凝土墙体；12—外挑脚手架

（1）工具式模板

除非特殊结构工程，滑模系统的模板可以采用普通组合模板制作。但为了避免滑模提升过程中产生过大的阻力，模板系统应尽可能不设置横向拼接。

模板通过固定于其外侧的围圈挂在提升架（俗称"开字架"）上，一般上口宽度小于下口8～10mm，便于脱模。

模板高度根据混凝土的初凝和终凝时间以及强度增长情况确定。滑模施工过程中，模板连续性提升，不可能使用任何脱模剂，为了避免混凝土与模板形成黏连，必须在初浇混凝土初凝之前进行提升作业，提升高度根据混凝土供应状况和钢筋绑扎能力确定，一般一次200～300mm。混凝土在模板内形成固定的形态，随着模板的提升，最终脱离模板。模板高度越高，混凝土在模板内留存时间越长，对其强度增长与成型过程越有利，但模板系统重量也随之增大，千斤顶数量与相关操作将会更加复杂。因此在工程中为了降低成本，只要混凝土满足初始强度的要求，达到终凝，即可以脱离模板。可见，模板长度与千斤顶提升能力、混凝土初凝时间、终凝时间等相互关联，在施工中应加以全面考虑。

（2）动力设备系统

动力设备系统以千斤顶为核心，千斤顶固定于爬杆（支承杆）上，并托承开字架。支承杆一般采用Φ25以上圆钢制作，以上下丝扣进行连接。千斤顶为液压式，根据滑模体系的重量确定千斤顶的数量，并以一台中央控制油泵统一进行协调。

（3）平台与支架系统

除了千斤顶（含爬杆）和模板之外，滑模系统还要有操作平台与支架系统。

操作平台一般分为内、外平台。内平台在滑模系统内部，当施工的结构体系为筒仓等圆形构造时，铺设在呈轮辐式构成的中央支架上，支架中部一般设有中环；当施工的结构体系为矩形构造时，铺设在内部桁架构成的中央支架上。内平台是主要的操作平台，工人、滑模动力设备（油泵）、临时材料等均设于此，因此对安全程度要求较高（如图3-22所示）。

图3-22　滑模施工现场

滑模施工外平台为辅助操作平台，在施工中主要是工人操作与检查使用。在滑模模板下部，还需要架设吊装平台（或吊篮），工人从内、外平台下至内、外吊篮，可以随时检查出模混凝土的基本状态与工程质量，对钢埋件表面的混凝土浮浆进行剥离等。

2.滑模体系的施工

在具体施工时，应先进行下部结构，并根据滑模系统施工荷载，计算千斤顶与爬杆的数量，按照设计计算结果埋设好爬杆。当下部结构达到基本高度后，开始进行组模。组模时，模板上口高度应高于下部完成构件200～300mm，模板下部附于底部完成构件之上。

对于滑模施工来说，垂直度非常关键，保证垂直度的方法是保证滑模千斤顶系统的水平度。组模完成进行平台的校正后，即可开始滑模施工。

工人绑扎钢筋，一次绑扎高度为滑模的提升高度，检验无误后，进行混凝土的浇筑。混凝土浇筑应按照固定的模式，正反方向分层交替进行。混凝土浇筑完成后，在初凝之前，进行滑模系统的提升。提升前在爬杆上固定卡环，校正所有卡环的标高，使之处于一个水平面上。提升时，当千斤顶行至卡环时，受阻停止，保证模板系统整体提升一致，千斤顶处于一个水平面上。

重复以上过程，直到滑模达到预定高度后，不再浇筑混凝土，继续向上空滑，直至混凝土完全脱离模板后，将滑模系统拆除。

3.滑模施工中的几个问题

（1）施工荷载

施工中应尽最大可能减轻平台自重和施工荷载，并注意荷载施加的均匀性。滑升过程中平台上材料的堆放要均匀，在保证使用的情况下，尽可能做到堆量少、勤上料，配备合理的垂直运输设备，一般为外置普通塔式起重机，高度较高时，起重机塔身可在完成的结构上进行附着。

滑模系统的所有施工荷载由提升架传至千斤顶上，并最终由爬杆承担。爬杆底部埋设在混凝土中，上部自由，属细长受压杆件最不利的受力形式，施工前必须对可能产生的最大施工荷载和爬杆的稳定性加以严格的计算校核，必要时增加爬杆的数量，减小单根爬杆上承担的作用，防止出现失稳。爬杆衔接点的标高应互相错开，这样既保证了爬杆的受力效果，也减少了一次加高爬杆的数量，缩短了工作时间。

（2）施工速度

保证混凝土的浇筑与供应能力以及钢筋绑扎的速度非常关键。混凝土的初凝时间是一个非常关键的参数，前期混凝土浇筑完成后，必须在初凝之前进行滑模的提升，否则就可能形成模板与混凝土的黏连。在两次模板提升之间所要完成的工作包括：滑模系统性能测评、绑扎钢筋、爬杆限位器定位、下部出模混凝土表面处理、浇筑混凝土。可见工作内容之多、工作之紧张。因此，滑模施工组织过程是对一个施工企业多方面能力的综合考验。

（3）施工精度

绝大多数滑模结构均属于有垂直度要求的竖向结构，保证垂直度的方法是保证水平度，即滑模滑升过程中千斤顶行程的一致性。为了保证一致性，可在竖向爬杆上设置卡环（限位器），千斤顶爬升达到该位置后，由于限位器的作用而停止爬升，形成滑模平面。常规的控制水平度的仪器——水准仪，在滑模施工中无法使用，这是因为滑模的操作平台施工中产生的振动，无法为水准仪提供一个稳定的架设位置。现场施工人员一般采用透明细水管确定水平面：将长水管中注满水，两个人各执一端，不论平台发生什么样的变形或不稳定，水管两端的液面一定处于一个水平面上，以一端为基准，就可以准确确定另一端的位置。

（二）大模板和爬模

小型模板使用灵活，对各种几何形状具有很强的适应性，但小模板的拼接过程复杂且缓慢，劳动强度高，拼接缝隙多，误差大，缝隙处理困难，经常因此导致漏浆、坍塌等问题，混凝土表面效果也比较差。对于混凝土剪力墙、核心筒等构件，其几何尺寸较大，且尺寸规范化程度高，可以采用大模板进行施工（如图3-23所示）。

1.大模板体系的构成

大模板有两类，一类是采用小型模板拼

图3-23　大模板

接并加固而成的定型大模板，另一类是直接采用大型钢板制作加工而成的大模板。前者成本低廉，但刚度较差，变形较大，表面平整度不好；后者刚度好，表面平整度极佳，拆模后可以免去抹灰过程，但不可分割，一次性加工成本较大。

大模板由面模板、加劲肋（梁）、支撑架、吊环操作平台等几部分构成。

普通大模板采用塔吊进行周转，但近些年大模板一般与爬模技术相结合使用。

2.爬模

爬模是以完成后的下部墙体为支撑，利用固定在墙体上的竖向滑道，用千斤顶将模板向上顶升至施工层面的模板系统竖向移动模式，由模板系统、顶升系统和操作系统构成。

模板系统一般均采用大模板，施工速度快、效率高。为了爬升方便，承担混凝土侧压力的对拉螺栓也采用可拆卸式——施工时在墙体内加设套管，对拉螺栓穿过套管对模板进行固定，施工完成后，螺栓可从套管中抽出，模板继续提升。

顶升系统由滑道、千斤顶和支架构成。滑道通过螺栓固定在竖向构件上，后期可以拆除。千斤顶附着在滑道上，模板系统由支架挂装在千斤顶上。提升时，千斤顶在滑道上向上提升支架，托承模板向上移动，每次提升高度为一个层高。

操作系统为施工人员提供了安全的操作平台，也是小型施工机具的摆放场所。由于模板系统采用滑道、支架等固定于结构上，牢固性和稳定性要比滑模高得多，所承担的施工荷载也较大，因此根据施工需要可以在模板系统上附加更多的操作系统。

3.大模板、爬模的施工

如果不采用爬模施工，大模板施工过程比较简单，与一般模板不同的是，其转运必须依靠塔吊等大型起重设备才能完成。

采用爬模的施工步骤为：

（1）进行底部结构的施工，底部结构一般为一个层高，采用普通模板进行。底部结构完成并达到强度后，绑扎上一层间的钢筋，经检验满足要求后，进行轨道、支架和模板系统的组装。轨道一次安装长度至少为三个层间，均采用套管式对拉螺栓在墙体上进行固定。底部固定在已经完成的层间上，中层与模板系统相衔接，上部层间悬空。安装矫正检测无误之后安装好千斤顶等液压顶升设备（如图3-24a所示）。

（2）校正模板，浇筑混凝土，待混凝土达到技术要求强度后（至少为15 MPa），即可将模板拆开（如图3-24b所示）。

（3）同步绑扎上一层间的钢筋。上部钢筋作业完成并确认混凝土强度满足要求后，进行千斤顶的顶升作业（如图3-24c所示）。

（4）模板系统爬升一个层高并校正位置与垂直度后，继续安装上部导轨，浇筑本层混凝土（如图3-24d所示）。

（5）此步骤上部施工与（2）基本相同，下部施工将底层轨道拆除（如图3-

24e所示）。

（6）继续提升模板，以后不断重复本步骤，直至达到设计高度，不再顶升而直接拆除模板系统（如图3-24f所示）。

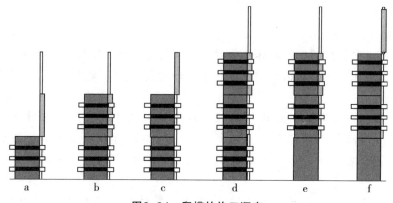

a　　　　b　　　　c　　　　d　　　　e　　　　f

图3-24　爬模的施工顺序

📖 扩展阅读——工具式模板的进化

20世纪50年代以来，随着建筑工业化的推广，混凝土浇筑技术和吊装机械的改良，模板式建筑得到发展。在有些国家，工具式模板的设计和制作已成为独立的行业，设计生产模板体系的部件和配件、辅助材料和专用工具，如生产浇注外墙饰面用的模板里衬、辅助铁件、支撑和脱模剂等。

工具式模板的特别之处是使用灵活，顺应性强，模板是由工厂生产的，表面平整，尺寸准确，利用模板体系可设计成各种形式，适用于多种工程的需要。制造工具式模板所用的材料除钢板外，还有木制板、钢丝网水泥板等。应用工具模板，能够省去大量内外饰面的湿作业量，加快了施工进度，但现场浇注混凝土的工作量大，施工组织繁杂。工具式模板建筑有全现浇、现浇和预制相结合两种施工方法。全现浇是建筑中的首要承重构件，墙、楼板、屋顶等采用全部现浇方法。现浇和预制相结合方法是墙或楼板两者中一种现浇，另一种预制装配。

工具式模板的种类及施工的方法主要有：

（1）灵敏化模板

这是一种通用拼装式模板，是用模数肯定的平模板和配套的支撑系统组成的。它的尺寸模数系列化，可依据每个建筑的尺寸要求进行组装。这种模板重量轻，便于装拆、运输、堆放，但每次要重新组装，比较费事。

（2）大模板

通常用的大模板是依据某一类大量建造的建筑物的通用设计参数制造的，具有专用性。用于墙体的大模板有大角模板、小角模板、平模板三种。大角模板用于内外墙同时现浇的墙体；小角模板为平模板的补充角模，附有能旋转的角钢边模。大模板现浇的建筑的内承重墙通常都用大模板逐层浇注；而楼板和外墙则有用预制板装配的，也有现场浇注的。1974年中国沈阳试建了第一栋大模板多层住宅，其内外墙均用大模板现场浇注，楼板用预制空心板。1975年北京和上海多层住宅建筑内墙现浇，外墙、隔墙和楼板用预制板装配，用此法建造的房屋称为"一模三板"建筑。

（3）台模

台模用于浇注楼板，因形如台状而得名，它的长度和宽度能够依据开间尺寸调整。它的下面有能够上下调节的腿状支架，施工时先用大模板浇注墙体，墙体达到一定强度时，拆去墙模板，吊放台模支立于下层楼板上，上置钢筋网，浇注楼板，如此逐层施工。在台模上铺玻璃纤维复合材料模壳，可浇注多种形式的梁和楼板，如槽形板、双向密肋板等。

（4）隧道模

隧道模由墙模和楼板模组成，形似隧道，可同时浇注内墙和楼板，有整间对分式隧道模和分段隧道模等，通常在下层楼板上设暂时轨道，整个模板能够像抽屉一样使用，拆模时用吊装机械从轨道上抽出模板，再运到下一个作业段组装使用。办公楼和住宅等开间相同的建筑适合用台模和隧道模施工，其结构整体性强，适于建造高层楼房，可达30层。

（5）筒模

筒模是一种圆筒形或方筒形整体式的钢制模板。圆筒形筒模用于浇注烟囱或筒仓，方筒形多用于浇注建筑物的电梯井和楼梯间的竖井，因而又名竖井模。

（6）滑升模板

滑升模板是连续浇注混凝土墙体用的模板。其施工方法是：用墙体内钢筋作导杆，借助于油压千斤顶逐渐提升模板进行浇注，滑升速度为每小时10～20cm。这种模板适用于浇注简单的垂直构筑物（如烟囱、水塔、筒仓等）。在民用建筑方面，滑升模板多用于建造10～20层楼房。广州17层的"中国大酒店"就是用滑升模板施工的。滑升模板可用于浇注楼梯、电梯间等筒体结构中心部分，以及用于浇注内外墙。为了顺应滑升模板施工的特别之处，建筑平面应简单整齐，应尽量减少转角、墙垛，不宜作繁琐装饰，特别不宜作凸出的横线条。内墙面能够边滑升边抹压，外墙面也能够后喷涂饰面。滑升模板浇注的墙体的结构整体性好，施工速度快，机械化程度高，首要情况是各个千斤顶应同步提升，并要掌握墙体的垂直度。

📖 扩展阅读——模板系统的安全施工

模板系统的坍塌是混凝土结构施工过程中工程事故的主要来源之一。模板坍塌事故往往在混凝土浇筑时发生，一般呈整体性坍塌，后果比较严重。因此，作为工程技术人员必须慎重对待，选择合理的施工方案，防范风险的发生。

（一）专项施工方案与论证

复杂的模板体系施工，除了普通的技术工艺之外，还需要制作专项安全施工方案。

1.需要制作专项施工方案的范围

首先，各类工具式、机械化模板工程，包括大模板、滑模、爬模、飞模等工程，由于其构造复杂，操作过程繁琐，且一般用于高层建筑，期间任何疏忽与不当，均有可能造成灾难性后果。

其次，普通混凝土模板支撑工程中，搭设高度在5m及以上，或搭设跨度为10m及以上，或施工总荷载为10kN/m²及以上，或集中线荷载为15kN/m及以上，或高度大于支撑水平投影宽度且相对独立无联系构件的混凝土模板支撑工程均在此范围内。

2.需要进行专家论证的专项施工方案

有些模板工程仅制作专项施工方案即可，但复杂的还需要对这些方案进行专家论证，包括上面所提到的各类工具式、机械化模板工程，如大模板、滑模、爬模、飞模等工程；普通模板中，搭设高度在8m及以上，或搭设跨度为18m及以上，或施工总荷载为15kN/m²及以上，或集中线荷载为20kN/m及以上的均需要由专家进行论证。

（二）其他模板安全措施

复杂的模板体系施工，除了普通的技术工艺之外，还需要制作专项安全施工方案。

模板工程悬空作业较多，在支撑和拆卸时的悬空作业，必须遵守相关规定进行，防止高空跌落与物体打击事故的发生。

支模应按规定的作业程序进行，模板未固定前不得进行下一道工序。严禁在连接件和支撑件上攀登，并严禁在上下同一垂直面上装、拆模板。结构复杂的模板，装、拆应严格按照施工组织设计的措施进行。支设高度在3m以上的柱模板，四周应设斜撑，并应设立操作平台，低于3m的可使用马凳操作。

支设悬挑形式的模板时，应有稳固的立足点。支设临空构筑物模板时，应搭设支架或脚手架。模板上有预留洞时，应在安装后将洞盖没。混凝土板上拆模后形成的临边或洞口，应按高处作业安全技术规范进行防护。拆模高处作业应配置登高用具或搭设支架。

第三节　混凝土工程

钢筋与模板工程完成并检验无误后，即可以进行混凝土的浇筑工作。

混凝土施工过程由混凝土的制备、运输、浇筑、养护等工艺过程组成。

一、混凝土的制备

（一）混凝土基本材料的构成与选用要求

混凝土是由水泥、砂子、石子、水和外加剂按照一定比例混合而成的，其组成材料的性能对其最终成品的质量有着关键性影响。混凝土在刚刚制备时，呈半固/液态，其流动性可以进行调整，以满足不同的工艺需求。混凝土的基本性能包括强度、耐久性、和易性（流动性、黏聚性和保水性的总称），这些性能与混凝土的组成成分的特点、比例有很大的关系。

1. 水泥

水泥为无机水硬性胶凝材料，是重要的建筑材料之一，在建筑工程中有着广泛的应用。我国建筑工程中常用的是通用硅酸盐水泥，具体可分为硅酸盐水泥、普通硅酸盐水泥、矿渣硅酸盐水泥、火山灰质硅酸盐水泥、粉煤灰硅酸盐水泥和复合硅酸盐水泥，在施工中应根据工艺要求和水泥的性能来进行合理的选择。

（1）凝结时间

水泥的凝结时间分初凝时间和终凝时间。初凝时间是从水泥加水拌合起至水泥浆开始失去可塑性所需的时间；终凝时间是从水泥加水拌合起至水泥浆完全失去可塑性并开始产生强度所需的时间。

水泥的凝结时间在施工中具有重要意义，为了保证有足够的时间在初凝之前完成混凝土的搅拌、运输和浇捣，水泥初凝时间不宜过短，不满足要求时需要采用缓凝剂调整混凝土的凝结速度；水泥的终凝时间也不宜过长，目的是尽早产生强度以适应工程进展的需要，不满足时可以使用早强剂进行调整。

（2）体积安定性

水泥的体积安定性是指水泥在凝结硬化过程中，体积变化的均匀性。

如果水泥硬化后产生不均匀的体积变化，即所谓体积安定性不良，就会使混凝土构件产生膨胀性裂缝，降低建筑工程质量，甚至引起严重事故。因此，施工中必须使用安定性合格的水泥。

（3）强度及强度等级

施工时应根据混凝土的强度等级要求，选择与之相适应的水泥强度标准。

一般来说，选用水泥的强度为混凝土设计强度的 1.5~2.0 倍为宜。用低强度等级水泥配制高强度等级混凝土时，会使水泥用量过大，不经济，而且还会影响混凝土的其他技术性质；反之用高强度等级水泥配制低强度等级混凝土时，会使水泥用量偏少，影响和易性及密实度，导致该混凝土耐久性差，如果必须这么做应掺入一定数量的掺合料。

（4）其他技术要求

混凝土使用水泥的其他技术要求包括标准稠度用水量、水泥的细度、化学指标、水泥中的碱含量等。

施工时尤其应注意水泥碱含量指标，如果配制混凝土的骨料具有碱活性，则会产生碱骨料反应，导致混凝土因不均匀膨胀而被破坏。因此，若使用活性骨料，用户要求提供低碱水泥时，水泥中的碱含量应不大于水泥重量的 0.6% 或由试验室确定。另外，水泥的氯化物含量也十分重要，钢筋混凝土结构、预应力混凝土结构中，严禁使用含氯化物的水泥。

在水泥进场时，使用方应对其品种、级别、包装或散装仓号、出厂日期等进行检查，并应对其强度、安定性及其他必要的性能指标进行复验，符合现行国家标准的规定后才可以使用。当在使用中对水泥质量有怀疑或所使用的水泥出厂时间超过三个月（快硬硅酸盐水泥超过一个月）时，应对其进行复验，并按复验结果使用。

水泥贮存应做好防潮措施，避免水泥受潮。不同品种的水泥不得混掺使用，水泥也不得和石灰石、石膏、白垩等粉状物料混放在一起，避免相互发生反应降低其性能。

2.砂

砂又称为细骨料（细集料），按其产源可分为天然砂（河砂、湖砂、海砂和山砂）、人工砂。在常规混凝土工程中，不得使用海砂，而河沙相对干净，含杂质少、含泥量较低，在配制混凝土时最为常用。

（1）颗粒级配及粗细程度

砂的颗粒级配是指砂中大小不同的颗粒相互搭配的比例情况，级配好的砂粒之间的空隙少、密实度高，有助于提高混凝土的强度和耐久性能。砂通常有粗砂、中砂与细砂之分。在混凝土中，砂子的表面需要由水泥浆包裹，砂粒之间的空隙需要由水泥浆填充。为达到节约水泥和提高强度的目的，应尽量减少砂的总表面积和砂粒间的空隙，即选用级配良好的粗砂或中砂比较好。

如果采用泵送混凝土，宜选用中砂，且砂中小于0.315mm的颗粒应不少于15%。

（2）有害杂质和碱活性

砂中所含有的泥块、淤泥、云母、有机物、硫化物、硫酸盐等，都会对混凝土的性能产生不利的影响，属有害杂质，混凝土用砂要求洁净、有害杂质少，相关含量不超过规范规定。重要工程混凝土所使用的砂，还应进行碱活性检验，避免碱骨料反应问题的发生。

（3）坚固性

砂的坚固性是指砂在气候、环境变化或其他物理因素作用下抵抗破裂的能力，由于砂自身的特点（颗粒、成分等），常规混凝土对砂的坚固性不做特殊要求，但对于高强混凝土（≥C60时），需要对砂的坚固性做特殊要求。

3.石子

石子又称为粗骨料（粗集料），普通混凝土用石子可分为碎石和卵石，施工时由工程所在地的供应状况决定。

（1）颗粒级配及最大粒径

石子的级配意义与砂相同，良好的级配可以使混凝土强度提高，密实度和耐久性更好。

粗骨料中公称粒级的上限为该粒级的最大粒径。在满足现场技术要求的前提下，混凝土粗骨科的最大粒径应尽量选大一些的。在钢筋混凝土结构工程中，粗骨料的最大粒径不得超过结构截面最小尺寸的1/4，同时不得大于钢筋间最小净距的

3/4。对于混凝土实心板，可允许采用最大粒径达1/3板厚的骨料，但最大粒径不得超过40mm。对于采用泵送的混凝土，管内径不小于125mm时，石子最大粒径不大于25mm；管内径不小于150mm时，石子最大粒径不大于40mm。

（2）强度和坚固性

普通混凝土对石子的强度和坚固性能不做要求，但当混凝土强度等级为C60及以上时，应进行岩石抗压强度检验——用于制作粗骨料的岩石的抗压强度与混凝土强度等级之比不应小于1.5。对于有抗冻要求的混凝土所用粗骨料，要求测定其坚固性。

（3）有害杂质和针、片状颗粒

粗骨料中所含的泥块、淤泥、细屑、硫酸盐、硫化物和有机物等是有害物质，其含量应符合有关标准的规定，粗骨料中严禁混入煅烧过的白云石或石灰石块。重要工程混凝土所使用的碎石或卵石（如抗渗混凝土），还应进行碱活性检验，以确定其适用性——避免发生碱骨料反应。

粗骨料中针、片状颗粒过多，会使混凝土的和易性变差，强度降低，故粗骨料中的针、片状颗粒含量应符合有关标准的规定。

4.水

拌制混凝土宜采用清洁的自来水或天然水，能否饮用，是判断该水是否适合拌制混凝土的标准之一。

混凝土拌合用水的水质检验项目包括氯离子、PH值、不溶物、可溶物、氯化物、Cl^-、SO_4^{2-}、碱含量（采用碱活性骨料时检验）等，其中尤其应注意氯离子含量。此外，混凝土拌合用水不应漂浮明显的油脂和泡沫，不应有明显的颜色和异味。未经处理的海水严禁用于钢筋混凝土和预应力混凝土。在无法获得水源的情况下，海水可用于素混凝土，但不宜用于装饰混凝土。

5.掺合料

混凝土掺合料分为活性矿物掺合料和非活性矿物掺合料。

非活性矿物掺合料基本不与水泥组分起反应，如磨细石英砂、石灰石、硬矿渣等材料。活性矿物掺合料本身不硬化或硬化速度很慢，但能与水泥水化生成的$Ca(OH)_2$起反应，生成具有胶凝能力的水化产物，如粉煤灰、粒化高炉矿渣粉、硅灰、沸石粉等。

在混凝土中掺入矿物掺合料可以代替部分水泥、改善混凝土的物理和力学性能与耐久性，降低温升，增进后期强度，改善混凝土内部结构，提高耐久性，节约资源。掺加某些磨细矿物掺合料还能起到抑制碱骨料反应的作用。

6.外加剂

外加剂是在混凝土拌合前或拌合时掺入，掺量一般不大于水泥质量的5%（特殊情况除外）并能按要求改善混凝土性能的物质。作为现代混凝土的重要成分，外加剂的主要功能分为四类，改善混凝土拌合物流动性能，调节混凝土凝结时间、硬化性能，改善混凝土耐久性和改善混凝土其他性能。

目前建筑工程中应用较多和较成熟的外加剂有减水剂、早强剂、缓凝剂、引气剂、膨胀剂、防冻剂、泵送剂、防水剂等。

外加剂的选用应根据设计和施工要求，并通过试验及技术经济比较确定。不同品种外加剂复合使用，应注意其相容性及对混凝土性能的影响。使用外加剂前应进行试验，满足要求方可使用。

同时，严禁使用对人体产生危害，对环境产生污染的外加剂。另外，对钢筋混凝土和有耐久性要求的混凝土，应按有关标准规定严格控制混凝土中氯离子含量和碱的数量。

📖 扩展阅读——工程中常用的外加剂

a.减水剂

减水剂是混凝土中最重要的外加剂，掺入减水剂，若不减少拌合用水量，能显著提高拌合物的流动性；当减水而不减少水泥时，可提高混凝土强度；若减水的同时适当减少水泥用量，则可节约水泥。同时，混凝土的耐久性也能得到显著改善。可见，减水剂的作用远非"减水"，在提高混凝土强度、提高混凝土密实度、降低混凝土热量等方面也起着关键性的作用。

b.早强剂

早强剂可加速混凝土硬化和早期强度发展，缩短养护周期，加快施工进度，提高模板周转率。早强剂多用于冬季施工或紧急抢修工程中，在滑模工程中，早强剂是十分重要的外加剂。

c.缓凝剂

缓凝剂主要用于高温季节混凝土、大体积混凝土、泵送与滑模方法施工以及远距离运输的商品混凝土等，不宜用于日最低气温5℃以下施工的混凝土，也不宜于有早强要求的混凝土和蒸汽养护的混凝土。缓凝剂的水泥品种适应性十分明显，不同品种水泥的缓凝效果不相同，甚至会出现相反的效果，因此使用前必须进行试验，检测其缓凝效果。

由于现代商品混凝土供应，路径较长，搅拌完成至浇筑完成的时滞较大，为了避免混凝土出现初凝，必须使用缓凝剂。在滑模施工中，为了缓解施工中的紧张状态，也需要使用缓凝剂，但由于同时需要使用早强剂，因此需要慎重。

d.引气剂

引气剂是在搅拌混凝土过程中能引入大量均匀分布、稳定而封闭的微小气泡的外加剂。引气剂可改善混凝土拌合物的和易性，减少泌水和离析，并能提高混凝土的抗渗性和抗冻性。同时，含气量的增加使混凝土弹性模量降低，对提高混凝土的抗裂性有利。由于大量微气泡的存在，混凝土的抗压强度会有所降低。引气剂适用于抗冻、防渗、抗硫酸盐、泌水严重的混凝土。

e.膨胀剂

膨胀剂能使混凝土在硬化过程中产生微量体积膨胀。膨胀剂主要有硫铝酸钙类、氧化钙类、金属类等。膨胀剂适用于补偿收缩混凝土、填充用膨胀混凝土、灌浆用膨胀砂浆、自应力混凝土等。含硫铝酸钙类、硫铝酸钙—氧化钙类膨胀剂的混凝土（砂浆）不得用于长期环境温度为80℃以上的工程；含氧化钙类膨胀剂配制的混凝土（砂浆）不得用于海水或有侵蚀性水的工程。

f.防冻剂

防冻剂在规定的温度下，能显著降低混凝土的冰点，使混凝土液相不冻结或仅部分冻结，从而保证水泥的水化作用，并在一定时间内获得预期强度。含亚硝酸盐、碳酸盐的防冻剂严禁用于预应力混凝土结构；含有六价铝盐、亚硝酸盐等有害成分的防冻剂，严禁用于饮水工程及与食品相接触的工程，严禁食用；含有硝铵、尿素等产生刺激性气味的防冻剂，严禁用于办公、居住等建筑工程。

（二）混凝土的配合比

混凝土构成的原材料，必须按照一定的比例进行混合，才能达到预定的性能要求。混凝土配合比应根据原材料的性能，以及施工工艺与设计者对混凝土的技术要求（强度等级、耐久性和工作性等），由具有资质的试验室进行计算，并经适配调整后确定。

混凝土的配合比采用重量比，一般表示为单位体积（$1m^3$）混凝土所需各种材料的重量。在施工中为了施工方便，也可以采用以水泥重量为基准，其他材料与水泥重量所构成的比例关系进行配料。另外需要明确的是，混凝土配合比中，砂石料的含水率为0（或近似为0），而这种情况在现场是不存在的，砂石料一般含有一定的水分，因此配合时应进行调整计算。

混凝土配合比是混凝土施工过程的关键性参数，施工必须严格按其要求进行配料，并严禁施工方随意改变。如果需要，应向原实验室提出申请，进行技术评价后方可进行。

（三）混凝土的搅拌

混凝土搅拌是将各种组成材料拌制成质地均匀、颜色一致、具备一定流动性的拌合物。如果混凝土搅拌得不均匀就不能获得密实的混凝土，影响混凝土的质量，所以搅拌是混凝土施工工艺过程中很重要的一道工序。

1.材料的准备与投料

混凝土所采用的材料需要经由一定的程序投入至搅拌机中，投料顺序应从提高搅拌质量、减少叶片和衬板的磨损、减少拌合物与搅拌筒的黏结、减少水泥飞扬、改善工作环境等方面综合考虑确定，常用的有一次投料法和两次投料法。

（1）一次投料法

一次投料法是在上料斗中先装石子再加水泥和砂，然后一次投入搅拌机。采用自落式搅拌机时，要在搅拌筒内先加部分水，投料时石子盖住水泥，水泥不会飞扬，且水泥和砂先进入搅拌筒形成水泥砂浆，可缩短包裹石子的时间。采用立轴强制式搅拌机时，因出料口在下部，不能先加水，应在投入原料的同时，缓慢均匀分散地加水。

（2）两次投料法

与一次投料法不同，两次投料法在施工过程中分两次加水，两次搅拌。用这种工艺搅拌时，先将全部的石子、砂和70%的拌合水倒入搅拌机，拌合15s使骨料湿润，再倒入全部水泥继续搅拌30s左右，然后加入30%的拌合水再搅拌60s左右即可完成。与普通搅拌工艺相比，该搅拌工艺可使混凝土强度提高10%~20%，或节约水泥5%~10%。

2.搅拌设备的选择

混凝土制备的方法，除工程量很小且分散的场合用人工拌制外，现在均采用机械搅拌。混凝土搅拌机按其搅拌原理分为自落式（水平轴，竖向旋转）搅拌机和强制式（竖向轴，水平旋转）搅拌机两类。强制式搅拌机的搅拌作用比自落式搅拌机强烈，宜搅拌干硬性混凝土和轻骨料混凝土，但强制式搅拌机的转速比自落式搅拌机高，动力消耗大，叶片、衬板等磨损也大。

选择搅拌机时，要根据工程量大小、混凝土的坍落度、骨料尺寸等而定。既要满足技术上的要求，亦要考虑经济效益和能源节约。

📖 扩展阅读——常用的混凝土搅拌机

（1）自落式搅拌机

自落式搅拌机（如图3-25所示）的搅拌筒内壁焊有弧形叶片，当搅拌筒绕水平轴旋转时，弧形叶片不断将物料提高到一定高度，然后自由落下而互相混合。因此，自落式搅拌机主要是以重力机理设计的。在这种搅拌机中，未处于叶片带动范围内的物料，在重力作用下沿拌合料的倾斜表面自动滚下；处于叶片带动范围内的物料，在被提升到一定高度后，先自由落下再沿倾斜表面下滚。由于下落时间、落点和滚动距离不同，物料颗粒相互穿插、翻拌、混合而达到均匀。自落式搅拌机宜搅拌塑性混凝土。

图3-25　自落式搅拌机

双锥反转出料式搅拌机是自落式搅拌机中较好的一种，宜搅拌塑性混凝土。双锥反转出料式搅拌机的搅拌筒由两个截头圆锥组成，搅拌筒旋转一周，物料在筒中的循环次数多，效率较高而且叶片布置较好，物料一方面被提升后靠自落进行拌合，另一方面又迫使物料沿轴向左右窜动，搅拌作用强。它正转搅拌，反转出料，构造简易，制造容易。

双锥倾翻出料式搅拌机适合于大容量、大骨料、大坍落度混凝土搅拌，在我国多用于水电工程、桥梁工程和道路工程。

（2）强制式搅拌机

强制式搅拌机（如图3-26所示）主要是根据剪切机理设计的。在这种搅拌机中有转动的叶片，这些不同角度和位置的叶片转动时通过物料，克服了物料的惯性、摩擦力和黏滞力，强制其产生环向、径向、竖向运动。这种由叶片强制物料产生剪切位移而达到均匀混合的机理，称为剪切搅拌机理。

图3-26　强制式搅拌机

强制式搅拌机分为立轴式与卧轴式，卧轴式有单轴、双轴之分，而立轴式又分为涡桨式和行星式。

立轴式搅拌机是通过盘底部的卸料口卸料，卸料迅速，但如卸料口密封不好，水泥浆易漏掉，所以立轴式搅拌机不宜搅拌流动性大的混凝土。卧轴式搅拌机具有适用范围广、搅拌时间短、搅拌质量好等优点，是目前国内外在大力发展的机型。

3.搅拌时间

搅拌时间是指从原材料全部投入搅拌筒时起，到开始卸料为止所经历的时间，与搅拌质量密切相关。搅拌时，应严格掌握混凝土的搅拌时间合理、准确，最终确保混凝土搅拌质量满足设计、施工要求。当掺有外加剂时，搅拌时间应适当延长。

搅拌时间随搅拌机类型和混凝土和易性的不同而变化，混凝土在一定范围内随搅拌时间的延长而强度有所提高，但过长时间的搅拌既不经济也不合理。搅拌时间过长，不坚硬的粗骨料在大容量搅拌机中会因脱角、破碎等而影响混凝土的质量；加气混凝土也会因搅拌时间过长而使含气量下降。为了保证混凝土的质量，应控制混凝土搅拌的最短时间——按一般常用搅拌机的回转速度确定，不允许用超过混凝土搅拌机规定的回转速度进行搅拌以缩短搅拌时间。混凝土搅拌的最短时间见表3-1。

表3-1   混凝土搅拌的最短时间   单位：秒

混凝土坍落度（mm）	搅拌机机型	搅拌机出料量（L）		
		<250	250~500	>500
≤30	强制式	60	90	120
	自落式	90	120	150
>30	强制式	60	60	90
	自落式	90	90	120

注：当掺有外加剂时，搅拌时间应适当延长；全轻混凝土、砂轻混凝土搅拌时间应延长60~90s。

二、混凝土的运输

城市内的施工受到环境的限制，极少采用现场搅拌混凝土，混凝土多由设置于郊外的商品混凝土搅拌站提供。远距离运输会导致混凝土的很多问题，必须加以重视。

（一）常见的混凝土运输设备

流态商品混凝土的场外运输一般采用专用车辆（俗称罐车，如图3-27所示）进行运输；场内运输主要采用专用的混凝土泵进行输送。大量使用、高度较高或距离较远时，宜采用固定泵（也称为地泵、拖泵，如图3-28所示）；临时少量使用时，高度较低或距离较近，汽车泵的自带布料杆能够满足输送要求时，采用汽车泵（如图3-29所示）。

图3-27　混凝土罐车

图3-28　固定式混凝土泵

图3-29 混凝土汽车泵

混凝土泵在基本原理上均是活塞泵、气田泵和挤压泵，目前应用较多的是活塞泵。活塞泵按其构造原理的不同可以分为机械式和液压式两种。混凝土汽车泵是将液压式活塞混凝土泵安置在汽车底盘上的设备，并装有全回转三段折叠臂架式混凝土的布料杆、操作系统、传动系统、清理系统等，使用时可将车辆开至需要施工的地点，进行混凝土泵送作业。

（二）混凝土运输的基本要求

1.混凝土运输的时间限制

混凝土的初凝时间是限制混凝土运输过程的关键性参数，施工方要尽量减少混凝土的运输时间和转运次数，确保混凝土在初凝前运至现场并浇筑完毕。混凝土在运输过程中，如果由于时间耽搁，发生分层、离析现象，在浇筑前应进行二次搅拌。为了避免运输过程时间紧迫，混凝土初凝导致的现场浇筑困难，缓凝剂是商品化供应混凝土的必然选择。

2.混凝土运输的和易性要求

混凝土的和易性是指其工作性能——流动性、黏聚性和保水性的总称。采用远距离运输的混凝土，其流动性要求较高，属流态混凝土（运输至现场坍落度至少为100mm，以140～160mm为佳），与此同时又必须保证混凝土不发生任何离析现象。在施工中，需要使用减水剂、泵送剂等外加剂保证混凝土和易性的要求。

3.混凝土输送管路的架设要求

当采用混凝土地泵时，需要按照现场的状态布置管道。管道应尽可能固定在建筑结构上，或采用专门的支撑系统进行固定，避免由于泵送混凝土过程中产生的巨大冲击力导致管路爆裂或坍塌。绝对禁止将混凝土管道附着在未经校核的塔吊立柱或脚手架上，很多工程坍塌事故均源于此。

为了防止管道堵塞，应尽量减少各种转角的出现，尤其不可出现小于90度的锐角，或中间直线段小于2m的连续性转弯。

（三）泵送混凝土的距离计算原理

对于混凝土泵，可以将直接泵送混凝土的水平输送距离设为参考指标，现场应根据管道的具体布置状态进行折算——将不同的管道布置状态，水平、垂直向上、垂直向下、水平直角、竖向直角等，折算为相应的水平距离，并考虑混凝土坍落度的影响，求得最终的折算水平距离总和，当该指标小于混凝土泵的基本参数时，即可以满足混凝土输送能力要求。

从现有混凝土泵的工作性能来看，一般高度的建筑物均可以满足要求。在上海中心大厦项目中，上海建工材料公司成功将C100高强混凝土泵送至上海中心大厦620米的高度；在555米的平安金融中心项目中，中建一局组织的C100混凝土1 000米泵送试验也获得圆满成功。这些成就标志着我国混凝土技术已经达到国际领先水平。

📖 扩展阅读——商品混凝土的特殊程序要求

作为工程施工方，如果采用商品供应的混凝土，应该按照以下程序控制其基本质量和施工工艺。

1.提交采购下料单

对混凝土供应商，施工单位应向其提交采购下料单，以明确相关工程的混凝土要求，其包括以下关键性的技术说明：

（1）基本技术指标与参数说明

混凝土的基本技术指标与参数说明包括强度等级、抗渗性、抗冻性等参数，这是混凝土必须具备的指标。一般来说，这些指标将直接标注在设计方所给出的施工图纸中，而且图纸中除了这几项基本指标外，一般也不会再涉及其他技术要求。

（2）施工工艺指标要求

作为施工单位，应根据现场的具体情况，如施工场地位置、现场与搅拌站的距离、运输时间、浇筑构件所在位置、浇筑方式等，确定现场施工所需的混凝土工艺指标。一般来说，包括混凝土坍落度、初凝时间、粒径等指标。

混凝土坍落度是决定现场施工工艺的关键性指标之一，不同的方式，如泵送或料斗运输所要求的坍落度指标是不一样的；不同的浇筑高度，不同的季节所形成的环境温度，对坍落度指标的要求也是不一样的。

而初凝时间则是限制混凝土作业的关键性时间参数，混凝土必须在该时间内浇筑完成。

另外，如前文所述，石子的粒径也与构件尺度、钢筋状况、管路内径等参数有关，是必须满足的。

（3）混凝土的特殊指标或参数要求

在具体施工中，施工方根据其工艺要求、材料要求、环境要求或管理组织等要求，也可以对混凝土的性能提出特殊要求。如现场进行厚大体积混凝土浇筑时，可以提出混凝土的热量和温度的控制要求；建设工程为民用项目时，可以提出材料或外加剂的环保性要求等。这些是混凝土供应商必须保证的。

2.供应商供料确认

混凝土供应商应根据施工单位的需求进行相关的准备，并在混凝土大批量供应之前向施工单位提供一下技术说明，包括混凝土配合比报告单，所采用材料的合格证或成分检测报告，特殊材料的复试报告，混凝土试配试块检测报告，混凝土相关技术指标说明。

（1）混凝土配合比报告单

如前文所述，该报告单应由有资质的实验室给出，写明各种材料的比例关系。

（2）原材料的合格证、检测报告和复试报告

混凝土所有材料，水泥、砂子、石子、外加剂、掺合料等，均应提供供应厂家的出厂合格证。对水这种无法提供出厂合格证的原材料，应提供水质检测报告；当有特殊需要时，砂子、石子还需提供成分、坚固性、强度等检测报告。水泥则必须提供复试报告，复试程序符合要求。

供应商必须按照以上技术指标，采用该原材料和混凝土试配，并经试验检测，确认试块合格，提供有关试验检测报告。同时还需要出具满足委托方（施工单位）所提出的其他指标要求的技术说明文件，确认混凝土合格证书。委托方也有权随时进入供应商的搅拌站进行材料和工艺的随机性检测。

3.供应商正式供料与现场检验

供应商供料的各项指标满足施工单位要求后，双方可以约定时间，正式向施工现场供料。

供料时应注意，供应商要对每一车混凝土均提供送料单，载明相关参数指标，既包括强度等级、抗渗等级、抗冻等级等基本指标，也包括出料时间、出场坍落度等工艺指标，并同时按要求留设出场检验试块。当混凝土运送至现场后，施工方应进行材料二次检验，检查混凝土送料单，核对混凝土配比单，确认混凝土强度等级，检查混凝土运输时间、测定混凝土坍落度，并根据施工与检测要求，留设现场试块。

相关工作确认无误后方可浇筑混凝土。

三、混凝土的浇筑

混凝土运输至现场之后应尽快浇筑，并进行有效养护。

（一）混凝土浇筑的基本要求

混凝土浇筑前应根据施工方案认真交底，并做好浇筑前的各项准备工作，尤其应对模板、支撑、钢筋、预埋件等仔细认真检查，并做好相关隐蔽验收。

常规情况下，混凝土在浇筑过程中，当骨料粒径大于25mm时，混凝土自由下落的高度不宜超过3m；当骨料粒径不大于25mm时，混凝土自由下落的高度不宜超过6m；如果不满足要求，应采用管道或溜槽解决。在浇筑竖向结构混凝土前，应先在底部填以50~100mm厚与混凝土内砂浆成分相同的水泥砂浆；浇筑混凝土应

连续进行，单次浇筑时应在混凝土初凝之前浇筑振捣完毕；分层浇筑时，应在上一层初凝之前将本层混凝土浇筑振捣完毕。

（二）普通混凝土浇筑方案的确定

施工方必须根据现场的情况，作出合理的浇筑方案，确保工程质量与安全。普通混凝土浇筑方案的主要内容包括：浇筑次序、浇筑方向、施工缝的留设、后浇带的留设、特殊衔接以及复杂结构或构造的浇筑等。

1.浇筑次序

混凝土的浇筑次序是指在浇筑过程中各个构件浇筑的先后次序。

常规来说混凝土都是自下部构件向上部构件进行浇筑，先浇筑结构构件，再浇筑从属构件。但对水平跨度构件（梁板）和竖向构件（墙柱）的浇筑次序，具体工程应做具体分析。以框架结构为例——一种是同次浇筑模式，即某层的所有结构构件，梁、板、柱（墙）一次性浇筑；另一种则是分次浇筑模式，先浇筑完成竖向的构件（柱、墙），再架设水平构件的模板，之后再进行水平构件的浇筑。

两种模式的选择依据主要是层间跨度与高度。当层高较高（一般高于3.6m），跨度较大（一般大于6.0m）时，如果水平结构与竖向结构一次性浇筑，由于竖向结构水平稳定性较差（空洞状或混凝土刚刚浇筑而无强度），需要架设大量的支撑系统，否则容易产生模板系统的整体坍塌，这种事故在实际工程中屡见不鲜（如图3-30所示）。为了防止这种事故的发生，对于超高大跨结构应先浇筑竖向构件到梁底标高，再架设梁、板模板，绑扎其钢筋。在此过程中，已经浇筑完成的竖向结构混凝土强度会快速增强。当进行梁、板浇筑时，竖向构件将提供很好的竖向与水平支撑，避免工程事故的发生。

图3-30 混凝土浇筑过程中的坍塌事故

分次浇筑模式比较复杂，施工速度较慢，柱头（柱子中梁底至梁顶的段落）上下均存在施工缝，若处理不好可能会影响受力效果。因此当跨度和高度不超过限值，或能够保证施工稳定性和安全性时，建议采用同次浇注模式，速度快、质量高，是绝大多数施工方案的选择。

2.浇筑方向

混凝土的浇筑，一般都是自结构或构件一侧向另一侧进行，极少有从中部向四周浇筑的情况。但尤其应注意的是，不得从四周向中间浇筑，此种浇筑方向会由于混凝土表面浮浆先行汇合产生泌水现象。

另外，浇筑方向的选择还需要考虑预先设定的和可能遇到的意外间歇，在产生间歇时，混凝土浇筑前锋线即会形成衔接面，避免衔接面处于结构受力的不利状态是最基本的原则。

具体来讲，梁和板宜同时浇筑混凝土，有主次梁的楼板宜顺着次梁方向浇筑，单向板宜沿着板的长边方向浇筑；拱和高度大于1m的梁等结构，可单独浇筑混凝土。

3.施工缝的留设

混凝土应连续浇筑，以保证结构具有良好的整体性，但在具体工程中，由于各种因素的限制，有时必须在一次浇筑后形成必要的技术间歇；有时也会由于意外导致混凝土供应不上，先期浇筑的混凝土形成初凝，造成意外的间歇。此类间歇在技术上称为施工缝——不是缝隙，而是混凝土的衔接构造。

（1）施工缝留设的基本要求

无论施工中是否有预设的施工缝，施工之前工程技术人员均应做好预案，防止施工过程中的意外导致混凝土间歇不当。因此，施工缝的位置应在混凝土浇筑前确定，包括混凝土浇筑的方向与可以设置施工缝的位置。除非必须留设施工缝，如果在施工中各种技术措施得当，条件允许，即使预设的施工缝也可以不加留设，保证混凝土的连续浇筑。

非特殊情况下，施工缝的留设位置由施工方自行确定，无需设计方同意或认可，但需要现场的监理工程师对其施工方案进行具体的审核。

（2）施工缝留设的位置要求

施工缝宜留置在结构受剪力较小、便于施工或特定的部位。一般来说，应按照以下原则进行：

柱，宜留置在基础、楼板、梁的顶面，梁和吊车梁牛腿、无梁楼板柱帽的下面；与板连成整体的大截面梁（高度超过1m），留置在板底以下20~30mm处，当板下有梁托时，留置在梁托下部；单向板，留置在平行于板的短边的任何位置；有主梁的楼板，施工缝应留置在次梁跨中1/3范围内；地上墙体竖向施工间歇，留置在门洞口过梁跨中1/3范围内，也可留置在纵横墙的交接处；地上墙体水平施工间歇，留置在同层板顶标高处；地下墙体水平施工间歇，留设在同层板顶标高以上300~500mm处；双向受力板、大体积混凝土结构、拱、穹拱、薄壳、蓄水池、斗仓、多层钢架及其他结构复杂的工程，施工缝的位置应与设计方协商进行留置。

（3）施工缝的衔接处理

作为技术间歇，在后期衔接过程中必须进行特殊的处理，避免出现衔接不良，给结构承载造成影响。对于已经形成初凝的混凝土，必须待其抗压强度不小于

1.2N/mm² 以后再进行衔接处理。具体施工时，首先应在已硬化的混凝土表面上清除水泥薄膜和松动石子以及软弱混凝土层，并加以充分湿润和冲洗干净，并不得积水；在后续浇筑混凝土前，宜先在施工缝处刷一层水泥浆（可掺适量界面剂）或铺一层与混凝土成分相同的水泥砂浆；然后进行后续混凝土浇筑，浇筑时应细致捣实，使新旧混凝土紧密结合。

4.后浇带的留设

除了施工缝，特殊的混凝土结构还需要留设的后浇带——宽度为 800 ~ 1 000mm，混凝土后期浇筑而钢筋连通的条带（如图 3-31 所示）。

图3-31　混凝土后浇带

后浇带是为了防止现浇混凝土结构施工过程中由于温度、收缩所产生的有害裂缝而设置的临时性的间隔措施（构造）。后浇带通常根据设计要求和图纸说明进行留设，当一次浇筑线性长度超过 40m 时，大多需要留设后浇带，但当设计者确认没有或不得留设后浇带时，施工方必须采取有效措施，一次浇筑成功。

后浇带留设后，应保留一段时间（若设计无要求，则至少保留 28d，抗渗混凝土适当延长）然后再浇筑，将结构连成整体。填充后浇带，可采用微膨胀混凝土（加入膨胀剂），强度等级比原结构强度提高一级，并保持至少 15d 的湿润养护；后浇带接缝处按施工缝的要求处理。

5.特殊衔接以及复杂结构或构造的浇筑

（1）台阶型构件的浇筑措施

上反梁、楼梯、独立基础等均属于台阶型构件，在架设模板时，一般只设置侧向模板，不设置顶部封闭模板，但混凝土需要一次浇筑完成。为了防止浇筑构件上部混凝土时，由于自重导致下部半液态的混凝土出现挤压、隆起和塑流，需要进行间歇浇筑。但由于此处不得留置施工缝，因此施工间歇不得超过混凝土初凝时间，且在浇筑上部时注意观察，控制速度，防止出现问题。

在浇筑与柱和墙连成整体的梁和板时，应在柱和墙浇筑完毕后停歇 1~1.5h 再继续浇筑。

（2）不同强度混凝土的衔接

有些设计人员倾向对不同的构件，尤其是作用或受力要求不同的构件采用不同强度等级的混凝土，以便达到最优的效果。但当这些构件相互衔接时，在施工中处理起来相对麻烦一些。

一般的原则，当墙、柱混凝土设计强度等级比梁、板高一个级别时，墙、柱位置中梁、板高度范围内的混凝土经设计人员书面同意后，可以采用梁、板强度等级的混凝土进行浇筑；当强度差异在两个或两个以上级别时，必须保证高强度等级构件的基本尺寸——分隔位置应设置在低强度等级的构件中，且距离高等级结构边缘不小于500mm，也不应小于梁高或板厚。这就意味着在浇筑时需要先进行高强度等级构件的浇筑，此时如果采用的是流动性较大的混凝土，就会出现高强度等级混凝土向低强度等级构件中大量流淌的现象，这种情况是难以避免的。在技术上和质量上这并不构成任何问题，但由于不同强度等级混凝土的价格差异，会给施工方带来成本损失。

特别需要说明的是，当墙、柱整浇且强度等级不一致时，施工方应尽可能与设计方进行协调，统一级别。不能统一时，应保证高强度等级构件的浇筑，此时应准确评估可能发生的高强度等级混凝土向低强度区域流淌，甚至筑满的情况。尽管这不会形成任何质量问题，但是施工方应准确评估由此可能造成的成本增加。

（三）大体积混凝土的施工问题与处理

随着高层建筑的日益增加，作为这类建筑最为常见的基础形式之一，筏板基础的体积、厚度往往超出人们的想象，如央视新建办公大楼，其混凝土底板最厚处达到13m以上，而大型水利工程的混凝土浇筑量则更为惊人。这些大体量的混凝土，不仅荷载巨大，在结构中的作用也非常关键，或作为基础承载，或作为结构的转换层间，或作为构筑物的外壳，其工程质量要求较高，在施工中不允许出现明显的裂缝，并且一般设计者都要求尽可能一次性浇筑完成，以保证其整体性。

1.大体积混凝土的问题、原因、认定标准及温度标准限制

（1）大体积混凝土的问题与原因

超大规模的混凝土浇筑，尽管混凝土的供应强度与现场的浇筑组织至关重要，但仅仅是最简单的问题。大体积混凝土的关键性问题是由于水泥水化产生的巨大热量难以有效释放，造成混凝土内部体积膨胀，而此时混凝土表面刚刚终凝后的强度远不能抵抗该温度应力的作用，这样会在混凝土中形成自表面向内部的纵深裂缝，并随着混凝土表面的硬化，表面收缩效应的形成，加剧混凝土裂缝的开展，形成贯通性裂缝。显然，这是任何重要结构都不允许出现的，施工方都必须采取有效的措施加以控制。

（2）工程实践中对大体积混凝土的认定标准

如上所述，内外温差、混凝土早期强度低、混凝土凝结硬化过程中的收缩效应，是产生裂缝的综合因素，其中最主要的是温差，是造成混凝土开裂的根本原因。因此，有关技术标准将自然状态下内外温差可能超过25℃的混凝土视为大体积混凝土，需要采取特殊的措施，保证其表面和内部不出现因温差而形成的裂缝。

（3）大体积混凝土的其他温度标准限制

在具体施工时，除了内外温差之外，大体积混凝土的其他温度控制指标还包括：混凝土浇筑后在入模温度基础上的温升值不宜大于50℃；混凝土浇筑后的降温速率不宜大于2.0℃/d；混凝土浇筑体表面与大气温差不宜大于20℃。

2.应对大体积混凝土问题的主要措施

以上分析表明，混凝土内部的水泥水化过程所产生的水化热、混凝土内外温差、混凝土硬化过程的收缩、混凝土早期强度较低等是产生裂缝的关键性因素。因此解决裂缝问题，就要从控制水化热、降低温差、快速散热、增强混凝土的早期强度等几方面入手。

（1）采用低热量水泥与减少水泥用量

硅酸盐水泥与普通硅酸盐水泥是历史最悠久的水泥，强度高、质量稳定，是工程中最常用的水泥。但这两种水泥的水化热较高，不适宜作为大体积混凝土的原料。为了减少水化热，对大体积混凝土施工所用水泥，其3d的水化热不宜大于240kJ/kg，7d的水化热不宜大于270kJ/kg。在工程中可以采用发热量较低的粉煤灰水泥、火山灰水泥和矿渣水泥进行施工。尤其是矿渣水泥，泌水性小而强度高，效果更好。

另外，减少水泥用量也可以明显起到降低水化热量的效果。水泥在混凝土中的作用一方面是形成水泥胶体，固化和黏结骨料；另一方面则与强度无关，仅仅是在拌合与施工过程中以水泥浆的形式使混凝土形成较好的流动性。因此形成混凝土强度所需要的水泥用量远低于施工性能所需要的用量——采取加入外加剂的方式，能够在保证流动性不变的前提下，减少水泥的使用量，最常见的是使用高效的减水剂、泵送剂。

减少水泥用量的另一个途径是调整骨料的级配。良好的级配可以有效提高混凝土的密实度，降低骨料之间的间隙，有效减少水泥的需要量。我国目前混凝土制备过程中，由于成本的限制，人工级配砂石料较少，一般采用在满足要求的自然级配砂石料中进行优选的方式，实现骨料级配的优化。

（2）分层分段浇筑与原材料降温

降低大体积混凝土核心温度的另一个方式是分层进行摊铺浇筑，以便很好地散热。分层浇筑包括全面分层、分段分层和斜向分层三种模式。

小面积的、浇筑长度小于20m的厚大基础，建议采用全面分层法，即摊铺一层之后（厚度一般300mm左右），在其初凝之前在其上摊铺第二层；较大面积，浇筑长度超过40m时，建议采用分段分层法进行浇筑，不同段落之间以后浇带进行分隔，每一段落之内做法与全面分层相同；斜面分层介于两者之间，为方便施工，分层不是水平的，而是向浇筑方向倾斜，便于混凝土摊铺浇筑。

工程实践表明，分层浇筑法可以在混凝土呈半液态的早期有效散热，对降低后期核心温度非常重要。

降低原材料温度主要是指水的温度（尽管有些技术资料曾说明，采用水清洗砂石料的办法进行降温是有效的，但清洗过的砂石料中含水量不稳定，对后期混凝土搅拌过程中的用水量会产生不确定性影响，在没有可靠的技术数据时不建议采用）。降低水的温度主要是采用低温地下水来搅拌混凝土，甚至也可以使用冰屑来进行降温，但由于成本较高，使用较少。

（3）降低温差，保温与养护

当施工时混凝土内部温升较快，内外温差可能超过25℃时，最有效的处理办法是将混凝土表面温度进行提升——在混凝土表面加盖厚草被进行养护。这种方式对大多数厚度不超过4m的建筑工程大体积混凝土效果明显，但对于水利工程或大型构筑物来讲，当其厚度过大时（有时甚至可达几十米），这种方式几乎没有效果。

对超厚混凝土的温差控制，必须考虑从内部降低混凝土温度的措施。常见的做法是在混凝土浇筑施工前，于构件内部设置循环管道；浇筑混凝土后，在管道内通入水，将热量直接带走，从而有效降低内部温度。混凝土散热和变形稳定后，将管道内注入膨胀水泥浆进行封堵即可。

大体积混凝土养护过程相对长一些，混凝土保湿养护的持续时间不得少于14d，并应经常检查混凝土表面情况，保持混凝土表面湿润。另外在每次混凝土浇筑完毕后，除应按普通混凝土进行常规养护外，还应及时按温控技术措施的要求进行保温养护。

（4）水平施工缝与特殊构造钢筋

常规工程的混凝土浇筑都要保证混凝土的整体性，保证每一浇筑层在初凝前就被上一层混凝土覆盖并捣实成整体。但对于超厚混凝土，这种连续进行的浇筑会使其内部热量聚集无法释放，形成严重的裂缝。在央视新台址工程中，由于其底板最大厚度超过了13m，在施工中除采用一般的分段封层，分区域浇筑等措施外，还特别创新地采用了设置水平施工缝的做法。

所谓水平施工缝，就是在混凝土浇筑段落内，竖向分为若干浇筑层，每个浇筑层厚度不超过3m，每次浇筑完成一个浇筑层。当前期浇筑层状态稳定，达到预定要求后，再进行下一个浇筑层的浇筑，浇筑层间形成施工缝。为了避免浇筑层间结合性较差所导致的整体性不佳，在下部浇筑层间的上表面，设置大量的坑槽，与后期浇筑的上层间混凝土形成有效连接，来承担层间剪力。坑槽的留设位置、数量、深度与平面尺寸等关键性指标，经设计计算之后确定。依靠该办法，央视新台址工程的施工方有效地解决了目前国内建筑工程中最为厚大混凝土底板浇筑过程中的大体积混凝土问题。

另外，配置一定数量的抗裂钢筋、构造钢筋也是解决大体积混凝土裂缝的可选措施，但由于配筋的具体位置、数量等涉及复杂的计算，加大配筋量之后也会导致成本的明显增加，施工方一般不会主动采用。

（5）表面收缩裂缝的控制

大体积混凝土在凝结硬化过程中除了温度变形所产生的裂缝之外，硬化过程中的收缩也会产生裂缝。由于重力的作用和钢筋的阻挡作用，收缩裂缝主要发生在构件的上表面钢筋上方，与钢筋布置方式几乎完全相同，一般称之为沉缩裂缝。防止这类裂缝的方法比较简单，在表面混凝土接近初凝时进行二次抹压或表面振捣即可。当后期地面采用抹灰或细石混凝土罩面进行处理时，这类裂缝大多无需特殊处理。

（四）混凝土的振捣

适当的振捣可以有效地提高混凝土的密实度，过度的振捣则会导致混凝土的离析。

振动机械按其工作方式分为：内部振动器、表面振动器、外部振动器和振动台。

1.混凝土振捣的基本要求

混凝土振捣不宜紧靠模板进行，应尽量避免碰撞钢筋、芯管、吊环、预埋件等。采用插入式振捣器时，每一插点振捣时间以20～30s为宜，一般以混凝土表面呈水平并出现均匀的水泥浆和不再冒气泡为止，不显著下沉，表示已振实，即可停止振捣；应保证垂直插入、快插、慢拔以免混凝土出现空隙。

混凝土振捣时间不宜过久，否则会形成混凝土离析，并在混凝土表面形成浮浆，影响混凝土质量。振捣时振捣器应插入下层混凝土10cm，以加强上下层混凝土的结合。

在模板附近振捣时，应同时用木锤轻击模板，在钢筋密集处和模板边角处，应配合使用铁钎捣实。

2.内部振动器

内部振动器又称插入式振捣器（如图3-32所示）或振捣棒，是混凝土工程中最常用的振捣设备，其工作部分是一个棒状空心圆柱体，内部装有偏心振子，在电动机带动下高速转动而产生高频微幅的振动，多用于振实梁、柱、墙、厚板和大体积混凝土结构等。

图3-32　插入式振捣器

用内部振动器振捣混凝土时，应垂直插入，并插入下层尚未初凝的混凝土中50~100mm，以促使上下层结合。插点的分布有行列式和交错式两种。对普通混凝土插点间距不大于1.5R（R为振动器作用半径），对轻骨料混凝土则不大于1.0R。

3.表面振动器

表面振动器又称平板振动器，它由带偏心块的电动机和平板（木板或钢板）等组成。其作用深度较小，多用于混凝土表面振捣，适用于楼板、地面、道路、桥面等薄型水平构件（如图3-33所示）。

图3-33　表面振动器

4.外部振动器

外部振动器又称附着式振动器，它通过螺栓或夹钳等固定在模板外部，通过模板将振动传给混凝土拌合物，因而模板应有足够的刚度。它适宜振捣断面小且钢筋密的构件，如薄腹梁、箱型桥面梁等以及地下密封的结构，无法采用插入式振捣器的场合，其有效作用范围可通过实测确定。

5.大体积混凝土的特殊振捣要求

大体积混凝土采取振捣棒进行内部振捣，在振动界限（初凝）以前，采用表面振动器对混凝土进行二次振捣，排除混凝土因泌水在粗骨料、水平钢筋下部生成的水分和空隙，提高混凝土与钢筋的握裹力，防止因混凝土沉落而出现的裂缝，减少内部微裂，增加混凝土密实度，使混凝土抗压强度提高，从而提高抗裂性。

四、混凝土的养护

浇筑之后的混凝土必须经过养护过程才能达到预定的强度，否则其内部会出现强度增长不均匀的现象，严重时会导致内部或表面产生裂缝。

混凝土的养护方法有自然养护和人工养护两大类，现场施工一般为自然养护，小型预制构件多采用人工养护。自然养护又可分为覆盖浇水养护、薄膜布养护和养生液养护等。

对已浇筑完毕的混凝土，应尽快进行有效的覆盖开始养护，一般在混凝土终凝前（通常为混凝土浇筑完毕后8~12h内）开始。混凝土采用覆盖浇水养护的时间与所采用的水泥种类有关，对采用硅酸盐水泥、普通硅酸盐水泥或矿渣硅酸盐水泥拌制的混凝土，不得少于7d；对火山灰质硅酸盐水泥、粉煤灰硅酸盐水泥拌制的混凝土，不得少于14d；对掺用缓凝性外加剂、矿物掺合料或有抗渗性要求的混凝土，不得少于14d。养护期间应经常浇水，保持混凝土处于湿润状态，混凝土的养护用水应与拌制用水相同。

当采用塑料薄膜布养护时，其外表全部应覆盖包裹严密，并应保证塑料布内有凝结水。采用养生液养护时，应按产品使用要求，均匀喷刷在混凝土外表面，不得漏喷刷。

第四节　混凝土工程的验收与质量问题的处理

一、混凝土工程的验收过程

（一）原材料的检验

根据相关规定，建筑主体工程所使用的材料、构配件必须经过法定的质量检测程序，并保证合格后才可以使用。但是对于混凝土来讲，由于其成形时间、生产过程与工艺等特殊原因，无法实现质量的预检程序，因此在具体施工中，采用对混凝土原材料（水泥、水、砂子、石子、外加剂等）与生产过程的监控模式。

采用第三方提供的预拌混凝土时，除混凝土原材料的检验报告外，还应提交同原材料、同配比混凝土的试块预检验报告，合格后才可以正式供应混凝土。

（二）混凝土试块留设与检验

结构混凝土的强度等级必须符合设计要求。

由于混凝土工艺的特殊性，必须在浇筑同步留设试件，用于检查结构构件混凝土强度，并根据规范规定，在混凝土的出厂和浇筑地点随机抽取。

取样与试件留置应符合下列规定：

1.在混凝土搅拌站或出料口：

（1）每拌制100盘且不超过100m³的同配合比的混凝土，取样不得少于一次；

（2）每工作班拌制的同一配合比的混凝土不足100盘时，取样不得少于一次。

2.在混凝土浇筑现场：

（1）当一次连续浇筑超过1 000 m³时，同一配合比的混凝土每200 m³取样不得少于一次；

（2）每一楼层、同一配合比的混凝土，取样不得少于一次。

以上两种环境中，每次取样应至少留置一组标准养护试件，同条件养护试件的留置组数应根据实际需要确定。

（三）现浇结构实体工程检验

现浇结构的外观质量不应有严重缺陷，不应有影响结构性能和使用功能的尺寸偏差，混凝土设备基础不应有影响结构性能和设备安装的尺寸偏差。对已经出现的严重缺陷、超过尺寸允许偏差且影响结构性能和安装、使用功能的部位，应由施工单位提出技术处理方案，并经监理（建设）单位认可后处理。对经处理的部位，应重新检查验收。

当混凝土结构施工质量不符合要求时，应按下列规定进行处理：

（1）经返工、返修或更换构件、部件的检验批，应重新进行验收；

（2）经有资质的检测单位检测鉴定达到要求的检验批，应予以验收；

（3）经有资质的检测单位检测鉴定达不到设计要求，但经原设计单位核算并确认仍可满足结构安全和使用功能的检验批，可予以验收；

（4）经返修或加固处理能够满足结构安全使用要求的分项工程，可根据技术处理方案和协商文件进行验收。

对影响结构安全的质量问题，如不经过法定程序处理并保证安全，严禁验收。

二、钢筋混凝土工程常见施工质量问题的处理

钢筋混凝土施工中的问题，如果对结构安全产生影响，必须进行处理；但经有资质的检测部门认定满足要求的、经原设计人员核算并书面确认可以保证安全的、后续施工工艺可以解决的等问题，也可以不做处理，直接验收。

（一）钢筋错位

钢筋错位会导致结构或构件的受力异常，该类问题主要表现为柱、梁、板、墙主筋位置或保护层偏差过大，严重时直接导致结构被破坏。其原因在于，施工时钢筋未按照设计或翻样尺寸进行加工和安装；钢筋现场翻样时，未合理考虑主筋的相互位置及避让关系；混凝土浇筑过程中，钢筋被碰撞移位后，在混凝土初凝前，没能及时被校正；保护层垫块尺寸或安装位置不准确。

钢筋错位必须从预防角度进行处理，在混凝土浇筑之前处理完毕。其具体防治措施包括，钢筋现场翻样时，应根据结构特点合理考虑钢筋之间的避让关系，现场钢筋加工应严格按照设计和现场翻样的尺寸进行加工和安装；钢筋绑扎或焊接必须牢固，固定钢筋措施可靠有效；为使保护层厚度准确，垫块要沿主筋方向摆放，位置、数量准确；混凝土浇筑过程中应采取措施，尽量不碰撞钢筋，严禁砸、压、踩踏和直接顶撬钢筋，同时浇筑过程中要有专人随时检查钢筋位置，并及时校正。

尤其应注意严禁踩踏较细的板上皮钢筋，避免钢筋错位在混凝土浇筑后形成板边裂缝。在悬挑板（如阳台、雨篷）结构中，该类问题将导致构件底部模板与支撑拆除后，出现严重的"门帘"事故——混凝土悬挑板的坍塌。因此，在混凝土浇筑时，应设置专用的人行踏板，避免形成不必要的事故。

（二）混凝土强度等级偏低，不符合设计要求

混凝土标准养护试块或现场检测强度，按规范标准评定达不到设计要求的强度等级，称为混凝土强度偏低。产生这种情况的原因一般有以下几方面，防范也必须从这几方面入手：配置混凝土所用原材料的材质不符合国家标准的规定；拌制混凝土时没有法定检测单位提供的混凝土配合比试验报告，或操作中未能严格按混凝土配合比进行规范操作；拌制混凝土时投料计量有误；混凝土搅拌、运输、浇筑、养

护不符合规范要求等。

对于已经成型的混凝土，当其强度不符合要求时，只能请设计单位重新校核或进行加固处理。需要说明的是，除混凝土标准试块外，其他试块，如同条件养护试块、混凝土轴心抗压试块、混凝土受拉试块的试验结果等，均不能作为评定混凝土质量的最终依据。当送检的一个批次混凝土标准试块不符合要求时，也不能采用继续送检其他标准试块的方式来进行混凝土合格与否的补充验证。

（三）混凝土表面缺陷

常见的混凝土表面缺陷表现在拆模后出现麻面、露筋、蜂窝、孔洞等。

产生这类问题的原因主要是：模板表面不光滑、安装质量差，接缝不严、漏浆，模板表面污染未清除；模板在混凝土入模之前没有充分湿润，钢模板脱模剂涂刷不均匀；钢筋保护层垫块厚度或放置间距、位置等不当；局部配筋、铁件过密，阻碍混凝土下料或无法正常振捣；混凝土坍落度、和易性不好；混凝土浇筑方法不当、不分层或分层过厚，布料顺序不合理；混凝土浇筑高度超过规定要求，且未采取措施，导致混凝土离析；漏振或振捣不实；混凝土拆模过早等。

由于后期抹灰工艺的存在，绝大多数混凝土表面缺陷无需处理，当缺陷过于严重时，采用高强细石混凝土对较大的孔洞等进行填充即可。

（四）混凝土柱、墙、梁等构件外形尺寸、轴线位置偏差大

混凝土柱、墙、梁等外形尺寸偏差、表面平整度、轴线位置等超过规范允许偏差值的原因，一般是施工方没有按施工图进行施工放线或施工放线时误差过大，或模板的强度和刚度不足以及模板支撑基座不实，受力变形大等。

这类问题常见的有效防治措施包括：施工前必须按施工图放线，并确保构件断面几何尺寸和轴线定位线准确无误；确保模板及其支撑（架）具有足够的承载力、刚度和稳定性，确保模具在浇筑混凝土及养护过程中不变形、不失稳、不跑模；确保模板支撑基座坚实等。在浇筑混凝土前后及过程中，要认真检查，及时发现问题，及时纠正。

（五）混凝土收缩裂缝

收缩裂缝是混凝土表面除了受力裂缝以外最常见的裂缝，裂缝多出现在新浇筑并暴露于空气中的结构构件表面，有塑态收缩、沉陷收缩、干燥收缩、碳化收缩、凝结收缩等收缩裂缝。

如果不是养护不良，收缩裂缝主要是原材料的问题产生的，如骨料含泥量大；水泥或掺合料用量超出规范规定；混凝土水灰比、坍落度偏大，和易性差等。

与混凝土表面缺陷类似，一般不严重的裂缝在后期抹灰即可。严重的、较大的裂缝，尤其是表面保护层完全开裂的情况，必须先采用专用的修补水泥浆进行修缮，防止钢筋锈蚀，再进行表面抹灰处理。

☐ 本章小结

钢筋混凝土结构是目前主流的建筑结构形式之一，钢筋与混凝土的有效结合构建了完整的建筑结构体系。这其中钢筋是最为重要的，"打断骨头连着筋"最恰如其分地描述了这种状况。正是由于钢筋的存在，才使得钢筋混凝土结构的安全性有所保证，正因为如此，钢筋工程才是钢筋混凝土结构最为重要的分项工程。

钢筋的施工工艺基本上是围绕着钢筋性能的发挥所进行的，这其中最重要、最关键的是钢筋的连接与锚固。本章所介绍的几种钢筋的连接工艺，在不同的情况下要选择使用，以确保钢筋连接性能的有效发挥。但本章并未从施工的角度来特殊强调钢筋的锚固构造，这是因为锚固问题，包括锚固位置、锚固长度、锚固方式等，都要由结构工程师来确定，施工人员按图施工。相关内容可参阅有关建筑结构设计的书籍或规范。

模板是钢筋混凝土成型的关键工艺，也是这一施工过程中比较特殊的工艺——仅仅是一个措施，并不形成最终的实体，这一特点决定了其在成本控制过程中的特殊地位。作为施工人员，要准确评估混凝土施工过程中所使用的模板，量化其成本。哪些地方需要模板，选择什么样的模板，如何架设模板，在何时可以拆除模板等几个问题是模板施工的关键问题。只有确认了这些问题，才能确定模板的使用方式，有效核算成本。另外，模板的构造与设计要遵循实用、安全、经济的原则，并使各个指标相对优化，既要满足施工技术与安全要求，又要节约成本。

混凝土施工是该分部工程的最后组成部分。混凝土要按照规定程序进行配比、搅拌、运输和浇筑。浇筑过程应注意凝结时间的影响，在初凝之前浇筑完毕，在终凝之前开始养护。浇筑的过程要采取措施，防止离析并保证连续浇筑。同时，在施工之前对浇筑过程中可能出现的不连续问题进行评估，必要时预先确定施工缝、后浇带等。另外，对混凝土强度等级不一致的相衔接构件、大体积混凝土构件、大跨度与高度的构件，均要制订出特殊的浇筑方案，确保浇筑的顺利进行。

混凝土浇筑之后要及时养护，注意不同要求的构件和水泥所需要的养护时间的差异。

钢筋混凝土工程在钢筋工艺完成后，要经过隐蔽工程验收后才能够架设模板、浇筑混凝土，混凝土工程完成后也要经过特定的验收程序，并处理有关质量问题最终交付竣工。

☐ 关键概念

建筑热轧钢筋的基本力学性能、加工性能，钢筋代换原则与程序，钢筋连接的工艺与要求，各类基本构件钢筋绑扎构造，钢筋隐蔽的基本程序，建筑工程常见的模板架设方法，模板拆除的基本原则，混凝土的基本材料构成与性能要求，普通混凝土配合比要求，混凝土浇筑基本要求与浇筑方案的确定，大体积混凝土的施工问题与处理。

钢筋下料的基本技术问题，钢筋加工的基本工艺（钢筋调直、除锈、切断、弯曲），模板系统的基本要求，建筑工程常用的模板形式，模板系统的安全施工要求，混凝土的搅拌要求，混凝土的运输要求，混凝土振捣的基本要求，混凝土的养护要求。

钢筋的基本分类，钢筋下料长度的计算与实际应用，一般构件模板的位置，机械化模板，混凝土工程的最终验收与质量问题的处理。

复习思考题

1. 建筑热轧钢筋的基本力学性能有哪些指标？有什么要求？

2. 建筑热轧钢筋的加工性能有哪些指标？

3. 屈服强度是否是所有建筑钢筋的检测指标？为什么？

4. 钢筋下料的基本算法如何？

5. 如何进行钢筋的调直、除锈、切断和弯曲？

6. 如果在施工中需要进行钢筋代换，其原则与程序是什么？

7. 钢筋连接的基本原则是什么？

8. 钢筋连接的方式有哪些？各适用于哪些情况？

9. 钢筋焊接的方式有哪些？各适用于哪些情况？

10. 独立基础的钢筋绑扎构造有哪些特殊要求？

11. 板的钢筋绑扎构造有哪些特殊要求？

12. 梁的钢筋绑扎构造有哪些特殊要求？

13. 柱的钢筋绑扎构造有哪些特殊要求？

14. 墙的钢筋绑扎构造有哪些特殊要求？

15. 钢筋隐蔽验收的基本程序是什么？

16. 建筑工程常见的模板材料有哪些？各有哪些优缺点和适用范围？

17. 模板系统设计的基本要求是什么？

18. 绘图说明独立基础模板的架设方法。

19. 绘图说明柱模板的架设方法。

20. 绘图说明墙模板的架设方法。

21. 绘图说明梁、板模板的架设方法。

22. 模板拆除的基本原则是什么？

23. 模板系统的安全施工要求有哪些？

24. 混凝土的基本材料构成与性能要求有哪些？

25. 施工中应如何遵守混凝土配合比的规定？

26. 混凝土的搅拌要求有哪些？

27. 混凝土的运输要求有哪些？

28. 混凝土振捣的基本要求是什么？

29. 混凝土浇筑前有哪些特殊注意事项？检验的资料有哪些？

30.混凝土浇筑的基本要求是什么？

31.如何针对构件的跨度和高度确定混凝土的浇筑方案？

32.对相互衔接的不同强度等级的混凝土如何进行浇筑？

33.大体积混凝土的施工问题有哪些？如何处理？

34.什么是施工缝？如何处理施工缝的衔接问题？

35.什么是后浇带？后浇带有什么意义？后浇带如何"后浇"？

36.混凝土的养护要求是什么？具体如何实施？

37.混凝土工程最终验收过程中发现质量问题后如何处理？

38.产生混凝土表面缺陷的常见原因有哪些？如何预防？

39.混凝土表面产生收缩裂缝的原因是什么？如何区别结构裂缝与收缩裂缝？如何预防收缩裂缝？

第四章

预应力钢筋混凝土工程

□ **学习目标**

　　掌握：预应力混凝土结构的材料要求，先张法基本工艺过程与要求、后张法预应力结构的基本特征。

　　熟悉：先张法预应力混凝土的施工，先张法施工的特殊设施与设备，先张法张拉过程应力控制、混凝土浇筑与养护，后张法施工的特殊构造——锚具、孔道、构件端部构造。

　　了解：预应力结构的类别和优缺点、先张法预应力钢筋放松、后张法施工工艺、无粘结预应力施工工艺。

　　尽管在很多教材和书籍中将预应力结构列为新兴的钢筋混凝土结构形式，但实际上这种结构已经存在超过60年了。早在1950年，预应力混凝土结构已经开始在工程中使用，并取得了很好的效果。但是由于施工工艺复杂，对于钢筋和混凝土的强度要求较高，同时由于钢结构在大跨度结构中具有更好的力学效果，因此直至目前预应力结构形式依旧不是普通建筑结构的主流。

　　但是在桥梁工程中，由于特殊的大跨度需要，预应力钢筋混凝土结构的使用非常多，普通混凝土结构却十分鲜见。根据预应力的施加模式，预应力结构分为先张法和后张法，本章也将按照这一模式展开阐述。

第一节　先张法预应力混凝土的施工

　　先张法预应力施工是在特定的台座上绑扎钢筋、架设模板、进行预应力钢筋的张拉并固定，之后再于台座之间浇筑混凝土；当混凝土强度满足要求后，将预应力钢筋放开，钢筋回缩后通过与混凝土之间的粘结作用，使混凝土形成预加应力的施工过程。

一、先张法预应力结构的基本特征

先张法与后张法相比，有以下几个集中特征：

首先，先张法通过粘结力传递预应力，预应力传递均匀、可靠，但对于钢筋的表面状态要求较高，锈蚀、油污等均会导致预应力的传递减弱甚至失效；其次，由于先张法必须采用台座作为张拉时的支撑构造，而台座不可能做得非常大，因此该施工模式仅能用于预制构件的生产和小型构件的制作，如枕木、楼板、小型梁等；再次，因为在预应力施加时没有混凝土侧向约束，所以预应力钢筋只能以直线形式存在，不能与主拉应力迹线一致，其受力模式并非最佳；最后，尽管钢筋在张拉时可以形成较大的应力，但混凝土和钢筋在钢筋端部夹具卸下时会形成回缩，进而产生较大的预应力损失。

📖 扩展阅读——先张法施工的特殊设施与设备

（一）台座

1.台座的作用与基本要求

先张法施工的预应力台座固定在地面或工作台上，中部平整，用于浇筑构件，两端由刚性反力构件构成。在先张法构件制作过程中，预应力钢筋锚固在台座或其支撑的刚性横梁上，台座承受全部张拉预应力的拉力，因此台座应有足够的强度、刚度和稳定，以避免台座变形、倾覆和滑移而引起的预应力的损失和工程事故。台座的台面（或胎模）要平整，在铺设预应力钢筋前应涂刷非油质类模板隔离剂，以减少台面的咬合力、粘结力与摩擦力，并便于最终构件脱模。隔离剂不应沾污预应力钢筋，以免影响预应力钢筋与混凝土的粘结。

2.台座的分类

台座按构造形式可分为墩式和槽式两类。

（1）墩式台座

以混凝土墩作承力结构的台座称墩式台座（如图4-1所示），一般用以生产中小型构件。台座长度较长，张拉一次可生产多根构件，从而减少因钢筋滑动引起的预应力损失。

设计墩式台座时，应进行台座的稳定性和强度验算。稳定性是指台座抗倾覆能力。

抗倾覆验算的计算简图如图4-2所示，台座的抗倾覆稳定性按下式计算：

$$K_0 = \frac{M'}{M}$$

式中：K_0——台座的抗倾覆安全系数；M——由张拉力产生的倾覆力矩，M=Te；E——张拉力合力T的作用点到倾覆转动点0的力臂；M'——抗倾覆力矩。

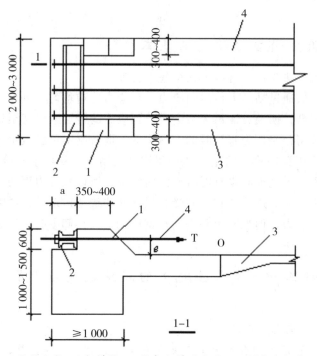

1.混凝土墩；2.钢横梁；3.局部加厚的台面；4.预应力钢筋

图4-1　墩式台座

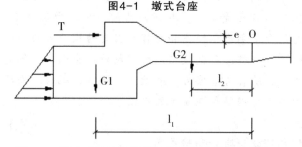

图4-2　墩式台座计算模型（抗倾覆验算的计算简图）

如忽略土压力，则：

$$M' = G_1 l_1 + G_2 l_2$$

进行强度验算时，支承横梁的牛腿，按柱子牛腿计算方法计算其配筋；墩式台座与台面接触的外伸部分，按偏心受压构件计算；台面按轴心受压杆件计算；横梁按承受均布荷载的简支梁计算，其挠度应控制在2mm以内，并不得产生翘曲。

（2）槽式台座

生产吊车梁、屋架、箱梁等预应力混凝土构件时，由于张拉力和倾覆力矩都较大，大多采用槽式台座（如图4-3所示）。槽式台座的端部构造与墩式基本相同，不同的是其具有通长的钢筋混凝土压杆，可承受较大的张拉力和倾覆力矩。台座上经常加砌砖墙，加盖后还可进行蒸汽养护，为方便混凝土运输和蒸汽养护，槽式台座多低于地面。为便于拆迁，台座的压杆亦可分段浇制。

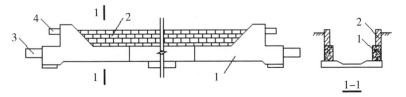

1.钢筋混凝土压杆；2.砖墙；3.上横梁；4.下横梁

图4-3　槽式台座

设计槽式台座时，也应进行抗倾覆稳定性和强度验算。

（二）预应力钢筋夹具

采用先张法进行预应力钢筋张拉时，由于不存在张拉时的应力摩擦损失，因此大多一端采用千斤顶张拉，另一端采用夹具固定即可。夹具属于临时性固定设施，要求具有可靠收紧效果的同时，还需要保证快速拆卸和重复使用。使用夹具时应注意，不同的预应力钢筋、钢丝的夹具不同，不得随意混用。

1.钢丝夹具

先张法中钢丝夹具分两类：将预应力钢筋锚固在台座或钢模上的锚固夹具和张拉时夹持预应力钢筋用的夹具上。夹具的种类繁多，具体施工时酌情采用，锚固夹具与张拉夹具都是重复使用的工具。

2.钢筋夹具

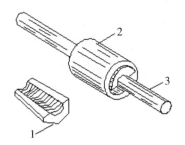

1.销片；2.套筒；3.预应力钢筋

图4-4　两片式销片夹具

钢筋锚固多用螺丝端杆锚具、镦头锚和销片夹具等。张拉时可用连接器与螺丝端杆锚具连接，或用销片夹具等。

直径22mm以下的钢筋用对焊机熟热或冷镦，大直径钢筋可用压模加热锻打或成型。镦过的钢筋需经过冷拉，以检验镦头处的强度。销片式夹具（如图4-4所示）由圆套筒和圆锥形销片组成，套筒内壁呈圆锥形，与销片锥度吻合，销片有两片式和三片式，钢筋就夹紧在销片的凹槽内。

先张法所用夹具除应具备静载锚固性能，还应具备下列性能：

（1）在预应力夹具组装件达到实际破断拉力时，全部零件均不得出现裂缝和破坏。

（2）应有良好的自锚性能。

（3）应有良好的放松性能。需大力敲击才能松开的夹具，必须证明其对预应力钢筋的锚固无影响，且对操作人员安全不造成危险。

夹具在使用前必须检查其出厂质量证明书，以及其中所列的各项性能指标，并进行必要的静载试验，符合质量要求方可使用。

（三）张拉机具

1.钢丝的张拉机具

钢丝张拉分单根张拉和多根张拉。用钢台模以机组流水法或传送带法生产构件多进行多根张拉，图4-5表示的是用油压千斤顶进行成组张拉，要求钢丝的长度相等，事先调整初应力。

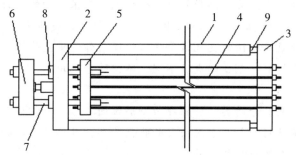

1.台模；2、3.前后横梁；4.钢筋；5、6.拉力架横梁；
7.大螺丝杆；8.油压千斤顶；9.放松装置

图4-5　油压千斤顶成组张拉

在台座上生产构件多进行单根张拉，由于张拉力较小，一般用小型电动卷扬机张拉，以弹簧、杠杆等简易设备测力。用弹簧测力时宜设置行程开关，以便张拉到规定的拉力时能自行停车。

选择张拉机具时，为了保证设备、人身安全和张拉力准确，张拉机具的张拉能力应不小于预应力钢筋张拉力的1.5倍，张拉机具的张拉行程应不小于预应力钢筋张拉伸长值的1.1~1.3倍，以确保张拉工艺的具体实施。

2.钢筋的张拉机具

先张法粗钢筋的张拉，也可以采用单根张拉和多根成组张拉。

由于在长线台座上预应力钢筋的张拉伸长值较大，如果一般千斤顶行程多不能满足，可以选择卷扬机来张拉较小直径的钢筋。

二、先张法预应力的施工工艺

（一）先张法预应力的基本工艺过程与要求

先张法预应力混凝土构件在台座上生产时，一般工艺流程如图4-6所示，施工中可按具体情况适当调整。

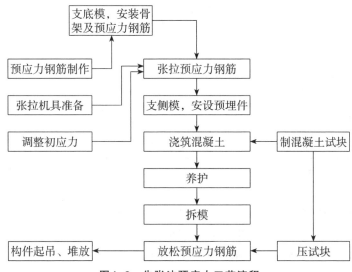

图4-6 先张法预应力工艺流程

在具体施工时，预应力钢筋张拉应根据设计要求的程序进行。施工中必须注意安全，严禁正对钢筋张拉的两端站立人员，防止断筋回弹伤人。冬季张拉预应力钢筋，环境温度不宜低于-15℃。

对于先张法预应力结构所使用的混凝土，在确定其配合比时，应尽量减少混凝土的收缩和徐变，对于水泥品种和用量、水灰比、骨料孔隙率、振动成型等因素加以严格控制，以减少预应力损失。预应力钢筋张拉完成后，普通钢筋绑扎、模板拼装和混凝土浇筑等工作随即进行，尽量减少耽搁时间。如不能进行随后的工作，应及时释放已经张拉钢筋中的应力，一则避免钢筋出现松弛，更重要的是保证安全，避免发生意外。混凝土浇筑时，振动器不得碰撞预应力钢筋。混凝土未达到强度前，也不允许碰撞或踩动预应力钢筋。

（二）张拉过程应力控制

先张法预应力钢筋张拉时必须严格控制张拉应力的量值，避免超过屈服极限造成钢筋失效。

1.张拉控制应力

张拉控制应力是指预应力钢筋在张拉时的应力控制的参考指标，先张法张拉时的控制应力按设计规定进行，在没有特殊要求的情况下，张拉时的应力不宜超过该指标。控制应力的数值影响预应力的效果，控制应力越高，建立的预应力值则越大。但张拉应力也需要受到限制，除了不能超过屈服应力（或标志屈服应力）之外，也不能使构件由于过高的应力出现特殊的反拱或裂缝。

具体施工时，有些情况下可以采用超张拉的工艺，但不得超过超张拉允许限值。超张拉是为了减少由于后期应力松弛等原因造成的预应力损失，一般不得超过张拉控制应力的3%～5%，且不得超过表4-1中的指标。

表4-1　　　　　　　　　　最大张拉控制应力允许值

钢　种	张拉方法	
	先张法	后张法
碳素钢丝、刻痕钢丝、钢绞线	0.8 fptk	0.75 fptk
热处理钢筋、冷拔低碳钢丝	0.75 fptk	0.70 fptk
冷拉钢筋	0.95 fpyk	0.90 fpyk

注：fptk为预应力钢筋极限抗拉强度标准值；fpyk为预应力钢筋屈服强度标准值。

2.张拉应力过程

预应力钢筋张拉程序一般可按下列程序之一进行：

（1）直接张拉——直接将预应力张拉至 $1.03\sigma_{con}$ 即可。

（2）分次张拉卸荷——在张拉时，将预应力张拉至 $1.05\sigma_{con}$，持荷2min后放松至 σ_{con} 即可。

以上两种模式中，σ_{con} 为预应力钢筋的张拉控制应力。这两种张拉程序均是为了减少预应力钢筋因松弛所形成的预应力损失。

采用应力限制指标控制张拉应力时，为了校核预应力值，在张拉过程中应测出预应力钢筋的实际伸长值，如实际伸长值大于计算伸长值10%或小于计算伸长值5%，应暂停张拉，查明原因并采取措施予以调整后，方可继续张拉。图4-7为先张法预应力施工现场。

图4-7　先张法预应力施工现场

📖 **扩展阅读——应力松弛**

所谓"松弛"，即钢材在常温、高应力状态下具有不断产生塑性变形的特性。松弛的数值与控制应力和延续时间有关，控制应力高，松弛亦大，所以钢丝、钢绞线的松弛损失比冷拉热轧钢筋大；松弛损失还随着时间的延续而增加，但在第1min内可完成损失总值的50%左右，24h内则可完成80%。上述张拉程序，如先超张拉5%σ_{con}再持荷几分钟，则可减少大部分松弛损失。超张拉3%σ_{con}亦是为了弥补松弛引起的预应力损失。

（三）先张法的其他张拉问题

先张法预应力构件，预应力钢筋张拉时必须严格控制张拉应力的量值，避免超过屈服极限造成钢筋失效。在张拉时，可以根据构件情况采用单根、多根张拉或整体一次进行张拉。当进行多根成组张拉时，应先调整各预应力钢筋的初应力，使其长度和松紧一致，以保证张拉后各预应力钢筋的应力一致。当采用单根张拉时，其张拉顺序宜由下向上，由中到边（对称）进行。由于有台座提供可靠的支撑，先张法张拉时可以一次将预应力张拉到设计指标。预应力钢筋张拉锚固后的实际预应力值与设计规定检验值的相对允许偏差为±5%，张拉完毕锚固时，张拉端的预应力钢筋回缩量不得大于设计规定值；锚固后，预应力钢筋对设计位置的偏差不得大于5mm，并不大于构件截面短边长度的4%。

在浇筑混凝土前，发生断裂或滑脱的预应力钢筋必须予以更换。全部张拉工作完毕，应立即浇筑混凝土。超过24h尚未浇筑混凝土时，必须对预应力钢筋进行再次检查。如检查的应力值与允许值差超过误差范围，必须重新张拉。

（四）混凝土浇筑与养护

混凝土可采用自然养护或人工养护。但必须注意，当预应力混凝土构件在台座上进行人工养护时，预应力钢筋张拉后锚固在台座上，温度升高会导致预应力钢筋原长度伸长——张拉变形量减小，进而使预应力钢筋的应力减小（损失）。在这种情况下，混凝土逐渐硬结，而预应力钢筋由于温度升高而引起的预应力损失却不能再恢复。这种预应力损失是先张法预应力结构施工中采用人工蒸汽加热养护必然发生的应力损失，但超张拉的施工工艺在一定程度上可以减小这种损失。尽管如此，由于人工蒸汽加热养护具有强度增长速度快、施工周期短、工作效率高的优势，在先张法预应力构件的生产中广泛使用。

在具体实施时，先张法在台座上生产预应力混凝土构件，其最高允许的养护温度应根据设计规定的允许温差（张拉钢筋时的温度与台座养护温度之差）计算确定。当混凝土强度达到7.5N/mm²（粗钢筋配筋）或10N/mm²（钢丝、钢绞线配筋）以上时，则可不受设计规定的温差限制。以机组流水法或传送带法用钢模制作预应力构件，人工养护时钢模与预应力钢筋同步伸缩，不会引起温差预应力损失。

（五）预应力钢筋放松

将先张法预应力钢筋自收紧的夹具中释放出来的过程，称为预应力放松。

1.预应力放松的基本要求

预应力钢筋放松时，混凝土强度应符合设计要求；当设计无要求时，不应低于设计的混凝土立方体抗压强度标准值的75%。放松过早时，一方面会由于混凝土强度不足，混凝土回缩量较大；另一方面，混凝土对钢筋的握裹力不足，钢筋也可能出现滑移，这些都会引起较大的预应力损失，甚至失效。预应力钢筋放松应根据配筋情况和数量，选用正确的方法和顺序，否则易引起构件翘曲、开裂和断筋等现象。放松时宜缓慢放松锚固装置，使各根预应力钢筋同时缓慢放松。

对于采用预应力钢丝、配置量不多、应力指标较低的中小型钢筋混凝土构件，钢丝可用砂轮锯或切断机切断等方法放松。对热处理钢筋及冷拉Ⅳ级钢筋不得用电弧切割，宜用砂轮锯或切断机切断。数量较多时，应同时放松。多根钢丝或钢筋的同时放松，可用油压千斤顶、砂箱、楔块等。在任何情况下，预应力的放松均不允许采用剪断或割断等方式突然放松，以避免最后放松的几根预应力钢筋产生过大的冲击而断裂，致使构件开裂。

采用人工养护的预应力混凝土构件，宜热态放松预应力钢筋，而不宜降温后再放松。

放松前，应拆除侧模，使放松时构件能自由压缩，否则将损坏模板或使构件开裂。预应力钢筋的放松工作，应缓慢进行，防止冲击。

2.放松顺序

预应力钢筋的放松顺序应符合设计要求，当设计无专门要求时，应符合下列规定：

（1）对承受轴心预压力的构件（如压杆、桩等），所有预应力钢筋应同时放松；

（2）对承受偏心预压力的构件，应先同时放松预应力较小区域的预应力钢筋，再同时放松预应力较大区域的预应力钢筋；

（3）当不能按上述规定放松时，应分阶段、对称、相互交错地放松，以防止放松过程中构件产生弯曲、裂纹及预应力钢筋断裂的现象。

3.放松的方法

（1）砂箱放松

采用砂箱放松的方式，预应力钢筋通过砂箱活塞进行锚固，当混凝土强度等因素满足要求后，将出砂口打开，细砂流出，活塞缓慢回缩，避免了回缩速度过快可能导致的回弹、断裂等问题（如图4-8所示）。

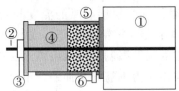

①构件或台座；②预应力钢筋；③夹具；④活塞；⑤砂箱（内部为细砂）；⑥流砂孔

图4-8　砂箱放松

（2）螺旋楔块放松

采用螺旋楔块放松的方式，预应力钢筋通过螺旋杆间隙后在反力梁侧进行锚固。当混凝土强度等因素满足要求后，转动螺旋杆，楔块上升，反力梁缓慢回位，也可以有效避免回缩速度过快可能导致的回弹、断裂等问题（如图4-9所示）。

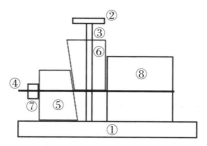

①构件或台座；②固定螺帽；③螺旋杆；④预应力钢筋；

⑤固定楔形块；⑥移动楔形块；⑦反力梁；⑧混凝土结构

图4-9　楔块放松

第二节　后张法预应力混凝土的施工

先浇筑混凝土构件或结构，并在其内部按设计要求留设孔道，待构件成型后，穿入钢筋并张拉钢筋形成预应力的结构，称为后张法预应力结构。

一、后张法预应力结构的基本特征

后张法与先张法相比，有以下特征：

第一，后张法不是依靠混凝土与钢筋之间的粘结力传递预应力的，而是通过构件端部特定的锚具来实现的，因此预应力传递不是非常均匀；第二，后张法无须采用台座而是以实体结构自身作为张拉的承力构件，因此该模式可以更多地用于大型构件甚至实体结构的施工，如大型屋架、桥梁、电视塔、高层建筑混凝土核心筒等；第三，预应力钢筋在混凝土浇筑后通过预留孔道穿入，孔道可以根据力学模型的最佳状态——主拉应力迹线来进行设置，所以预应力钢筋可以呈曲线状态，受力模式好；第四，张拉时可以实现构件、锚具同步压紧，不存在构件后期回缩的预应力损失，但由于孔道摩擦力的存在，尤其是曲线孔道，摩擦将形成预应力的损失并导致钢筋上的预应力存在不均匀；第五，预应力孔道在后期必须进行封闭，防止钢筋锈蚀，具体封闭时一般采用水泥浆进行。

二、后张法预应力结构施工的特殊构造

锚具、孔道与端部加强构造是后张法预应力结构的最典型的几项特殊构造。

（一）锚具

后张法的锚具与先张法的不同，属于永久性的构造，因此锚具的强度、刚度、锚固效果、稳定性等关键性指标，施工者必须十分清楚。锚具是后张法预应力结构最为关键性的构件，预应力的形成与传递全部依靠锚具来实现。常规锚具分为两类，Ⅰ类锚具，适用于承受动、静荷载的预应力混凝土结构；Ⅱ类锚具，仅适用于

有粘结预应力混凝土结构，且锚具处于预应力钢筋应力变化不大的部位。

除本书所介绍的几种典型锚具外，随着工程技术的发展，更多的新型高效锚具不断出现，在具体工程中，应与实践相结合，选择最有效的锚具。但应注意的是，锚具的最终选择与使用，必须由工程设计人员正式书面确定后，才可以施工。

在两类锚具中，I类锚具的技术要求更高，除必须满足静载锚固性能外，尚须满足循环次数为200万次的疲劳性能试验；如用在抗震结构中，还应满足循环次数为50次的周期荷载试验。

除此之外，锚具还应具有下列性能，以满足后张法特殊的施工与力学要求。

首先，在预应力锚具组装件达到实测极限拉力时，除锚具设计允许的现象外，全部零件均不得出现肉眼可见的裂缝或破坏；其次，除能满足分级张拉及补张拉工艺外，宜具有能放松预应力钢筋的性能；最后，锚具或其附件上宜设置灌浆孔道，灌浆孔道应有使浆液畅通的截面面积。

锚具在使用前必须经过严格的验收过程，经检查、试验合格之后，才可以使用。

📖 扩展阅读——后张法预应力结构锚具

1.固定端锚具

固定端锚具是指在施加预应力，非张拉端的锚具。对于固定端锚具来讲，简单、可靠、成本低廉是其基本要求。这些锚具并非仅能用于固定端，经过有效的处理或选择适当的工艺后，也可以在张拉端使用，但在具体工程中使用较少。

（1）螺丝端杆锚具

螺丝端杆锚具由螺丝端杆、螺母和垫板三部分组成，适用于直径18mm～36mm的预应力钢筋。锚具长度一般为320mm，当预应力钢筋的长度较长时，螺杆的长度应增加30mm～50mm（如图4-10所示）。

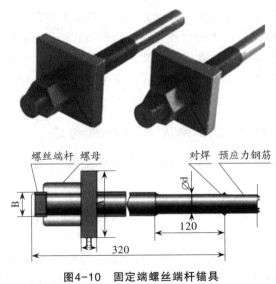

图4-10　固定端螺丝端杆锚具

螺丝端杆与预应力钢筋用对焊连接，焊接应在预应力钢筋冷拉之前进行。预应力钢筋冷拉时，螺母置于端杆顶部，拉力应由螺母传递至螺丝端杆和预应力钢筋上。

（2）帮条锚具

帮条锚具由帮条和衬板组成。帮条采用与预应力钢筋同级别的钢筋，衬板采用普通低碳钢的钢板。帮条锚具的三根帮条应成120°均匀布置，并垂直于衬板与预应力钢筋焊接牢固。帮条焊接亦宜在钢筋冷拉前进行，焊接时需防止烧伤预应力钢筋（如图4-11所示）。

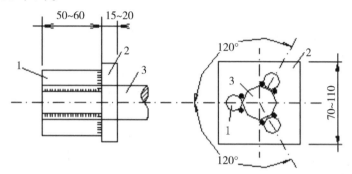

1.帮条；2.衬板；3.预应力钢筋

图4-11　帮条锚具

（3）镦头锚具

镦头锚具用于单根粗钢筋的固定端，一般直接在预应力钢筋端部热镦、冷镦或锻打成型。镦头锚具也适用于锚固任意根数Φ5与Φ7钢丝束。镦头锚具的形式与规格，可根据需要自行设计（如图4-12所示）。

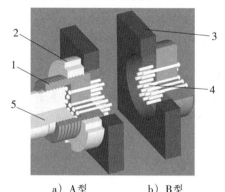

a）A型　　　　　b）B型

1.锚环；2.螺母；3.锚板；4.钢丝束；5.张拉丝杆

图4-12　镦头锚具

镦头锚具不仅可以用于固定端，在张拉端也可以使用。常用的钢丝束镦头锚具分A型与B型，A型由锚环与螺母组成，可用于张拉端；B型为锚板，用于固定端。镦头锚具的技术指标包括：滑移值不应大于1mm；镦头强度不得低于钢丝规定抗拉强度的98%。

A型锚具锚环的内外壁均有丝扣，内丝扣用于连接张拉螺丝杆，外丝扣用于拧紧螺母锚固钢丝束。锚环和锚板四周钻孔，以固定镦头的钢丝，孔数和间距由钢丝根数而定。钢丝用液压冷镦器进行镦头，钢丝束一端可在制束时将头镦好，另一端则待穿束后镦头，故构件孔道端部要设置扩孔。

张拉时，张拉螺丝杆一端与锚环内丝扣连接，另一端与拉杆式千斤顶的拉头连接，当张拉到控制应力时，锚环被拉出，则拧紧锚环外丝扣上的螺母加以锚固。

镦头锚具用穿心式千斤顶或拉杆式千斤顶张拉。

2.张拉端锚具

张拉端锚具是指在施加预应力时，千斤顶张拉端的锚具。张拉端锚具除了简单、可靠的基本要求外，更重要的是要保证在千斤顶张拉工作中进行安装的方便性。

（1）锥形螺杆锚具

锥形螺杆锚具用于锚固14~28根直径5mm的钢丝束。它由锥形螺杆、套筒、螺母等组成。锥形螺杆锚具主要与拉杆式千斤顶配套使用，但穿心式千斤顶亦可应用（如图4-13所示）。

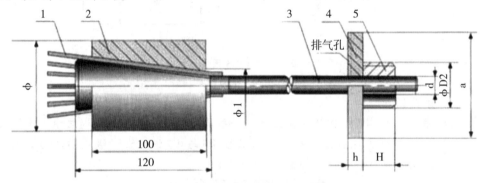

1.钢丝束；2.套筒；3.锥形螺杆；4.垫板；5.螺母

图4-13　锥形螺杆锚具

（2）钢质锥形锚具

钢质锥形锚具由锚环和锚塞组成，用于锚固以锥锚式双作用千斤顶张拉的钢丝束。锚环内孔的锥度应与锚塞的锥度一致。锚塞上刻有细齿槽，夹紧钢丝防止滑动。锥形锚具的主要缺点是当钢丝直径误差较大时，易产生单根滑丝现象，且滑丝后很难补救，如用加大顶锚力的办法来防止滑丝，过大的顶锚力易使钢丝咬伤。此外，钢丝锚固时呈辐射状态，弯折处受力较大。钢质锥形锚具用锥锚式双作用千斤顶进行张拉（如图4-14所示）。

1.锚环；2.锚塞

图4-14　钢质锥形锚具

（3）JM12型锚具

JM12型锚具是传统而有效的后张法预应力结构张拉端锚具，是利用楔块原理锚固多根预应力钢筋的，既可作为张拉端的锚具，又可作为固定端的锚具或作为重复使用的工具锚（如图4-15所示）。

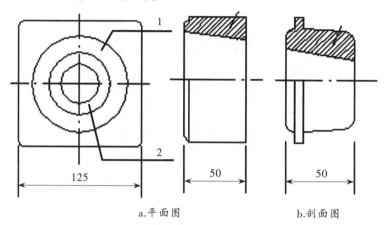

a.平面图　　　　　　　b.剖面图

1.锚环；2.夹片；3.钢筋束和钢绞线束；4.圆钳环；5.方锚环

图4-15　JM12型锚具

该锚具由锚环和夹片组成。JM12锚具有十种型号，分别用来锚固3~6根直径为12mm的钢筋和5~6束直径为12mm的钢绞线。

JM12型锚具性能非常好，锚固时钢筋束或钢绞线束被单根夹紧，不受直径误差的影响，且预应力钢筋是在呈直线状态下被张拉和锚固，受力性满足要求。

采用JM12锚具时，应选用相应的穿心式千斤顶来张拉预应力钢筋。

（4）KT-Z型锚具

KT-Z型锚具是一种由可锻铸铁制成的锥形锚具，适用于锚固钢筋束和钢绞线束。KT-Z型锚具由锚塞和锚环组成，均用可锻铸铁成型。该锚具为半埋式，使用时先将锚环小头嵌入承压钢板中，并用断续焊缝焊牢，然后共同预埋在构件端部（如图4-16所示）。

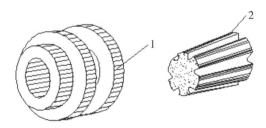

1.锚环；2.锚塞

图4-16　KT-Z锚具

使用该锚具时，预应力钢筋在锚环小口处形成弯折，因而产生摩擦损失。KT-Z型锚具用于螺纹钢筋束时，宜用锥锚式双作用千斤顶张拉；用于钢绞线束，则宜用YC-60型双作用千斤顶张拉。

（5）多孔夹片锚具

这是在一块多孔的锚板上，利用每个锥形孔装一副夹片夹持一根钢绞线的一种楔紧式锚具。这种锚具的优点是任何一根钢绞线锚固失效，都不会引起整束锚固失效，并且每束钢绞线的根数不受限制，但构件端部需要扩孔，该锚具广泛应用于现代预应力混凝土工程（如图4-17所示）。

图4-17　多孔夹片锚具

（二）孔道

后张法预应力需要在实体结构内预留孔道，待构件混凝土达到规定强度后，在孔道内穿放预应力钢筋，预应力钢筋张拉并锚固，最后孔道灌浆。

孔道留设是后张法构件制作中的关键工作，目前多用三种模式进行，即钢管抽芯法、胶管抽芯法和预埋波纹管法。直线型孔道可采用钢管抽芯法、胶管抽芯法，曲线型孔道可以采用预埋波纹管法（曲率较小时也可以采用胶管抽芯法）。在留设孔道的同时还要在设计规定位置留设灌浆孔，一般在构件两端和中间每隔12m留一个直径20mm的灌浆孔，并在构件两端各设一个排气孔。

📖 扩展阅读——后张法预应力结构的孔道留设方式

1.钢管抽芯法

采用钢管抽芯法时，先将钢管预先埋设在模板内孔道位置处，在混凝土浇筑过程中和浇筑之后，每间隔一定时间，采用专门设备，慢慢转动钢管，使之不与混凝土粘结。待混凝土初凝后终凝前，慢慢旋转钢管，并将之逐步抽出钢管，即形成孔道。该法只可留设直线孔道，无法形成曲线孔道。

在选用钢管时，一定要选平直、表面要光滑的。为了保证安放位置的准确，一般用钢筋井字架固定钢管位置，且间距不大于1m。每根钢管的长度不宜超过15m，以便于旋转和抽管，较长构件则需要采用两根钢管，中间用套管对接。钢管旋转时，应在两端同时、同步进行，旋转方向两端要相反——一段顺时针，一段逆时针。

抽管时间不宜过早，否则会引起坍孔，太晚则抽管困难。一般在初凝后终凝前，常以手指按压混凝土不粘浆又无明显印痕为施工参照。为保证顺利抽管，混凝土的浇筑顺序要密切配合。抽管顺序宜先上后下，抽管可用人工或卷扬机，抽管要边抽边转，速度均匀，与孔道成一直线。

2.胶管抽芯法

胶管有布胶管和钢丝网胶管两种。施工时，用间距不大于0.5m的钢筋井字架固定位置。浇筑混凝土前，胶管内充入压缩空气或压力水，此时胶管直径增大3mm左右。浇筑混凝土初凝后，放出压缩空气或压力水，管径缩小而与混凝土脱离，采用专用设备将其抽出。采用胶管抽芯留孔，不仅可留直线孔道，而且可留曲线孔道（如图4-18所示）。

图4-18　胶管抽芯法

3.预埋波纹管法

波纹管为特制的带波纹的金属管，它与混凝土有良好的粘结力。波纹管预埋在构件中，浇筑混凝土后不再抽出，预埋时用间距不宜大于0.8m的钢筋井字架固定（如图4-19所示）。

图4-19　预埋波纹管法

（三）构件端部构造

后张法预应力通过锚具的顶压作用，将钢筋的拉力传递至混凝土上。尽管混凝土整体截面可以有效地承担这种预压作用，但对于被锚具直接作用位置的混凝土来讲，则可能由于局部压力过大而造成严重的破坏。虽然根据混凝土的局压理论，局部承压的混凝土的强度会由于多维受力状态而增加，但增加量十分有限，因此必须采取有效的措施，才能防止局部破坏的发生。

另外，突出于构件表面的钢制锚具在空气中会发生锈蚀，必须在构件端部设计有效的构造，使其可以隔绝空气，受到良好的保护。

1.端部加强构造

端部局部受压区混凝土加强构造，主要由两部分构成：一是螺旋箍筋；二是钢垫板（如图4-20所示）。

图4-20　预应力结构端部加强构造

螺旋箍筋一般为Φ6或Φ8HPB235钢筋，于锚具承压区在预应力钢筋周边呈螺旋状放置，目的是对承压区的混凝土形成有效的侧向约束，限制裂缝的开展，以提高其抗压强度。钢垫板一般选用方形或圆形垫板，直接置于锚具顶压处，以防止硬质钢锚具对混凝土表面的损坏，并将锚具的作用力有效分担在混凝土上。

2.端部凹槽封闭构造

为了防止钢制锚具在空气中腐蚀破坏，同时也为了避免锚具突出于构建产生磕碰，需要对其进行封闭处理。封闭方式一般采用端部凹槽的模式，施工完成后，采用细石混凝土将凹槽进行封闭抹平即可（如图4-21所示）。

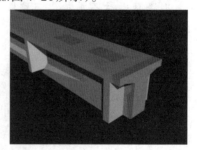

a.封闭之前　　　　　　　　　　b.封闭之后

图4-21　预应力构件端部封闭构造

三、后张法施工工艺

（一）预应力钢筋下料、制作

预应力钢筋的下料长度，主要与孔道长度、张拉设备和选用的锚具有关，一般为孔道长度加上锚具结合长度与张拉设备的长度，并考虑100mm左右的预应力钢筋在张拉设备端部外露长度即可。过长会形成浪费，而过短会导致千斤顶无法有效夹紧固定并张拉。若粗钢筋需要接长时，应采用相对可靠的闪光对焊方式进行连接；钢丝、钢绞线等不得进行接长，应一次下料至施工长度。

（二）孔道留设、混凝土浇筑、养护与钢筋穿入

在构件的普通钢筋的绑扎同时，将预应力孔道管同步放置并采用相应的固定措施，确定其位置与曲线形式。按照不同孔道留设模式，根据前文所述工艺进行操作，留设孔道。浇筑混凝土完成后进行养护。一般在混凝土达到30%～50%设计标准强度时，可采用专用设备将制作好的钢筋或钢丝穿入。

（三）预应力钢筋张拉

后张法预应力钢筋张拉时，混凝土强度必须符合设计要求；当设计无具体要求时，不低于设计的强度标准值的75%。

后张法预应力钢筋张拉方式有一端张拉、两端张拉、分批张拉（不同钢筋分批次张拉）、分阶段张拉（同一根钢筋，多次张拉）、分段张拉（构件过长，预应力钢筋分段放置，分段张拉）和补偿张拉（预应力钢筋张拉完成后出现松弛，或其他预应力钢筋张拉形成构件回缩，致使预应力减小，进行补张拉）等方式。

张拉程序通常为：普通松弛预应力钢筋采用 $0\rightarrow1.03\mu_{con}$ 或 $0\rightarrow1.05\mu_{con}$（持荷2min）$\rightarrow\mu_{con}$；低松弛预应力钢筋采用 $0\rightarrow1.03\mu_{con}$ 或 $0\rightarrow1.01\mu_{con}$。张拉顺序则采用对称张拉的原则，对于平卧重叠构件张拉顺序宜先上后下逐层进行，每层对称张拉的原则，为了减少因上下层之间摩擦引起的预应力损失，可逐层适当加大张拉力。若混凝土构件遇有孔洞、露筋、管道串通、裂缝等缺陷或构件端支承板变形、板面与管道中心不垂直等缺陷，均应采取有效措施处理，并达到设计要求后才能进行预应力钢筋张拉。

预应力钢筋的张拉以控制张拉力值（预先换算成油压表读数）为主，以预应力钢筋张拉伸长值作校核。对后张法预应力结构构件，断裂或滑脱的预应力钢筋数量严禁超过同一截面预应力钢筋总数的3%，且每束钢丝不得超过一根。

（四）孔道灌浆

预应力钢筋张拉后，应随即进行孔道灌浆，尤其是钢丝束，张拉后应尽快进行灌浆，以防止锈蚀与增加结构的抗裂性和耐久性。

灌浆多采用52.5级硅酸盐水泥或普通硅酸盐水泥调制的水泥浆，水灰比不应大于0.45，强度不应小于30N/mm²。对空隙大的孔道，水泥浆中可掺适量的细砂。为使孔道灌浆密实，可在灰浆中掺入一些外加剂，如减水剂，以提高其流动性。

灌浆前，用压力水冲洗和润湿孔道。灌浆过程中，可用电动或手动灰浆泵进行灌浆，水泥浆应均匀缓慢地注入，不得中断。灌满孔道并封闭气孔后，宜再继续加注至0.5~0.6MPa，并稳定一段时间，以确保孔道灌浆的密实性。对不掺外加剂的水

泥浆，可采用两次灌浆法来提高灌浆的密实性。

灌浆顺序应先下后上。曲线孔道灌浆宜由最低点注入水泥浆，至最高点排气孔排尽空气并溢出浓浆为止。

应该注意的是，孔道灌浆并不能形成钢筋与混凝土之间的粘结或锚固效果，无法传递预应力的作用，在计算中也不考虑这种作用，仍按照锚具传递预应力来进行设计。

（五）端部封闭

后张法预应力张拉、灌浆完成后，锚具所处位置宜采用细石混凝土进行封闭，并确保密实。

📖 扩展阅读——无粘结预应力混凝土结构

无粘结预应力属于后张法预应力混凝土结构。在普通后张法预应力混凝土中，预应力钢筋与混凝土通过灌浆建立粘结力，在使用荷载作用下，构件的预应力钢筋与混凝土不会产生纵向的相对滑动。无粘结预应力则不然，其预应力钢丝束被严密地包裹在塑料管中，并采用专用的油脂在其内部形成润滑效果。在施工时，不事先预留孔道，而是直接将预应力钢筋绑扎入钢筋骨架之中，然后浇筑混凝土，待混凝土达到设计要求强度后，进行预应力钢筋张拉并锚固。因此无粘结预应力施工简单，没有留管、串筋、灌浆等过程，事先铺设可以实现较为复杂的曲线布置形状。但由于预应力钢筋与混凝土结构之间存在相对滑动，因此其端部锚固尤为重要。

与其他广泛应用于桥梁工程、大跨度结构工程的预应力方式相比，无粘结预应力结构广泛应用于普通建筑工程。通过无粘结预应力结构，普通建筑结构不仅可以获得更大的跨度，更可以有效降低梁高，进而在保证室内净空高度不变的前提下有效降低层高——这对于高层建筑而言，就是在总高度不变的前提下可以设计出更多的层间和更多的面积，其经济效益非常显著。

（一）无粘结预应力束的铺设

无粘结预应力束在平板结构中一般为双向曲线配置，因此其铺设顺序很重要。首先需要根据双向钢丝束交点的标高差，绘制钢丝束的铺设顺序图，钢丝束波峰低的底层钢丝束先行铺设。然后依次铺设波峰高的上层钢丝束，这样可以避免钢丝束之间的相互穿插。钢丝束铺设波峰是用钢筋制成的"马凳"来架设。一般施工顺序是依次放置钢筋马凳，然后按顺序铺设钢丝束，钢丝束就位后，调整波峰高度及水平位置，经检查无误后，用钢丝将无粘结预应力束与非预应力钢筋绑扎牢固，防止钢丝束在浇筑混凝土施工过程中发生位移。

（二）无粘结预应力束的张拉

无粘结预应力束的张拉与有螺丝端杆锚具的有粘结预应力钢丝束张拉方法相似。

正式张拉之前，宜用千斤顶将无粘结预应力钢筋先往复抽动1~2次后再张拉，以降低摩阻力。

张拉程序一般采用 $0 \rightarrow 103\%\sigma_{con}$ 进行锚固。由于无粘结预应力束多为曲线配筋，故应采用两端同时张拉。无粘结预应力束的张拉顺序，应根据其铺设顺序，先铺设的先张拉，后铺设的后张拉。

无粘结预应力束一般长度大，有时又呈曲线形布置，如何减少其摩阻损失值是一个重要的问题。影响摩阻损失值的主要因素是润滑介质、包裹物和预应力束截面形式。摩阻损失值，可用标准测力计或传感器等测力装置进行测定。施工时，为降低摩阻损失值，宜采用多次重复张拉工艺。

张拉验收合格后，按图纸设计要求及时做好锚处理工作，确保锚固区密封，严防水汽进入导致预应力钢筋和锚具等锈蚀。

📖 扩展阅读——预应力混凝土工程的分类与优缺点

从建筑结构的有关原理可知，预应力混凝土结构的截面小、刚度大、抗裂性和耐久性好，在土木工程领域，尤其在大跨度钢筋混凝土结构，如桥梁、大空间建筑等工程中得到广泛应用。高强度钢材、高强度等级混凝土以及新型预应力技术的出现，扩大了预应力结构的使用范围，在普通民用建筑中，也有较多的使用。

一、预应力结构的分类

常规的预应力结构主要根据预应力的施加方式和控制裂缝的能力进行分类。

1.按照混凝土施工与预应力施加程序分类

按照混凝土施工与预应力施加的程序，分为先张法预应力与后张法预应力。

先张法是在浇筑混凝土之前，在台座上进行钢筋的张拉，之后再进行混凝土浇筑成型的制作方法。

后张法是在浇筑混凝土之前预留管道，浇筑之后在管道内穿入预应力，当构件强度达到要求后，进行预应力钢筋的张拉，形成预应力的方法。

2.按照预加应力值大小对构件截面裂缝控制程度分类

按照预加应力值大小对构件截面裂缝控制程度的不同，预应力混凝土结构一般分为两类：

（1）全预应力混凝土。在使用荷载作用下，不允许截面上混凝土出现拉应力，属严格要求不出现裂缝，严格控制预应力构件的截面尺寸和挠度的构件。

（2）部分预应力混凝土。允许出现裂缝，但最大裂缝宽度不超过允许值的构件。

全预应力混凝土结构系指在全部荷载（按荷载效应的标准组合计算）及预应力共同作用下受拉区不出现拉应力的预应力混凝土结构。

部分预应力混凝土结构系指在全部使用荷载作用下受拉区已出现拉应力或裂缝的预应力混凝土结构。其中，在全部使用荷载作用下受拉区出现拉应力，但不出现裂缝的预应力混凝土结构，可称为有限预应力混凝土结构。

二、预应力结构的优缺点

抗裂性好从而刚度大是预应力结构的基本优势，其他优势基本源于此，但预应力结构也因此会产生一些问题，在施工中应注意。

1.预应力结构的一般优势

（1）抗裂性好，刚度大

由于对构件施加预应力，大大推迟了裂缝的出现，在使用荷载作用下，构件可不出现裂缝，或使裂缝推迟出现，所以提高了构件的刚度，增加了结构的耐久性。

（2）节省材料，减小自重

预应力结构由于采用高强度材料，因此可减少钢筋用量和构件截面尺寸，节省钢材和混凝土，降低结构自重，对大跨度和重荷载结构有着明显的优越性。

（3）可以减小混凝土梁的竖向剪力和主拉应力

预应力混凝土梁的曲线钢筋（束）可以使梁中支座附近的竖向剪力减小，又由于混凝土截面上预应力的存在，使荷载作用下的主拉应力也就减小。这有利于减小梁的腹板厚度，使预应力混凝土梁的自重可以进一步减小。

（4）提高受压构件的稳定性

当受压构件长度比较大时，在受到一定的压力后便容易被压弯，以致丧失稳定而被破坏。如果对钢筋混凝土柱施加预应力，使纵向受力钢筋张拉得很紧，不但预应力钢筋本身不容易压弯，而且可以帮助周围的混凝土提高抵抗压弯的能力。

（5）提高构件的耐疲劳性能

因为具有强大预应力的钢筋，在使用阶段因加荷或卸荷所引起的应力变化幅度相对较小，故此可提高抗疲劳强度，这对承受动荷载的结构来说是很有利的。

（6）形成新型的连接手段

预应力可以作为结构构件连接的手段，促进大跨结构新体系与施工方法的发展。

2.预应力结构的特殊优势

预应力结构在普通建筑中的优势，除了以上所说的工程技术人员广为熟知的之外，还有一个特殊明显的，就是对于相同跨度的构件，因其刚度大而使得截面高度大幅度减小。

尽管这一优势在结构设计中没有特殊意义，但截面高度的降低会在室内净空不变的前提下，明显降低层高。层高的降低，在多层建筑中意义不很明显，但对于高层和超高层建筑的意义非凡，这意味着在市政规划部门所批准的建筑总高度不变的情况下，建筑层数、建筑面积会明显增加，在目前房地产市场状态下，所带来的利润更为惊人。

3.预应力结构的技术缺陷

预应力结构与普通混凝土结构相比，在施工中存在一些缺陷，限制了该结构的发展。

（1）工艺较复杂，对质量要求高

正因为如此，预应力施工需要配备一支技术较熟练的专业队伍，当施工企业自身没有专业能力时，则需要外包作业。而这种极强的专业性也限制了市场竞争，使成本增加。

（2）需要专门设备

预应力施工所需的设备与一般混凝土结构不同，需要如张拉机具、灌浆设备等。先张法需要有张拉台座；后张法还要耗用数量较多、质量可靠的锚具等。

（3）预应力反拱度不易控制

反拱是预应力施工中的一种特殊现象，随混凝土徐变的增加而增大，可能造成构件上部平面起拱，形成影响一定使用功能的不平整。

4.预应力结构技术推广的特殊障碍

由于预应力结构并非目前建筑结构中的主流形式，因此具有总承包资质的建筑施工企业罕见具备预应力施工的能力和技术。在具体施工中，主体结构的承包方一般选择将预应力结构采用分包的方式进行施工。如果预应力结构不属于主体结构的很关键部位，则该分包是合法有效的。但是如果预应力结构属于主体结构的主要构成或关键技术，则根据我国目前的建设管理规定——主体和关键性工作不得分包，则该部分不得分包，必须由总承包单位自行完成。这就会与总承包施工方的能力形成矛盾，按照现行规定也难以解决。因此，施工方在具体施工中对此应予以注意，采取有效措施加以避免。

📖 扩展阅读——预应力混凝土结构的材料要求

预应力结构所使用的钢筋、混凝土与普通结构有所不同，最主要的区别就是高强度。

一、预应力钢筋

为了获得较大的预应力，预应力钢筋常用高强度钢材，如高强度冷拉钢筋、热处理钢筋、冷拔低碳钢丝、钢绞线等。高强钢筋的强度高、塑性与延性相对较低，甚至不存在实验中的屈服强度。但这并非意味着预应力钢筋是不安全的，当钢材不存在实际屈服强度时，在设计中往往采用其可形成残余应变为0.2%时的应力指标为理论屈服强度。从目前的工程实践来看，以该指标所进行的工程设计，能够很好地满足工程中包括承载力、刚度和延性等多方面的安全要求。

目前较常见的预应力钢筋，除了钢材之外也有采用新型纤维的，但由于技术与造价等原因，使用较少。

1.预应力钢筋的具体性能要求

（1）强度要高

预应力钢筋的张拉应力在构件的整个制作和使用过程中会出现各种应力损失。这些损失的总和有时可达到200N/mm^{2}以上，如果所用的钢筋强度不高，那么张拉时所建立应力甚至会损失殆尽。

（2）与混凝土要有较好的粘结力

特别在先张法中，预应力钢筋与混凝土之间必须有较高的粘结自锚强度。对一些高强度的光面钢丝就要经过"刻痕"、"压波"或"扭结"，使它形成刻痕钢丝、波形钢丝及扭结钢丝，增加粘结力。

（3）要有足够的塑性和良好的加工性能。钢材强度越高，其塑性越低。钢筋塑性太低时，特别当处于低温和冲击荷载条件下，就有可能发生脆性断裂。良好的加工性能是指焊接性能好，以及采用镦头锚板时，钢筋头部镦粗后不影响原有的力学性能等。

2.预应力钢筋的选择

（1）冷拔低碳钢丝

冷拔低碳钢丝是由直径6mm~10mm的I级钢筋在常温下通过拔丝模冷拔而成，一般拔至直径3mm~5mm。冷拔钢丝强度与原材料屈服强度相比显著提高，但塑性降低，是适用于小型构件的预应力钢筋。

（2）冷拉钢筋

冷拉钢筋是将HPB335、HPB400热轧钢筋在常温下通过张拉到超过屈服点的某一应力，使其产生一定的塑性变形后卸荷，再经时效处理而成。这样钢筋的塑性和弹性模量有所降低而屈服强度和硬度有所提高，可直接用作预应力钢筋。

（3）碳素钢丝

碳素钢丝是由高碳钢盘条经淬火、酸洗、拉拔制成。为了消除钢丝拉拔中产生的内应力，还需经过矫直回火处理。钢丝直径一般为3mm~8mm，最大为12 mm，其中3mm~4 mm直径钢丝主要用于先张法，5mm~8 mm直径钢丝用于后张法。钢丝强度高，表面光滑，用作先张法预应力钢筋时，为了保证高强钢丝与混凝土具有可靠的粘结，钢丝的表面需经过刻痕处理。

（4）钢绞线

钢绞线一般是由6根碳素钢丝围绕一根中心钢丝在绞丝机上绞成螺旋状，再经低温回火制成。图4-22为预应力钢绞线截面图。钢绞线的直径较大，一般为9mm~15 mm，比较柔软，施工方便，但价格比钢丝贵。钢绞线的强度较高，目前已有标准抗拉强度接近2 000 N/mm² 的高强、低松弛的钢绞线应用于工程中。

图4-22　预应力钢绞线截面图

（5）热处理钢筋

热处理钢筋是由普通热轧中碳合金钢筋经淬火和回火调质热处理制成。具有高强度、高韧性和高粘结力等优点，直径为6mm~10 mm。成品钢筋为直径2m的弹性盘卷，开盘后自行伸直，每盘长度为100m~120 m。

热处理钢筋的螺纹外形，有带纵肋和无纵肋两种。

（6）精轧螺纹钢筋

精轧螺纹钢筋是用热轧方法在钢筋表面上轧出不带肋的螺纹外形。钢筋的接长用连接螺纹套筒，端头锚固用螺母。这种高强度钢筋具有锚固简单、施工方便、无需焊接等优点。目前国内生产的精轧螺纹钢筋品种有Φ25和Φ32，其屈服点为750MPa和900MPa两种。

二、预应力构件（结构）对混凝土的要求

预应力混凝土中的混凝土基本要求主要是高强度和低氯化物含量。

混凝土强度要高，要与高强度钢筋相适应，保证预应力钢筋充分发挥作用，并能有效地减小构件截面尺寸和减轻自重；收缩、徐变要小，以减小预应力的损失；快硬、早强，使能尽早施加预应力，加快施工进度，提高设备利用率。

在具体施工中，要求预应力混凝土的强度等级不得低于C30；当采用碳素钢丝、钢绞线、Ⅴ级钢筋（热处理）作预应力钢筋时，混凝土的强度等级不低于C40。随着混凝土技术的发展，在一些重要的预应力混凝土结构中，已开始采用C50~C60的高强混凝土，在一些预应力管桩中甚至达到了C80的强度等级。

在预应力混凝土构件的施工中，不能掺用对钢筋有侵蚀作用的氯盐、氯化钠等，否则会发生严重的锈蚀事故。

☐ 本章小结

预应力结构尤其在大跨度、高耸钢筋混凝土结构中尤为适用，由于采用了高强度的材料，其性能极为优越。

目前预应力结构主要根据施工方式分为先张法、后张法两类，前者以中小型构件为主，后者一般都是大型或超大型构件或结构。

先张法依靠粘结力传递预应力，后张法依靠锚具传递。先张法先行在台座上张拉预应力，完成后浇筑混凝土，并在混凝土强度达到75%之后，采取有效措施进行放张，避免破坏。后张法先进行构件或结构的施工，并在其中预留孔道。孔道可以采用钢管、胶管或波纹管留设成直线或曲线形状。之后将钢筋穿入孔道，并待混凝土强度达到75%后进行张拉，并采用锚具进行锚固，然后将孔道内灌入水泥浆以保护钢筋。

☐ 关键概念

先张法及其应用范围；后张法及其应用范围；先张法工艺过程；后张法工艺过程

☐ 复习思考题

1.常规预应力结构的分类有哪些？

2.预应力结构的优缺点有哪些？

3.预应力混凝土结构的钢筋、混凝土有哪些特殊要求？

4.先张法预应力施工有哪些特殊设施与设备？

5.先张法施工中，其张拉过程中的应力如何控制？

6.后张法预应力结构的孔道留设有哪些方式？

7.后张法预应力结构的预应力钢筋位置处的端部构造有什么要求？

8.什么是无粘结预应力结构？

第五章

钢结构工程

□ **学习目标**

　　掌握：钢结构焊接的方法与缺陷，钢结构普通螺栓、高强螺栓连接的基本工艺要求，钢结构施工后的防腐与防火处理。

　　熟悉：钢结构施工的基本单元或模块确定的原则，常规的大型钢结构的吊装安装需要预先解决的问题。

　　了解：钢网架结构的基本安装过程。

　　钢结构是典型的现代结构。随着钢铁工业的发展，钢材在强度、延性上的优势逐渐体现得淋漓尽致。钢材的各种力学性能非常优异，实际表现与理论计算非常接近，尤其适合建筑结构使用。从传统意义上讲，钢结构的成本高昂，除高耸结构、特殊大跨度结构之外，不适合一般民用建筑。但随着技术的发展，钢材价格也随之降低，普通民用住宅也逐步开始使用钢材作为主要结构材料。

　　钢结构属于预制结构，基本构件、复杂的节点均在工厂或基地进行生产与加工，现场施工仅包括两部分：吊装与拼装。但与混凝土预制结构所不同的是，钢结构预制的零部件较为多样，几乎不存在固定的构件形态或模式，既可以是基本零件、杆件，也可以是大型构件，甚至是模块或结构，所以，钢结构是施工过程更加灵活。

　　除了钢结构，本章将采用扩展阅读的形式对另一种现代结构——劲性混凝土结构的施工进行简单的介绍，这是型钢与钢筋混凝土相结合，兼有钢结构和混凝土结构的优势的新型结构。其施工既有钢结构的特点，也存在钢筋混凝土的特征，更有其自身的独特性。

第一节　钢结构施工的基本问题——基本单元或模块的确定

钢结构施工是通过微观单元的组装而形成宏观结构的过程，微观的单元与宏观的结构的关系十分关键，是钢结构施工的基础。与预制混凝土结构不同，钢结构的微观单元、模块的差异度较大，其构成要与施工工艺、技术能力以及结构的宏观需要等方面的因素相适应。施工者需要根据设计图纸，对整体结构进行分解设计，使其成为可以在工厂中生产的微观单元。

钢结构基本单元或模块的确定，应根据构件加工供应商的生产能力，施工单位的吊装、安装能力，连接施工的方便性，连接点的力学稳定性和单元与模块的标准化程度等多方面因素加以确定。

一、构件加工供应商的生产能力

模块化的生产过程是现代制造业的基本特征，在可能的情况下，模块或单元应尽可能大一些，对于建筑业尤其如此。这样可以有效地降低现场工作的难度与压力，同时借助工厂作业的可靠性，可以得到更加稳定的工程质量，而同时也会在一定程度上降低工程成本。

大型钢结构工程一般都是尽可能地在工厂中制作大型零部件或模块，再运输至现场进行安装。模块或构件在工厂加工制作时，一般原则是越大越好，这样可以有效减少现场的连接安装施工过程，整体力学效果好。如迪拜的帆船酒店，其外部钢结构的斜向支撑就是由加工厂在车间中一次制作完成的。

二、施工单位的运输、吊装、安装能力

大型构件固然有其优势，如果有可能，甚至可以将整个建筑物在工厂中制作完成，直接运到现场即可。但实际上这是不可能的，过大的构件显然会遇到难以解决的问题——运输、吊装与安装。

大型构件的运输不仅仅是技术问题，也会带来巨大的社会问题。道路与路线的通行、通过能力，交通的协调尤为重要，这些都会制约着构件的体积与重量，带来巨大的成本。如果没有适合的道路，不能与交通管理部门事前做好沟通与协调，大型构件的运输是不可能实现的。另外，大型构件、超重模块，意味着大型的起重设备，甚至必须采用非常规的起重模式，才能够完成。这会在成本上、技术的可行性与难度上，以及施工的安全性上带来诸多问题。从目前来看，运输与吊装、安装环节是制约钢结构预制构件与模块体积的瓶颈，施工时一定要对这一过程加以重视。

三、连接施工的方便性

将整体结构拆解为基本单元或模块，拼装时的连接点将成为工程施工中的关键节点，必须满足施工方便的要求。

所谓施工方便，即该节点在现场通过简单快速的施工过程，就可以实现可靠并有效地连接，满足技术质量要求。由于单元或模块是巨大的，在其安装之前需要依靠各种临时固定或支撑设施保证其形态与位置，这种状态是不稳定的，可能存在着巨大的风险。因此连接施工过程必须限定在最短的时间内，采用最为简便的方式来进行。而对于构件之间的复杂连接，在现场难以完成的情况下，必须在工厂中利用机械化的处理方式，借助先进的仪器设备进行。国家体育场（"鸟巢"）项目的钢结构施工中，有些异常复杂的节点均选择工厂加工的形式，利用计算机辅助制造技术（CAM），有效地避免了现场拼装过程中可能出现的复杂相贯线焊接的问题，在现场仅留下一般杆件的正截面连接，相对简单（如图5-1所示）。

图5-1　"鸟巢"工程的复杂节点

四、连接点的力学稳定性

图5-2　某大型钢结构的拼装过程

无论采用何种连接技术，焊接还是螺栓连接，连接点都是一个薄弱环节。因此在整体结构的分解过程中，应尽可能在构件的内力较小处进行，以保证后期连接构造的力学可靠性。在拉、压、弯、剪、扭的各种内力的规避上，一般按照扭矩、剪力、弯矩、压力、拉力的次序进行规避。这是因为对于钢构件来讲，受拉、受压性能是相对稳定的，钢构件全部长度范围内的轴向作用一般也是一致的，不存在特别的、轴向力最小的截面，而其他几种内力都存在延杆件不同截面而变化的特征。选择内力最小截面，并根据该截面的受力特征和内力分布模式来确定连接模式、焊缝与螺栓的分布。图 5-2 为某大型钢结构的拼装过程，图中白色区域内为拼装连接点，为结构计算时该构件的内力（弯矩与剪力）较小处。该图也表明了将节点作为独立单元，在工厂中加工完成，现场再进行相对容易的杆件连接施工的过程。

五、单元与模块的标准化

大型结构在宏观上有着各种形态，但在微观上应尽可能实现标准化。标准化不仅仅意味着低成本，更重要的是，标准化的构件在拼装过程中不会面对复杂的编码问题——为了防止安装错位（不是误差）而必须构建构件与节点的识别系统。非标准化的构件必须进行编码，非标准构件越多，编码与识别系统就会越复杂，稍有偏差就可能出现大量构件报废或重复性的拆卸，致使工程大量延误。而标准化的构件显然不会出现此类问题，可以有效地避免施工中的识别性错误，提高工作效率，并降低成本。

第二节　钢结构连接施工——焊接与螺栓

钢结构的单元或模块在工厂中加工制作完成后，运输至现场进行拼接与安装。钢结构拼接过程中的连接方法有焊接、普通螺栓连接、高强螺栓连接等。

一、钢结构焊接

焊接是建筑钢结构工程常用的拼装连接方法。按焊接的自动化程度一般分为手工焊接、半自动焊接和自动化焊接三种。现场一般是手工焊接。与混凝土结构中的钢筋焊接相比，钢结构现场焊接一般仅采用电弧焊的方式，其他方式的焊接（如等离子焊）仅在工厂中进行。由于现场焊接均为手工操作，工人的专业技术能力、现场作业环境等偶然性因素对工程质量影响较大，因此钢结构应尽可能避免现场焊接作业。因此为了保证焊接工程的质量，从事现场焊接工作的焊工必须持证上岗，并在完成的焊缝处留有钢印备查。

（一）焊接工艺

1.焊接施工的基本要求

（1）钢材的可焊性

钢材焊接前应确认其可焊性，即在适当的设计和工作条件下，材料易于焊接和满足结构性能的程度。可焊性常常受钢材的化学成分、轧制方法和板厚等因素影响，其中化学成分影响最大。为了评价化学成分对可焊性的影响，一般用碳当量

（Ceq）表示其可焊性，Ceq越小，钢材的淬硬倾向越小，可焊性就越好；反之，Ceq越大，钢材的淬硬倾向越大，可焊性就越差。

（2）接头的形式

根据焊接接头的连接部位，可以将焊接接头分为：对接接头（a）、搭接接头（b）、角接接头（c）、T形及十字接头（d）和塞焊接头（e）等（如图5-3所示）。在施工中，应根据设计要求采用不同的焊接接缝形式，确定焊缝长度、焊口截面高度，并按要求选择焊条。

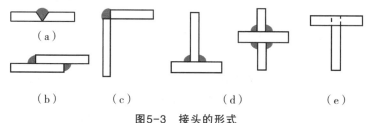

图5-3　接头的形式

当设计图纸中对相关接头的构造方式没有特殊说明时，必须在施工前与设计方确认，施工方不得擅自施工。

2.焊接应力与变形

（1）焊接应力与变形的原因与影响

在焊接过程中钢结构构件或节点的局部区域受到很强的高温作用，会产生异常变形，熔化的液态或半液态钢水可以适应这种变形；在焊接后冷却时，适应变形的钢水硬化后不能再收缩，与周边钢材形成强烈的内部作用，称为焊接应力。

焊接应力有多种形式，具体分为纵向、横向和厚向（Z向）应力。纵向应力，即沿着焊缝长度方向的应力；横向应力，即垂直于焊缝长度方向且平行于构件表面的应力；厚度方向应力，即垂直于焊缝长度方向且垂直于构件表面的应力。由于焊接应力使焊缝处于三向应力状态，在钢结构实际受力过程中，阻碍结构塑性变形，易促使裂纹发生和发展；对于承受动荷载的构件，焊接应力会降低其疲劳强度。

在焊接的不均匀的加热和冷却过程中，焊接应力也会产生异常的变形，称为焊接变形，表现在构件局部的鼓起、歪曲、弯曲或扭曲等，对于受压杆件，如果结构中受压区域，焊接变形使得构件曲率增加，降低了压杆的稳定性。

（2）减少焊接应力与变形的方法

焊接变形与焊接应力问题不仅对钢结构最终焊接成形的几何形状有着较大的影响，更重要的是对焊缝的承载能力影响巨大。如果设计者按照外部荷载产生的应力和焊缝的理论强度来设计焊缝，此时由于焊接应力的存在，焊缝所能够承担的外部作用应力大大减小，其实际承载能力将不能满足承载要求，后果是不堪设想的。因此，在钢结构施工中，应充分考虑焊接工艺工程的不利影响，有效避免相关问题的发生。

减小焊缝长度与钢板厚度可以减少焊接时产生的热量；焊接后采用回火处理，

可以减小焊接应力；而对称性的焊接则可以通过焊接应力之间形成的相互作用抵消宏观焊接变形。具体来讲，减少焊接应力和焊接变形应从以下几方面着手：

①采用适当的焊接程序，长焊缝采用分段焊接，厚大钢板焊缝采用分层焊接。

②尽可能采用对称焊缝，使构件产生的焊接变形呈相反方向，从而相互抵消。

③施焊前使结构有一个和焊接变形相反的预变形，在焊接过程中，随着焊接变形的发生而逐步抵消。

④对小构件焊前预热、焊后回火，然后慢慢冷却，以消除焊接应力。

⑤合理的焊缝设计包括：避免焊缝集中、三向交叉焊缝；焊缝尺寸不宜太大；焊缝尽可能对称布置，连接过渡平滑，避免应力集中现象；避免仰焊等。

需要注意的是，不同的钢结构形式、钢材材质、焊缝长度与板材厚度、施工作业环境等需要采取不同的措施，没有绝对的有效方法，应因地制宜地解决问题。

（二）焊缝缺陷及其处理

作为高温施工过程，焊接完成后，环境温度与焊缝之间形成较大的温差，易形成各种缺陷。焊接缺陷在焊缝内部形成应力集中区，极易产生破坏，因此必须采取有效措施进行排查，并进行处理。施工完毕后，对焊缝需要进行超声探伤，当超声探伤不能说明问题时，则需要采用射线探伤以确定焊缝内部状态，对于不满足施工验收要求的焊缝，必须重焊或补焊，以满足质量要求。

焊缝缺陷通常分为六类：裂纹、孔穴、固体夹杂、未熔合、未焊透、形状缺陷等。

1.裂纹

焊接裂纹通常有热裂纹和冷裂纹之分。

产生热裂纹的主要原因是母材抗裂性能差、焊接材料质量不好、焊接工艺参数选择不当、焊接内应力过大等；产生冷裂纹的主要原因是焊接结构设计不合理、焊缝布置不当、焊接工艺措施不合理，如焊前未预热、焊后冷却快等。

裂纹是较为严重甚至是致命的焊接缺陷之一，内部的裂纹将导致应力集中，促使焊缝继续开裂形成宏观破坏，因此必须加以处理。

焊接裂纹的处理办法是在裂纹两端钻止裂孔，或铲除裂纹处的焊缝金属，进行补焊。

2.孔穴

焊接孔穴通常分为气孔和弧坑缩孔两种。

产生焊接气孔的主要原因是焊条药皮损坏严重、焊条和焊剂未烘烤、母材有油污或锈和氧化物、焊接电流过小、弧长过长、焊接速度太快等。气孔处理方法是铲去气孔处的焊缝金属，然后补焊。

产生弧坑缩孔的主要原因是焊接电流太大且焊接速度太快、熄弧太快、未反复向熄弧处补充填充金属等。对弧坑缩孔的处理方法是在弧坑处补焊。

3.固体夹杂

固体夹杂有夹渣和夹钨两种缺陷。

产生夹渣的主要原因是焊接材料质量不好、焊接电流太小、焊接速度太快、熔渣密度太大、阻碍熔渣上浮、多层焊时熔渣未清除干净等。固体夹杂的处理方法是铲除夹渣处的焊缝金属，然后进行补焊。

产生夹钨的主要原因是氩弧焊时钨极与熔池金属接触，其处理方法是挖去夹钨处缺陷金属，重新焊补。

4.未熔合、未焊透

未熔合、未焊透产生的主要原因是焊接电流太小、焊接速度太快、坡口角度间隙太小、操作技术不佳等。对于未熔合的处理方法是铲除未熔合处的焊缝金属后焊补。对于未焊透的处理方法是对开敞性好的结构的单面未焊透，可在焊缝背面直接补焊。对于不能直接补焊的重要焊件，应铲去未焊透的焊缝金属，重新焊接。

5.焊接形状缺陷

焊接形状缺陷包括咬边、焊瘤、下塌、根部收缩、错边、角度偏差、焊缝超高、表面不规则等。产生咬边的主要原因是焊接工艺参数选择不当，如电流过大、电弧过长等；操作技术不正确，如焊枪角度不对、运条不当等；焊条药皮端部的电弧偏吹；焊接零件的位置安放不当等。其处理方法是：轻微的、浅的咬边可用机械方法修锉，使其平滑过渡；严重的、深的咬边应进行焊补。

产生焊瘤的主要原因是焊接工艺参数选择不正确、操作技术不佳、焊件位置安放不当等。其处理方法是用铲、挫、磨等手工或机械方法除去多余的堆积金属。

二、钢结构的螺栓连接

螺栓连接属于冷加工过程，在施工中没有热效应，不会产生异常应力与变形，连接质量稳定可靠，也是目前钢结构主要采用的连接模式之一。

但采用螺栓连接也应注意，由于螺栓必须通过螺栓孔才能固定，而螺栓孔必然会减小钢构件的承载截面，因此对于小截面构件来讲，螺栓连接的使用会受到限制。另外，螺栓孔需要在钢构件的加工厂中通过专用的钻床进行加工，由于施工现场温度与工厂差异较大，当钢构件运输至现场后，会由于热胀冷缩产生螺栓孔错位的现象，导致结构安装困难。一般来说，钢结构施工过程中都会限制螺栓孔的现场处理，如扩孔、增加新的螺栓孔等，因为这些都会造成截面的进一步折减，如果使用方法不当，如气割等热加工形式，还会对螺栓孔周边的材质形成损害。此时应及时与设计方进行协商，根据设计要求进行处理。

钢结构中使用的连接螺栓一般分为普通螺栓和高强螺栓两种。

（一）普通螺栓连接施工

普通螺栓以螺栓自身受剪传力。

1.基本工艺要求

常用的普通螺栓有六角螺栓、双头螺栓和地脚螺栓等，需要根据实际要求与设计图纸，确定其直径、长度进行选用。对于钢结构构件的螺栓孔，Φ50以下的螺栓孔必须钻孔成型，Φ50以上的螺栓孔可以采用数控气割制孔，当螺栓孔出现偏差时，均不允许在现场进行气割扩孔。对于精制螺栓（A、B级螺栓），螺栓孔必须是Ⅰ类孔；对于粗制螺栓（C级螺栓），螺栓孔为Ⅱ类孔。

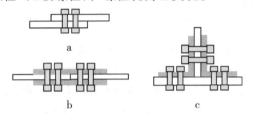

图5-4　螺栓连接的形式

普通螺栓常用的连接形式有搭接连接（如图5-4a所示）、平接连接（如图5-4b所示）和T形连接（如图5-4c所示）。螺栓孔的排列形式主要有并列（如图5-5a所示）和交错排列（如图5-5b所示）两种形式，施工时应根据设计要求采用不同的连接做法与工艺。

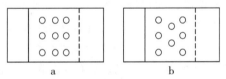

图5-5　螺栓孔的排列形式

2.普通螺栓作为永久性螺栓的施工要求

普通螺栓作为永久性连接螺栓而不是临时性固定螺栓时，在施工中应注意以下几方面：

（1）由于普通螺栓以螺栓自身受剪为主，因此螺栓头和螺母（包括螺栓）应和构件的表面及垫圈密贴，不得有任何翘曲、松脱或较大的活动空隙，以保证连接之后的受力效果。

（2）设计者为了避免因现场环境的变化而形成螺栓孔偏差，一般都会在加工时将螺栓孔适当扩大，因此在施工时，螺栓头和螺母下面应放置平垫圈，增大螺栓头的承压面（如图5-6所示）。

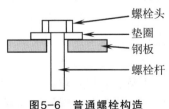

图5-6　普通螺栓构造

（3）为了保证受力效果，每个螺栓一端不得垫两个及以上的垫圈，并不得采用大螺母代替垫圈。螺栓拧紧后，外露丝扣不应少于2扣。

（4）对于有防松动设计要求的螺栓，可以采用有防松动装置的螺栓（即双螺母）或弹簧垫圈，或用人工方法采取防松动措施（如将螺栓外露丝扣打毛或将螺母与外露螺栓点焊等），但具体采用时，应与设计方协商确定。

（5）对于按设计要求放置弹簧垫圈的承担动荷载或重要部位的螺栓，弹簧垫圈必须设置在螺母一侧。

（6）对于工字钢和槽钢翼缘之类上倾斜面的螺栓连接，不得使用平面垫圈，防止因接触面倾斜导致的受力不均匀，应放置专用的斜垫圈垫平，使螺母和螺栓的头部支承面垂直于螺杆。

（7）普通螺栓的紧固应从中间开始，对称向两边进行。螺栓的紧固施工以操作者的手感及连接接头的外形控制为准，对大型接头应采用初拧、复拧两次紧固方法，保证接头内各个螺栓能均匀受力。普通螺栓拧紧后，可采用锤击法检查。用0.3kg小锤，一手扶螺栓头（或螺母），另一手用锤敲，要求螺栓头（螺母）不偏移、不颤动、不松动，锤声比较干脆；否则，说明螺栓紧固质量不好，需重新紧固施工。

（二）高强螺栓连接施工

高强螺栓按连接形式通常分为摩擦连接、张拉连接和承压连接等。摩擦型高强螺栓，就是通过螺栓连接拧紧时产生的两片钢板之间的摩擦力来传递内力的模式，传力稳定可靠，是目前广泛采用的基本连接形式。本书中的有关说明，均以摩擦型高强螺栓为阐述对象。

1.基本工艺要求

（1）摩擦面的处理

摩擦型高强螺栓通过钢板表面产生的摩擦作用传递内力，因此对于衔接处的钢板表面必须做好处理。摩擦面应保持干燥、整洁，不应有飞边、毛刺、焊接飞溅物、焊疤、氧化铁皮、污垢等。为了防止钢结构表面锈蚀，构件在出厂前应涂刷防锈底漆，但摩擦面可不涂刷。在施工前对摩擦面进行处理时，可以采用喷砂（丸）法。用0.3~0.4N/mm²的压缩空气，通过砂罐、喷枪，把直径0.2~2.5mm的天然石英砂、金刚砂或铁丸均匀喷到钢材表面，使钢材呈浅灰色的毛糙面；砂轮打磨法或酸洗法，彻底除掉表面锈污，使其光滑干净，摩擦系数满足要求。

经处理后的高强螺栓连接处摩擦面，应采取保护措施，防止沾染脏物和油污并严禁在摩擦面上作任何标记。在厂内存放，或在运输与安装现场保管中，要特别防止连接表面的污染。安装单位要特别注意保护好高强螺栓的连接板和母体的连接表面的清洁度摩擦表面的特性，表面污染后应重新处理，不允许随意使用砂轮机打磨连接板连接面和母体连接表面。

对于摩擦型高强螺栓，其摩擦面抗滑移系数非常关键，应以钢结构制造批为单位进行检验，根据不同的单项工程和表面处理工艺，分批次进行。抗滑移系数检验的最小值必须等于或大于设计规定值，当不符合上述规定值时，构件摩擦面应重新处理，并重新检验。

（2）施工前的其他准备

除摩擦面的处理外，高强螺栓在施工前还应对大六角头螺栓的扭矩系数、扭剪型螺栓的紧固轴力和摩擦面抗滑移系数进行复核，并应对使用的扭矩扳手按规定进行校准，每班作业前应对标定的扭矩扳手再实施校核，合格后方能使用。

高强螺栓连接应在其结构架设调整完毕后，再对接合件进行矫正，消除接合件的变形、错位和错孔，接合部摩擦面贴紧后，进行安装高强螺栓。

（3）高强螺栓连接构件的安装

在进行高强螺栓连接构件的安装时，对每一个连接接头，应先用临时螺栓或冲钉定位，严禁把高强螺栓作为临时螺栓使用。高强螺栓的穿入，应在结构中心位置调整后进行，其穿入方向应以施工方便为准，每个节点整齐一致；螺母、垫圈均有方向要求，要注意正反面。高强螺栓的安装应能自由穿入孔，严禁强行穿入。高强螺栓连接中，连接钢板的孔径应略大于螺栓直径，并必须采取钻孔成型。高强螺栓终拧后，螺栓丝扣外露应为2~3扣，其中允许有10%的螺栓丝扣外露1扣或4扣。

（4）高强螺栓的紧固方法

高强螺栓的紧固是用专门扳手拧紧螺母，使螺杆内产生要求的拉力。与普通螺栓的步骤相比，高强螺栓分为初拧、复拧、终拧三个步骤，分别是安装螺栓、拧紧螺栓和调整应力满足设计要求三个过程。

①大六角头高强螺栓的紧固

采用大六角头高强螺栓，紧固一般用两种方法拧紧，即扭矩法和转角法。

扭矩法是用能控制紧固扭矩的专用扳手施加扭矩，使螺栓产生预定的拉力。具体宜通过初拧、复拧和终拧达到紧固。如钢板较薄，板层较少，也可只作初拧和终拧。终拧前接头处各层钢板应密贴。初拧扭矩为施工扭矩的50%左右，复拧扭矩等于或略大于初拧扭矩，终拧扭矩等于施工扭矩。

转角法也宜通过初拧、复拧和终拧达到紧固。初拧、复拧可参照扭矩法，终拧是将复拧（或初拧）后的螺母再转动一个角度，使螺栓杆轴力达到设计要求。转动角度的大小在施工前按有关要求确定。

②扭剪型高强螺栓的紧固

扭剪型高强螺栓的紧固，也宜通过初拧、复拧和终拧达到紧固。初拧、复拧用定扭矩扳手，可参照扭矩法。终拧宜用电动扭剪型扳手把梅花头拧掉，使螺栓杆轴力达到设计要求。

施工时，首先把内套筒牢牢地与螺栓梅花配合，把扳手往前微推，使外套筒套在螺母上；然后打开套头电动开关，外套筒转动，并压紧螺栓直到把梅花头剪断下来；梅花头剪断下来后，即关上开关，往回拉扳手，使外套筒与螺母脱落；最后拉动顶杆，把留在扳手里的梅花头弹出（如图5-7所示）。

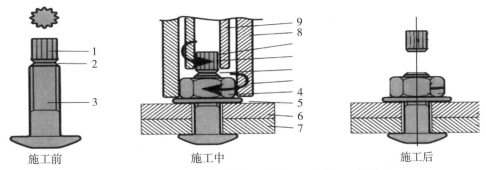

施工前　　　　　　施工中　　　　　　施工后

1.螺栓末端梅花头　2.沟槽　3.螺纹　4.螺母　5.垫圈
6.被夹部件　7.被夹部件　8.外套筒　9.内套筒

图5-7　扭剪型高强螺栓

2.高强螺栓施工注意事项

（1）高强螺栓的安装顺序

高强螺栓的拧紧，应从刚度大的部位向不受约束的自由端进行。一个接头上的高强螺栓，初拧、复拧、终拧都应从螺栓群中部开始向四周扩展逐个拧紧，每拧一遍均应用不同颜色的油漆做上标记，防止漏拧。同一接头中高强螺栓的初拧、复拧、终拧应在24小时内完成。

接头如有高强螺栓连接又有电焊连接时，是先紧固高强螺栓还是先焊接应按设计规定进行；如设计无规定时，宜按先紧固高强螺栓后焊接（即先栓后焊）的施工工艺顺序进行。

（2）其他施工事项

高强螺栓超拧应更换，并废弃换下来的螺栓，不得重复使用；施工时，严禁用火焰或电焊切割高强螺栓梅花头；安装中的错孔、漏孔不应用气割扩孔、开孔，错孔可用铰刀扩孔，扩孔数量应征得设计方同意，扩孔后的孔径不应超过1.2d（d为螺栓直径），漏孔采用机械钻孔；安装环境气温不宜低于-10℃，当摩擦面潮湿或暴露于雨雪中时，应停止作业；对于露天使用或接触腐蚀性气体的钢结构，在高强螺栓拧紧检查验收合格后，连接处板缝及时用防水或耐腐蚀的腻子封闭。

第三节　钢结构的吊装安装

与混凝土钢结构相比，钢结构的施工更具有典型的现代工业的特征，预制构件、现场拼装是其施工工艺的核心环节，吊装与安装工序是必不可少的。与预制混凝土结构构件较为单一化相比，钢结构构件（单元或模块）较为多样化，不仅是重量多样，其几何构成也是几乎没有重复的，吊装过程也将更为复杂，不同的工程项目、结构形式，差异度较大。

一、常规的大型钢结构吊装安装的基本问题

大型钢结构的吊装与安装，需要解决几个基本问题，之后再具体确定施工方案和工艺流程。这几个问题分别是，拼装模式的确定、施工安装过程中的力学状态以及结构体系最终力学状态的转换过程。

（一）拼装模式的确定

钢结构加工场或工厂中制作的模块或单元，需要在现场进行拼装。常规来讲，大型（大跨）钢结构有以下几种拼装模式：满堂脚手架，散件高空拼装模式；地面拼装，整体吊装模式；地面小构件预拼装，高空整体拼装模式等。

1.满堂脚手架，散件高空拼装模式

满堂脚手架，散件高空拼装模式一般通称为高空散装法，是小钢型结构的典型安装工艺。具体而言，就是在结构施工前，在结构正下方的施工场地内，架设满堂脚手架，并形成满足结构宏观体系的基本轮廓特征。在拼装时，采用起重设备将零部件、单元或模块等散件吊装至脚手架顶部的施工平台上，工人在平台上进行拼装。

高空散装法相对简单，稳固的脚手架平台犹如地面一般，精度高，安全性较好。但正是由于处于脚手架平台上操作，构件不可能过大，结构体系也不可能过高，否则会有较大的坍塌风险，导致严重的坍塌事故。因此，该模式仅适用于小型钢结构体系的安装施工。

2.地面拼装，整体吊装模式

地面拼装，整体吊装的模式也称为整体安装法，包括整体吊装法、整体提升法、整体顶升法等。不论哪种方法，其工艺过程大同小异，都是先在地面上对高空的结构进行拼装，完成之后再根据具体情况采用不同的起重设备与方式，将其提升（吊装）至空中指定位置。

相比高空散装法，该方法在地面拼装非常安全，便于进行各种校正与变形调整，可以用大型设备对复杂的形态进行加工。但该模式对起重设备与工艺依赖度较大，适用于中型钢结构的施工，不适用于超大型的结构体系。当然，随着起重设备的发展，该模式的适用范围也在不断扩大。

3.地面小构件预拼装，高空整体拼装模式

该模式是前两种的结合——对于超大型的结构系统，不论其平面有多大，形体有多复杂，均可以将其分解成若干个独立的承载单元或模块，每一个单元可以根据其自身的性能与要求，采取各自的施工方案，高空散装或地面拼装，最后在高空整体合成一个完整的空间结构。

采用该施工模式的钢结构，其微观构成必须是具备相对独立的力学单元，尽管该单元不是整体结构，但也能独立存在、承载，保持自身的稳定性。

（二）施工过程中未完成结构系统的力学状态与构件的拼装次序

钢结构的零散单元在施工过程中，单元自身以及尚未完成结构的力学状态与最终结构的力学状态可能是不一致的，甚至是相反的（拉杆与压杆）。例如，当拱、壳结构尚未合拢时，其构造如同一个巨大的悬臂梁，会产生与最终结构差异巨大的内力，可能使结构体系在建设过程中出现严重的问题，甚至导致坍塌。因此，作为施工单位，结构拼装过程的力学验算和校核是关键环节，必须保证结构在施工过程中，能构抵御各种施工荷载甚至一些偶然发生的自然灾害，如阵风、大雪或地震等。这些力学问题必须在施工前加以确定，施工方必须与结构设计者联合制定施工方案，并在施工中严格地按照预先制定的流程进行操作，否则后果不堪设想。

在中央电视台新台址工程中，倾斜的两座主塔楼与巨型悬臂结构的施工是结构施工荷载模式与使用模式存在巨大差异的典型例证。施工单位在施工前就对其进行了完整的力学分析，考虑了各种不利的影响，甚至施工过程中的地震反应，保证了项目安全顺利地进行（如图5-8所示）。

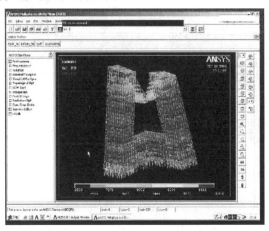

图5-8　央视项目施工内力分析

尤其需要注意的是，不同的结构体系，其力学特征不同；即使相同的结构模式，不同的施工过程也会产生不同的力学过程。因此，不存在可以用于多个工程的标准的通用化技术方案。在具体施工中，应因地制宜，结合具体情况解决问题。

（三）结构体系最终力学状态的转换过程

如前文所述，由于大型钢结构的拼装、安装过程的力学状态与最终受力模式可能是不一样的，因此在施工过程中，为了保证工程质量与安全，需要架设大量的临时支撑以保证安全。在施工完成时，需要将这些临时支撑拆除并形成最终的结构体系。该拆除过程，即是结构体系的力学状态转换过程——由施工的力学状态向使用状态转换的过程，也称为卸载过程。

拆除临时支撑的过程的复杂性、危险性往往超出一般工程技术人员的想象。国内外都曾有过由于支撑拆卸程序不当导致结构系统坍塌的先例。拆除这些支撑的方案包括次序、过程、原有结构的变形监测、内力监测、出现异常后的紧急处理预案等，尤其是对变形、内力指标的预测，必须在实施之前加以确定，以便在具体实施中加以对比分析，防止事故的发生。

在奥运会国家体育场（"鸟巢"）项目中，最终合拢后的支架拆除过程，由施工单位会同国内顶级的结构专家，对其内力的转化过程与变形进行了预先分析与模拟，并在实施过程中实时监测对比，其结果完全满足要求（如图5-9所示），是圆满解决这一复杂施工过程的典范。该卸载施工过程也在中央电视台进行了直播，属世界首次。

图5-9 "鸟巢"工程屋面系统临时支撑及其卸载作业

二、大型钢结构的安装与施工——以网架结构为例

由于钢结构种类繁多，结构形式异常复杂，不同的结构体系的施工方式差异度较大，因此本书中仅以最为常见的网架结构为例，阐述一些常规的施工工艺，如高空散装法、整体安装法、分条或分块安装法、高空滑移法等。

（一）高空散装法

高空散装法分为全支架法（即满堂脚手架）和悬挑法两种。全支架法多用于散件拼装，而悬挑法则多用于小拼单元在高空总拼。采用高空散装的施工方法不需要大型起重设备，但现场及高空作业量大，需要大量的支架材料和设备，脚手架用量大，工期较长，需占用建筑物场内用地，且技术上有一定难度。高空散装法主要适用于非焊接连接的各种类型的网架、网壳或桁架，拼装的关键环节是各节点、杆件的坐标（位置）控制和临时固定等问题（如图5-10所示）。

图5-10　高空散装法

施工时应设计布置好临时支点，位置、数量应经过验算确定，下部应适当加固，防止网架支点局部受力过大，架子下沉。临时支点应选用千斤顶为宜，这样临时支点可以随时调整网架高度。当安装结束，拆卸临时支架时，千斤顶也可以在各支点间同步下降，分段卸荷，施工相对简便。

（二）整体安装法

整体安装法是指将结构的整体在地面（或临时平台）上进行整体组装，完成后再由起重设备进行一次整体提升就位的安装方法。根据提升的模式，整体安装法分为以下几种：

（1）整体吊装法，直接采用吊车等起重设备吊装，适用于各种类型的相对小型网架，吊装时可在高空平移或旋转就位。

（2）整体提升（顶升）法，一般采用升板机、液压千斤顶等专用机具进行施工，适用于周边支承及多点支承的相对大型网架。

不论采用以上哪种方式，施工时均应考虑下列因素：首先，吊点或提升点的选择，宜与网架结构使用时的受力状况相接近；其次，吊点的最大反力不能大于起重设备的负荷能力；再次，采用多部起重设备时，应尽量使各起重设备的负荷接近，避免偏斜；最后，在提升过程中，提升设备除垂直拉（压）力外，不宜承受水平方向的作用，避免对网架系统形成挤压或拉伸而产生变形。

1.整体吊装法的施工

采用整体吊装法时，网架地面总拼可以在原位置上与柱错位实施或在场外进行（如图5-11所示）。

在原位置上与柱错位总拼时，网架起升后在空中需要平移或转动1.0m~2.0m左右再下降就位。由于柱子是穿在网架的网格中的，因此凡与柱相连接的梁均应断开，即在网架吊装完成后再进行框架梁施工。而且建筑物在地面以上的有些结构必须待网架安装完成后才能进行施工，不能平行施工。

a.整体吊装法　　　　　　　　　　　　b.整体吊装法的旋转就位

图5-11　网架整体吊装法

　　当场地条件许可时，可在场外地面总拼网架，然后用起重机抬吊至建筑物上就位，这虽解决了室内结构拖延工期的问题，但起重机必须负重行驶较长距离。在原位置上与柱错位总拼的方案可以使用拔杆、汽车吊吊装，场外总拼方案可以采用履带式、塔式起重机吊装。

　　2.整体提升（顶升）法的施工

　　提升要根据网架形式、重量，选用不同起重能力的液压穿心式千斤顶，钢绞线螺杆、泵站等进行网架提升。提升阶段网架支承情况不能改变，对作为支撑的结构柱一般情况不需要加固，如果柱顶上另做出牛腿或采用拔杆（放提升设备或提升锚点），需验算结构柱稳定性。不满足要求时，要对柱或拔杆采取稳定措施，如设缆风绳等。为了更好地发挥整体提升法的优越性，可将网架屋面板、防水层、顶棚、采暖通风及电气设备等全部在地面及最有利的高度上进行安装施工，一次提升至设计高度，可大大节省施工的周期和费用（如图5-12所示）。

卷扬机

钢丝绳

地面拼装网架

图5-12　整体提升（顶升）法

　　如果通过提升设备验算，不能满足全部屋面结构整体提升时，也可安装部分屋面结构后再提升。另外，为防止屋面结构安装后在提升过程中产生扭曲而造成局部出现裂纹，应采取必要的加固处理。

在具体实施时，整体提升（顶升）法包括：

（1）单提网架法

网架在设计位置就地总拼后，利用安装在柱子上的小型设备（穿心式液压千斤顶）将网架整体提升到设计标高上然后下降就位、固定。

（2）网架爬升法

网架在设计位置就地总拼后，利用安装在网架上的小型设备（穿心式液压千斤顶），提升锚点固定在柱上或拔杆上，将网架整体提升到设计标高，就位、固定。

（3）升梁抬网法

网架在设计位置就地总拼，同时安装好支承网架的装配式圈梁（提升前圈梁与柱断开，提升网架完成后再与柱连成整体），把网架支座搁置于此圈梁中部，在每个柱顶上安装好提升设备，这些提升设备在升梁的同时，抬着网架升至设计标高。

（4）升网滑模法

网架在设计位置就地总拼，柱是用滑模施工。网架提升是利用安装在柱内钢筋上的滑模，用液压千斤顶一面提升网架一面滑升模板浇筑混凝土。

单提网架法和网架爬升法都需要在原有柱顶上接高钢柱约 2m~3m，并加悬挑牛腿以设置提升锚点。单提网架法的操作平台设在接高钢柱上，网架爬升法的操作平台设在网架上弦平面上。升梁抬网法网架支座应搁置在圈梁中部，升网滑模法网架支座应搁置在柱顶上，单提网架法、网架爬升法网架支座可搁置在圈梁中部或柱顶上。

整体提升（顶升）法一般情况下适宜在设计平面位置地面上拼装后垂直提升就位（如图 5-13a、b 所示）。如网架垂直提升到设计标高后还需水平移动，需另架设悬挑结构并结合滑移法施工，使其就位到设计位置。

在进行具体提升时，首先要进行试吊提，试提过程是将卷扬机启动，调整各吊点同时逐步离地。试提一般在离地 200mm~300mm。各支点全部撤除后暂时不动，观察网架各部分受力情况。如有变形可以及时加固，同时还应仔细检查网架吊装前沿方向，确定是否有碰或挂的杂物或临时脚手架，如有应及时排除。另外，还应观察吊装设备的承载能力，应尽量保持各吊点同步，防止倾斜（如图 5-13c 所示）。

然后进入正式提升阶段，该阶段要求操作应连续进行，即在保持网架平正不倾斜的前提下，应该连续不断地逐步起吊（提升）。争取当天完成到位，除非遇到特殊灾害性天气，如大风、暴雨等，可停止施工。就位时不宜过快，提升即将到位时，应逐步降低提升速度，防止过位（如图 5-13d 所示）。

（三）分条或分块安装法

分条或分块安装法又称小片安装法，是指将结构从平面分割成若干条状或块状单元，地面安装完成后，分别用起重机械吊装至高空设计位置总拼成整体的安装方

（a）地面拼装　　　　　　　　　（b）拼装完毕

（c）准备提升　　　　　　　　　（d）正在提升

图5-13　网架提升过程

法。本安装法适用于分割后刚度和受力状况改变较小的网架，即条、块模块仍然可以构成完整的、独立的几何不变体系，可以承担施工荷载的体系，如两向正交正放四角锥、正向抽空四角锥等网架。分条或分块的大小应根据起重能力和现场的状况而定，满足施工的工艺与安全要求。由于条（块）状单元大部分在地面焊接、拼装，高空作业少，因此有利于控制质量，并可省去大量的拼装支架（如图5-14所示）。

图5-14　分条或分块安装法

　　分条或分块安装法的条块模块的制作、拼装也在地面上进行。除此之外，还应注意以下几方面：

　　首先，承重支架除用扣件式钢管脚手架外，因为分条或分块安装法所用的承重支架是局部不是满堂的脚手架，所以也可以用塔式起重机的标准节或其他桥架、预制架来做支撑。

　　其次，分条或分块安装法主要靠起重机吊装，因此网架分条分块单元的划分，主要根据起重机的负荷能力和网架的结构特点而定。其划分方法有下列几种：

　　（1）网架单元相互靠紧，可将下弦双角钢分开在两个单元上。此法可用于正放四角锥等网架。

　　（2）网架单元相互靠紧，单元间上弦用剖分式安装节点连接。此法可用于斜放四角锥等网架。

　　（3）单元之间空出一个节间，该节间在网架单元吊装后再在高空拼装，可用于两向正交正放等网架。

　　再次，由于网架是采用拼装方式最终完成的，因此网架最终的挠度需要进行调整，才能保证其整体受力的均匀性和与设计模式的完全一致性。

　　条状单元合拢前应先将其顶高，使中央挠度与网架形成整体后该处挠度相同。由于分条分块安装法多在中小跨度网架中应用，可用钢管作顶撑，在钢管下端设千斤顶，调整标高时将千斤顶顶高即可，比较方便。如果在设计时考虑到分条安装的特点而加高了网架高度，则分条安装时就不需要调整挠度。

　　最后，网架尺寸控制，条块拼装，网架单元尺寸必须准确，以保证高空总拼时节点吻合和减少偏差。

　　一般可采取预拼装或套拼的办法进行尺寸控制。另外，还应尽量减少中间转运，如需运输，应用特制专用车辆，防止网架单元变形。

（四）高空滑移法

　　将结构按条状单元分割，然后把这些条状单元在建筑物预先铺设的滑移轨道上由一端滑移到另一端，就位后总拼成整体的方法称为高空滑移法。从实质上讲，高空滑移法也是一种以模块为单元的安装方法，与分条或分块安装法相同，不同点在于高空滑移法采用滑道，而分条或分块安装法采用的是起重设备（如图5-15所示）。

　　1.高空滑移法的特点

　　高空滑移法具有如下特点：

　　（1）由于在土建完成框架、圈梁以后进行，而且网架是架空作业的，因此对建筑物内部施工没有影响，网架安装与下部土建施工可以平行立体作业，大大缩短了工期。

　　（2）高空滑移法对起重设备、牵引设备要求不高，可用小型起重机或卷扬机。而且只需搭设局部的拼装支架，如建筑物端部有平台可利用，可不搭设脚手架。

图5-15　高空滑移法

（3）采用单条滑移法时，摩擦阻力较小，如再加上滚轮，小跨度时用人力撬棍即可撬动前进。当用逐条累计滑移法时，牵引力逐渐加大，即使为滑动摩擦方式，也只需用小型卷扬机即可。因为网架滑移时速度不能过快（≤1m／min），一般均需通过滑轮组变速。

（4）滑移法采用滑道的方式，安全性、稳定性好，不存在吊装、提升过程可能出现的坍塌隐患。

（5）滑移法的条块必须依次进行，仅能够在平稳的滑道上进行，因此该方法仅适用于几何形体简单的矩形、环形等结构模式，对于特殊曲面难以实现安装功能。

2.高空滑移法的基本分类

（1）单条滑移法和逐条累计滑移法

单条滑移法，将条状单元一条一条地分别从一端滑移到另一端就位安装，各条单元之间分别在高空再连接，即逐条滑移，逐条连成整体。逐条累计滑移法，先将条状单元滑移一段距离后（能连接上第二条单元的宽度即可），连接上第二条单元，两条单元一起再滑移一段距离（宽度同上），再接第三条，三条又一起滑移一段距离……如此循环操作直至接上最后一条单元。

（2）滚动式滑移法与滑动式滑移法

滚动式滑移即网架装上滚轮，网架滑移是通过滚轮与滑轨的滚动摩擦方式进行的。滑动式滑移即网架支座直接搁置在滑轨上，网架滑移是通过支座底板与滑轨的滑动摩擦方式进行的。

（3）水平滑移、下坡滑移及上坡滑移法

如建筑平面为矩形，可采用水平滑移或下坡滑移。当建筑平面为梯形时，短边高、长边低、上弦节点支承式网架，则可采用上坡滑移。下坡滑移可有效节省动力，但需控制滑移速度。

（4）牵引滑移法与顶推滑移法

牵引滑移法即将钢丝绳绑扎于网架前方，用卷扬机或手扳葫芦拉动钢丝绳，牵引网架前进，作用点受拉力。顶推滑移法即用千斤顶顶推网架后方，使网架前进，作用点受压力。

（5）平行滑移法与旋转滑移法

如果结构平面为矩形，网架单元轴线方向与建筑物纵向相垂直，则采用平行滑移法，每一组网架单元依次递进地滑移就位。

3.高空滑移法的适用范围

高空滑移法适用于现场狭窄、山区等地区施工，也适用于跨越施工，如车间屋盖的更换、轧钢、机械等厂房内设备基础、设备与屋面结构平行施工。高空滑移法对于滑轨的要求较高，滑轨必须平直、稳定，支座具有足够的承载能力。在实施滑移时，网架单元双侧顶推或牵引设施应控制好速度，注意协调，防止出现异常变形。

（五）网架结构的合拢、验收与结构体系的形成

1.网架结构的高空合拢

对于一些大型或超大型结构（如首都机场T3航站楼工程），由于结构平面面积过大，季节的变化所产生的热胀冷缩问题，将会导致网架结构产生强大的内部应力与翘曲变形。另外，大型网架系统也不可能整体制作，一次提升完成。基于以上两个因素，大型网架系统一般采用分区域组装、不同阶段分别提升就位，最终合拢的施工方案。

为了保证合拢的顺利进行，需要对不同部分的网架进行精密的观测，包括自重形变、安装精度和温度变形等，确保变形控制在允许的范围内，并选择适当的时机进行合拢连接。

2.网架合拢后的相关工作

钢网架安装结束后，应及时涂刷防锈漆。螺栓球网架安装后，应检查螺栓球上的孔洞是否封闭，应用腻子将孔洞和筒套的间隙填平后刷漆，防止水分渗入，锈蚀球、杆的丝扣。

钢网架安装完毕后，应注意对成品网架的保护，勿在网架上方集中堆放物件。如有屋面板、檩条需要安装时，也应在不超载情况下分散码放。钢网架安装后，如需用吊车吊装檩条或屋面板，应该轻拿轻放，严禁撞击网架使网架变形。

3.网架结构的支撑系统的拆除

钢网架在安装时，对临时支点的设置应认真对待，应在安装前安排好支点和支点标高。临时支点既要使网架受力均匀，杆件受力一致，还应注意临时支点的基础（脚手架）的稳定性，一定要注意防止支点下沉。临时支点的支承物最好能采用千斤顶，这样可以在安装过程中逐步调整。需要注意的是，临时支点的调整不应该是某个点的调整，还要考虑到四周网架受力的均匀，有时这种局部调整会使个别杆件

变形、弯曲。

网架安装合拢后，其下部的支撑架子需要拆除。在拆卸架子时应注意同步、逐步地拆卸，防止应力集中，使网架产生局部变形。临时支点拆卸时应注意各组支点应同步下降，在下降过程中，下降的幅度不要过大，应该是逐步分区分阶段按比例下降，或者用每步不大于100mm的等步下降法拆除支撑点。

网架安装后应注意支座的受力情况，有的支座允许固定，有的支座应该是自由端，有的支座需要限位等等，所以网架支座的施工应严格按照设计要求进行。支座垫板、限位板等应按规定顺序、方法安装。

三、钢结构施工后的防腐与防火处理

钢结构在使用中，如果没有有效的防护措施，会在周围的环境作用下发生腐蚀，尤其在室外使用的结构、沿海地区的结构更是如此。另外，钢结构对于火焰的反应也较为强烈，即使不是很高的温度（500℃~600℃）就可以造成钢结构的坍塌。对于以上两种状况，工程中一般采用表面涂装的办法来解决。钢结构涂装工程通常分为防腐涂料（油漆类）涂装和防火涂料涂装两类。

（一）防腐涂料涂装

1.防腐涂装的施工工艺流程

钢结构构件加工完毕后，在加工厂中就要进行防腐涂料涂装，而不是要等到现场安装完工后再进行，从而避免施工期间的环境腐蚀。涂装首先要进行基面处理，一般采用打磨或喷砂的方式，将钢结构构件的表面处理干净、平滑，没有任何锈蚀后再进行涂装，只有这样才能保证防锈漆的防护效果。打磨完成后应尽快进行底层漆的涂装，防止因为时间间隔致使表面二次腐蚀。底漆完成固化后，干燥，进行打磨处理，之后进行中间漆的涂装。然后再进行打磨，并最终完成面漆的涂装。

2.涂装施工的注意事项

防腐涂装一般可采用刷涂法、滚涂法和喷涂法。不论哪一种方法，一般都应按先上后下、先左后右、先里后外、先难后易的原则施涂，做到每次涂刷不漏涂，不流坠，使漆膜均匀、致密、光滑和平整；不论采用哪一种方式，每一层漆面完成后均需要打磨，主要是对前一层涂刷过程中所形成的不平滑、气泡、褶皱等瑕疵进行处理，防止影响后期涂刷质量。

涂刷过程还需注意的是，每一层涂刷之间所采用的涂料，必须具有相容性，以保证涂料能够紧密地结合在一起。另外，如果采用刷涂的方式，每层涂装则至少涂刷两遍以上，每遍均要待前遍涂刷干燥后再进行，且应保证本遍涂刷方向与上一遍相垂直，这样可以有效避免漏刷。

对于钢结构安装的焊口、螺栓区域，要根据设计要求进行处理；设计无要求时，暂不涂刷。另外，涂装作业气温应在5℃~38℃之间为宜，当气温低于5℃时，应选用相应的低温涂层材料施涂；当气温高于40℃时，为了避免涂膜在钢材表面产生气泡，降低漆膜的附着力，应停止涂层作业。同时，当空气湿度大于85%，或构件表面有结露时，不宜进行涂层作业。

（二）防火涂料涂装

钢结构安装完成后，还要涂刷防火涂料。

1.防火涂料的分类

防火涂料按涂层厚度可分为CB、B、H三类。

CB类是指"超薄"涂型钢结构防火涂料，涂层厚度小于3mm；B类是指"薄"涂型钢结构防火涂料，涂层厚度一般为3mm~7mm。CB和B型涂料又称钢结构膨胀防火涂料，并具有一定的装饰效果，该涂料高温时，会膨胀增厚，具有很好的耐火隔热作用，耐火极限可达0.5h~2h。

H类是指"厚"涂型钢结构防火涂料，又称钢结构防火隔热涂料。涂层厚度一般为8mm~50mm，粒状表面，密度较小、热导率低，耐火极限可达0.5h~3h。但由于表面效果相对较差，美观性不好，因此多用于隐藏部位。

2.防火涂料的施工工艺

防火涂料一般均是钢结构施工完成后进行，通常采用喷涂方法施涂，对于薄涂型钢结构防火涂料的面层装饰涂装也可采用刷涂或滚涂等方法施涂。

涂料种类、涂装层数和涂层厚度等应根据防火设计要求确定。施涂时，在每层涂层基本干燥或固化后，方可继续喷涂下一层涂料，通常每天喷涂一层。喷涂时应保证涂料完全覆盖，厚薄一致，没有漏涂。

（三）涂装施工的其他要求

防腐涂料和防火涂料的涂装油漆工属于特殊工种。施涂时，操作者必须有特殊工种作业操作证，才能施工。

施涂环境温度、湿度，应按产品说明书和规范规定执行，由于涂层具有挥发性，因此在施工时尤其要做好施工操作面的通风，并做好防火、防毒、防爆措施，避免发生意外。

📖 扩展阅读——网架与网壳结构

网架与网壳是由多根杆件按照一定的网格形式通过节点连接而成的空间结构。构成网架的基本力学单元有三角锥（如图5-16a所示）、三棱体（如图5-16b所示）、正方体（如图5-16c所示）、截头四角锥等（如图5-16d所示）。仅从该单元的构成上看，可能并非空间的几何不变体系，但经过相关的单元的有效组合，完全可以构成空间的受力体系。但在施工中，这些单元不一定就成为拼装过程的单元或模块，而且施工的模块应该尽可能做成几何不变体系，以便在吊装或安装的过程中能够有效保持自身的几何状态。

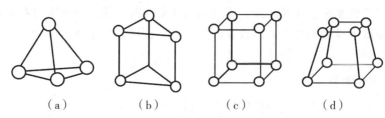

（a） （b） （c） （d）

图5-16 网架的基本构成单元形式

一、网架结构的优缺点和适用范围

网架结构属于空间桁架结构，与一般桁架结构一样，网架结构的杆件在计算中可以忽略其自重作用，视其仅承担拉力和压力。网架可以很好地发挥钢材的力学性能，并能够实现空间受力。因此与其他大跨度结构相比，在相同的承载力下，网架结构重量相对较轻、刚度大、抗震性能也较好，而且从有限元的意义来讲，网架结构可以通过其单元构成宏观的任意形态，外形非常美观。

网架结构也存在一些缺陷，主要是汇交于节点上的杆件数量较多，节点受力复杂，制作困难，施工难度较高，易发生意外事故。同时，由于网架必须按照特定的序列进行分布，因此杆件的定位、校正与精度控制十分困难和复杂；另外，网架属于大跨度空间结构，力学过程、吊装单元较为复杂，这些对于施工企业的技术能力、水平和经验要求较高，因此其施工成本也相对较高。

随着大跨度结构的增多，网架结构的优势将会愈加明显，而其缺陷也会逐步被克服，成为一种广泛使用的结构。网架主要应用于各种单层大跨度结构，对于追求外部造型的大跨度结构和建筑物，网架几乎是其首选的结构体系。网架结构的建筑，一般均会成为一个城市或区域的标志性建筑，如大型体育馆、会展中心、机场、火车站等，多采用视觉效果好的空间曲面网架模式；而对于外观效果要求并不强烈的一般大跨度结构，如俱乐部、影剧院、食堂、飞机库、车间等也大量采用平板型网架或圆柱形网架结构。

二、网架结构的基本单元

网架结构的基本单元较为简单，包括节点和杆件。网架结构多采用球形节点或钢板节点，其中球形节点包括焊接球节点和螺栓球节点（如图5-17所示）。当采用球形节点时，杆件一般为钢管；采用钢板节点时，杆件为型钢。网架的杆件与一般结构钢材要求相同，主要问题是节点的构造与质量。

（一）螺栓球节点

1.螺栓球节点的基本构造

图5-17 球形节点

网架常用的螺栓球节点是杆件和球通过高强螺栓连接来实现的，杆件端头等强连接封板（一般钢管直径小于 $\varphi75.5$ 采用）或锥头（一般钢管直径大于等于 $\varphi75.5$

采用），螺栓球做劈面，劈面和封板或锥头之间是六角套筒，套筒上开小孔，放入紧固销钉，销钉嵌入套筒内部的高强螺栓凹槽内，高强螺栓帽卡在封板或锥头内，另一端通过销钉传力拧入螺栓球内（如图5-18所示）。

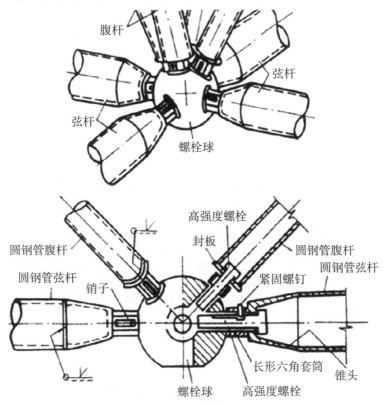

图5-18 螺栓球节点

螺栓球节点的优点在于，其生产有整套的零件标准图来指导，便于工厂化加工，不同的厂家可以分工协作，细分市场；现场安装方便、快捷，缩短工期，提高效率。

而螺栓球节点的缺点也十分明显，在螺栓球的设计时要考虑杆件的角度，角度不好时，需要制作的螺栓球则会很大，同时由于螺栓球是实心球，单重较大，因此造成较大的自重荷载。同时，由于采用螺栓连接，各个杆件之间的丝扣衔接顺序十分关键，往往需要特殊的分析，各个配件的精度要求也较高，现场安装难度大。

2.螺栓球节点的基本技术质量要求

制造钢结构网架用的螺栓球的钢材，必须符合设计规定及相应材料的技术条件和标准。螺栓球严禁有过烧、裂纹及各种隐患，成品球必须对最大的螺孔进行抗拉强度检验。螺栓球其他的质量检验项目还包括，球径偏差、螺栓球螺孔端面与球心距、相邻两螺孔轴线间夹角等项目，均应符合国家标准。

螺栓球节点所用高强螺栓必须采用国家标准《钢结构用高强度大六角头螺栓》

规定的性能等级8.8S或10.9S级，在拼装前还应对每根高强螺栓进行表面硬度试验，严禁有裂纹和损伤。

钢网架拼装封板、锥头、套筒的钢材，必须符合设计要求及相应的技术标准。封板、锥头、套筒外观不得有裂纹、过烧及氧化皮。封板、锥头、套筒的质量要求包括：孔径，底板厚度，二面平，与钢管安装台阶同轴度，锥头壁厚，套筒内孔与外接圆同轴度，套筒长度，套筒两端面与轴线的垂直度，套筒两端面的平行度等项目。

（二）焊接球节点

1.焊接球节点的基本构造与质量要求

焊接球节点一般用半球焊接而成（如图5-19a所示），杆件与球节点也采用焊接方式连接（如图5-19b、图5-20所示）。

a   b

图5-19 焊接球节点

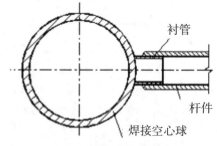

图5-20 焊接球节点的连接

与螺栓球节点相比，焊接球节点为空心，自重较轻，在大型节点中其优势十分明显。焊接球节点的构造十分简单，成本较低，对于加工精度要求相对低，对于杆件的角度适应度大，适合于大型或超大型网架工程。

焊接球节点也应有出厂合格证和钢球承载力检验报告。拼装用焊接球的焊缝高度与球外表面平齐度、球直径、圆度、半球对口错边量等均应满足国家标准。

2.焊接球节点的特殊问题

与螺栓球节点相比，焊接球节点虽然具有简便、重量轻的优势，但较多的焊缝也会带来一些问题。

首先，焊接作业较多，质量稳定性稍差。由于焊接球节点均属于现场拼装作业，必须有大量的焊工进行焊接作业。现场环境的变化、焊工技术水平的差异、材料下料尺度的误差、焊接杆件与节点之间的对中偏差等，均会导致整体网架结构的变形、错位，甚至无法进行后期安装。

其次，大量的焊缝所形成的焊接应力、焊接变形，是一项极为棘手，但又难以避免的问题。而钢网架的拼装，又不能采取一次性整体拼装的模式，都是从局部向整体过渡拼装的，因此在拼装过程中，不能采取整体矫正、应力平衡与整体对称焊接的办法。在焊接中，必须对每一个焊接单元进行控制，力求变形最小，防止变形累积导致后期变形过大，杆件安装困难。

（三）钢板节点

如果网架结构的杆件采用的不是钢管，而是一般型钢，如角钢、槽钢等，则网架的节点多采用与杆件相适应的钢板节点（如图5-21所示）。

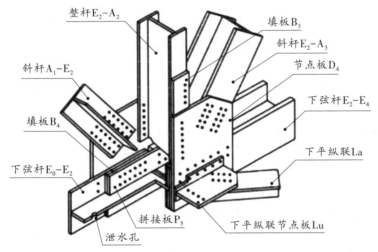

图5-21　钢板节点

钢板节点易于在现场根据工程需要随时进行制作与加工，非常简单方便。采用钢板节点的网架，杆件与节点均相对简单，同时由于节点的对中性相对较差，不完全符合网架结构的计算力学模型，因此误差较大。一般多用于工业建筑或对结构的视觉效果要求不高的普通小跨度民用建筑上。

钢板节点与杆件之间可以采用常规的焊接形式，也可以采用螺栓连接，其构造与一般钢结构并无不同。钢网架拼装焊接用钢板，必须符合设计要求及相应的技术标准。焊接材料应有出厂合格证及相应的技术标准。钢板节点的拼装焊缝应达到设计要求，其长度及宽度、厚度，十字节点板间夹角以及十字节点板与盖板间夹角等参数必须符合国家有关技术标准的要求。

三、网架结构的小拼单元与中拼单元

所谓小拼单元，是钢网架结构安装工程中，除散件之外的最小安装单元，一般分平面桁架和锥体两种类型；而中拼单元是指钢网架结构安装工程中，由散件之外的最小安装单元组成的安装单元，一般分条状和块状两种类型。

钢网架结构在施工中的基本步骤是：散件-小拼单元-中拼单元-区域拼（安）装-整体拼（安）装。但对于采用不同节点的网架来讲，并不一定完全依照该过程进行。

钢网架小拼单元主要在焊接球节点的网架拼装施工过程中采用，螺栓球网架在杆件拼装、支座拼装之后即可以安装，直接进行整体或较大体系的安装，不进行小拼单元。焊接节点则需要进行小拼单元的组装，即将杆件和球节点进行焊接，形成小型单元（模块），然后再进行较大模块或区域的拼装。

（一）焊接节点的小拼单元施工

焊接节点首先应进行节点（球）的焊接，完成后必须对已拼装的钢球分别进行强度试验，符合规定后才能开始小拼。在具体小拼之前，应对小拼场地进行清理，针对小拼单元的尺寸、形态、位置，进行放样、划线。根据编制好的小拼方案，并结合装配方便和脱胎方便，设计与制作拼装胎位（小拼单元的地面临时支撑系统），对拼装胎位的焊接，要防止变形，完成后复验各部拼装尺寸，满足要求后，进行小拼单元的焊接。

焊接球网架有加衬管和不加衬管两种，凡需加衬管的部位，应备好衬管，先在球上定位点固，然后再进行杆件焊接。

钢网架焊接球小拼有多种形式，常见的有以下几种：

一球一杆型，这是最简单的形式，在焊接时，应注意小拼尺寸和焊接质量。

二球一杆型，焊缝相对增加，拼装焊接后应防止由于焊接应力产生的杆件变形。

一球三杆型，焊缝较多，拼装后应注意保持半成品的角度和尺寸，防止焊接变形。

一球四杆型，拼装后应注意焊接变形，自重较大，防止码放时和由于自重产生的变形，一般应在支腿间加临时连杆，保持角度与尺寸。

焊接球网架小拼单元的焊接，应尽可能由一名焊工一次完成，单元应焊接牢固，焊缝饱满、焊透，焊坡均匀一致。焊缝完成后需要进行外观检查，并同时进行超声波检查。

完成后的小拼单元为单锥体时，其弦杆长、锥体高、上弦对角线长度、下弦节点中心偏移等指标，应符合要求。小拼单元如不是单锥体，其节点中心偏移为控制指标。此外，焊接球节点与钢管中心偏移也必须在控制范围内。

（二）焊接节点的中拼单元施工

相对大型的焊接球网架结构施工可以采用地面中拼，到高空合拢的拼装形式，拼装形式可以分为条形中拼、块形中拼、立体单元中拼等形式。

在中拼过程中，由于中拼单元（模块）尺度、自重较大，因此需要有效地控制中拼单元的尺寸和变形，中拼单元拼装后应具有足够刚度，并保证自身几何构造满足力学的不变体系，否则应采取临时加固措施，防止吊装变形。

为保证网架顺利拼装，在条与条或块与块合拢处，可采用附加安装螺栓等措施。在安装时，先采取螺栓预拼，临时固定，再采用焊接的方式，最后连接固定。由于中拼单元之间必须进行悬空对接，因此需要搭设中拼支架，支架上的支撑点的位置应设在下弦节点处。支架应验算其承载力和稳定性，必要时可以试压，以确保安全可靠，同时应防止支架下沉。

网架中拼单元尽可能在吊（安）装现场进行组装，减少中间运输过程。如特殊情况需要运输，应在吊装、运输过程中，采取有效措施防止网架变形。

（三）螺栓节点的中拼单元施工

大型螺栓球节点网架结构需要进行模块组装施工，除不存在焊接应力外，其他要求与焊接球节点网架结构基本相同。但也应注意，由于螺栓球节点的连接组装应严格地按照编码进行，宜从中间开始，向两边对称进行。先组装成小立体单元，再逐次安装周边的单元。安装螺栓的拧紧过程中，不可将螺栓一次拧紧，要留几丝扣，待网架安装完成，并经测量复核后，再将螺栓全部拧紧。

同时要注意，安装时，严禁将网架的杆件和螺栓节点连接件强迫就位，以防止网架结构改变受力状态和内力重分配；在螺栓球节点连接零件组装时，应分阶段逐步拧紧，任何一个杆件不允许一次拧紧到位，必须保持螺栓球节点连接部位的均衡受力；网架在拼装过程中应随时检查基准轴线、标高及垂直偏差，有问题应及时纠正；安装螺栓时，若发现螺栓孔眼不对，不可任意扩孔，要重新加工，若丝扣拧不动或出现固结，应将螺栓拧开，找出原因进行处理，严防螺栓假拧；安装完毕，在拧紧螺栓后，应将多余的螺孔封口，并应用油腻子将所有接缝处填嵌严密，补刷防腐漆两道。

四、网架整体结构的安装工艺

如前文所述，网架整体结构的安装一般分为高空散装法、分条或分块安装法、高空滑移法、整体安装法等。不论哪一种安装模式，网架结构的基本形体安装过程和工艺是相同的，无非安装时的位置、最后形成整体结构的方式不同。

（一）螺栓球节点网架结构的基本安装

螺栓球节点网架安装的基本工艺流程为：

放线、验线➡安装下弦平面网架➡安装上弦倒三角网格➡安装下弦正三角网格➡调整、紧固➡（安装屋面帽头）➡支座焊接、验收

1.放线、验线与基础检查

首先要检查基座混凝土强度，合格后方能在基座放线、验线，经复验轴线位置、标高尺寸符合设计要求以后，才能开始安装。

2.安装下弦平面网架

将第一跨间的支座安装就位，对好柱顶轴线、中心线，用水平仪对好标高，有误差应予修正。

安装第一跨间下弦球、杆，组成纵向平面网格。排好临时支点，保证下弦球的平行度，如有起拱要求，应在临时支点上找出坡底。安装第一跨间的腹杆与上弦球，一般在一球二腹杆的小单元就位后，与下弦球拧入固定。

安装第一跨间的上弦杆，控制网架尺寸。注意拧入深度影响到整个网架的下挠度，应控制好尺寸。检查网架、网格尺寸，检查网架纵向尺寸与网架失高尺寸。如有出入，可以调整临时支点的高低位置来控制网架的尺寸。

3.安装上弦倒三角网格

网架第二单元起采用连续安装法组装。

从支座开始先安装一根下弦杆，检查丝扣质量，清理螺孔、螺扣，干净后拧入，同时从下弦第一跨间也装一根下弦杆，组成第一方网格，将第一节点球拧入，下弦第一网格封闭。

安装倒三角锥体，将一球三杆小单元（即一上弦球、一上弦杆、二斜腹杆组成的小拼单元）吊入现场。将二斜杆支撑在下弦球上，在上方拉紧上弦杆，使上弦杆逐步靠近已安装好的上弦球，拧入。然后将斜杆拧入下弦球孔内，拧紧，另一斜杆可以暂时空着。继续安装下弦球与杆（第二网格，下弦球是一球一杆）。一杆拧入原来的下弦球螺孔内，一球在安装前沿，与另一斜杆连接拧入，横向下弦杆（第二根）安装入位，两头各与球拧入，下弦第二网格封闭。

按上述工艺继续安装一球三杆倒三角锥，在两个倒三角锥体之间安装纵向上弦杆，使之连成一体。逐步推进，每安装一组倒三角锥，则安装一根纵向上弦杆，上弦杆两头用螺栓拧入，使网架上弦也组成封闭的方网格。逐步安装到支座后组成一系列纵向倒三角锥网架。检查纵向尺寸，检查网架挠度，检查各支点受力情况。

4.安装下弦正三角网格

网架安装完倒三角锥网格后，即开始安装正三角锥网格。

安装下弦球与杆，采用一球一杆形式（即下弦球与下弦杆），将一杆拧入支座螺孔内。安装横向下弦杆，使球与杆组成封闭四方网格，检查尺寸。也可以采用一球二杆形式（下弦球与相互垂直二根下弦杆同时安装组成封闭四方网格）。

安装一侧斜腹杆，单杆就位，拧入，便于控制网格的矢高。继续安装另一侧斜腹杆，两边拧入下弦球与上弦球，完成一组正三角锥网格。逐步向一侧安装，直到支座。

每完成一个正三角锥后，再安装检查上弦四方网格尺寸误差，逐步调整，紧固螺栓。正三角锥网格安装时，应及时注意临时支点受力的情况。

5.调整、紧固

网架安装过程中，应随时测量检查网架质量。检查下弦网格尺寸及对角线，检查上弦网格尺寸及对角线，检查网架纵向长度、横向长度、网格矢高，在各临时支点未拆除前进行各种调整。

检查网架整体挠度，可以通过上弦与下弦尺寸的调整来控制挠度值。网架在安装过程中应随时检查各临时支点的下沉情况，如有下降情况，应及时加固，防止出现下坠现象。网架检查、调整后，应对网架高强螺栓进行重新紧固。

网架高强螺栓紧固后，应将套筒上的定位小螺栓拧紧锁定。

6.安装屋面帽头以及相关附属性工作

屋面帽头是在网架上部节点位置处承托屋面的支撑构件。

在安装时首先将上弦球上的帽头焊件拧入，然后在帽头杆件上找出坡度，以便安装屋面板材。注意对螺栓球上的未用孔以及螺栓与套筒、杆件之间的间隙进行封堵，防止雨水渗漏。最后进行结构的验收，各部尺寸合格后，进行支座焊接。

（二）焊接节点网架结构的基本安装

焊接节点网架结构的基本工艺流程为：

放线、验线➡安装平面网格➡安装立体网格➡安装上弦网格➡网架验收

1.放线、验线

首先标出轴线与标高，检查基座的位置状况，网架安装单位对提供的网架支承点位置、尺寸、标高经复验无误后，才能正式安装。网架地面安装环境应找平放样，网架球各支点应放线，标明位置与球号。对各支点标出标高，如网架有起拱要求，应在各支撑点上反映出来，用不同高度的支撑钢管来完成对网架的起拱要求。

2.钢网架平面安装

放球，将已验收的焊接球，按规格、编号放入安装节点内，同时将球调整好受力方向与位置，一般将球水平中心线的环形焊缝置于赤道方向（横向），有肋的一边在下弦球的上半部分。

放置杆件，将备好的杆件，按规定的规格布置钢管杆件，放置杆件前，应检查杆件的规格、尺寸，以及坡口、焊缝间隙，将杆件放置在两个球之间，调整间隙，点固。

平面网架的拼装应从中心线开始，逐步向四周展外，先组成封闭四方网格，控制好尺寸后，再拼四周网格，不断扩大，注意应控制累积误差，一般网格以负公差为宜。

焊接，平面网架焊接前应编制好焊接工艺和网架焊接顺序，防止平面网架变形；焊接应按焊接工艺规定，从钢管下侧中心线左边20mm~30mm处引弧，向右焊接，逐步完成仰焊、主焊、爬坡焊、平焊等焊接位置；球管焊接应采用斜锯齿形运条手法进行焊接，防止咬肉；焊接运条到圆管上侧中心线后，继续向前焊20mm~30mm处收弧；焊接完成半圆后，重新从钢管下侧中心线右边20mm~30mm处反向起弧，向左焊接，与上述工艺相同，到顶部中心线后继续向前焊接，填满弧坑，焊缝搭接应平稳，以保证焊缝质量。

3.网架主体组装

组装前先要检查验收平面网架尺寸、轴线偏移情况，检查无误后，继续组装主体网架；将一球四杆的小拼单元（一球为上弦球，四杆为网架斜腹杆）吊入平面网架上方；小拼单元就位后，应检查网格尺寸、矢高，以及小拼单元的斜杆角度，对位置不正、角度不正的应先矫正，矫正合格后才准以安装；安装时发现小拼单元杆件长度、角度不一致时，应将过长杆件用切割机割去，然后重开坡口，重新就位检

查；需用衬管的网格，应在球上点焊好焊接衬管，但小拼单元暂勿与平面网架点焊，还需与上弦杆配合后才能定位焊接。

4.钢网架上弦组装与焊接

放入上弦平面网络的纵向杆件，检查上弦球纵向位置、尺寸是否正确；放入上弦平面网架的横向杆件，检查上弦球横向位置、尺寸是否正确；通过对立体小拼单元斜腹杆的适量调整，使上弦的纵向与横向杆件与焊接球正确就位，对斜腹杆的调整方法是，既可以切割过长杆件，也可以用倒链拉开斜杆的角度，使杆件正确就位，保证上弦网格的正确尺寸。

调整各部间隙，各部间隙基本合格后，再点焊上弦杆件；上弦杆件点固后，再点焊下弦球与斜杆的焊缝，使之联系牢固；逐步检查网格尺寸，逐步向前推进。网架腹杆与网架上弦杆的安装应相互配合着进行。

网架安装结束后，应按安装网架的条或块的整体尺寸进行验收，主要是焊缝质量，包括外观质量，超声波探伤；验收合格后，才能进行下一步工作。

📖 扩展阅读——钢-混凝土组合结构施工

作为最常规的建筑材料，混凝土与钢材各有优势，将两种材料、结构进行组合而形成的组合式的结构，也将具有更大的优势。一般来讲，尽管钢筋混凝土结构也是两种材料的组合，但不将其列为组合结构；同样，如果一个结构体系中，一部分为钢筋混凝土结构，而另一部分采用钢结构，也不会被认为是组合结构。

常规来讲，在一个构件的力学截面内，如果是采用型钢+混凝土的形式构成的，钢材与混凝土材料承担着不同的内部应力作用，并共同形成了截面的抗力，则该结构（构件）被称为钢-混凝土组合结构。

一、钢-混凝土组合梁板结构的施工

（一）组合梁板结构的基本形式

组合梁板结构可以被认为是最为简单的组合模式，混凝土（根据需要进行配筋）承担截面内的压应力，型钢承担截面内的拉应力。常见的压型钢板混凝土楼板、型钢梁+混凝土楼板等，均属于该类结构模式。该类模式结构，多用于梁板等形成跨度的结构中（如图5-22所示）。

（二）组合梁板结构的施工过程

组合梁板结构属于相对简单的钢-混凝土组合结构，其施工工艺中，钢结构部分的要求与工艺

楼板组合结构

型钢梁+混凝土楼板组合结构

图5-22 组合结构

与普通钢结构几乎无异，而混凝土结构也是这样。其中，对于压型钢板楼板，尽管混凝土底部无须安装模板，但由于压型钢板刚度可能并不满足要求，因此也需要根据具体情况，做好其下部的支撑或支架。支撑与支架的拆除时间，也需要根据板的跨度以及现场混凝土的强度发展状况来具体确定。

　　为了防止钢结构表面与混凝土相脱离，需要增加两种材料的连接性，一般在组合钢梁、压型钢板上部加设抗剪销钉（如图5-23所示）。

图5-23　压型钢板施工

二、外部钢结构+内部混凝土——钢管混凝土结构的施工

（一）钢管混凝土结构的原理与应用

　　在多维应力作用下，材料的抗压强度会有较大提高，混凝土材料也是如此，在受压的同时有侧向压力的作用，该侧向压力会延缓纵向受压所形成的裂缝的出现与开展，促使纵向受压强度在一定范围内有效提高。

　　在工程中，对于混凝土的多维强度的应用是很广泛的，最为典型的就是钢管混凝土。在钢管中灌筑混凝土，形成内部是混凝土外部是钢管的钢管混凝土构件。钢管对其内部混凝土的约束作用使混凝土处于三向受压状态，可延缓混凝土受压时的纵向开裂，提高了混凝土的抗压强度；钢管内部的混凝土又可以有效地防止钢管发生局部屈曲。两种材料相互弥补了彼此的弱点，却可以充分发挥各自的长处，从而使钢管混凝土具有很高的承载能力。研究表明，钢管混凝土柱的承载力高于相应的钢管柱承载力和混凝土柱承载力之和。钢管混凝土的高强承载能力，已经在具体的工程中达到了很好的证明。

　　另外，钢管混凝土的延性也很好。混凝土的脆性相对较大，高强度混凝土更是如此。如果将混凝土灌入钢管中形成钢管混凝土，核心混凝土在钢管的约束下，不但在使用阶段改善了它的弹性性质，而且在破坏时具有较大的塑性变形。此外，这种结构在承受冲击荷载和振动荷载时，也具有很大的韧性。钢管和混凝土之间的相互作用使钢管内部混凝土的破坏由脆性破坏转变为塑性破坏，构件的延性性能明显改善，耗能能力大大提高，具有优越的抗震性能。

　　在实际结构中，该结构主要用于轴心受压构件，如高层建筑底层的柱、拱桥的主拱、地下结构的主柱等。但由于钢管混凝土结构的受弯性能并不显著，同时也不宜做成矩形截面，所以该结构几乎不能作为梁出现在结构体系中。另外，钢管混凝土也可以通过格构模式，形成双肢、三角形或矩形柱，作为超大型结构的支撑体系。

（二）钢管混凝土结构的施工

　　钢管混凝土的施工主要包含钢管的制作、安装及混凝土的施工两个方面的内容。

1.钢管构件的制作、安装

钢管混凝土柱用的钢管优先采用螺旋焊管，无螺旋焊接管时，也可以用滚床自行卷制钢管。焊接时除一般钢结构的制作要求外要严格保证管的平、直，不得有翘曲、表面锈蚀和冲击痕迹之外，由于钢管内部在浇筑后就没有机会进行处理，因此对钢管内壁需要提前进行特殊的除锈，这将增加钢管的制作周期。

钢管焊接必须满足焊后管肢平直的要求，需要在焊接时采取相应的措施，消除焊接应力与焊接变形。管肢对接焊接前，对于小直径钢管应采用点焊定位；对于大直径钢管应另用附加钢筋焊于钢管外壁作临时固定联焊。为了确保连接处的焊缝质量，在现场拼接时，在管内接缝处必须设置附加衬管。

钢管构件在吊装时要控制吊装荷载作用下的变形，吊点的设置应根据钢管构件本身的承载力和稳定性经验算后确定。吊装时应将管口包封，防止异物落入管内。钢管构件吊装就位后，应立即进行校正，采取可靠固定措施以保证构件的稳定性。

2.混凝土的浇筑

钢管混凝土核心混凝土的配合比除了应满足有关力学性能指标的要求外，还应注意混凝土坍落度的选择，应尽可能大一些，以满足浇筑过程中的密实度要求。混凝土浇筑，宜连续进行，若有特殊的间歇要求，不应超过混凝土的初凝时间。特殊情况下，需要在钢管内部留施工缝时，应将管口封闭，防止水、油污和异物等落入。施工缝衔接与钢筋混凝土结构相同。但在实际工程中，应尽力避免这种情况的发生，应该一次浇筑完成。

管内混凝土浇筑可采用人工逐层浇筑法、导管浇筑法、高抛免振捣法与泵送顶升浇筑法等。

（1）人工逐层浇筑法、导管浇筑法

此两种方法适合于大口径钢管混凝土结构，与一般钢筋混凝土结构无异，浇筑后需要进行振捣，主要使用插入式振捣器，必要时也可以采用侧向表面振动器，在钢管表面进行振捣。

（2）高抛免振捣法

该方法适用于管径大于350mm、高度不小于4m钢管混凝土柱，拌合物是具有很高的流动性且不离析、不泌水、不经振捣或少振捣而利用浇筑过程中高处下抛时产生的动能来实现自流平并充满钢管柱的混凝土。该施工方法中，混凝土配合比是核心问题。可选用硅酸盐水泥、普通硅酸盐水泥和矿渣硅酸盐水泥。水泥应具有较低的需水性，同时还应考虑其与高效减水剂的相容性。掺用的矿物细掺料也应具有低需水性、高活性。综合考虑后宜采用强度等级为42.5的硅酸盐水泥。骨料的粒径、尺寸和级配，对高抛免振捣混凝土拌合物的施工性，尤其拌合物通过的间隙影响很大。高抛免振捣混凝土的骨料采用粒径5mm~25mm的石子、粒径5mm~10mm的小石子，细度模数为3.0~2.6的中砂。粗骨料的最大粒径，当使用卵石时为25mm，使用碎石时为20mm。施工过程中严格控制砂中粉细颗粒的含量和石子的含泥量，砂子的含泥量一般不宜大于2%，石子的含泥量一般不宜大于1%。砂中粉细颗粒含量通过0.16 mm筛孔量不小于5%。对高抛免振捣混凝土外加剂性能的要求为：有优质的流化性能，保持拌合物的流动性、合适的凝结时间与泌水率、良好的泵送性；对硬化混凝土的力学性质、干缩和徐变无不良影响，耐久性（抗冻、抗渗、抗碳化、抗盐浸）好。同时为避免钢管与混凝土间的微小空隙，必须在混凝土中加入微膨胀剂，必要时也可以加入Ⅰ级粉煤灰作为掺合料。

在高抛免振捣混凝土施工浇筑时，管内不得有杂物和积水，先浇筑一层100mm~200mm厚的与混凝土强度等级相同的水泥砂浆，以防止自由下落的混凝土粗骨料产生弹跳。

当抛落的高度不足4m时，用插入式振捣棒密插短振，逐层振捣。除最后一节钢管柱外，每段钢管柱的混凝土，只浇筑到离钢管顶端500mm处，以防焊接高温影响混凝土的质量。除最后一节钢管柱外，每节钢管柱浇筑完，应清除掉上面的浮浆，待混凝土初凝后灌水养护，用塑料布将管口封住，并防止异物掉入。安装上一节钢柱前应将管内的积水、浮浆、松动的石子及杂物清除干净。

最后一节浇筑完毕后，应喷涂混凝土养护液，用塑料布将管口封住，待管内混凝土强度达到要求后，用与混凝土强度相等的水泥砂浆抹平，盖上端板并焊好。

（3）泵送顶升浇筑法

该方法是在钢管底部打孔，待安装就位后，将混凝土从其底部打入，向上逆顶的浇筑方法。该方法的基本特点是：不搭设高空脚手架，减少高空作业及劳动强度，操作更为简便安全；混凝土浇筑速度快，也不浪费混凝土；混凝土施工无须振捣，依靠顶升挤压自然密实；不存在排气问题。

在具体操作中，重点解决混凝土配合比的设计、混凝土输送管的连接、钢管混凝土柱混凝土的顶升、混凝土的截留、钢管内部空气的排除等几个关键性工艺。

混凝土配合比设计。混凝土配合比设计既需要满足可泵性要求，又需要减少混凝土收缩，同时还要保证其强度、均匀性和凝聚性也优于普通同强度等级的混凝土。因此，需要掺入减水剂和膨胀剂，可使混凝土拌和物泌水率减小，含气量增加，和易性改善，并满足泵送要求。

钢管混凝土输送管的连接。钢管混凝土输送管的连接是通过短管和一个135°弯头实现的。连接短管与钢管柱呈45°自下而上插入管洞。管外径与弯头及混凝土输送管相同，便于使用管卡连接，从而使混凝土泵送顶升浇筑更加顺利。连接短管用螺栓与钢管柱连接，并通过计算来选配螺栓，以满足受力的要求。

钢管混凝土柱混凝土的顶升浇筑施工工艺。在混凝土泵送顶升浇筑作业过程中，不可进行外部振捣，以免泵压急剧上升，甚至使浇筑被迫中断。当混凝土供应量不能确保连续浇筑一根钢管时就不要浇筑，以免出现堵塞现象。当混凝土中石子从卸压孔洞中溢出以后稳压2min~3min方可停止泵送顶升浇筑。等待2min~3min后再插入止回流阀的闸板，混凝土顶升浇筑施工完毕。

泵送混凝土截流装置。为防止在拆除输送管时混凝土回流，需在连接短管上设置一个止流装置，其形式可以是闸板式的，或者是插楔式的。混凝土泵送顶升浇筑结束后，控制泵压2min~3min，然后略松闸板的螺栓，打入止流闸板，即可拆除混凝土输送管，转移到另一根钢管柱浇筑。待核心混凝土强度达70%后切除连接短管，补焊洞口管壁，磨平、补漆。补洞用的钢板宜为原开洞时切下的。

采用泵送顶升浇筑工艺，钢管柱顶端必须设溢流卸压孔或排气卸压孔。溢流卸压孔的面积应不小于混凝土输送管的截面面积，并将洞口适当接高，以填充混凝土停止泵送顶升浇筑后的回落空隙。

钢管内浇筑混凝土完成后，外部梁可以采用预制钢筋混凝土结构或钢结构的形式进行安装即可（如图5-24、图5-25所示）。

图5-24　钢管柱-混凝土梁连接

图5-25　钢管柱-钢梁连接

三、内部钢结构+外部混凝土——劲性混凝土结构的施工

（一）劲性混凝土结构及其优势

劲性混凝土结构是钢-混凝土组合结构的一种主要形式，是在钢筋混凝土内部加入型钢所形成的特殊复合材料，型钢芯犹如骨骼一般存在，可以有效改善混凝土的延性，大大提高混凝土的抗震性能；而混凝土对钢材的侧向约束，也保证了钢材力学性能的发挥，不会因失稳提前退出工作。由于其具有承载能力高、刚度大、耐火性好及抗震性能好等优点，已越来越多地应用于大跨度结构和地震区的高层建筑以及超高层建筑。尽管和钢管混凝土相比，劲性混凝土的抗压能力相对弱一些，但其用途更加广泛。由于其外形截面可以是任何形状，因此可以被用于几乎所有的构件。

据日本1978年宫城县地震统计数据显示，在调查的95幢层数为7~17层的劲性混凝土建筑中，仅有13%（12幢）发生结构轻微损坏。因此，日本抗震规范规定：高度超过45米的建筑物不得使用钢筋混凝土结构，而劲性混凝土结构则不受此限制。

我国也是一个多地震国家，绝大多数地区为地震区，甚至位于高烈度区，因此在我国，推广劲性混凝土结构就具有非常重要的现实意义。到目前为止，我国采用劲性混凝土结构的建筑面积还不到建筑总面积的1‰，而日本在6层以上的建筑物中采用劲性混凝土结构的建筑物占总建筑面积的62.8%。因此，劲性混凝土结构在我国有着非常广阔的市场和应用前景。

劲性混凝土结构比钢结构可节省大量钢材，增大了截面刚度，克服了钢结构耐火性、耐久性差及易屈曲失稳等缺点，使钢材的性能得以充分发挥，采用劲性混凝土结构，一般可比纯钢结构节约钢材50%以上。与普通钢筋混凝土结构相比，劲性混凝土结构中的配钢率比钢筋混凝土结构中的配钢率要大很多，因此可以在有限的截面面积中配置较多的钢材，所以劲性混凝土构件的承载能力可以高于同样外形的钢筋混凝土构件的承载能力一倍以上，从而可以减小构件的截面积，避免钢筋混凝土结构中的肥梁胖柱现象，增加建筑结构的使用面积和空间，减少建筑的造价，产生较好的经济效益。

（二）劲性混凝土结构的施工

劲性混凝土柱中，型钢柱与钢筋的相交点多，钢柱与柱周主筋、箍筋的关系和钢柱与通过钢柱的水平梁钢筋、墙体水平筋的关系成为处理的重点。混凝土框架柱及混凝土剪力墙暗柱中加入型钢柱，比常规钢筋绑扎、模板支设等施工工艺有更大的施工难度，施工中要求确保型钢柱的施工精确度，否则，会造成诸如钢柱偏位、梁筋墙筋无法通过等问题，导致返工，严重影响施工质量和进度。因此，施工中应重点控制型钢轴线位置、垂直度、对接焊接质量、钢筋绑扎质量及模板安装质量和混凝土浇筑质量。

1.钢结构深化设计

与普通钢筋混凝土结构施工相比，劲性混凝土需要进行深化设计过程，最为关键的是应逐个梁柱节点出翻样图，确定钢筋连接套筒标高、穿筋孔洞数量、直径与位置。型钢柱的设计质量是保证劲性混凝土柱顺利施工最关键的第一步。

对于特殊位置，如梁柱节点，尽量将梁钢筋和墙钢筋避开型钢，无法避开时，采用腹板穿孔。当必须在腹板上预留贯穿孔时，型钢腹板截面损失率宜小于腹板面积的25%。当钢筋穿孔造成型钢截面损失不能满足承载力要求时，可采取型钢截面局部加厚的办法补强。在型钢上穿孔应兼顾减少型钢截面损失与便于施工两个方面。

2.钢结构基座安装

柱脚底板与钢柱基础节连为一体，钢柱生根于钢筋混凝土底板内。劲性钢柱采用预埋锚栓，锚入底板混凝土内。柱脚螺栓主要是通过套板控制螺栓相互之间距离，利用固定支架控制螺栓不变形、位置准确。固定架在基础绑扎钢筋时就应事先埋入，然后同基础钢筋连成一体，同时保证套板面标高符合设计要求。浇混凝土时将支架、套板、螺栓一次固定、浇成一体。柱脚板底预留50mm缝隙采用高强无收缩细石混凝土压力灌浆灌实。

安装前将每根锚杆的调整螺母上标高调至设计的柱脚板底标高。当钢柱吊至距其位置上方200 mm左右时，使其稳定，将柱脚底板的栓孔与锚杆对直，缓慢下落，下落过程中避免磕碰地脚螺栓丝扣。钢柱就位后在锚杆上加设锚杆垫板，即用单螺栓对连接板进行临时固定。用经纬仪在两个相互垂直的方向进行垂直度校正，微动四角锚杆的调整螺母可完成钢柱基础节的垂直度和标高的校正及轴线的调整，将基础节的底板与预埋螺栓采用双螺帽拧紧，并将锚杆垫板与柱底板四周进行围焊。

3. 上部结构钢柱安装

钢柱运到现场进行检查验收合格后，直接卸到现场钢柱吊装区内待安装。吊装前在柱头位置划出柱翼缘中心标记线，以便于上层钢柱的安装就位及与下层柱对中使用。型钢柱安装按照编号顺序依次进行。

钢柱就位后，对齐安装定位线，利用耳板及螺栓作为临时固定。每节柱翼板的接头端设置了连接耳板，柱就位时，使上下柱接头处两个方向的安装线对齐，用安装螺栓把连接板和上下耳板连接起来，稍加拧紧，即可脱钩。

钢柱调整采用千斤顶调节。调整前在下层钢柱上的相应位置焊接千斤顶支座，在上层钢柱相应位置上焊接耳板。在钢柱相互垂直的两个方向设2台经纬仪，观测钢柱垂直控制线校正结果，使钢柱的垂直度、标高、错边误差符合规范要求。

钢柱之间采用完全熔透的坡口对接焊缝连接。

4. 劲性混凝土钢筋施工

劲性混凝土柱中型钢柱与钢筋的交叉点多，钢柱与柱周主筋、箍筋；钢柱与通过钢柱的水平梁钢筋关系较为复杂，处理难度相对较大。施工过程中，需要预先明确钢柱和钢筋之间复杂的空间关系，理顺钢筋的施工顺序，解决可能存在的各种矛盾，明确有效的施工方法，使劲性柱的钢筋施工得到简化。

框架柱及剪力墙暗柱主筋位置必须准确，否则将影响梁筋、墙体水平筋及柱箍筋穿过腹板预留孔。为保证主筋位置准确，在框架柱、剪力墙暗柱钢筋绑扎完成后，要放置专用定位筋对主筋位置进行定位保护，防止钢筋偏位（如图5-26、图5-27所示）。

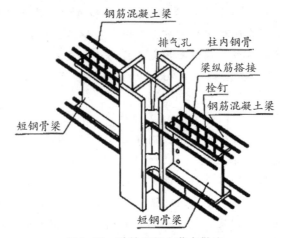

图5-26 劲性混凝土节点做法

图5-27　劲性混凝土节点实例

　　柱内箍筋受钢柱影响较大，对于需穿过型钢柱腹板的箍筋，按照常规做法无法施工。可以采用制作"U"形箍筋，穿过预先在型钢柱的留孔，再将"U"形箍筋围绕主筋打弯后焊接闭合；或采用制作"L"形箍筋，穿过预先在型钢柱的留空，再将"L"形箍筋首尾相连焊接闭合。此时箍筋的闭合不能采用普通的搭接做法，应尽可能焊接，如果确有困难，"U"形箍筋应保证50%以上的焊接率，"L"形箍筋应达到100%（如图5-28所示）。

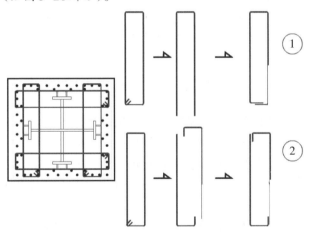

图5-28　劲性混凝土箍筋做法

　　剪力墙暗柱中的型钢柱预留了箍筋穿孔，箍筋可以采用"U"形箍筋穿过型钢后单面焊接10d。然而，由于未设置墙体水平筋的穿孔，因此在设置水平钢筋时应将部分墙体水平筋计入暗柱构件体积配箍率中进行统一配置。

　　由于型钢的存在，当纵筋的水平段锚固长度不足时，遇型钢腹板时，应在腹板上预留孔洞，以使钢筋穿过并满足锚固要求；当遇型钢翼缘时，应采用在纵筋标高处焊钢套筒的方式进行连接。

　　连梁交叉暗撑或集中对角斜筋遇到型钢柱时，暗撑的主筋和斜筋在遇到型钢柱腹板后，沿腹板打弯，总长度满足锚固构造要求。

由于框架梁不能架起绑扎，为防止梁筋箍筋绑扎困难，支设模板先立底模，留下侧模不支。

根据墙体水平筋与钢柱节点部位的绑扎形式，绑扎钢筋的顺序为：当墙体水平筋的锚固长度不足时，遇型钢腹板时，应在腹板附近垂直向上或向下弯锚15d，以使钢筋满足锚固要求；当遇型钢翼缘时，应在进入劲性柱后弯折绕开钢柱翼缘板后折回，如锚固长度不足时，遇型钢腹板时，应在腹板附近垂直向上或向下弯锚15d，以使钢筋满足锚固要求。但应注意的是，如果设计图纸对于钢筋锚固平直段有特殊要求，且由于钢腹板或翼缘的存在而不能满足要求时，应与设计者进行协商处理。

5.劲性混凝土模板与混凝土施工

框架柱由于受柱内型钢柱的影响，加上柱内钢筋较为密集，无法采用常规的PVC塑料管内穿对拉螺杆的方法进行柱模板的加固。可以采用外部强化模板的方式，加设龙骨和侧向支撑，保证模板系统的稳固性。特殊情况下，可以采用型钢打孔的方式，穿过对拉螺栓，但不宜过多。

由于劲性柱间钢筋及钢骨十分密集，里面空间很狭小，混凝土流动性被严重限制，型钢制作时，加劲肋中心预留浇筑孔洞孔，浇筑混凝土时，施工的关键控制点是确保型钢和钢筋之间的混凝土的密实度。选择合适的混凝土施工配合比，严格控制混凝土坍落度，在浇筑混凝土时，应加强钢柱两侧对称振捣，通过振动棒在有效半径内的充分振捣，从而使型钢空隙部分的混凝土挤密，确保钢骨柱混凝土的浇筑质量。

▢ 本章小结

钢结构属于典型的预制结构，施工中除了确定其基本单元、模块之外，就是现场的吊装、拼装、安装等工艺。钢结构的模块需要根据多种因素来综合考虑，以便确定其施工的方便性。钢结构的模块运输至现场后，采用相应的起重设施将其吊装就位后，进行拼装完成。钢结构的吊装模式与工艺，与预制混凝土结构基本相同，关键性差异在于连接构造。

钢结构的连接主要采用焊接与螺栓连接。焊接属于热加工过程，工艺复杂，存在着较大的残余应力和变形，并容易产生淬火致使钢材力学性能下降。但由于焊接对于构件的加工精度要求较低，因此在钢结构施工中仍大量采用。螺栓连接分为普通螺栓和高强螺栓，力学作用也方式不同。但不论哪一种，对于构件的加工精度要求均较高，螺栓孔位误差控制严格，螺栓孔产生的截面缺损，是导致螺栓连接使用受限的主要原因。在实际工程中，应根据设计要求和现场施工的具体情况，选择合适并有效的连接方式。

▢ 关键概念

钢结构施工基本单元或模块的确定原则；钢结构焊接施工的基本要求；焊接应

力与焊接变形；焊缝缺陷及其处理；普通螺栓连接施工工艺要求；普通螺栓作为永久性螺栓的施工要求；高强螺栓连接施工基本工艺要求；高强螺栓施工注意事项；钢结构防腐涂装的施工工艺流程；钢结构防火涂料的分类与施工工艺

□ 复习思考题

1. 钢结构施工中，确定基本单元或模块的原则是什么？

2. 钢结构焊接施工的基本要求有哪些？

3. 为什么会存在焊接应力与焊接变形？应如何处理以减小焊接应力和变形？

4. 常见的焊缝缺陷有哪些？如何处理？

5. 普通螺栓作为永久性螺栓的连接施工工艺要求有哪些？

6. 高强螺栓连接施工基本工艺要求有哪些？施工时应注意什么？

7. 钢结构防腐涂装的施工工艺流程是什么？

8. 钢结构防火涂料的分类有哪些？其施工工艺是什么？

第六章

结构吊装与安装工程

□ **学习目标**

掌握：起重机械的基本性能与要求，常用起重设备及其适用范围，起重设备使用中的安全注意事项。

熟悉：钢筋混凝土构件的绑扎、起吊与运输，大型钢筋混凝土构件的就位与吊装。

了解：钢筋混凝土结构体系的吊装安装。

在建筑工程施工过程中，除了常见的在现场浇筑的钢筋混凝土结构之外，也有很多构件、设备是成品或半成品，是直接从工厂中采购或在加工中心完成初步制造后运输至现场的。由于这些成品或半成品，以及现场施工所需要的大量的材料、工具等，必须通过起重设备，将其运送到工作面上，才能保证工程的有效进行，因此垂直起重运输设备与施工工艺，包括如何选择、使用这些设备，如何避免设备使用过程中的事故与伤害等，是建设工程施工过程中的重点内容之一，也是现代工程建设组织管理者与工程技术人员必须掌握的基础知识。

第一节　常用的起重设备及其应用

作为建设工程项目必备的设备之一，任何起重设备均须具备以下几个基本要素：高位固定支撑点、动力设施以及传力构造。起重设备的高位固定支撑点多采用钢制高杆、塔架构成，也可以利用建筑物自身或自然地貌（如山体）形成高位支撑固定点；传力系统基本采用钢丝绳、滑轮组实现；在动力设施的选择上，固定式的起重机一般选择电动机（卷扬机），移动式的起重机则多选择柴油或汽油内燃机。

现代化的起重设备一般均属于工业化生产的固定型号设备，具有固定的参数与使用范围，在其适用范围内，具备有效的安全保障，因此在设备选型过程中，如果不是特殊需要，均在固定型号起重设备中进行选择。但在有些特殊情况下，由于固定型号设备自身的限制，施工单位也可以在现场根据具体要求由施工单位自行设计搭设起重设施。

在一般建筑工程项目中，最常用的起重设备包括：杆式、塔式两类起重设备，以及门架、井架、人货两用电梯、简易起重机等辅助性起重设备。

一、起重机械的基本性能与要求

不论是哪一种起重设备，其基本性能都主要包括起重力矩和起重高度两个关键性参数。

起重力矩是起重机的关键性参数，该参数越大，则起重能力越强。起重力矩与起重半径、起重量有关：$M_{起} = QR$，其中 $M_{起}$ 为设备的起重力矩，Q 为起重时的物体重量，R 为该物体可能放置的最大半径。显然，当起重设备的起重力矩固定时，Q 与 R 呈反比。

另外，在施工中，为了防止起重设备在过大的起重力矩下导致倾覆事故，必须保持其自身的稳定性。起重设备保持自身稳定性的关键参数是抗倾覆力矩，一般情况下，抗倾覆力矩 $M_{抗} \geq 1.2 \sim 1.5M_{起}$。为了保证施工安全，抗倾覆力矩至少要达到 1.2 倍的起重力矩，但也不宜超过 1.5 倍的起重力矩，以免造成浪费。

起重高度是指起重机可以将被吊物起吊达到的最大高度。起重高度越大，对起重机的性能要求也就越高，起重机的工作能力也就越强。

二、常用起重设备及其适用范围

在建筑工程施工中主要使用杆式和塔式两类起重设备，这两类起重设备可以满足大多数情况下的施工起重要求：

（一）杆式起重机

杆式起重机是最为常见的起重设备之一，该类设备通过斜向钢制起重臂，形成高位支撑点，故称为杆式起重机。根据底盘的运行方式，常见的杆式起重机有轮胎式和履带式两类。

1.轮胎式杆式起重机

轮胎式杆式起重机俗称"汽车吊"，即安装在汽车（卡车）底盘上的起重机（如图6-1所示）。轮胎式起重机的特点与应用范围如下：

（1）移动与转场方便，但不适用于崎岖场地。

由于有卡车底盘，只要有公路或简单铺装的路面，轮胎式起重机就可以在不同的场地之间自行周转，而无需借助外部设备或设施，这是该起重机的最大优势。正因为如此，轮胎式起重机的转运成本较低，使用方便，可以随时使用，因

图6-1　轮胎式杆式起重机

此轮胎式起重机是绝大多数位于市区的施工项目常用的起重机械之一。但由于汽车底盘自身的限制，轮胎式起重机无法在泥泞、松软、崎岖或松软的恶劣场地行驶，因而也就无法进行相关的吊装工作——在乡村、野外或大面积的简易场地内，不方便施工。

（2）液压支撑系统，稳定性好，适用于倾斜度较大的地面，但机位调整不便。

由于轮胎式起重机地面接触装置的不稳定性，因此在其工作时采用伸缩式液压支撑杆来扩大落地支撑面积以保证稳定性。这种伸缩式液压支撑杆可以根据地面起伏状况，伸出不同的长度，以确保起重机工作平台的水平，因此该类设备具备在倾斜场地保持车身水平的功能，能够在一定程度上适用于具有较大倾斜度的场地。但也正是由于受支撑系统的限制，轮胎式起重机在施工过程中，如果就位不准确，位置调整起来就十分困难，给吊装工作带来不便。

（3）伸缩式起重臂，灵活方便，但其刚度小，长度受限。

轮胎式起重机的起重臂为钢制伸缩式箱型截面，根据施工起吊的需要进行长度的调整，不工作时全部回缩，十分方便。这种设计使得起重臂空间占用小，在起重机运行周转时十分方便，但也正是由于这种伸缩式构造，起重臂内部必须是中空的，抗弯能力弱，其刚度与长度均受到一定的限制，在具体施工中则体现在起重高度的有限性上。

（4）轻便灵活但功率较小，抗倾覆力矩不足。

轮胎式起重机为了便于公路行驶，满足交通管理部门的规定要求，其自身重量大多较轻，使用非常方便。但由于这一特点使其抗倾覆力矩也较小，因此起重能力也受到限制。另外，由于使用汽车发动机作为动力，其功率也受到了较大的限制，不能实现较大重量构配件的吊装或安装。

从以上分析可见，轮胎式起重机一般都应用于市区建设项目中，主要在临时性、短期性、辅助性的起重施工过程中使用。最常见的施工过程是采用该设备来安装塔式起重机，或为多层建筑吊装屋面构造，如冷却塔、制冷机组等。另外，轮胎式起重机也经常被用来进行市内广告牌、临时性修缮工程的吊装使用。

2.履带式杆式起重机

履带式杆式起重机，是安装在履带底盘上的起重机（如图6-2所示），俗称

"履带吊"。与轮胎式起重机相比，履带式起重机有其自身的优势，但也存在一定的缺陷。

图6-2　履带式杆式起重机

（1）比较适合在崎岖场地内作业，但自身转场困难。

履带式起重机的突出特点，是履带底盘能够在崎岖、泥泞甚至松软的场地内自如行驶，因此特别适合在野外、大面积场地内、工业厂区进行吊装施工作业。但也正是由于履带的原因，设备自身行驶速度较慢，如果直接在公路上行驶，还会损坏路面。所以履带式起重机在转场时，必须采用大型拖车来实现，这一过程相对于汽车式起重机来讲不仅复杂，而且成本较高，不适用于小工作量、临时性的起吊运输工艺过程。

（2）履带支撑，机位调整方便，但不适用于倾斜度较大的场地。

履带式起重机在起吊重物的时候，以履带底盘支撑地面，无需固定式的液压杆，在不满足吊装位置时，机位可以随时调整。如果调整位置变化不大，甚至可以载荷进行（但不宜载荷行驶）。这使得该设备具有更好的适应性和灵活性。然而，正是由于该设备依靠履带底盘进行支撑，当场地倾斜度较大时，设备自身也会随之倾斜，不能进行调整，也就无法进行相关的吊装作业。随着技术的进步，有些大型履带式起重机也安装了液压支撑系统，可以实现设备的水平调整，但采用该支撑系统后，履带式起重机能灵活调整机位的优势也随之丧失。

（3）功率大、自重大，可以实现较大的起重量。

由于采用大型拖车进行转运，或者通过将其零部件运输至现场再进行拼装的方式实现转运，履带式起重机机身可以非常庞大，并配有大功率的发动机，自身重量或配载也非常大，因此履带式起重机能够达到非常大的抗倾覆力矩，可以进行超大重量的起吊施工。目前，已知最大的履带式起重机，其起重量可达惊人的3 000吨，远超轮胎式起重机。

📖 扩展阅读——起重机的历史与发展前沿

（1）起重机的历史。

现代起重机源于14世纪西欧出现的人力或畜力驱动的转动臂架式起重机。图6-3为15世纪末期达·芬奇设计的起重机。

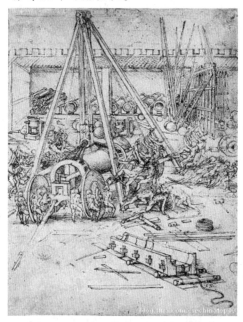

图6-3 达·芬奇设计的起重机

19世纪前期，出现了桥式起重机。起重机的重要磨损件，如轴、齿轮和吊具等开始采用金属材料制造，并开始采用水力驱动。19世纪后期，蒸汽驱动的起重机逐渐取代了水力驱动的起重机。从20世纪20年代开始，由于电气工业和内燃机工业的迅速发展，以电动机或内燃机为动力装置的各种起重机基本形成。

履带技术发源于欧洲，早在1769年，在世界第一辆蒸汽汽车诞生后不久，就有人设想给铁制车轮套装上木头和橡胶制作"履带"，让笨重的蒸汽汽车能在松软的地面上行驶，但是，早期的履带性能不佳，使用效果并不好。直到1901年，美国的伦巴德在研制林业用牵引车辆时，才发明出第一条实用效果较好的履带。1904年，美国人霍尔特（C.H.Holt）以蒸汽机为动力，成功研制出世界第一台履带式拖拉机，并以此为基础，研制成功了世界第一台履带式推土机。他所开办的拖拉机厂，后来发展成为世界第一大工程机械集团——美国卡特彼勒公司。

1915年8月，英国以履带式农用拖拉机为基础，研制成功"小游民"装甲车，这是现代坦克的雏形。此后，履带技术得到极大发展，广泛应用于工程机械、坦克、装甲车等领域。履带式行驶机构与桁架式起重机相结合，极大提升了重型设备的吊装效率。经过近百年的发展，目前世界最大的履带式起重机，起重吨位已经达到3 200吨，成为在核电站、石油化工等大型工程建设中不可或缺的重要设备。

目前，世界上能够生产800吨级以上大型履带式起重机的厂家主要有：德国利勃海尔（LIEBHERR）、美国特雷克斯-德马格（TEREX-DEMAG）、美国马尼托瓦克（MANITOWC）、中国三一重工、中国中联重科、中国抚挖重工、日本神钢（KOBELCO）等企业。

（2）德国的起重机。

德国利勃海尔集团是世界领先的重型机械制造商之一，1949年由汉斯·利勃海尔创立于德国南部小镇基希多夫（Kirchdorf）。2005年，利勃海尔推出的LR11350履带式起重机，最大起重能力为1 350吨，工作半径为12米，最大载荷力为矩22 748吨米，主起重臂长30～150米，副臂长36～114米（如图6-4所示）。该产品的前两台都卖给了中国用户，售价1.7亿元人民币。2006年6月，中石油一建用该型起重机，为大连石化公司成功吊装了1 206吨重的加氢反应器。

图6-4　LR 11350履带式起重机

（3）美国的起重机。

美国特雷克斯是全球第三大工程机械制造商，总部设在美国康涅狄格州的西港。1918年，特雷克斯设计了第一台轮胎起重机。2006年推出的特雷克斯CC12600型履带式起重机，最大起重能力为1 600吨，工作半径为8米，采用戴姆勒克莱斯勒OM 442 LA（405千瓦）发动机，主臂长54～114米，固定副臂长42～120米。

2007年底，特雷克斯以2 000万欧元，售出第一台CC8800-1 TWIN型履带式起重机，最大起重能力为3 200吨，工作半径为8米，最大起重力矩为44 000吨米。

这是当时世界起重能力最大的履带式起重机（如图6-5所示）。该机实质上是由两台1 600吨级CC8800-1型吊机组成的双臂架吊机，超起状态时配重为1 740吨。2008年4月2日，中国核工业建设集团中原建设公司订购了一台CC8800-1 TWIN型3 200吨级履带式起重机，用于山东海阳核电站的建设，合同金额超过2亿元。

图6-5　CC8800-1 TWIN型履带起重机

美国马尼托瓦克起重机公司，创建于1902年，位于美国威斯康星州马尼托瓦市，前身是一家造船厂，目前是世界最大的移动起重机制造商。1925年，马尼托瓦克制造出第一台作为工厂自用的桁架式履带式起重机，此后，涉足船舶起重机及轮式起重机等产品，拥有万国（National）随车吊等品牌。著名的M21000型履带吊，起重量为1 000美吨（907吨），该车具有非常低的重心和独特的4组8条履带行驶装置。2006年2月，中石化山东十建购买了一台该型履带吊。马尼托瓦克1 300吨级M1200型履带式起重机，具有环轨装置。环轨位于起重机行驶机构的外围，提高了整机的稳定性。但构筑环轨增加了费用，起重机在使用中无法带载行驶。

（4）日本的起重机。

日本的履带式起重机起步于20世纪五六十年代，以机械传动为主，70年代开始迅速发展，传动以液压为主。日本的起重机生产厂家，主要有神钢（KOBELCO）、日立住友（Hitachi-Sumitomo）和石川岛（IHI）公司。

神户制钢（KOBELCO）创立于1905年，从1953年开始生产轮胎式起重机。1964年开发了3 000系列履带式起重机，1977年开发了5 000系列履带式起重机，1983年成功设计了5 650型履带式起重机，最大起重量为650吨，1984年升级换代为7000系列。1993年研制成功SL13000型履带式起重机，最大起重吨位达到800吨（如图6-6所示），这是当时日本研制的最大型号的履带式起重机。此外，还针对欧美市场开发了60～250吨级的CKE系列履带式起重机。其产品系列化程度高，注重发展中小吨位履带式起重机，因此在全球市场占有一定份额。

图6-6 SL13000型履带式起重机

住友是日本屈指可数的企业集团，历史可追溯至1585年，明治时期形成住友财阀，二战后被强令肢解。各企业独立发展后，形成今天的住友企业群。1963年，住友重机械工业株式会社与美国林克-贝尔特（Link-belt）公司合作，研制履带式起重机及汽车起重机。1964年开始销售"住友Link-belt"牌汽车起重机，1970年开发出油压式卡车起重机，1975年在千叶工厂开始制造液压履带式起重机，1990年开发出全地面起重机。

日立创建于1910年。1965年，日立制作所的建设机械销售部门及服务部门合并后，成立日立建机株式会社，1970年设立工厂，1971年开始销售KH150全油压式履带式起重机。1981年与多田铁工所合作，生产卡车起重机和履带式起重机。1994年，将KH系列升级为CX系列。

2001年，住友建机公司进行重组，设立住友重机械建机起重机株式会社。2002年7月1日，住友重机与日立建机株式会社合并，成立日立住友（Hitachi-Sumitomo）重机械建机起重机株式会社，主要生产30～750吨级SCX系列履带式起重机，以及全地面起重机。2008年，其销售收入为5.18亿美元。

日本石川岛播磨重工业株式会社（IHI），成立于1853年，至今已有150多年历史，是日本三大重工业制造企业之一。它的前身为造船厂，现已发展为全面的重工业制造商，产品涉及航空航天、核电化工、交通船舶、工程机械等门类。起重机产品是IHI的弱项，主要与美国特雷克斯合作生产275吨以下级别的履带式起重机。

总的来说，日本企业生产的履带式起重机，主要以300吨以下的型号为主，注重产品的精细化和系列化，与欧美产品相比，以性价比取胜，比较适合发展中国家的市场需求。

（5）中国的起重机。

我国目前是世界最大的起重机市场，但起重机发展的历史较短。2004年之前，不要说250吨以上，即便是150吨以上的履带式起重机也全部依靠进口。当时国产最大的液压履带式起重机，是抚顺挖掘机厂生产的QUY150A型150吨级履带式起重机。

我国起重机历史，发端于中华人民共和国成立初期。1954年，北京建华铁工厂试制成功"少先式"起重机。该机除用电动卷扬起吊货物外，转向与行驶均靠人力。同年9月6日，抚顺重型机械厂试制成功2~6吨塔式起重机。1957年底，北京建华铁工厂通过仿制苏联K51型5吨机械式汽车起重机，制成K32型汽车吊，成为国内第一家生产轮式起重机的企业。同年9月30日，抚顺重型机械厂试制成功了我国第一台1.5m³抓斗式起重机，每小时可装卸90吨煤。

1958年，北京建华铁工厂在K32型基础上改进设计的Q51型5吨汽车起重机批量生产后推广到全国多家工厂进行生产，同年8月工厂正式改名为"北京起重机器厂"（简称"北起"）。1960年，改进设计的机械传动Q81型8吨汽车起重机以及100吨桥式起重机试制成功，Q51型5吨汽车起重机出口援外，开启了中国汽车起重机的出口历史。

1963年3月，徐州重型机械厂（徐工集团前身）生产的第一台Q51型5吨汽车起重机下线。1964年，北起开始研制液压元件，为生产液压式起重机打下基础。1968年，Q84型8吨液压汽车起重机试制成功，这是我国自行研制的第一台液压式汽车起重机。1976年，北起与长沙建设机械研究所联合，试制成功QD100型100吨桁架臂式汽车起重机，并应用于唐山大地震的抢险。

1984年，抚顺挖掘机制造厂引进日立技术，生产出国内第一台QUY50A型50吨级液压履带式起重机。2004年开始，随着中国经济的崛起，电力、石化、钢铁、交通基础设施进入建设高潮期，国内履带式挖掘机市场快速发展。有实力的企业加大了对履带式起重机的研发投入，抚顺挖掘机制造有限责任公司于2005—2006年间，先后推出了250吨和350吨履带式起重机，徐州重型机械有限公司2005年推出了300吨履带式起重机。除了以上两家国内原有的履带式起重机生产厂家外，2004年上海三一科技有限公司也加入了履带式起重机制造商的行列，陆续推出50吨、80吨和150吨履带式起重机，2006年又推出了400吨履带式起重机。2004年年底，中联重科浦沅分公司推出了200吨履带式起重机，此后又陆续推出了70吨、100吨、160吨和50吨履带式起重机。至此，国内履带式起重机已有35~400吨十几个型号，形成了较为全面的产品型谱。抚挖、徐重、三一、中联浦沅成为主要生产企业。

21世纪初，我国大吨位履带起重设备市场一直被国外品牌垄断，国货的研发制造水准远远滞后市场需求。直至2004年，三一率先研制出国内首台400吨履带起重机，23次核电站穹顶吊装震惊世界，自此带动国产大吨位履带起重机技术突飞猛进，开始"收复失地"。

2006年底，徐重和中联浦沅分别推出450吨和600吨级履带式起重机。2007年，上海三一科技陆续推出630吨、900吨级履带式起重机，2008年推出1 000吨级产品。2009年4月22日，抚挖重工与中国第一冶金建设有限责任公司签约，为其研制了一台1 000吨级履带式起重机，合同价格1.378亿元人民币。2009年9月28日，由中联浦沅与大连理工大学合作开发的QUY1000型1 000吨级履带式起重机正式下线。徐重的1 000吨级履带式起重机正在研发中，将于近期下线。代表世界最高水平的1 600～3 200吨级履带式起重机，三一科技、中联浦沅等企业均已具备研发实力。至此，中国履带式起重机行业，用了5年时间实现了整体式跨越。被日本企业占领的中小吨位履带吊市场，已经逐步被国内企业收复。大型履带式起重机市场，也越来越多地出现国产品牌，形成与欧美企业分庭抗礼的局面。

2011年5月29日，三一重工在江苏昆山三一产业园推出了当时世界最大的履带式起重机——SCC86 000TM。该起重机重量达到3 600吨级，最大起重力矩达到86 000吨米。2020年7月15日，山东寿光鲁清石化项目现场，由三一重工研发制造、超越SCC86 000TM的全球最大4 000吨履带起重机SCC40000A（如图6-7所示）顺利完成了4号"1 500吨级"丙烯塔吊装。该起重机最大起重力矩90 000吨米，该产品拥有20多项发明专利，其中2项为国际发明专利（据工人日报客户端2020年7月17日消息）。

世界1 000吨以上部分履带式起重机概况见表6-1。

图6-7　SCC40000A履带式起重机

（据工人日报客户端配图）

表6-1　　　　　　　　　世界1 000吨以上部分履带式起重机概况

排名	型号	生产厂家	基本状况
1	SAN SCC40000A	中国三一重工	4 000吨履带式起重机
2	XGC88000	中国徐工	4 000吨履带式起重机
3	SANY SCC86000TM	中国三一重工	3 600吨履带式起重机（2011年5月推出双臂结构）
4	ZOOMLION ZCC3200NP	中国中联重科	3 200吨履带式起重机（2011年5月推出双臂结构）
5	TEREX-DEMAG CC8800-1 TWIN	美国特雷克斯-德马格	3 200吨履带式起重机（2006年12月双臂结构）
6	Liebherr LR LR13000	德国利勃海尔	3 000吨履带式起重机（2011年推出单臂结构）
7	Lampson LTL-2600	美国兰普森	2 350吨履带式起重机
8	MANITOWOC M31000	美国马尼托瓦克	2 300吨履带式起重机（2010年推出）
9	DEEP SOUTH TC36000V	美国深南起重	2 268吨履带式起重机
10	XCMG XGC28000	中国徐工	2 000吨级履带式起重机（2010年推出）
11	SANY SCC16000	中国三一重工	1 600吨履带式起重机（2010年11月推出）
12	TEREX-DEMAG CC12600	美国特雷克斯-德马格	1 600吨履带式起重机
13	TEREX-DEMAG CC9800	美国特雷克斯-德马格	1 600吨履带式起重机（2008年12月推出）
14	TEREX-DEMAG CC8800-1	美国特雷克斯-德马格	1 600吨履带式起重机（CC8800升级版）
15	Liebherr LR11350	德国利勃海尔	1 350吨履带式起重机
16	MANITOWOC M1200	美国马尼托瓦克	1 300吨履带式起重机（带环轨）
17	MANITOWOC M2250	美国马尼托瓦克	1 300吨履带式起重机（不带环轨）
18	TEREX-DEMAG CC8800	美国特雷克斯-德马格	1 250吨履带式起重机（2002年推出）
19	TEREX-DEMAG CC6800	美国特雷克斯-德马格	1 250吨履带式起重机（2006年12月推出）
20	FUWA QUY1250	中国抚挖重工	1 250吨履带式起重机（2010年推出）
21	SANY SCC11800	中国三一重工	1 180吨履带式起重机（2009年11月推出）
22	SANY SCC10000	中国三一重工	1 000吨履带式起重机（2008年推出）
23	ZOOMLION QUY1000	中国中联浦沅	1 000吨履带式起重机（2009年9月推出）

（二）塔式起重机

杆式起重机的斜臂在吊装过程中，可能产生与构件或建筑物碰撞的问题（此问题将在后文中详述），限制了设备的有效使用，尤其是在高层、超高层建筑中，杆式起重机基本不能承担吊装工作。除了特殊的项目，如单层工业厂房、大型体育场馆、发电站等外，一般普通建筑工程项目施工起重吊装工作的核心特征是，起重覆盖面积（半径需求）较小，单次起重量与几何体积也不大，但起重频次要求较高，而且使用与占用周期较长。基于以上特点，更加适合普通建筑工程的起重机是塔式起重机。

塔式起重机由主塔与横臂组成，主塔呈垂直状态，横臂架设在主塔上，呈水平或倾斜状。起重高度由主塔实现，起重范围（半径）由横臂实现，塔式起重机的横臂与主塔之间呈直角，具有较大的空间，在使用中更加方便，一般不会导致杆式起重机常见的碰撞问题。

常用的塔式起重机有轨道式、附着式和爬升式（内爬式）三种。

1.轨道式塔式起重机

轨道式塔式起重机俗称"轨道吊"，是设置在可以行驶于专用钢制轨道底盘上的塔式起重机（如图6-8所示）。在使用过程中，施工现场可以根据需要设置轨道，使该起重机能够覆盖最大范围的场地，载荷行驶并同时实现垂直和水平运输。但也正是由于轨道吊需要满足行驶状态的特点，相关构造也限制了设备的使用。

图6-8　轨道式塔式起重机

（1）抗倾覆力矩较小，起重高度受限。

设置于轨道上的起重机，由于行驶的需要，其底部无法与地面形成固定连接，因此其抗倾覆力矩只能依靠底盘上设置的配重来实现；而较大的配重无疑会降低设备的机动性能，使能耗增加，制动性能下降，因此轨道吊必须在起重能力与机动性之间进行平衡，起重力矩必然会受到限制，以免在施工中的安全性大幅度降低。

抗倾覆力矩较小，机动性与制动性要求较高，使用中的安全性（避免晃动）等都制约着轨道式起重机的主塔和起吊高度。为了弥补这些缺陷，轨道式起重机的横臂一般采取俯仰变幅的方式，即将横臂的一端固定于塔架上，另一端可以通过俯仰角度的变化，调整起吊高度和水平位置，用来降低吊装过程中的水平惯性。

（2）视野欠佳，操作性能降低。

轨道吊的移动工作形式，使其主塔顶部在起吊过程中必然始终处于摇晃状态中，尽管其幅度满足安全要求，但出于安全及人员心理承受能力的考虑，驾驶员不能在高空进行操作。驾驶操作室一般都设置在底盘上部，高度不高但稳定性相对较好的位置。驾驶员在这一位置上，能够较好地看清地面上的状况，但对于建筑物上面吊钩落点处的情况，则必须依赖于起重信号，使其操作性能明显降低。

从以上分析可见，轨道式起重机最适用于高度不高、起重量不大，但线性长度较长的建筑施工中。从目前各大中城市的使用情况来看，除非建设项目的特殊需要，轨道式起重机几乎已经绝迹。

2.附着式塔式起重机

附着式塔式起重机即最为常见的塔吊，是固定于正在施工的建筑物侧面，并附着在结构主体上的塔式起重机。起吊臂一般水平放置，吊钩设置可以在吊臂上运行的天车上，实现在吊臂半径范围内的有效覆盖（如图6-9所示）。

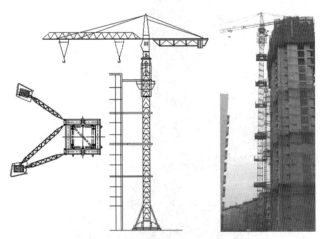

图6-9　附着式塔式起重机

综合来看，附着式塔式起重机具有以下特点：

（1）稳定性好，起吊高度高。

塔式起重机一般采用固定式钢筋混凝土基础，可以承担较大的垂直荷载和侧向弯矩，抗倾覆能力非常强。为了避免塔架的升高形成的不稳定性，附着式起重机主塔每隔一定的高度，就采用侧向支撑与建筑结构主体相连接，从而形成稳固的体系，能够达到较高的起吊高度。一般来说，在150米以下建筑物的施工中，附着式起重机是最佳的选择。

（2）操作视野开阔，精确度高。

稳定性的增加可以使附着式起重机的驾驶室设置在主塔与横臂的相连处，驾驶员可以同时目视建筑底部待起吊场地和顶部安装操作面，其操作的有效性和精度大幅度提高。尤其在安全操作方面，驾驶员无需起重操作人员的指挥，不存在盲视操作，安全性大幅度提高。

（3）自我升降，操作方便，但有效覆盖面积小，高度受到限制。

附着式起重机主机系统与塔架之间并非直接连接在一起，而是通过一个可以自动升降的连接构造实现连接。当主塔的高度不满足要求时，连接构造的千斤顶顶升塔架，形成空置的节间，塔吊起吊一个自由节间桁架，置于连接节间平台上，工人在平台上将其固定在千斤顶顶升形成的空节间上（如图6-10所示）。以上过程不断重复，塔架便可逐级上升——该过程也可以逆向进行，塔架便会逐级下降。

图6-10　附着式起重机主机的自我升降

自行升降的过程，可以使得附着塔吊能够适应各种高度的建筑，十分便于施工。但在实现塔架自动顶升的同时，为了保证塔架能够自动回降，必须将塔架附着在建筑物外侧凸处，而不是凹处，否则在回降的过程中，塔臂或者后部配重均会形成阻碍（如图6-11a所示），因此为了保证吊臂对于待建建筑物平面的有效覆盖，必须增加臂长，由此形成塔臂有效覆盖率的大幅度降低，成本也会上升（如图6-11b所示）。

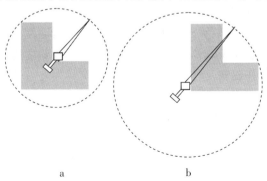

a　　　　　　　　　　b

图6-11　附着式起重机塔臂有效覆盖率

同时，随着塔架的升高，塔吊自身主体的重量会逐渐增加，致使塔吊基础和下部竖向桁架所承担的荷载增加，当基础与塔身承载力不变时，塔吊起吊时所能承担的吊装有效载荷降低。当有效吊装载荷不能满足施工要求时，附着式塔吊即不再满足需要，必须采用其他的起重机。

3.爬升式塔式起重机

爬升式塔式起重机，一般被称为"内爬式塔吊"，是直接坐落在建筑物主体结构顶部之上，并能随建筑物高度增加而不断升高的起重机（如图6-12、图6-13所示）。

图6-12　爬升式塔式起重机　　　　图6-13　爬升式塔式起重机内部构造

这类起重机的特点在于以下几方面：

（1）没有高度限制，稳定性好，覆盖率高，但驾驶员视野欠佳。

由于直接坐落在结构主体上，因此内爬式起重机的稳定性好，有效面积覆盖率高，不需要较大的半径即可以覆盖全部建筑平面；不仅如此，这种起重机最大的优势还在于起吊高度没有限制，适用并满足于任何高度的建筑工程项目，一般高度在150米以上时，其优势十分明显。正因为如此，内爬式塔吊已经成为超高层建筑的首选起重设备，并且是唯一的选择。

内爬式塔吊的操作人员所处位置在主塔与横臂交接处，可以实现对工作面的有效监控；但由于建筑本身的阻碍，难以对地面起吊点形成直接的监控。目前，随着技术的进步，这一问题可以通过高清摄像机、驾驶室大屏幕监控等办法有效解决。

（2）上升容易，拆卸困难。

爬升式起重机的基座坐落于结构主体，一般在钢筋混凝土核心筒壁上，提升模式与大模板相同。随着建筑物高度的增加，起重机可以随之逐渐升高，没有任何限制。但正是由于坐落在建筑主体结构之上，在建筑封顶之后，起重机不可能像附着式起重机一样自我回降至地面。同时，采用内爬式塔吊的建筑物高度均较高，大多超过200米，因此拆卸十分困难，成本也会大幅度上升，因此施工方必须明确，内爬式塔吊的拆卸问题，是必须面对和解决的。

目前，内爬式塔吊的拆卸一般都采用分级递次拆卸的方式：

首先在屋面选择适当的位置，采用原内爬式塔吊安装次级中型起重机，利用该次级起重机拆卸内爬式塔吊；其次，再采用次级起重机安装小型起重机，使用小型起重机拆卸中型起重机；再次，安装简易起重机或建筑顶部永久性起重设备（一般作为建筑物外立面维护、吊装吊篮等使用），再使用该类设备拆卸小型起重机；最后，对于不再需要的简易起重设备，采用人力拆除即可。

由于屋面狭小，结构承载力有限，因此在采用递次拆卸的方式时，需要详细考虑每一次起重机的占位、拆卸、周转以及可能对原有结构造成的影响，不满足要求时则需要对结构体系进行适当的加固处理。这些关键事项不能在拆卸起重机时才临时筹划，而应在最初采用内爬式塔吊的施工组织中就要有明确的施工方案设计。

（三）其他起重设备

在建设工程项目施工中，除了最为常见的杆式与塔式起重机外，其他类型的起重设备相对较少，但在一些特定的项目中，也有使用，或作为主要起重设备的辅助与补充。

1.井架、提升架等简易起重设备

对于小型建设项目，比如6层以下的砖混建筑、一般钢筋混凝土结构建筑等，塔吊的使用成本相对较高，而汽车吊又不可能随时在现场使用，因此一般都会选择井架、龙门架等简易提升设备。这些一般均属于非制式设备，由施工方根据需要，选择有特殊资质的专业承包商进行设计安装。

井架固定在建筑物侧面的特定位置上，通过每一个层间的上料平台与建筑物工作面相连；采用地面卷扬机、定滑轮、运输平台等设施构成提升系统，简单方便，造价低廉（如图6-14所示）。

图6-14 井架

　　桅杆式起重机也是一种常见的简易起重机。尽管这类起重机也有工业化生产的制式设备，但简易的构造方式，使其在施工现场可以使用简单的杆件和设备，如脚手架杆配以手动葫芦，即可搭设完成，并满足简单吊装工作的需要。这类起重机的方便性、低成本是毋庸置疑的，但如果不采用各种参数明确的制式产品，仅凭经验在现场进行搭设，其安全性则难以保证，因此在采用时，应由现场的工程技术人员，制订安全可行的搭设方案、施工计划，做好相关的计算分析，在确保安全的前提下方可使用（如图6-15所示）。

图6-15　桅杆式起重机

　　桅杆式起重机安装简单随意，使用方便，是内爬式塔吊拆卸过程中的关键性技术措施。

　　2.门式起重机

　　门式起重机不属于常规建筑工程项目所采用的设备，大多用于工业生产固定生产线上的相关吊装工作。在建筑工程中，一般使用在起吊高度较小、运输吨位较大、运输距离较长的工程中，如预制构件的生产线等。近年来，由于地铁工程的大量建设，门式起重机在地铁车站、地铁隧道明挖工程等建设项目中应用广泛，是最为适宜的起重机械（如图6-16所示）。

图6-16　门式起重机

3.人货电梯

从严格意义上来讲，人货电梯不属于起重机械，而是在高层建筑施工过程中解决人员上下工作面问题的专用设备。但在实际施工中，一些散料、少量的装饰装修材料、小型工器具等也可以通过人货电梯随操作工人一起运输至施工操作平面，而且十分方便，因此几乎所有高层建筑施工中均安装有人货电梯，该设备已经成为塔吊在垂直运输方面的有力补充，尤其是在主体完成并拆除了塔吊之后的装饰工程中，人货电梯成为最主要的材料垂直运输工具（如图6-17所示）。

图6-17　人货电梯

4.非常规起重设备

正如前文所述，非常规起重设施不是工业化定制型号的设备，是根据施工现场的特殊需要由专业人员专项设计的临时性、一次性的起重设施。由于没有定型设备所必需的重复性检验或试验过程，这类起重机的安全性一直是使用中的核心问题。对于这些非常规的起重设施与工艺，如果施工单位没有相关资质，必须由专业化的起重作业单位进行操作，以免出现安全事故。

（1）缆索式起重机。

缆索式起重机（如图6-18所示）不是常规建设项目中的施工设备，一般多在桥梁建设中使用，而且多为施工方根据现场需要自行设计建造并安装，制式设备几乎没有。在某些特殊的建筑工程，如大型钢结构屋面施工中，也有使用。

图6-18　缆索式起重机

在桥梁的建设过程中，其下部或是湍急的河水、海峡，或是高山峡谷，在进行桥跨中部构件安装时，常规起重机难以完成相关工作，此时，缆索式起重机则可以发挥其特有的功能。

缆索式起重机的构成包括两侧岸基塔架、架间缆索、天车等部分。在施工中，首先进行岸基的塔架安装施工，然后在两个塔架之间架设缆索，在缆索上安放天车、滑轮组等设施。缆索式起重机覆盖范围大，操作方便，但由于挂置于缆索之上，其稳定性稍差，承载力较低，除非特殊需要，不宜在工程中使用。

（2）结构提升架。

所谓结构提升架并非这类起重设备的专用名词（实际上该类设备也并不存在专用名词），而是泛指直接安装在建筑结构或特殊支架之上的，用于提升大型构件的，临时的、一次性的起重设施。之所以采用这类设备，是因为施工现场，或因高度不足，或因起重量不够，或因造价等其他原因，没有其他起重机械可以选用。

在大型网架结构的施工中，其中一种施工方法，就是在地面拼装后进行整体提升——在网架结构的四周设置提升架，柱子顶部安放卷扬机和滑轮组，由提升机将网架结构直接提升至预定高度后，安装在预先施工完毕的下部结构上（如图6-19a所示）。中央电视台新台址工程的超大型悬臂结构施工中，也是采用了类似的工艺——当两侧主体结构基本完成后，在主体结构侧边安装提升平台和卷扬机组，同时在底部裙房上部拼装悬挑结构桁架，完成后直接提升至预定位置进行高空拼装（如图6-19b所示）。在阿联酋迪拜著名的帆船酒店建设项目中，外部钢结构支撑体系的斜向支撑桁架的安装，所采用的施工模式与工艺也与之相同。

a   b

图6-19 结构提升架

以上结构提升过程的共同特点是无法采用制式设备，只能通过特殊的、一次性的起重设施来实现吊装，施工过程复杂多变，专业化程度高，一般只能依靠专业化的施工承包商（分包商）才能完成。如迪拜帆船酒店项目，就是选择来自新加坡的专业承包商进行的。

除以上两种外，非常规起重设备还有很多，均是根据施工项目的基本状况，在满足高位支撑点、动力设施和传力构造三个基本要素的前提下所实现的起重工程。图6-20为某滑模施工的热电厂烟囱，高度达到200米，但截面较小，前文所提及的各种起重设备均不可使用。现场技术人员设计了特种提升架解决了该问题。

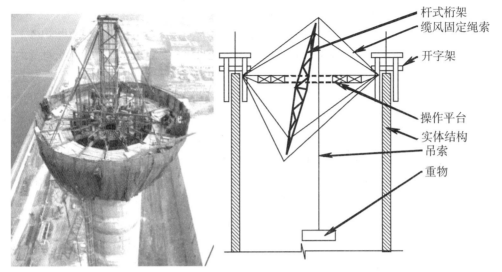

杆式桁架
缆风固定绳索
开字架
操作平台
实体结构
吊索
重物

图6-20 特种提升架

三、起重设备在使用中的安全问题

作为特种设备，起重机械在安装、施工和拆卸过程中，其安全问题不容忽视。由于操作不当，国内外起重设备均发生过极为严重的、甚至导致建筑物整体坍塌的大型事故，因此在住建部有关安全施工的规范中，一直将起重伤害列为重点防范内容。起重吊装工程在施工中，受吊装构件的类型和质量影响较大，正确选用起重机具是完成吊装任务最主要的前提。在操作过程中，要时刻注意设备的运行状态、周边的环境状态和吊装构配件的应力状态等变化，采取可靠措施避免危害的发生。

（一）起重吊装作业的操作人员、操作场地与专项施工方案

1.操作人员

起重机械的操作人员、现场的指挥人员和信号人员，均属于特种作业人员，必须经过国家专门的安全培训，经考试合格，持特种作业操作资格证书，在允许的工种范围内上岗。在就职期间，特种作业人员应按规定程序进行体检和证书的复审。

2.操作场地

在起重吊装作业前，应根据施工组织的设计要求划定危险作业区域，设置醒目的警示标志，防止无关人员进入。施工方应视现场作业环境的情况设置专门监护人员，防止在高处作业或交叉作业时造成的落物伤人事故。塔吊等大型起重机械的旋转半径内，不应设有工人居住设施、办公设施及属于公共的非建设场地或公共设施。当设计规划不可避免地影响到以上区域时，应尽可能使起吊物避免从以上区域上空通过，并在相关区域上部架设有效的防护设施，防止意外散落可能造成的危害。

3.吊装施工方案的制订、审查与论证程序

在施工中，当采用非制式起重设备或非常规施工方式，起吊单件重量100千牛（KN）及以上的起重吊装工程时；或采用起重机械进行的安装工程；或起重机自身的安装拆卸工程，均必须制订专门的安全施工操作方案。除起重机安拆作业实施专业分包，可由分包编制并由其技术负责人签字确认之外，专项施工方案必须由总承包方进行编制。所有专项方案最终均要报总承包方技术安全部门进行审核，由总承包方技术负责人签字确认，报请工程监理单位的本项目总监理工程师审核签字后方可正式实施。

当采用非制式起重设备或非常规施工方式，起吊单件重量达到100千牛（KN）及以上时；或针对起重量达到300千牛（KN）或以上起重安装工程；或实施高度达到200米及以上的内爬式起重机的拆卸工程时，除以上专项施工方案外，还需要进行专家论证。专家论证由总承包方组织实施，工程有关各方均须参加。专家组成员应不少于5人，且工程各参与方人员不得列入专家组成员。完成论证后，待有关专家签字确认后方可实施。

在施工中，必须按照审核批准的施工方案进行，如确有需变更的状况，则需要重新编制相关方案，待重新履行相关程序后再进行施工。

（二）起重设备的制造、安拆与验收认证

在工程中所使用的起重设备，凡是制式产品必须购买具备生产许可证的厂家所生产的合格产品；当采用租用设备时，出租方必须提供设备的年检报告，保证设备处于安全状态。

除了汽车式起重机外，大多数起重机均是在施工现场进行组装，在完成吊装工作后，再拆解后由车辆运离现场，起重设备的安装、拆卸效果将直接影响其工作性能和安全状况。国家有关规定严格要求，除了起重机械在现场的钢筋混凝土基础可以由项目承包企业自行施工完成外，起重机械需要现场安装的，必须由具有相关资质的专业安装企业进行，任何其他施工企业不得擅自进行。

在起重设备安装完成之后，应进行试运转实验和验收，确认符合要求，记录、签字，并报请工程所在地相应的主管部门进行验收合格，颁发检验证书后，方可使用。

（三）基本操作规程、日常性检查与维护

起重机在日常作业时，必须按照审核批复的施工方案进行。不仅如此，其基本操作规程也十分关键和重要。起重机在施工时，要做到"十不吊"，即：超载或被吊物质量不清不吊；指挥信号不明确不吊；捆绑、吊挂不牢或不平衡，可能引起滑动时不吊；被吊物上有人或浮置物时不吊；结构或零部件有影响安全工作的缺陷或损伤时不吊；遇有拉力不清的埋置物件时不吊；工作场地昏暗，无法看清场地、被吊物和指挥信号时不吊；被吊物棱角处与捆绑钢绳间未加衬垫时不吊；歪拉斜吊重物时不吊；容器内装的物品过满时不吊。

另外，尽管履带式起重机、轨道式起重机可以实现载荷行驶，但要尽可能避免带载行驶，如需短距离带载行驶时，荷载不得超过允许起重量的70%，构件离地面

不得大于50厘米，并使构件转至正前方，拉好溜绳，以免由于构件的摆动，对周围产生威胁。

当遇有六级或六级以上强风、浓雾等恶劣气候时，施工现场不得从事露天高处吊装作业，暴风雨、暴风雪等恶劣天气后，应对吊装作业安全设施逐一加以检查。

同时，起重设备在日常使用期间，必须按照操作规程的要求进行检查与维护，做到操作人员上岗、离岗检查，安全人员每日例行检查，特殊吊装作业前后检查，长时间停工时复工前检查，恶劣天气、气候后检查，按操作手册要求进行定期检查以及按照相关要求进行特定检查等。只有这样才能保证起重设备的完好状态，避免发生相关事故。

第二节 预制钢筋混凝土结构的常规吊装与安装工艺

施工中与吊装起重作业最为相关的工艺就是预制结构的吊装与安装工程。在本书中，本章所指的预制结构，特指钢筋混凝土预制结构，不包括钢结构。

一、钢筋混凝土构件的绑扎、起吊与运输

首先应该明确，只有当构件的基本强度满足要求时，方可进行起吊、运输等工作。强度指标由设计者给出；设计者无要求时，一般不得低于75%的设计强度。为了避免预制构件在吊装、运输等过程中被破坏，应尽量减少周转过程。如果场地允许，可以直接在预吊装场地进行预制。

（一）吊点设置的基本原则

当建筑物采用预制装配式结构时，构件多在工厂中进行专业化生产和定制；当现场场地较大或构件的尺度、规格比较特殊时，也可以在现场进行制作。出于构件制作质量和稳定性的考虑，钢筋混凝土预制构件在制作时，除非特别形状无法实现外，一般均采用平卧模式，制作简单，混凝土成形容易，密实度高，质量稳定。

但平卧模式的主要问题在于，除了板之外，其他构件在制作过程与实际结构中的力学状态均存在不一致性。对于设计者来讲，保证结构受力状态的安全性是最为重要的，而其他力学状态，出于经济性的考虑，无论是截面还是配筋，均仅能满足基本构造要求即可，因此构件在起吊时，由于该力学状态配筋不足，容易发生损坏。实际上这也是预制构件产生损耗的主要原因之一，因此在采用预制结构施工时，施工单位必须与结构设计师做好协同，以免出现问题。

通常，设计者会对构件力学状态的转换过程进行相应的内力计算分析，做好相关构造处理，并在指定位置处设置预埋起吊环。当构件没有预设起吊环时，施工方必须与设计方进行沟通，确认起吊位置。在本书第二章中，已经对预制桩的吊点设置原理进行了分析。对于其他构件来讲，其原理基本相同——控制起吊过程中的内

力，使其处于最小状态并满足吊装工艺的要求，是设置吊点的基本原则。

（二）常规构件的吊点确定

1.柱、桩等的吊点

柱、桩等垂直受力构件的吊点可按不同的要求设置多个。当将构件自浇筑位置起吊至拖车上进行运输时，或将构件自拖车上吊至现场预就位场地时，可采用两点或三点水平起吊模式，并保证柱内弯矩最小原则，在这一过程中，构件均呈水平状态（如图6-21a所示）。当将构件从预就位场地起吊至垂直状态并最终就位、临时固定时，则采用一点起吊或同位置处两点起吊。此时，构件产生的吊装弯矩较大，可能出现吊装破坏，应注意验算和监控（如图6-21b所示）。

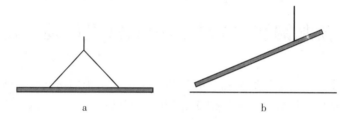

图6-21　柱、桩等的吊点

2.梁、墙、屋架的吊点

梁、屋架等以高度、跨度为主的构件，起吊点数应为两个以上的偶数，并对称设置，其构件重心必须在吊点连线的下部。

对于小跨度梁（6米以下）来讲，吊点可以设在支座截面上部位置处，当跨度较大时（一般6~12米），可设置四个对称吊点，以减小吊装过程中所产生的不当内力，吊点位置应由设计图纸给出，当图纸无标记说明时，应与设计方协调确定（如图6-22所示）。跨度超过12米时，应核算构件由于索具导致的轴向作用，不满足时需要设置横担以减小不当内力，避免破坏。

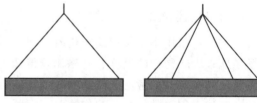

图6-22　小跨度梁的吊点

预制墙体的吊点设置与梁的设置原则相同。由于预制墙体跨度一般较小而高度较大，为了保证其吊装过程的稳定性，多采用两个主吊点并附加两个辅助吊点的模式。主吊点应设置在板的两侧下角处，辅助点在墙面上部，主要起到避免墙面反转的作用。辅助点与安装时的悬挂点应尽量接近，在可以满足要求时，安装悬挂点也可作为辅助吊点使用（如图6-23所示）。

屋架设置两个对称吊点时，必须设置在其1/2高度以上，上弦杆件与腹杆连接处，位置必须由设计方给出，设计图纸未标注时，施工方必须经设计方确认后方可进

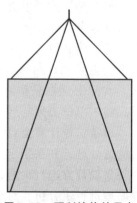

图6-23　预制墙体的吊点

行起吊。当屋架跨度较大，其自重导致下弦受压并可能破坏时，需要设置多组对称吊点，并至少保证一组（一对）吊点设置在屋架重心以上位置。

3.板的吊点

板应采取平吊的方式进行吊装，吊点应设置在板的四角处，并保证在起吊过程中板呈水平状态不变。除非设计有特殊说明，板除了以上吊点外，不宜再设置其他吊点（如图6-24所示）。

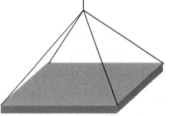

图6-24　板的吊点

（三）索具张角的确定

1.索具张角设置的基本原则

索具张角是指在吊装时直接悬挂构件的一组（对称）吊索之间的夹角。索具的张角越小，则索具内的拉力越小，对构件产生的水平压力也越小。但随着索具张角的减小，索具焦点（吊钩）与构件之间的距离会越远，要求起重机的悬挂点就越高——对于起重设备的要求就越高。

一般情况下，主索具的张角不大于60度（或索具水平角不小于60度），辅助索具的张角不宜大于90度（或其水平角不小于45度）。小跨度（6米以下）的板、梁等受弯构件，较易满足要求，但当跨度增加，不能满足时，须设置横担构造，保证构件的受力状态，以免出现吊装破坏。

2.横担的设置与构造

横担是在吊装构件时所采用的减小直接吊索斜张角措施的构造，具体如图6-25所示。由于横担刚度、强度较大，可以满足轴向作用的要求，因此可以加大其上部的索具张角，降低起吊高度。对于构件来讲，则可以通过横担来减小直接索具的斜度，甚至可以垂直吊装（如图6-26所示），完全消除由于索具所产生的轴向作用，这在吊装大跨度结构或较为纤细的钢结构屋架时显得尤其重要，可以使其受力更加均匀合理，以免出现失稳的情况。

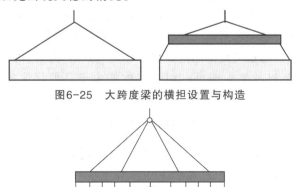

图6-25　大跨度梁的横担设置与构造

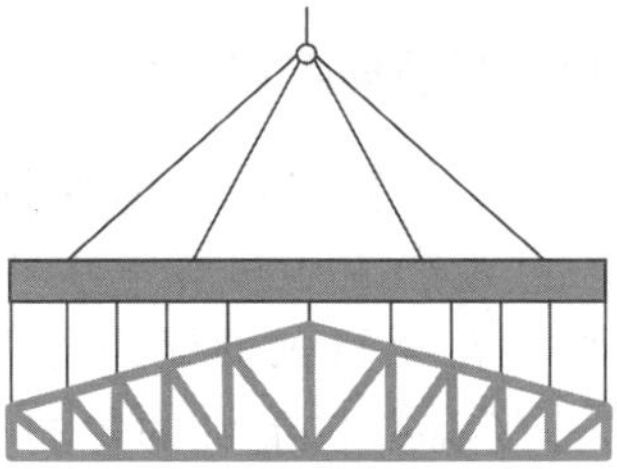

图6-26　横担吊装

（四）构件的运输

1.运输状态

大型构件预制占地较大，一般都采用在场外制作的模式，通过大型拖挂车辆运至现场。除了专门供桥梁使用的大型预制梁外，普通混凝土结构一般难以承受运输过程中所产生的动力荷载，甚至可能出现折断的情形，因此必须对构件进行运输减震设计，以免出现不必要的损失。

在运输构件时，除了垂直受力构件外，其他水平跨度构件应采用与其实际结构受力模式一致的方式进行支撑固定，并在支座处使用垫木进行支撑，底部悬空，不得直接置于拖车上。屋架等侧向尺度较小的构件，在其侧面应做好固定，防止侧摆破坏。平卧构件（如板）可以叠放，但不宜超过4层。柱、桩等构件应按照较大截面竖向放置的原则，在吊点位置加设垫木进行支撑固定。

在运输过程中，行车速度应适当，不宜超过30千米/小时，不得有急速刹车或突然转向操作，并要防止出现较大的颠簸。

2.运输线路的确定

在运输行车线路的选择上，应特别注意道路宽度、转弯半径、承载能力、坡度与竖直角度、行驶速度限制、道路拥堵状态及时间分布、是否经过桥梁或涵洞、隧道及其关键参数、周边居民与企事业单位等因素对运输的影响。运输前必须及时与交通管理部门进行沟通，设计好线路，并请求其协助维持秩序，确保构件运输一次完成。

二、大型结构构件的就位与吊装

构件运至现场后，一般不能从拖车上直接进行吊装并安装就位，大型构件更是如此。施工时先将构件进行现场就位——在预吊场地，按照特定的方式进行摆放，以便吊装一次完成。当现场有条件时，也可以在预吊场地直接进行构件的预制，并按照特定方式摆放好，省去吊装运输环节，以减少损耗并降低成本。

构件的预吊场地就位过程，主要考虑的因素是正式吊装安装过程中的各种几何、力学参数协调，确保起重机一次就能将构件吊装至安装点。在构件就位设计过程中，主要问题包括起重机位的确定和构件位置与摆放方式的确定。小型构件则比较灵活，只要满足起吊要求即可；而大型构件由于几何尺度的原因，相对较为复杂。

（一）大型杆式起重机就位与吊装的限制条件

由于塔式起重机位置完全固定，而门式起重机的使用也十分有限，因此起重机就位确定问题，主要针对的就是汽车式与履带式杆式起重机。尽管有些履带式起重机具有载荷状态下调整机位甚至行驶的能力，但在确定施工方案的过程中，应避免这种情况的出现，宜直接确定起重机的停机位置，确保起吊旋转一次完成。对于汽车式起重机，其位置在吊装过程中是不可改变的，而且其位置调整程序较多、操作复杂，因此必须提前准确地确定其停机位置，以免影响正常施工的顺利进行。

杆式起重机，不论是履带式还是汽车式的，其核心问题都是起重臂的倾斜性——正是由于斜向的起重臂，使得该起重设备的臂下空间非常有限，在施工中稍有不慎就可能使斜臂与吊装物体或建筑物发生碰撞，导致安全事故的发生，因此在此类设备的使用前，尤其是大型设施的吊装前，需要进行停机位置的核算，保证吊装一次成功。

如图6-27所示，一般杆式起重机的基本参数包括：起重安全限制力矩 M_t，起重臂长度 L，起重机底盘高度 h；起重对象、构件的基本参数包括：构建高度 b，构件跨度 S，构件与吊钩的距离 s；房屋的参数包括：跨度 B，高度 H。

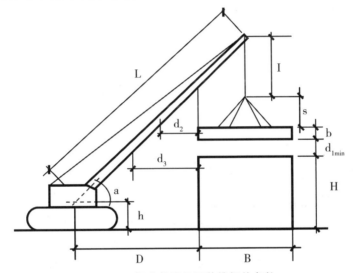

图6-27　杆式起重机吊装的相关参数

在吊装时，为了保证安全，还必须满足以下安全限制条件：

起重臂与构件的安全间距 $d_2 \geq d_{2min}$；起重臂与房屋边缘顶部的安全间距 $d_3 \geq d_{3min}$；构件起吊后其底部与就位点（房屋）之间的安全间距 $d_1 \geq d_{1min}$；起重臂顶端与吊钩最小距离 $l \geq l_{min}$（必要时 l_{min} 可以取0）；在起重过程中构件所产生的倾覆力矩 $M_q = (1.2 \sim 1.5) G \cdot L \cdot \cos\alpha \leq M_t$。

基于以上原则，并取临界指标 $d_1 = d_{1min}$，可有：

对于构件起吊力矩的安全验算：$M_t - M_q \geq 0$ 　　　　　　　　　　　　　　　　　　　　（6-1）

对于起重机臂与构件之间的安全验算：

$$\frac{L \cdot \sin\alpha + h - H - d_{1min} - b}{\tan\alpha} - \frac{S}{2} - d_{2min} \geq 0 \tag{6-2}$$

对于起重机臂与房屋之间的安全验算：

$$\frac{L \cdot \sin\alpha + h - H}{\tan\alpha} - \frac{B}{2} - d_{3min} \geq 0 \tag{6-3}$$

对于起重机端部与吊钩之间的限制验算：

$Lsinα+h-H-d_{1min}-b-s-l_{min}≥0$ (6-4)

根据现场的具体参数，可以计算出起重机臂仰角α的调整范围，进而可以确定起重机停机位置与房屋边缘的距离D：

$D=L\cosα-（B/2）$ (6-5)

其中，构件与吊钩的距离s在本设计中可以取拟吊装设备（构件）水平方向的**最大尺度**（即索具张角φ≤60°）。

然后，再根据构件的吊装就位位置和起重机的吊装旋转弧线，确定构件在现场起吊之前的摆放位置、起重机的行进路线和停机位置。在施工中，由施工员将相关参数向起重机操作人员详细说明，以保证顺利施工。

【例6-1】起重机位置确定示例

某吊装工程，基本参数见表6-2。

表6-2   某吊装工程基本参数

项目		基本参数	项目		基本参数
起重机臂长	L=	60m	构件跨度	D=	20m
起重力矩	M=	2 000 KNm	建筑跨度	B=	30m
构件与建筑的安全距离	d1=	4 m	建筑高度	H=	14m
构件与起重机的安全距离	d2=	1m	构件自重	G=	50KN
构件吊装索具最大张角		90	抗倾覆系数	K=	1.3

由于采用数学方法对方程组求解十分困难，可以使用数值分析的方式进行估算，即以起重机臂的水平夹角α为基数，计算α=［0，90］区间的以上不等式的基本指标，选择满足所有不等式的α取值范围，并结合工程实践的应用需要，确定起重机位置。计算表格见表6-3。

表6-3   起重吊装数值验算表

夹角	抗倾覆验算	起重臂与构件距离	起重臂与房屋距离	起重臂端与吊钩距离
1	-1 899.41	-982.23	-758.07	-26.95
2	-1 897.62	-466.49	-356.94	-25.91
3	-1 894.66	-294.54	-223.22	-24.86
4	-1 890.50	-208.56	-156.36	-23.81
5	-1 885.16	-156.97	-116.25	-22.77
6	-1 878.64	-122.59	-89.53	-21.73
7	-1 870.93	-98.05	-70.47	-20.69
8	-1 862.05	-79.66	-56.20	-19.65

续表

夹角	抗倾覆验算	起重臂与构件距离	起重臂与房屋距离	起重臂端与吊钩距离
9	−1 851.98	−65.39	−45.13	−18.61
10	−1 840.75	−53.99	−36.31	−17.58
11	−1 828.35	−44.70	−29.13	−16.55
12	−1 814.78	−36.99	−23.18	−15.53
13	−1 800.04	−30.50	−18.18	−14.50
14	−1 784.15	−24.98	−13.93	−13.48
15	−1 767.11	−20.22	−10.29	−12.47
16	−1 748.92	−16.10	−7.15	−11.46
17	−1 729.59	−12.50	−4.41	−10.46
18	−1 709.12	−9.33	−2.02	−9.46
19	−1 687.52	−6.54	0.07	−8.47
20	−1 664.80	−4.07	1.92	−7.48
21	−1 640.96	−1.88	3.54	−6.50
22	−1 616.02	0.08	4.98	−5.52
23	−1 589.97	1.82	6.25	−4.56
24	−1 562.83	3.38	7.37	−3.60
25	−1 534.60	4.78	8.36	−2.64
26	−1 505.30	6.02	9.22	−1.70
27	−1 474.93	7.13	9.98	−0.76
28	−1 443.50	8.12	10.65	0.17
29	−1 411.02	9.00	11.22	1.09
30	−1 377.50	9.78	11.71	2.00
31	−1 342.95	10.47	12.13	2.90

续表

夹角	抗倾覆验算	起重臂与构件距离	起重臂与房屋距离	起重臂端与吊钩距离
32	−1 307.39	11.08	12.48	3.80
33	−1 270.82	11.60	12.76	4.68
34	−1 233.25	12.06	12.99	5.55
35	−1 194.69	12.44	13.16	6.41
36	−1 155.17	12.77	13.27	7.27
37	−1 114.68	13.03	13.34	8.11
38	−1 073.24	13.24	13.36	8.94
39	−1 030.87	13.40	13.34	9.76
40	−987.57	13.51	13.28	10.57
41	−943.37	13.58	13.18	11.36
42	−898.26	13.60	13.04	12.15
43	−852.28	13.58	12.87	12.92
44	−805.43	13.52	12.66	13.68
45	−757.72	13.43	12.43	14.43
46	−709.17	13.30	12.16	15.16
47	−659.79	13.13	11.86	15.88
48	−609.61	12.94	11.54	16.59
49	−558.63	12.72	11.19	17.28
50	−506.87	12.46	10.82	17.96
51	−454.35	12.18	10.42	18.63
52	−401.08	11.88	10.00	19.28
53	−347.08	11.54	9.56	19.92
54	−292.36	11.19	9.10	20.54

夹角	抗倾覆验算	起重臂与构件距离	起重臂与房屋距离	起重臂端与吊钩距离
55	−236.95	10.81	8.61	21.15
56	−180.85	10.41	8.11	21.74
57	−124.09	9.99	7.59	22.32
58	−66.69	9.55	7.05	22.88
59	−8.65	9.09	6.49	23.43
60	50.00	8.61	5.92	23.96
61	109.24	8.11	5.33	24.48
62	169.06	7.60	4.72	24.98
63	229.44	7.07	4.11	25.46
64	290.35	6.52	3.47	25.93
65	351.79	5.96	2.83	26.38
66	413.73	5.39	2.17	26.81
67	476.15	4.80	1.50	27.23
68	539.03	4.20	0.82	27.63
69	602.36	3.59	0.13	28.01
70	666.12	2.97	−0.57	28.38
71	730.28	2.34	−1.29	28.73
72	794.83	1.69	−2.01	29.06
73	859.75	1.04	−2.74	29.38
74	925.01	0.38	−3.48	29.68
75	990.61	−0.29	−4.22	29.96
76	1 056.50	−0.97	−4.98	30.22
77	1 122.69	−1.66	−5.74	30.46

续表

夹角	抗倾覆验算	起重臂与构件距离	起重臂与房屋距离	起重臂端与吊钩距离
78	1 189.14	−2.35	−6.50	30.69
79	1 255.84	−3.05	−7.27	30.90
80	1 322.77	−3.75	−8.05	31.09
81	1 389.91	−4.46	−8.83	31.26
82	1 457.22	−5.18	−9.62	31.42
83	1 524.71	−5.90	−10.41	31.55
84	1 592.34	−6.62	−11.20	31.67
85	1 660.09	−7.35	−12.00	31.77
86	1 727.95	−8.07	−12.79	31.85
87	1 795.89	−8.80	−13.59	31.92
88	1 863.89	−9.53	−14.39	31.96
89	1 931.94	−10.27	−15.20	31.99
90	2 000.00	−11.00	−16.00	32.00

* 注实际计算中可以直接取α=［30，75］区间即可，本表仅作计算演示。

由表6-3中数据可见，当α=［60，69］区间时，各项指标计算结果均为正值，符合要求，因此进一步对以上指标进行计算，求得起重机的停机位置，见表6-4。

表6-4 　　　　　　　　　　起重机旋转中心到建筑外墙距离

夹角	距离建筑物外墙	夹角	距离建筑物外墙
60	15.00	65	10.36
61	14.09	66	9.40
62	13.17	67	8.44
63	12.24	68	7.48
64	11.30	69	6.50

由表6-4可知，起重机旋转中心到建筑外墙的距离D=［6.50，15.00］。

为了施工方便，在以上区间内取任意数值即可。

（二）柱的现场就位与吊装

柱的就位一般采用三点共弧原则，特殊的大型长柱则采用两点共弧原则进行现场摆放。

1.三点共弧的就位与吊装过程

三点共弧原则，就是将吊点（吊钩及吊索垂线的水平投影）、柱跟点、安装就位点的三点共弧，其圆心就是起重机中心旋转点，半径即为起重机在当次起吊时的回转半径，具体如图6-28a所示。

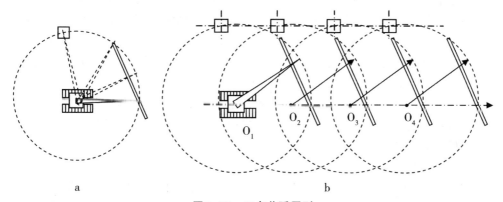

图6-28　三点共弧原则

采用该模式进行吊装时，柱子随着吊索的提升，柱根原地旋转，不产生拖动，安全性好，柱跟、地面基本不需要特殊的构造处理，也不易出现损坏现象。

在现场具体进行场地设计时，首先结合起重机的起重力矩、构件重量，确定起重机起吊时的半径；然后，再根据此半径和与之对应的圆弧，以起重机旋转中心为圆心，具体拟合起吊点、就位点和柱跟三点，成一个圆弧。在此过程中，起吊点与柱跟的相对位置是固定的，而与就位点的关系比较灵活，应根据现场的状况，具体确定构件摆放方式和起重机的行车路线、停车位置（如图6-29b所示）。

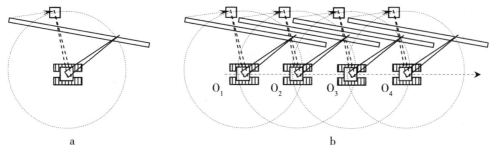

图6-29　两点共弧原则

作为现场的工程技术人员，必须在构件进场之前确定以上内容，确保起重吊装一次成功。但由于三点共弧在几何上的唯一性，现场布置相对困难，当场地紧张时，可以采用两点共弧原则。

2.两点共弧的就位与吊装过程

与三点共弧相比，两点共弧明显简单，这是因为三点共弧具有唯一性，而两点共弧具有任意性，因此现场约束条件较少，有利于构件、机位的调整。

在具体实施过程中，首先根据起重机的起重力矩、构件重量，确定起重机起吊时的半径；然后，再根据此半径和与之对应的圆弧，以起重机旋转中心为圆心，具体拟合起吊点、就位点两点，成一个圆弧即可（如图6-28所示）。

尽管两点共弧相对简单，但两点共弧的主要问题在于，柱跟不在吊装弧线上，在吊装过程中，柱跟存在拖动情况。在拖动过程中，可能造成柱跟损坏、地面破坏，甚至在柱子扶正的瞬间会出现摆动现象，这对于吊装来讲是比较危险的，容易出现伤人事故。为了避免这些不利状况的出现，首先在进行两点共弧起吊时，柱跟处需要加设拖板，用以保护地面和柱跟免受损坏；其次，需要在柱跟处绑扎拖拽绳索，当柱跟离地时，通过人工拖拽的方式防止摆动。

由于柱在吊装过程中，下部结构除独立基础外基本没有其他构造，且柱的平面尺寸比较小，起重机可以采用较大的仰角进行作业，不会产生起重臂、下部结构与吊装构件之间的碰撞问题。

3.柱的临时固定、校正与最终固定

作为下部构件，钢筋混凝土柱的吊装一般较为简单，不论是单层排架结构的牛腿柱还是多层框架结构中的"丰"形、"十"形柱或独立柱。首先在确定下部结构稳定可靠后，将柱吊起至下部结构上方，确定位置后缓缓落下，采用丝杠、千斤顶或木楔等进行临时固定；随后采用测量设备对其标高、垂直度等进行测控。由于构件在制作过程中可能存在偏差，因此测控不能依据构件的边缘进行，而应采用标识点、标线定位的方式，确保事前所标记的点位、线标的准确度符合要求。

另外，如果作为下部结构的柱将承担梁、屋架等构件时，其承接点的标高、位置十分重要。如果错位将会形成误差累积，导致后续构件安装精度下降，甚至无法安装。但同时也应注意，如果柱所承接的构件较多，则应该对各种构件的偏差影响性进行评估，当误差较小时，优先满足重要构件的承接点位；当误差较大时，则需要采取相对稳妥的方案，将误差进行分担，使其影响降至最低。

例如，单层排架中的牛腿柱，其上部构件包括屋架、吊车梁、若干联系梁等。重要度评估表明，吊车梁牛腿标高＞屋架牛腿（柱顶）标高＞联系梁牛腿标高，因此在校正时，应首先满足吊车梁牛腿标高的要求。

需要明确的是，对于一个构件来讲，所有承接点均处于一个刚性构件之上，不存在仅对单一点位调整而对其他点位不构成影响的可能性；当需要多个柱共同承担上部结构时，误差的调整更是要从整体结构系统方面加以考虑，以免因局部调整和对精度的追求而导致的整体结构问题。

柱经校正确定后，根据设计要求，焊接连接构造钢筋、浇筑高强度细石混凝土（刚节点）或沥青混凝土（铰接点）对于柱根进行最终固定。待连接部位混凝土强度满足要求，拆除加固支撑后，便可以承担外部设计荷载，继续吊装上部结构。

（三）梁、屋架的现场就位与吊装

1.小跨度梁与屋架现场就位与吊装

屋架的吊装必须等到下部结构安装或浇筑完成后再进行，因此必须结合现场的具体状况进行屋架的就位，防止已经完成的下部结构在屋架吊装过程中形成阻挡或碰撞。

小跨度小截面梁与屋架一般采用中心起吊方式，在具体吊装时，只需确定梁或屋架的起吊中心点与安装就位中心点成一弧线即可，其圆心即为起重机旋转中心，半径为起重机起吊半径。尽管这一过程为两点圆弧，看似简单，但屋架横向尺度较大，避免屋架、下部结构以及起重机斜臂之间的碰撞是至关重要的。

屋架的吊装可以采用建筑物侧向吊装或建筑物中心吊装两种模式，构件的就位则根据不同的模式进行摆放。

（1）建筑物侧向吊装模式。

当起重机的臂长较大，起重力矩较大时，可以采用建筑物侧向吊装模式。此时起重机站位与行车路线在建筑物外部，屋架也完全置于建筑物侧面，吊装时将屋架起吊后进行旋转，安装至下部结构上方即可。

如前文所述，吊装时起重机臂与建筑物不形成冲突，所以全部屋架吊装工作可以在下部结构施工完毕后一次进行，工序单一，施工效率较高。吊装时起重机行驶方向没有限制，可以正向前进吊装或后退吊装（如图6-30所示）。

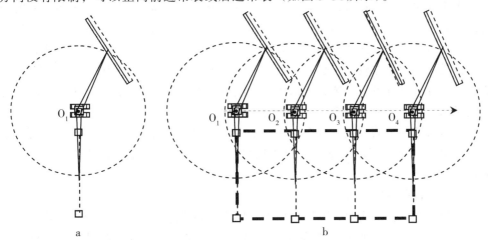

图6-30　侧向前进吊装模式

但如果起重机的臂长有限，起重力矩不足时，则必须增加仰角，缩小起重半径，以满足抗倾覆要求。此时，继续采用侧向吊装模式，屋架方向与起重机臂相一致，根据前文的计算可知，屋架与起重臂之间的安全距离可能难以满足要求，因此为了避免安全事故的出现，可以调整起重机的停机位置，使起重机臂与屋架成一定的夹角即可。但这种改进的侧向吊装模式将导致起重机更加靠近建筑物，也可能形成起重臂与建筑物之间的安全距离不足，导致碰撞事故。当建筑物侧向吊装施工方案不能满足要求时，可以采用建筑物中心吊装模式。

（2）建筑物中心吊装模式。

采用建筑物中心吊装的模式，起重机在建筑物内部或中心线上停机和行驶。为了避免建筑物下部构件与起重臂形成碰撞，一般吊装与安装工程采用阶段性施工，即一个节间（施工段、开间）的所有构件，包括柱、联系梁、屋架、屋面板等，必须一次施工吊装完成，然后起重机退至下一个节间重复进行以上操作。由于起重机在建筑物内侧，吊装时采用后退行驶的方式进行吊装。

建筑物中心吊装模式如图6-31所示。

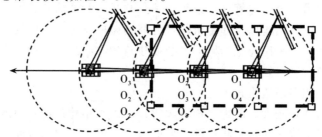

图6-31　建筑物中心吊装模式

采用建筑物中心吊装模式时，现场构件较多，摆放与就位关系复杂，难度相对较高，施工效率较低，因此必须做好充分的准备，保证现场一次完成。

2.大跨度屋架的现场就位与吊装

大跨度屋架在安装时，一般不能采用屋架中心吊装模式。这是因为屋架跨度较大，屋架中心吊装会使其两侧在自重的作用下，向下挠曲，形成下弦受压——这跟屋架的受力模式与设计状态不符，容易导致屋架损坏。如果采用横担的方式，对于横担钢梁的刚度要求较高，也有可能不满足要求，因此大跨度屋架需要采用双点对称起吊的方式进行吊装安装，从而减小与结构受力状态相反的内力。大跨度屋架的两点对称吊装需要两台起重机合作进行，因此一般称为双机抬吊。

采用双机抬吊的方式，两台起重机的主吊索均必须随时保持垂直状态，为了避免现场出现起重机同步困难，可以采用平行同步旋转或起重半径调整两种模式来进行。

（1）平行同步旋转模式

当构件为对称结构时，可以采用平行同步旋转模式。起重机停机位置连线、构件安装位置连线、构件地面起吊位置连线呈平行状态，且构件起吊点与就位点共弧，圆心为起重机停机点。起吊时两台起重半径相同的起重机同步进行，同步旋转就位即可（如图6-32所示）。

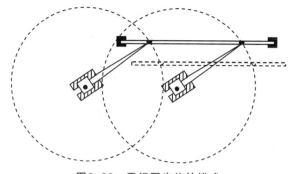

图6-32　平行同步旋转模式

同步旋转时，两台起重机臂、构件始终处于平行状态，旋转半径也必须是相同的，否则无法满足吊装对稳定性的要求。平行同步旋转模式操作简单，构件稳定性好，安全方便，是双机抬吊的主要模式。

（2）起重半径调整模式

当构件的重心与几何中心不一致或属于非对称结构时，可以采用起重半径调整模式。此时，屋架就位位置与安装位置在平面上呈正侧向平行放置，起重机停机位、构件地面就位起吊点、构件最终就位悬吊点成一直线。起吊时，两台起重机并排停放，采用较大仰角，提升构件至预定高度后，逐步同步减小仰角，增加起重半径，将构件平稳地置于安装位置。采用该模式时，起重机的起重半径可以相同，也可不一致，只要调整幅度相同即可。当起重半径不同时，两台起重机起重重量不同，特别适合屋架或吊装构件非对称的结构，小半径旋转的起重机可以承担更大的重力（如图6-33所示）。但在此模式中，由于起重机在吊装过程中会出现变幅操作，应需谨慎。

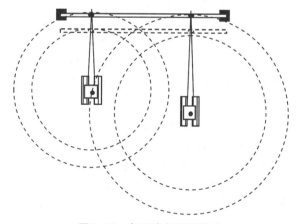

图6-33　起重半径调整模式

3.梁与屋架的临时固定、校正与最终固定

（1）普通梁、板的吊装、临时固定、校正与最终固定

普通梁板构件的吊装安装相对较为简单，当下部结构安装完毕并确认其强度符合要求后，即可吊装梁、板。梁板结构的吊装要对称进行，以防止下部结构出现偏

心受力状态。梁吊装完毕后进行临时固定和位置校正，并注意不同构件之间的误差进行协调。确认无误后，根据设计要求，焊接连接构造钢筋、浇筑高强度细石混凝土（刚节点）或沥青混凝土（铰接点）进行最终固定。待连接部位混凝土强度满足要求后，拆除加固支撑，继续吊装上其他构件。

（2）屋架、深梁与屋面板的吊装

由于上下弦没有侧向支撑，屋架与深梁等构件独立受力时，有可能发生侧弯失稳破坏，因此在吊装安装之后，对于首榀屋架或深梁，应做好双侧缆风绳固定。缆风绳一般采用钢丝绳双侧斜向下45度固定，场地狭小时，角度减小但不宜小于30度。缆风绳绳数量不得少于4根，并必须双侧对称设置（如图6-34所示）。

屋架校正主要是垂直度校正，可以采用悬线校准的方式进行——在屋架的上下弦各设置一根水平横杆，横杆指定位置上标好识别点，上部的水平杆上悬挂钢丝，当钢丝向下与下部横杆识别点重合时，屋架即垂直（如图6-35所示）。

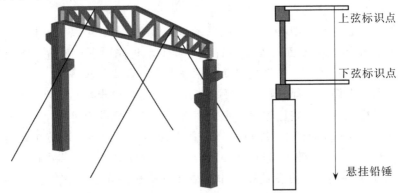

图6-34　屋架缆风绳临时固定　　　　　图6-35　屋架垂直度校正

首榀桁架吊装后，必须迅速吊装其相邻的第二榀至安装位置，并采用同样的方式进行临时固定和校正。准确无误后，立即吊装两榀屋架之间的支撑构造，迅速进行安装固定，形成完整有效的空间力学体系。此时的屋架结构才可以有效地承担外部作用，不会产生失稳，可将缆风绳绳拆除。其他屋架将依次或对称进行吊装、校正和固定，直至最终完成。

对于排架结构，当采用的杆式起重机停机位在建筑物外侧，且屋面尺度较小时，可以在所有屋架安装完成后，再吊装安装屋面板，下部结构不会对屋面板的吊装形成障碍。但当起重机停机位在建筑物内侧或边缘或屋面尺度较大时，屋架及其连接构造安装完成后，将对吊装屋面板的过程形成障碍，其侧面与起重臂之间的安全间距不满足要求。此时的屋面板吊装应与屋架吊装同步次第进行——待前两榀屋架安装固定完成后，即可吊装其间的屋面板；待屋面板吊装完成后，吊装安装第三榀屋架，然后吊装其间屋面板，后续屋架、屋面板依次进行。

另外还应注意，屋架、大梁等构件，尤其是屋面板的吊装安装，应在下部构件完全吊装安装之后再进行。这不仅仅是建筑构件的要求，当有些装饰装修、设备安装等工艺过程中存在大型构件、设备，需要吊装时，也必须整体设计相关构件与设备的吊装程序，以免后期安装困难。

三、钢筋混凝土结构体系的吊装安装的注意事项

吊装是一个复杂的过程，能够将单件构件吊装安装完成，并不等于可以将全部结构吊装完成。这是因为在结构吊装过程中，必须精准地确定构件之间的安装次序——当吊装次序正确时，可以依次将所有构件安装就位；但违背次序时，前期已经安装就位的构件就会形成空间限制，后期吊装的有些构件则无法就位安装。

面对不同的建筑，采用不同的起重设备，吊装的次序也是不同的，需要精心地进行吊装方案的预设。

与现浇结构不同，预制结构的施工不是按照构件的空间顺序依次施工的，而是将构件预先制作完成，现场吊装安装的。预制构件与起重机械之间的参数协调，决定了现场的施工吊装工艺。采用起重机进行安装时，构件可以垂直、水平移动，但必须注意的是构件的移动是依靠吊索进行的——构件上部的吊索、起重机臂在保证构件移动的同时，有时却也会成为构件就位的障碍。

（一）起重机的性能参数与成本

常规的起重机性能参数包括起重力矩、起重半径、起重重量、起重高度、起重臂长度，其中最基本的参数是起重力矩和起重臂长度，它们决定了起重机可以将多重的构件吊装安装至什么样的范围，而起重臂的长度在吊装中也会对自身形成限制，避免碰撞也是确定吊装工艺过程的关键因素。起重机相关参数的数学表述如下：

$$M \geqslant G \times L \times \cos\alpha \tag{6-6}$$

$$R = L \times \cos\alpha \tag{6-7}$$

$$H = L \times \sin\alpha \tag{6-8}$$

其中，M为起重力矩，G为构件重量，L为起重臂长度，R为起重半径，H为起重臂端点高度，α为起重臂水平夹角。

在具体吊装与安装工程施工中，当起重机的各种参数满足要求时，选择成本最低的是最基本的前提。

（二）构件的尺度、重量

结合上述基本公式，当确定了构件的重量和建筑物的尺度后，即可确定构件在吊装过程中起重臂的最小仰角、最大半径和最小起吊高度。结合构件的尺度，再根据前文的公式，可以计算出起重臂的最大仰角、最小半径和最大起吊高度。根据这些参数可以确定现场起重机的停机位置、起重臂的旋转弧线和预吊装构件的现场就位摆放位置与方式。

（三）结构体系、构件自身的力学特征与力学变化过程

结构工程师在进行结构分析与设计的时候，其力学分析所面对的建筑物是一个完整的力学体系。但在吊装过程中，建筑物是不完整的，大量的构件并没有联合成为整体，其力学特征与设计时可能完全不同。这就需要施工组织者对未完成的结构体系进行充分计算分析，以确定其安全性。当不能满足时，必须增设相关的临时支撑和加固系统，以确保安全。

构件也是如此，屋架、柱等都是典型的吊装环节出现较大的力学转换过程的构件。柱会从受弯状态向受拉、受压状态转换，而屋架的上下弦、腹杆的拉压过程也会存在较大的变化，因此施工中要特别加以注意。

（四）构件之间的构成关系

不论采用什么样的过程，先期吊装构件均会对后期安装过程形成遮挡和障碍。常规的吊装次序是先大后小、先内后外、先下后上等，但在某些特殊场合可能并不适用。构件之间、起重机与构件之间甚至多台起重机之间均可能存在的碰撞问题，使吊装过程变得异常复杂。对于构件繁多、构成复杂的结构体系，事前应该采用计算机进行BIM模拟，避免可能发生的问题，并确保构件的顺利安装。

□ 本章小结

起重吊装工程是几乎所有土木建筑工程施工中必不可少的组成部分，很难想象没有起重机参与的工程会遭遇多大的困难。起重机的型号众多、发展迅速，但基本上都围绕着起重高度、起重半径和起重重量等基本参数进行开发生产。施工现场也依据以上参数进行选择使用，包括杆式、塔式、门式等多种。

起重工艺是将构件的基本几何特征、力学结构特征和起重机的参数相结合的过程。通过合理的选择工艺，包括起重机位的确定、构件的摆放、吊点的选择、吊装的次序等，才能够实现预制结构体系的安装。

□ 关键概念

起重机械的基本性能与要求；常用起重设备及其适用范围；起重设备使用中的安全事项；吊点设置的基本原则；大型杆式起重机就位与吊装的限制条件；柱的现场就位与吊装；梁、屋架的现场就位与吊装

□ 复习思考题

1.起重机械的基本性能有哪些？在使用中有什么要求？

2.常用的杆式起重机有哪几类？各有什么特点和适用范围？

3.常用的塔式起重机有哪几类？各有什么特点和适用范围？

4.除了杆式和塔式起重机外，举出几种其他类型起重机的例子，并说明其特点和适用范围。

5.起重设备使用中的安全注意事项有哪些？

6.钢筋混凝土构件的吊点设置的基本原则是什么？

7.吊装过程中的横担有什么作用？

8.大型杆式起重机就位与吊装的限制条件是什么？

9.常规柱的现场就位与吊装的方法是什么？

10.常规梁、屋架的现场就位与吊装的方法是什么？

第七章

砌筑与脚手架工程

□ **学习目标**

　　掌握：普通黏土砖的基本性质，水泥砂浆，砂浆的配合比与性能，普通墙体的砌筑工艺过程（砌体接槎，脚手架眼，临时洞口，构造柱、圈梁和过梁，与混凝土结构之间的衔接，砌筑速度与工作段落等关键性问题），脚手架的作用与安全，脚手架的底部构造，普通脚手架的材料要求，钢管扣件脚手架整体构造及其要求，脚手架检查、验收与拆除的要求。

　　熟悉：石灰、石膏砂浆，混合砂浆，混凝土小型空心砌块、加气混凝土砌块的砌筑、基础砌筑。

　　了解：空心砖和多孔砖的特点，石材和其他工业化块材的特点，砖柱、砖垛、多孔砖与空心砖砌筑。

　　砌筑工程是砌体结构最主要分部分项施工过程。砌体结构，确切的说是砖混结构或混合结构，是由砌筑的墙体和混凝土的楼板构成的结构体系。由于该结构的整体性和抗震性相对较弱，因此目前国内只在非抗震地区使用，在有抗震要求的地区，新建建筑的砌筑工程工艺主要用于隔墙、填充墙的砌筑，而不用于主体结构的施工。

　　在大多数砌筑工艺的施工过程中，脚手架是必不可少的辅助性设施。尽管在对其他工艺施工时也需要脚手架，但相比之下砌筑施工对其依赖性更强，作为工人们的操作平台、周转性材料的临时放置场地、小型工器具的放置场所，以及施工安全的关键性措施，脚手架在砌筑工程施工中必不可少，因此本教材将脚手架工程与砌筑工程合并讲解。

　　随着建筑工业化的发展，砌筑工程这种以手工操作为主的高劳动强度的施工工艺，在建筑中的作用逐步淡化。传统的全砌体结构也越来越少，而新型砌体结构，如大量使用空心砖、工业废料砖、砌块的建筑物逐渐增加。但无论如何，在可以预见的未来，砌筑工艺不会消失，还将在建筑施工中起到不可替代的作用。

第一节　砌筑工艺

一、普通墙体的砌筑工艺过程

普通墙体是指采用普通黏土砖砌筑的墙体。尽管普通黏土砖的使用范围越来越小，但作为最基本的工艺，不论是工程师还是技术工人均应该掌握。其他砌筑工艺都是在此基础上发展与变化而来的。

普通墙体的砌筑包括砌筑准备、一般砌筑、特殊环节的工艺等几个关键性过程。

（一）砌筑准备

普通砌筑工程的准备工作，包括抄平、放线、摆砖样、立皮数杆、挂准线等几个过程，保证砌筑后墙体几何尺度的准确性，并保证最终的砌筑质量。

1.抄平

横平竖直是砌筑结构的基本要求，因此在砌砖墙之前，必须采用水泥砂浆或低强度的细石混凝土（C15以上）在砌筑底面上进行找平。当多堵墙体同步进行砌筑时，墙体之间的基底标高应同步控制，以免在交界处产生偏差，影响连接效果。

2.放线

放线的目的是确定墙体的位置。在放线过程中采用经纬仪进行定位，标出砌筑墙体的轴线、内外边线、控制线，并确定门窗洞口的位置。

📖 扩展阅读——控制线的设置

由于在砌筑过程中，墙体轴线、边线均被遮挡，无法起到定位控制的作用，因此必须在砌筑开始时将定位线引测至施工过程中不被遮挡的位置上，一般是距墙体边线500mm左右的位置。在砌筑中，只要墙体在任何高度保持外边线与控制线的水平距离不变，即可做到墙体垂直并位置正确（如图7-1所示）。

3.摆砖样

在正式砌筑之前，先要由技术工人在找平定位的墙基上按照组砌的方式试摆砖样，目的是确定用砖数量、灰缝大小、门窗垛的留设方式等基本问题，并通过竖缝调整砖位，以减少斩砖数量，保证砖及砖缝排列整齐、均匀，以提高砌砖的效率。在清水墙砌筑中，摆砖样尤为重要，是实现墙体美观的基础。

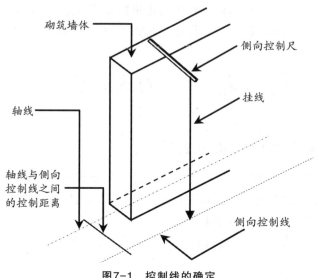

图7-1 控制线的确定

4.立皮数杆

水平灰缝整齐划一，不仅美观，也是墙体受力均匀的重要保证。为了避免在砌筑过程中因灰缝的厚度不一造成墙体水平度偏差，每隔一段距离就需要立一个标尺，以控制灰缝的水平度，该标尺称为皮数杆。皮数杆一般立于墙的转角处，其基准标高用水准仪校正，如墙的长度很大，可每隔6～10m再立一根，间距一般不超过15m。

（二）一般砌筑工艺

具体砌筑过程与工艺相对简单，铺灰砌砖的操作方法也很多，与各地区的操作习惯、使用的工具有关。但不论采用哪种方式，砌筑的基本要求都是横平竖直，灰缝饱满。水平灰缝厚度一般为8～12mm，灰缝饱满度不宜小于80%，一次铺灰长度不大于750mm，炎热环境中（30℃以上）铺灰长度不大于500mm；竖直灰缝宜采用挤浆法或加浆法。虽然没有特殊的灌缝要求，但不得出现明缝、瞎缝和假缝。

在砌筑中，一般将与墙体轴线方向平行的砖称为顺砖，将与墙体轴线方向垂直的砖称为顶砖或丁砖。为保证砌筑砖之间形成有效的咬接构造，避免竖向通缝，在砌筑中一般要求采用一顺一顶、三顺一顶、梅花顶等组砌方法。

（三）特殊位置与工艺的处理

1.砌体接槎

（1）普通斜槎。

砖墙的转角处和交接处应同时砌筑，只有这样才能保证墙身的整体性。但对于较长的墙体、不同的砌筑段落等，有时做到同步一次完成相对困难。对不能同时砌筑而又必须留置的临时间断处，应采用拖槎处理——砌成斜槎，斜槎水平投影长度L不应小于高度H的2/3，且高度不得超过砌筑脚手架一步架高，只有这样才能保证衔接的效果（如图7-2所示）。

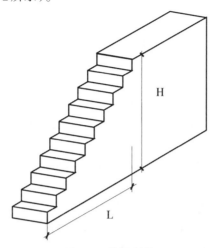

图7-2 普通斜槎

（2）钢筋辅助接槎。

有的时候，普通接槎所需要的空间不能满足要求，此时可以采用钢筋构造进行辅助。需要说明的是，这种辅助构造仅对于7度（含）抗震以下地区适用。当地震烈度达到8度时，或转角位置，则必须按照普通接槎处理。

非抗震设防及抗震设防烈度为6度、7度地区的临时间断处，当不能留斜槎时，除转角处外，可留直槎，但直槎必须做成凸槎。留直槎处应加设拉结钢筋，拉结钢筋的数量为墙后每增加120mm应多放置1Φ6拉结钢筋（240mm厚墙放置2Φ6拉结钢筋），间距沿墙高不应超过500mm；埋入长度从留槎处算起每边均不应小于500mm，对抗震设防烈度6度、7度的地区，不应小于1 000mm；末端应有90°弯钩（如图7-3所示）。

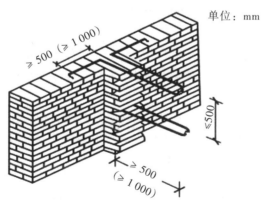

图7-3 钢筋辅助接槎

2.脚手架眼

在砌筑施工时一般均会使用脚手架，为了避免脚手架出现坍塌，必须将其与结构进行有效的拉结。拉结主要采用连墙杆埋入墙体留设的孔洞中并加以固定的方式，该孔洞称为脚手架眼。

脚手架眼一方面会削弱墙体的整体性，另一方面被削弱的墙体也会减弱对脚手架的拉结效果，形成安全隐患，因此必须在稳固的墙体上，或墙体中稳定的位置设置脚手架眼。一般来讲，在没有特殊措施与构造的前提下，不得在下列墙体或部位设置脚手架眼：

（1）120mm厚墙、料石清水墙和独立柱。

（2）过梁上与过梁成60°的三角形范围及过梁净跨度1/2的高度范围内。

（3）宽度小于1m的窗间墙。

（4）砌体门窗洞口两侧200mm（石砌体为300mm）和转角处450mm（石砌体为600mm）的范围内。

（5）梁和梁垫下及其左右500mm范围内。

（6）其他设计图纸明确说明不允许设置脚手架眼的部位。

在完成砌筑后，施工脚手架眼要及时填充补砌，补砌时的灰缝应填满砂浆，不得采用干砖进行填塞。

3.临时洞口

当砌筑工程完成，墙体进行封闭后，就会形成对同一楼层水平运输的阻隔。尽管在一些地方也会设有门，但由于这些门并非专门针对施工而设计的，其位置、通行能力等很多方面不满足要求，因此需要在墙体上专门留设临时性的、专门用于施工的施工洞口。

在抗震烈度为9度的地区，或设计抗震烈度为9度的建筑，砌筑墙体上所留设的临时性施工洞口的位置与构造，必须经本结构的设计方正式同意后方可以实施。其他地区可由施工方根据需要自行留设，但也应注意，留设洞孔应设置过梁，且洞口侧边离交接处墙面不应小于500mm，洞口净宽不应超过1m。

当施工完成后，临时洞孔应及时进行补砌，与原结构进行整体衔接。

4.构造柱、圈梁和过梁

构造柱和圈梁是砌筑结构的重要构造，对于墙体的稳定性、承载力，整体结构的稳定性以及整体性都是至关重要的。对于有抗震要求的结构，尤其要强调构造柱与圈梁的处理。

除此之外，砌筑结构另一个关键性的构造是过梁，但应注意，与构造柱和圈梁相比，过梁不属于整体性构件。过梁仅仅对其下部的孔洞形成必要的支撑，一般对于结构抗震性、受力性能没有特殊效果。

（1）构造柱。

钢筋混凝土构造是多层砌筑结构的抗震构造，与框架柱的独立受力有所不同，构造柱是墙体的组成部分。施工时，保证构造柱与墙体的整合性非常重要，应先绑扎钢筋，而后砌砖墙，最后再浇筑混凝土。同时墙与柱应沿高度方向每500m设2Φ6钢筋（一砖墙），每边伸入墙内不应少于1m；砖墙应砌成马牙槎，每一马牙槎沿高度方向的尺寸不超过300mm，马牙槎从每层柱脚开始，先退后进（如图7-4所示）。另外构造柱也必须与圈梁连接，包括钢筋和混凝土的连接——构造柱的钢筋应锚固在圈梁内，并保证锚固长度；在可能的情况下，圈梁也应和构造柱一次浇筑完成。在该层构造柱混凝土浇筑完之后，才能进行上一层的施工。

图7-4　构造柱

（2）圈梁。

墙体的另一关键构造措施是在墙体内设置钢筋混凝土圈梁。圈梁可以抵抗基础不均匀沉降引起的墙体内产生的拉应力，同时可以增强房屋结构的整体性，防止因振动（包括地震）产生的不利影响，因此圈梁宜连续设在同一水平面上，并形成封闭状。

纵横墙交接处的圈梁应有可靠的连接。刚弹性和弹性方案房屋，圈梁应与屋架、大梁等构件可靠连接。圈梁是侧向受力的构件，因此一般来说其宽度应较高度更大一些。钢筋混凝土圈梁的宽度宜与墙厚相同，当墙厚 h≥240mm 时，其宽度不宜小于 2h/3。圈梁高度不应小于 120mm。纵向钢筋不应少于 4φ10，绑扎接头的搭接长度按受拉钢筋考虑，箍筋间距不应大于 300mm。

由于特殊的整体性要求，圈梁、构造柱均为现浇构造，目前尚无预制做法。

（3）过梁。

砌筑结构中的过梁可以采用预制的钢筋混凝土过梁，也可以根据图纸的设计要求，在现场现浇过梁。当采用砖砌平拱过梁时，应架设模板进行砌筑，并且应注意，只有当砌筑过梁的强度达到75%的设计强度时，底部模板才可以拆除。

目前很多建筑物中的过梁均采用预制构件，非常方便，价格也很便宜。

5.与混凝土结构之间的衔接

当砌筑构造属于钢筋混凝土结构（框架或剪力墙等）的填充墙体时，应注意墙体与主体结构之间的有效衔接，以免在侧向力的作用下（大风或地震时），出现墙体倒塌或甩出的情况。

（1）墙体与垂直结构的衔接。

砌筑墙体与垂直结构（混凝土柱或墙）的衔接，是通过在柱或墙等竖向结构种预埋连接钢筋实现的。

在竖向结构浇筑混凝土时，在需要砌筑墙体一侧的混凝土内，预先埋设钢筋。

根据墙体的厚度，一般每120mm的厚度设置一根埋设Φ6钢筋，外伸长度1 000mm，垂直间距500mm。埋设的钢筋应深入至结构主筋内部的核心混凝土区，保证锚固效果。浇筑混凝土时，将其暂时弯折入保护层中，拆模后及时将其剥露出来（如图7-5所示）。

图7-5　墙体与垂直结构的衔接

砌筑时，将连接钢筋拉直，埋置入相应高度处的灰缝中即可。

（2）墙体与水平结构的衔接。

与水平结构的衔接即墙体与上部梁、板的衔接构造。

由于梁板属于受弯构件，在上部荷载的作用下，其下部会产生挠曲变形，如果下部墙体先行砌筑，就会受到上部变形的挤压，因此砌筑工程一般都是自上部层间向下部层间进行。在工期较紧时，下部层间的砌筑可以先期进行，但与上部结构的底部必须留设空隙，且空隙一般不小于120mm。当上部层间砌筑完成，且本层砌筑已经完成2周以上，砂浆基本固化后，再将空隙采用斜砌的方式进行封闭（如图7-6所示）。

图7-6　墙体与水平结构的衔接

6.砌筑速度与工作段落

砌筑工程是通过砂浆进行固化粘结的结构，因此砂浆的强度增长状况是影响砌筑施工的关键性因素之一。为了避免因砌筑速度过快，下部未固化并形成强度的砂浆在上部重量的作用下产生破坏，施工时必须控制每天的砌筑速度。在没有采用特殊外加剂提高砂浆的早期强度或加快砂浆的硬化速度的前提下，普通砂浆砌体的每日砌筑速度（高度）应控制在1.5m以内，或不超过一步架高。

另外，为了避免砖墙一次性砌筑长度过长，也需要设置工作段，分段砌筑。在工作段的分段位置，宜设在变形缝、构造柱或门窗洞口；相邻工作段的砌筑高度不得超过一个楼层的高度，也不宜大于4m。

二、基础与其他构造的砌筑工艺

（一）基础砌筑

砌筑基础一般采用普通黏土砖或毛石，很少采用其他块材。胶结材料为水泥砂浆，不得采用混合砂浆或石灰砂浆。砖砌基础的做法与墙体几乎相同，做好底面垫层后进行放线、摆砖样、立皮数杆，确认无误后开始砌筑。除此之外，在砌筑中还有以下几方面应予以注意：

1.放脚

放脚是刚性基础的特殊构造。

基础放大脚的基底尺寸及收退方法必须符合设计要求，当设计无要求时，如施工采用一层一退，里外均应砌丁砖；如二层一退，第一层为条砖，第二层砌丁砖。大放脚的转角处，应放七分头（3/4砖，一砖半墙放三块，二砖墙放四块，以此类推）。

2.高差

墙体砌筑底面是平整的，但基础底面完全平整相对困难，不同段落的基础会由于构造或地质状况的不同而产生高差。在基础标高不同时，应从低处砌起，并应由高处向低处搭砌。当设计无要求时，搭接长度不应小于基础底部扩大部分的高度。

3.其他构造

当地基有软弱黏性土、液化土、新近填土或严重不均匀土层时，宜在砌筑基础中增设基础圈梁。当设计无要求时，圈梁截面高度不应小于180mm，配筋不应少于4Φ12。

基础中不设置构造柱，上部结构的构造柱也可不单独设置基础，但应伸入室外地面下500mm或锚入浅于500mm的基础圈梁内。基础应按设计要求设置墙身防潮层，防潮层宜设置在室外散水顶面以上和室内地面以下的砌体内。

如在底层室内地面或防潮层以下，采用了空心小砌块砌体，则需要采用C20混凝土灌实砌体的孔洞。

（二）砖柱

根据设计要求，砖柱截面一般均为方形或矩形。在进行砖柱砌筑时，应选用整砖，并应保证砖柱外表面上下皮垂直灰缝相互错开1/4砖长。在任何情况下，砖柱均不得采用包心砌法（如图7-7所示）。

图7-7　砖柱

（三）砖垛

如果墙体中设计有砖垛，砖垛应与所附砖墙同时砌筑。砖垛应隔皮与砖墙搭砌，搭砌长度应不小于1/4砖长。砖垛外表面上下皮垂直灰缝应相互错开1/2砖长。

三、其他砌块材料的砌筑工艺

（一）混凝土小型砌块

混凝土小型砌块分普通混凝土小型砌块和轻骨料混凝土小型砌块两种，砌块多制成空心，但其强度远高于黏土空心砖。混凝土砌块的基本砌筑工艺与砌砖类似，但也应注意以下几点：

（1）砌块预处理。

由于混凝土吸水率较低，因此普通混凝土小砌块在施工前一般不宜浇水；当天气干燥炎热时，可提前1~2天洒水湿润小砌块；轻骨料混凝土小砌块施工前可洒水湿润，块体相对含水率达到40%～50%为宜。但在雨天或块体表面有浮水时，不得施工。

（2）砌块龄期。

混凝土的强度与砌筑质量关系较大，因此应严格控制混凝土砌块的龄期，不足28天及表面有浮水的小砌块不得施工。

（3）一般砌筑要求。

混凝土砌块体积相对较大，因此砌筑应从转角或定位处开始，内外墙同时砌筑，纵横交错搭接。外墙转角处应使小砌块隔皮露端面，T字交接处应使横墙小砌块隔皮露端面。

（4）竖向缝隙。

与砖砌体对竖缝不做特殊要求相比，砌块砌体对竖缝有严格的要求。

在小砌块施工中，应对孔错缝搭砌——上下两皮砌块的竖孔应相对，上下肋相对，但竖缝错开。单排孔的小砌块搭接长度为块体长度的1/2；多排孔小砌块搭接长度可适当调整，但不小于块体长度的1/3，且不小于90mm。当墙体中个别部位不能满足以上要求时，应采用灰缝中夹设φ4钢丝网片的做法，加固水平灰缝，且钢丝网片两端与该位置的竖缝间距不得小于400mm，同时要求竖向不得有超过两皮砌块的灰缝。另外，竖向灰缝饱满度不得低于80%，不得出现瞎缝、透明缝等。

（5）间断与连接。

小砌块砌体临时间断处应砌成斜槎，斜槎长度不应小于斜槎的高度，如留斜槎有困难，除外墙转角处及抗震设防地区，砌体临时间断处不应留直槎外，可从砌体面伸出200mm砌成阴阳槎，并沿砌体高每3皮砌块（600mm）设拉结筋或钢筋网片，并在补砌时将槎口周边砌块孔洞内用C20以上混凝土灌实。

（6）砌筑速度。

在小砌块施工时，墙体每日砌筑高度宜控制在1.4m或一步脚手架的高度内。

（二）加气混凝土砌块

加气混凝土砌块体型稍大，质地疏松，呈海绵状。加气混凝土砌块砌筑工艺除了满足一般的砌筑要求外，还有着自身的特点。

1.施工准备

除按照一般砌筑工艺进行抄平、定位、放线等准备工作外，加气混凝土砌块砌筑的一项重要准备工作就是排砖——在加气混凝土砌块砌筑前，应根据建筑物的平面、立面图绘制砌块排列图。这是因为加气混凝土砌块一般比较大，常规尺寸为600mm×200mm×250mm，必须通过预先排砖设计来确定砖摆放的位置与方式，确定缝隙，以便达到缝隙均一、断砖最少、整体完整的主效果，尤其是竖向缝隙的处理工艺。较大的尺寸与体积更容易导致砌筑偏差，且难以修正，因此，砌筑时必须设置皮数杆、拉水准线，确保尺度正确。

另外，加气混凝土砌块空隙率高，吸水率高，但吸水后强度会有较大的折减，因此砌筑之前在砌筑面上适量洒水润湿即可。

2.竖缝的处理

加气混凝土砌块体型较大，砌筑过程中难以采用宽度调整的方式来处理竖缝。基本要求是上下皮砌块的竖向灰缝应相互错开，并不小于150mm。如不能满足时，应在水平灰缝设置2Φ6的拉结钢筋或Φ4网片，长度不应小于700mm；竖向灰缝砂浆饱满度不应小于80%，宽度为20mm。但当宽度较大，超过该数值时，宜按以下方式进行处理：

（1）当宽度达到20mm以上，小于60mm时，应用细石混凝土加以灌实。

（2）当宽度达到60mm以上时，可采用普通黏土砖进行填充砌筑。

3.特殊部位的处理

在加气混凝土砌块墙的转角处，应使纵横墙的砌块相互搭砌，隔皮砌块露端面。在加气混凝土砌块墙的T字交接处，应使横墙砌块隔皮露端面，并坐中于纵墙砌块。

加气混凝土砌块墙如无切实有效的措施，不得使用于下列部位：

（1）建筑物室内地面标高以下部位。

（2）长期浸水或经常受干湿交替部位。

（3）受化学环境侵蚀（如强酸、强碱）或高浓度二氧化碳等环境。

（4）砌块表面经常处于80℃以上的高温环境。

加气混凝土墙上不得留设脚手架眼。每一楼层内的砌块墙应连续砌完，不留接槎。如必须留槎时，应留斜槎。另外，由于加气混凝土砌块的自身强度较低，因此在门窗洞口周边应采用高强度普通黏土砖或钢筋混凝土框进行加强，以免门窗在使用中出现脱落现象。

（三）多孔砖与空心砖砌筑

多孔砖具有一定的强度，孔洞应垂直于受压面进行砌筑。多孔砖砌体应上下错缝、内外搭砌，宜采用一顺一丁或梅花丁的砌筑形式。

空心砖强度较低，易于破损，只能用于填充墙的砌筑。在墙体砌筑时，空心砖孔洞应沿墙呈水平方向，上下皮垂直灰缝相互错开1/2砖长。空心砖墙底部宜砌3皮烧结普通砖。卫生间等有防水要求的空心小砌块墙下应灌实一皮砖，或设置高200mm的混凝土带。

空心砖墙与烧结普通砖墙交接处，应以普通砖墙引出不小于240mm长与空心砖墙相接，并与隔2皮空心砖高在交接处的水平灰缝中设置2Φ6拉结钢筋，拉结钢筋在空心砖墙中的长度不小于空心砖长加240mm。在空心砖墙的转角处，应用烧结普通砖砌筑，砌筑长度角边不小于240mm。

空心砖墙砌筑不得留槎，中途停歇时，应将墙顶砌平。空心砖墙、多孔砖墙中也不得留置脚手架眼，不得对空心砖及墙进行砍凿，破损的空心砖不得再次使用。

📖 扩展阅读——砌筑工程的主要材料

砌筑工程施工的主要材料是块材和胶结材料，是通过胶结材料将块材粘接在一起形成整体性的构件或结构的工艺过程。块材主要有人工块材——砖，和自然块材——石；胶结材料则根据胶凝材料的不同，采用水泥砂浆、石灰砂浆、石膏砂浆或混合砂浆。

一、砌筑用块材

目前建筑工程中使用的砌筑用块材，一般有普通黏土砖（实心）、黏土烧结空心砖、黏土烧结多孔砖、工业废料实心砖、工业废料空心砖、混凝土砌块等多种。

（一）黏土砖

黏土砖是最传统的，也是用途最广泛的建筑材料之一，自古就有"秦砖汉瓦"的说法，可见其历史悠久。事实上，至少在汉朝早期，砖砌建筑就已经出现，并逐渐成为我国尤其是北方地区的主要建筑材料。近现代以来，随着混凝土技术的发展，作为承重结构的普通黏土砖已经逐步在中心城市退出了主要建筑材料的行列，但黏土空心砖、多孔砖等作为隔墙、非承重墙的砌筑用材，仍被大量使用。

1.普通黏土砖

普通黏土砖是几乎可以用于任何砌筑工程的材料，不论是墙体还是基础。

根据抗压强度等级，普通黏土砖可以分为MU30、MU25、MU20、MU15、MU10五个强度等级，具体施工时应根据设计图纸的要求进行选用，没有经设计确定不得进行调整；根据尺寸偏差、外观质量、泛霜和石灰爆裂程度可分为优等品、一等品、合格品三个质量等级，优等品适用于清水墙，一等品、合格品可用于混水墙。

实心黏土砖自重较大，强度也相对较高，主要在承重结构中使用。当用于非承重结构时，主要用于外墙、住宅户间分隔墙、防火隔断、门窗周边加固区域等部位。其他普通非承重结构、钢筋混凝土结构的隔墙等，由于其自重较大，均不宜采用，而宜使用自重较轻的空心砖、多孔砖。

2.空心砖和多孔砖

空心砖和多孔砖就是内部设有大量孔洞或空腔的砌筑块材。多孔砖的孔多为竖孔、圆孔，且相对较少，当荷载方向与孔洞方向相一致时，有一定的承载能力；空心砖的孔多为横孔（腔），多制成矩形，也可以是圆形且空隙较大，一般不具有承载能力（如图7-8所示）。

图7-8　多孔砖与空心砖

由于自重较轻，空心砖和多孔砖多用于非常重的结构、隔墙等。但应注意的是，空心砖和多孔砖的强度较低，施工破损率、损耗率较高。当用于关键性墙体，如外墙、分户隔墙、门窗周边时，由于其低强度而易于出现损坏，一般应谨慎使用。

3.黏土砖施工的特殊注意事项

黏土砖毛细孔隙多，材质亲水性好，吸水能力强。在砌筑中采用时，会大量吸收砂浆中的水分，造成砂浆流动性能变差，粘结性降低，因此在施工前应注意淋水，使砖的含水率在10%～15%为宜。淋水可以提前0.5～1天进行，但淋水时应注意不要过量，否则会导致砖泌水而降低强度。

（二）石材

石材也是传统的建筑材料，根据其外形尺寸的规则性可分为毛石与料石。

毛石是不规则形体的材料，块材相互之间的相互作用不确定，砌体强度相对较低；料石体形规则，砌体强度非常高，但造价也较高。目前，在绝大多数经过严格设计过程的建筑中，除非特殊需要，毛石、料石均较少被采用。

石材吸水率极低，除非在极其干热的气象条件下，在砌筑时一般不需用水淋湿表面。

（三）其他工业化块材

工业化块材一般由工业废料（如煤矸石、粉煤灰等）制成，也可以由混凝土直接浇筑而成。尤其是混凝土砌块，其各项技术指标的稳定性好，适用于各类建筑工程。

1.混凝土小型空心砌块

混凝土小型空心砌块分普通混凝土小型空心砌块和轻骨料混凝土小型空心砌块两种，强度要高于黏土烧结空心砖，也主要用于非承重结构中。

2.加气混凝土砌块

加气混凝土砌块俗称轻砖，内部呈海绵状孔隙，密度小、自重轻，特别适用于隔墙、保温构造等的砌筑，也可以在低层建筑中使用。但由于其空隙多而密，受水的作用后自身性能变化较大，因此如无切实有效的措施，不得使用于室内地面标高以下部位、长期浸水或经常受干湿交替部位、受化学环境侵蚀（如强酸、强碱）或高浓度二氧化碳等环境及表面常处于80℃以上的高温环境中。

目前来看，工业废料建材，尤其是各种锅炉（热电厂或供热中心）燃烧废料建材，将是我国未来建材发展的主要方向之一。作为燃煤大国，我国一直是世界上雾霾最为严重的国家之一。而雾霾的主要成分——粉煤灰，由于其微弱的活性，也可以作为建筑材料来使用。随着经济的腾飞，我国的基础设施建设与城市化进程的加快，在未来一定时期内将会继续保持大规模的发展势头。在这一过程中，有效利用这些燃烧废料，不仅可以有效降低各种建设成本，更可以推进我国未来的大气污染治理与雾霾的防治工作的有效进行。

二、胶结材料

砌筑结构的胶结材料一般就是砂浆，根据胶凝材料的选用，分为水泥砂浆、石灰砂浆、石膏砂浆、混合砂浆等多种，不同的材料性质差异较大，没有经设计方同意并确认，不得在施工中随意混用或代换使用。

（一）水泥砂浆

水泥砂浆强度高，但保水性稍差，在施工中的性能状态不如混合砂浆。对于砌筑结构来讲，结构强度不仅取决于砂浆的强度，也与砌块强度、砌块的排列方式、砌筑质量等方面相关。各种工程检测与实验的结果也表明，砌体结构的强度远低于砌块和砂浆的强度，因此除非施工工艺有特殊要求，一般不使用水泥砂浆，而使用混合砂浆。在使用水泥砂浆时，也要控制水泥的强度，一般不高于32.5级。

但水泥砂浆的最大优势，在于水泥可以在潮湿的环境中使用，水泥也可以在水中水化硬化，因此在诸如基础等结构的砌筑中，必须使用水泥砂浆。

（二）石灰、石膏砂浆

石灰、石膏砂浆强度低，但具有一定的保水性，在施工中的性能较好。石灰与石膏砂浆强度较低，但质感好，温度敏感性低，因此在结构砌筑中，尤其是在承载结构中，极少采用石灰与施工砂浆，一般广泛用于装饰抹灰工程和特殊墙体的砌筑中（如地下柔性外防水构造的保护墙）。

生石灰与水会发生剧烈反应，产生急剧膨胀，因此砂浆中必须采用熟石灰，且熟化时间不得短于7天，不得采用脱水硬化的石灰膏，消石灰粉也不得直接用于工程。为了避免熟石灰制品中所含的残留生石灰发生问题，对于熟石灰施工方应经过陈伏之后再使用，即在水中进行浸泡，彻底除去可能残留的生石灰。陈伏期一般短于14天，陈伏时石灰表面应覆水3~5cm，保证隔绝空气，避免碳化。

（三）混合砂浆

混合砂浆一般是将水泥、石灰（石膏）混合使用的砂浆。混合砂浆的强度较水泥砂浆有所降低，施工中可通过提高水泥的强度等级（使用42.5级水泥）达到强度要求。混合砂浆具有很好的工作性能，如保水性等，因此在各种地上砌筑工程中与装饰工程中，均得到了广泛的使用。

（四）砂浆对于砂子的要求

普通砌筑结构砂浆所采用的砂宜为中砂，毛石砌体可以采用粗砂，砂中不得含有有害杂质，尤其是挥发性的杂质，否则将在墙体表面形成斑驳印记，影响美观。在不使用钢筋、钢材的结构中，也可以使用海砂，会有效地降低成本，这是沿海很多地区的普遍做法。另外，为了改善砂浆的性能，粉煤灰也经常被使用。

（五）砂浆的配合比与性能

与混凝土一样，砂浆中采用的各种材料也必须按照特定的比例加以拌合，才能达到预定的性能要求。这一比例关系被称为砂浆的配合比，也必须由有资质的实验室在施工前给出，并满足强度、稠度和分层度的要求。

砂浆的稠度类似于混凝土的坍落度，是度量砂浆流动性的指标，以稠度值表示，稠度值越大，流动性越强。在施工中，应根据施工环境条件、施工砌块的孔隙率等多重因素，确定砂浆的稠度值指标：疏松多孔材料、在干热环境中施工的过程，应采用较大稠度值的砂浆，反之选用较小稠度值的砂浆。一般实心砖墙和柱，砂浆的稠度值宜为70~100mm；砌筑平拱过梁、毛石及砌块宜为50~70mm；空心砖墙、柱宜为60~80mm。

砂浆的保水性用分层度指标表示，分层度越大则保水性越差。一般砌筑砂浆的分层度不得大于30mm。

为了避免砂浆随着时间的推移而发生硬化，砂浆在施工中应随拌随用。在常温下，水泥砂浆和混合砂浆都必须在搅拌后3~4h内使用完毕，如果气温在30℃以上，则必须分别在2小时和3小时内用完。

第二节　脚手架工程

脚手架是施工过程中的辅助性和临时性措施，也是必不可少的施工环节，与模板工程一样，虽不构成最终的工程实体，但属于最重要的施工措施之一，不使用脚手架的现代工程建设项目是不可想象的，也是不必要的。

目前，我国在工程中所采用的脚手架，主要是钢管扣件式的。除此之外，国际上比较先进的门式脚手架、我国自行研制的碗扣式脚手架也逐渐被较多采用。随着时代的发展与技术的进步，老旧的竹木脚手架已经逐渐退出历史舞台，仅在一些偏远落后地区的小型项目，如农民自建自用住宅中使用。

从目前的统计数据来看，脚手架坍塌是比较多见的工程事故之一。有关资料表明：在我国建筑施工系统每年所发生的伤亡事故中，大约有1/3直接或间接地与架设工具及其使用的问题有关。这与现场的工人、工程技术人员不能正确认识与使用脚手架有着直接关系，因此作为工程技术人员，必须重视脚手架工程，正确地使用脚手架，保证工程建设的安全顺利进行。

一、脚手架的作用与安全问题

应该明确的是，尽管脚手架属于临时性构造，但只要经过严格的设计过程，脚手架完全可以满足工程施工的需要，甚至可以作为大型载重车辆的停放平台和栈桥来使用。在工程中，最为关键的是要明确脚手架的使用目的、作用和安全设计标准，在满足这些前提条件的正常使用中，脚手架是完全可以保证安全的。

（一）脚手架的一般性作用

在工程施工中，脚手架主要在以下几方面发挥着重要的作用：作为施工时的临时性操作平台，作为临时性、周转性的施工材料堆放场所，作为小型工器具的放置场所和作为安全维护设施。

1.作为施工时的临时性操作平台

操作工人可以站在脚手架上进行相关的工作——实际上"脚手架"这一名词本身的意思就是在操作过程中用于搭手与站脚的架子，因此，为了保证安全要求，脚手架上操作工人的数量、间隔是有着严格的要求的，防止施工人员超载造成坍塌，并形成群死群伤的重大事故。

2.作为临时性、周转性的施工材料堆放场所

脚手架上可以放置周转性的材料，在施工过程中随时使用。但脚手架毕竟不是永久性工程，没有经过特殊设计的脚手架，其承载力与稳定性均达不到相应的标准，因此堆放的材料不得过多，也不得过于集中。在使用过程中，作业层上的施工荷载应符合作业要求，不得超载。

3.作为小型工器具的放置场所

在施工过程中，一些小型器具、工具，尤其是手持式的设备，均可以放置在脚手架上，随时使用，一般不会形成危险。但较大设备、动力设备，如模板支架、缆风绳、混凝土和砂浆的运输管道等，除非经过特殊设计，不得放置在脚手架上，也不得采用脚手架进行牵拉固定，更不得悬挂起重设备。

4.作为安全维护设施

在建筑施工过程中，很多工艺都会形成各种高空操作面、临边操作面，这些位置一般都要设置脚手架、横杆和立杆等，并在外侧设置围栏、安全防护网等关键性构造。在有效保护工人、防止跌落的同时，也防止上部物品意外掉落，对下部工人造成威胁。

（二）脚手架的基本安全要求

基于以上要求，脚手架的安全构造和安全施工是最为重要的。为了保证脚手架的架设、使用安全，必须做到以下几点：基础稳固、选材合格、构造正确、使用规范、检修及时、拆卸合理。

除此之外，还要明确，对于在施工过程中搭设和使用的，高度在24m及以上的落地式钢管脚手架工程、附着式整体和分片提升脚手架工程、悬排式脚手架工程、吊篮式脚手架工程、在施工中自制卸料平台、移动操作平台工程、新型及异型脚手架工程等，必须由施工承包方编制专项安全施工方案，论证其安全性，防止出现意外。

同时，对于搭设高度在50m及以上的落地式钢管脚手架工程、提升高度在15m及以上的附着式整体和分片提升脚手架工程、架体高度在20m及以上的悬挑式脚手架工程，必须组织专家进行论证。在施工过程中，不得随意改变安全施工方案。在施工工艺出现变化确实需要调整时，必须根据情况重新制订安全专项方案，或组织论证，方可施工。

复杂脚手架在搭设之前的专项施工方案，应根据工程的特点和施工工艺的要求进行设计计算，内容主要包括：

（1）脚手架使用材料的要求。

（2）脚手架的基础要求、基础构造或基础处理工艺。

（3）荷载计算、计算简图、计算结果、安全系数。

（4）立杆横距、立杆纵距、杆件连接、步距、允许搭设高度、连墙杆做法、门洞处理、剪刀撑要求、脚手板、挡脚板、扫地杆等构造要求。

（5）脚手架搭设、拆除；安全技术措施及安全管理、维护、保养；平面图、剖面图、立面图、节点图要求反映杆件连接、拉结基础等情况。

（6）悬挑式脚手架有关悬挑梁、横梁等的加工节点图，悬挑梁与结构的连接节点，钢梁平面图，悬挑设计节点图。

另外必须明确的是，脚手架的搭设与拆除属于特殊的工艺过程，必须由经过建设行政主管部门组织的培训，并通过考试合格取得特种作业施工许可证的专业工人进行，任何人不得随意搭拆。

脚手架坍塌事故（如图7-9所示）是近年来较为多见的工程现场恶性事故。由于大多数脚手架在坍塌时，均处于工作状态，上部人员较多，而坍塌之后的现场又极度混乱，因此经常造成群死群伤事故，且抢救极为困难。

（三）脚手架的验收、检查与拆除

脚手架搭设完成后，必须经过检查与验收的过程，由工程现场安全负责人签字认证后，才可以使用。脚手架在使用过程中，必须随时进行检查，及时维护，杜绝安全隐患。

1.脚手架的工艺性检查

脚手架的检查应随时进行，随时发现问题并立即进行改正。除此之外，在下列阶段必须进行特殊的工艺性检查与验收：

(1) 在脚手架基础完工后，架体搭设前，需要对其基础进行确认；

(2) 每搭设完6~8m高度后，需要检查脚手架基本构造；

图7-9　脚手架坍塌事故

(3) 在作业层上施加荷载前，确认脚手架的安全性，能够满足后期施工荷载的要求；

(4) 达到设计高度后、遇有六级及以上风或大雨后及冻结地区解冻后，防止特殊因素的破坏；

(5) 停用超过一个月时，进行检查以避免长期不使用可能造成松弛或变形对于螺栓、扣件形成影响。

脚手架的检查要形成检查报告，确认无误后才可以进行后续施工。

2.脚手架定期检查的主要内容

脚手架在使用过程中，除一般检查和工艺过程检查外，还需要定期进行检查，检查间隔可以根据工程现场的具体情况而定，但不宜超过一个月。定期检查项目一般包括：

(1) 杆件的设置与连接，连墙件、支撑、门洞桁架的构造是否符合要求。

(2) 地基是否积水、底座是否松动、立杆是否悬空、扣件螺栓是否松动。

(3) 高度在24m以上的双排、满堂脚手架，高度在20m以上的满堂支撑架，其立杆的沉降与垂直度的偏差是否符合技术规范的要求。

(4) 架体安全防护措施是否符合要求。

(5) 是否有超载使用现象。

3.脚手架的拆除

相关作业完成后，脚手架需要拆除。在脚手架拆除前应制订专项拆除计划和拆除方案，确认无误后才可以实行。拆除作业必须由上而下逐层进行，严禁上下同时作业；脚手架的连墙件必须随脚手架逐层拆除，严禁先将连墙件整层拆除后再拆脚手架；分段拆除高差不应大于2步，如高差大于2步，应增设连墙件加固；在拆除过程中，各构配件严禁抛掷至地面，避免造成交叉作业伤害。

📖 扩展阅读——高空施工与高处作业的安全要求

脚手架的架设过程、拆除过程以及架上作业是典型的高空施工与高处作业施工过程，是历来建设工程事故的多发环节，也是建设工程安全管理的重点监控环节。在这一过程与环节中，防止高处作业人员跌落和防止高处作业落物伤人是两个重点内容。

1.高处作业的相关定义

根据我国《建筑施工高处作业安全技术规范》（JGJ80），高处作业是指在坠落高度基准面2m以上（含2m），有可能坠落的高处进行的作业。

其包含两个基本含义：其一，施工环节中人员或物品存在坠落的可能性；其二，坠落面超过基准面2m——坠落时可以产生较为严重的伤亡事故。具体来说，高处作业的基本高度，是指以作业位置为中心，以6m为半径所划出的一个垂直柱形空间内，最低处与作业位置间的高度差，而坠落高度基准面，就是指可能坠落范围内最低的水平面。

高处作业易发生高处坠落、物体打击等安全事故，而且一经发生就可能产生严重伤亡，因此高处作业必须严格遵守相关操作规程，避免事故。高处作业时应划定坠落区域，在做好防护的同时还应尽量避免其下部区域同步施工——交叉作业的实施。根据《高处作业分级标准》（GB3608-2008），不同高度的高处作业被定义为不同的级别，事故后果的严重程度不同，坠落半径也不同。根据坠落半径的要求，进行下部防护、划定现场防护区域的同时，也应尽量避免在下部坠落半径区域内同步实施其他工作。

在具体实施中，坠落范围的半径r，根据坠落高度h的不同分别定义为：

一级高处作业：作业高度，h=2～5m时，坠落半径r=2m；由于高度不太高，因高度造成的不安全因素可通过各种措施较易于加以解决，所以在此高度范围内造成的事故，大部分是轻伤。

二级高处作业：作业高度，h=5～15m时，坠落半径r=3m；此时坠落，发生重伤的可能性较大，因此将15 m定为一个分界点。

三级高处作业：作业高度，h=15~30m时，坠落半径r=4m；在这一高度下如果坠落，除个别情况外，基本上是死亡事故。

特级高处作业：作业高度，h=30m以上时，坠落半径r=5m，这就意味着，当高度超过30m时，将不会有生还的可能性，一定会产生死亡事故。

2.高处作业的安全隐患主要表现形式

安全隐患是指人或设施的某些不当的、可能产生安全事故的状态。高空作业常见的安全隐患主要表现在人员、设施与现场管理三个方面。

从人员方面来看，安全隐患主要包括不佩戴或不正确佩戴安全帽；在无可靠安全防护措施的情况下不按规定系挂安全带；作业人员患有不适宜高处作业的疾病；

违章酒后作业等。

高空作业现场设施安全隐患经常表现为，各种形式的临边无防护或防护不严密；各种类型的洞口无防护或防护不严密；攀登作业所使用的工具不牢固；高空作业无专用操作架或操作架搭设不稳固，防护不严密；构架式操作平台、预制钢平台设计、安装、使用不符合安全要求等。

在组织与管理方面，安全隐患主要包括不按安全程序组织施工，地上地下并进，多层多工种交叉作业；安全设施无人监管，在施工中任意拆除、改变；高处作业的作业面材料、工具乱堆乱放；以及暑期施工无良好的防暑降温措施等。

3.高处作业安全控制的主要内容

高处作业安全控制在具体实施中，一般包括临边作业的安全防范措施、洞口作业的安全防范措施、攀登作业的安全防范措施、悬空作业的安全防范措施和操作平台的安全防范措施五个分支。

（1）临边作业的安全防范措施

建设工程施工过程中的临边一般有五项，即深基坑周边、楼层周边、楼梯侧边、平台或阳台边、屋面周边。采用临时栏杆是防止临边坠落的基本措施。除此之外，必要的竖向遮挡、外部悬挑的防坠网也应根据需要进行架设。

在防护栏杆架设时，必须采用上下双栏杆，上栏杆高度为 $1.0 \sim 1.2$m，下栏杆高度为 $0.5 \sim 0.6$m。横向栏杆长度不得超过 2.0m，必要时设置立柱。立柱下部必须采取有效的措施进行固定，且距离跌落边缘不宜小于 0.5m。栏杆与立柱的承载能力要满足要求——在任何方向上均可以承担不小于 1 000N 的外部作用。防护栏杆外侧应设置封闭安全立网，栏杆下部边缘设置不低于18cm的挡脚板，且其下边缘距离地面不大于10mm，防止各种小物品在施工时不慎滑落。

除此之外，从事临边作业的工作人员，必须佩带安全带，并在安全管理人员的指定位置进行悬挂，不得随意悬挂。安全带悬挂后应进行试拉，在确保悬挂点与安全带能够可靠拉结后，再进行具体施工。

（2）洞口作业的安全防范措施

在建设工程中，具有安全控制意义上的洞口，包括四类，即楼梯口、电梯口、预留洞口和通道口。这四类洞口在建设完成后，会有相应的防护门、平台等。但是在建设过程中，由于相关设施的非同步施工，会形成巨大的安全隐患，因此，工人也经常将此类洞口称为"老虎口"。

在施工中，除直径小于2.5cm的洞口——在任何情况下不会产生事故的洞口外，均要根据洞口的大小来设置不同的安全防护措施。

楼板、屋面和平台等面上短边尺寸小于25cm但大于2.5cm的孔口——脚能踏入，必须用坚实的、且能防止挪动移位的盖板覆盖。楼板面等处边长为 $25 \sim 50$cm 的洞口——腿能跌入但一般不会坠落，要用竹、木等作盖板，盖住洞口，且要保持四周搁置均衡，并有固定其位置的措施。对于边长为 $50 \sim 150$cm 的洞口——可能造成人员跌落，必须设置以扣件扣接钢管而成的网格，并在其上满铺竹笆或脚手板，也可采用贯穿于混凝土板内的钢筋构成防护网，钢筋网格间距不得大于20cm。而边长在150cm以上的、如果不慎一定会造成人员跌落的洞口，其防护标准应等同于临边安全，应在其四周设防护栏杆，洞口下方铺设安全平网。

如果洞口位于车辆行驶道旁，其所加盖板还要能承受不小于当地额定卡车后轮有效承载力2倍的荷载，避免车行塌陷。

对于墙面等处的竖向洞口，当其下边沿至楼板或底面低于80cm且侧边落差大于2m时，应加设至1.2m高的临时护栏。凡落地的洞口应加装开关式、工具式或固定式的防护门，门栅网格的间距不应大于15cm，也可采用防护栏杆，下设挡脚板（笆）。

（3）攀登作业的安全防范措施

建设工程施工过程中，尤其是脚手架作业，攀登作业非常多，稍有不慎就会发生跌落事故。在施工组织设计中应确定用于现场施工的登高和攀登设施。

攀登的用具，结构构造上必须牢固可靠，供人上下的踏板其使用荷载不应大于1 100N。当梯面上有特殊作业，重量超过上述荷载时，应按实际情况加以验算。移动式梯子要按现行的国家标准验收其质量；梯脚底部应坚实，不得垫高使用；梯子如需接长使用，必须有可靠的连接措施，且接头不得超过1处，连接后梯梁的强度不应低于单梯梯梁的强度。使用折梯时，上部夹角以35°～45°为宜，铰链必须牢固，并应有可靠的措施。

固定式直爬梯应用金属材料制成，梯宽不应大于50cm，支撑应采用不小于L70×6的角钢，埋设与焊接均必须牢固。梯子顶端的踏棍应与攀登的顶面齐平，并加设1～1.5m高的扶手。使用直爬梯进行攀登作业时，攀登高度以5m为宜。超过2m时，宜加设护笼，超过8m时，必须设置梯间平台。

作业人员应从规定的通道上下，不得在阳台之间等非规定通道进行攀登，也不得任意利用吊车臂架等施工设备进行攀登。

钢柱安装登高时，应使用钢挂梯或设置在钢柱上的爬梯。钢柱的接柱应使用梯子或操作台。操作台横杆高度，当无电焊防风要求时，其高度不宜小于1m，有电焊防风要求时，其高度不宜小于1.8m。登高安装钢梁时，应视钢梁高度，在两端设置挂梯或搭设钢管脚手架。梁面上需行驶时，其一侧的临时护栏横杆可采用钢索，当改用扶手绳时，绳的自然下垂度不应大于1/20，并应控制在10cm以内。

（4）悬空作业的安全防范措施

建设工程悬空作业也是经常发生的。悬空作业处应有牢靠的立足处，并必须视具体情况，配置防护栏网、栏杆或其他安全设施。悬空作业所用的索具、脚手板、吊篮、吊笼、平台等设备，均须经过技术鉴定或检验方可使用。

（5）操作平台的安全防范措施

采用移动式操作平台时，操作平台应由专业技术人员按现行的相应规范进行设计，计算书及图纸应编入施工组织设计。操作平台的面积不应超过10㎡，高度不应超过5m，还进行稳定验算，并采取措施降低立柱的长细比。装设轮子的移动式操作平台，轮子与平台的接合处应牢固可靠，立柱底端离地面不得超过80mm。操作平台可采用ø（48～51）×3.5mm钢管以扣件连接，亦可采用门架式或承插式钢管脚手架部件，按产品使用要求进行组装。平台的次梁，间距不应大于40cm；台面应满铺3cm厚的木板或竹笆。操作平台四周必须按临边作业要求设置防护栏杆，并应布置登高扶梯。

采用悬挑式钢平台时，按现行的相应规范进行设计，其结构构造应能防止左右晃动，计算书及图纸应编入施工组织设计。悬挑式钢平台的搁支点与上部拉结点，必须位于建筑物上，不得设置在脚手架等施工设备上。斜拉杆或钢丝绳，构造上宜两边各设前后两道，两道中的每一道均应作单道受力计算。钢平台应设置4个经过验算的吊环，吊运平台时应使用卡环，不得使吊钩直接钩挂吊环；吊环应用甲类3号沸腾钢制作。钢平台安装时，钢丝绳应采用专用的挂钩挂牢，采取其他方式时卡头的卡子不得少于3个，建筑物锐角利口围系钢丝绳处应加衬软垫物，钢平台外口应略高于内口。钢平台左右两侧必须装置固定的防护栏杆。钢平台吊装，须待横梁支撑点电焊固定，接好钢丝绳，调整完毕，经过检查验收，方可松卸起重吊钩，上下操作。钢平台使用时，应有专人进行检查，发现钢丝绳有锈蚀损坏应及时调换，焊缝脱焊应及时修复。

对于任何操作平台，都必须在显著位置标明容许荷载值。操作平台上人员和物料的总重，严禁超过设计的容许荷载，应配备专人加以监督。

二、普通脚手架的材料

脚手架的选材至关重要，不论采用哪一种形式的脚手架，其钢管、扣件、螺栓等的材质、规格、状况必须符合国家强制性标准，其中脚手架管材的直径、壁厚和轴线偏差是最基本的指标，必须满足要求。脚手架搭设前应进行材料的保养，除锈并统一涂色，这不仅仅是美观的要求，更能对使用中的脚手架起到良好的防腐作用，以免因长期使用而形成锈蚀，造成破损。

（一）钢管

脚手架所采用的钢管，其基本规格为48mm×3.5mm（直径、壁厚），可以采用焊接钢管，但钢材强度等级不得低于Q235-A级。钢管表面应平直光滑，无任何肉眼可见的裂纹、分层、压痕、划道和硬弯。新出厂的钢管要有出厂合格证，所有钢管施工前必须进行取样，送到有国家相关资质的试验单位，进行钢管抗弯、抗拉等力学试验检验，检验结果满足安全使用要求后，方可在施工中使用。

（二）扣件

脚手架的钢管通过扣件相连接，扣件的安全性至关重要。脚手架的扣件分为直角扣件、回转扣件和对接扣件（如图7-10所示）。直角扣件的作用是将两根钢管固定成直角；回转扣件是将两根钢管斜交连接，可以形成任意角度，但不得形成直角——设计构造为直角连接处必须采用直角扣件；对接扣件是钢管对接（顶接）时所采用的特定扣件。

图7-10　直角扣件、回转扣件、对接扣件

脚手架扣件为锻铸造扣件，必须由获取扣件生产许可证的生产厂家提供，扣件不得有裂纹、气孔、缩松、砂眼等锻造缺陷，扣件的规格应与钢管相匹配，贴合面平整，活动部位灵活，夹紧钢管时开口处最小距离不小于5mm。钢扣件所采用的钢制螺栓，其拧紧力矩不得小于70N.m，不得有破损现象。

施工现场如使用旧扣件，扣件必须取样送有国家相关资质的试验检验单位，进行扣件抗滑力等试验，试验检验结果满足设计要求后方可在施工中使用。

三、普通脚手架的底部构造

脚手架的底部构造分为落地式基础和悬挑式构造两类。普通多层建筑施工的脚手架一般采用落地式基础，安全性较高；但当架体较高，自身重量较大，落地基础将难以承担脚手架的上部荷载时，需要将架体悬挑，悬挑时仅在需要的层间架设即可——绝大多数高层建筑施工中的外部脚手架均采用此类构造。另外，当脚手架底部基础构造由于施工过程难以实现落地时例如建筑周边不能及时回填，或脚手架底部存在较大的高差，不能保证安全时，也需要进行悬挑。为了保证安全，一般落地式钢管脚手架高度不宜大于50m，悬挑式脚手架一次悬挑高度不宜大于20m。

（一）落地式基础

采用落地式基础（如图7-11所示）的脚手架的钢管不得直接坐在土层上，以防止局部陷落，应设置高于自然地坪50mm以上的底座。施工现场应优先采用专用基座，如钢板、木板等作为脚手架的基础，并设置防滑措施；当无垫板时，可采用C15以上的100mm厚素混凝土对地面进行覆盖处理。同时，不得采用任何脆性材料，如红砖、混凝土试块等作为脚手架底部的垫块。

图7-11　落地式基础

　　脚手架底部土层应是坚实致密的天然土层；如果是回填土，应进行夯实并达到夯实密实度标准。土层下部无管沟、地沟、空穴等构造，上部脚手架正在使用时，其下部及周边也不得进行开挖作业。

（二）悬挑式基座

　　采用悬挑式脚手架时，其底部基座应设置在稳固的下部结构上。目前一般采用水平型钢梁悬挑模式（如图7-12所示），也有采用斜向钢管悬挑模式的，但稳定性与安全性较差，一般不推荐使用。

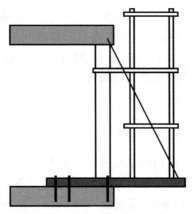

图7-12　水平型钢梁悬挑模式

　　采用水平型钢作为悬挑脚手架底部构造时，型钢选型必须经过严格的计算进行选型，包括强度、刚度、稳定性等方面，均应满足要求。

　　型钢必须固定于现浇的强度不低于C20、厚度不小于100mm的混凝土楼板上；型钢在楼板上的固定长度不得小于1.25L（L为外伸长度），且固定点不得少于两个，以防止倾覆破坏。固定点应采用预埋螺栓或U形钢筋拉环，锚固螺栓直径不宜小于16mm，必须进行锚固验算，不得采用冷加工钢筋。采用U形拉环时，应在楼板上设置贯穿孔，将拉环置入孔中，并于板底部采用螺母、垫板进行锚固。型钢悬挑梁宜采用双轴对称截面的型钢。悬挑钢梁型号及锚固件应按设计确定，钢梁截面高度不应小于160mm。

　　为了防止悬挑型钢端部变形过大，还需要采用钢丝绳或钢拉杆在其端部进行拉结，固定于上部结构。拉结钢丝绳与型钢夹角不宜小于45度（如图7-13所示）。

图7-13　型钢悬挑梁构造

四、普通钢管扣件脚手架的上部构造与施工

（一）脚手架整体构造

1.脚手架的主要构件

普通钢管扣件型脚手架的主要构件包括图7-14中的：①立杆；②大横杆；③连墙杆；④小横杆。

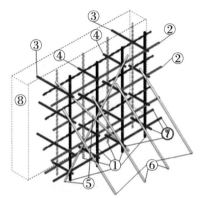

图7-14　脚手架的基本构造

立杆是脚手架中最为重要的构造，承担了全部脚手架的竖向荷载。大横杆将立杆沿纵向连接成整体，并对立杆形成侧向支撑，有效地提高了立杆的稳定性。当采用双排脚手架时，内外双排脚手架之间则需要采用小横杆相连而成一体，同时，小横杆还在立杆的出平面方向形成有效的侧向支撑，防止出平面因失稳而遭到破坏。当小横杆延长至与结构相连时，则构成了连墙杆，连墙杆有效地增强了脚手架的稳定性，可以防止架体外倾造成整体坍塌，因此连墙杆对于脚手架来说是至关重要的构件。

2.脚手架的辅助构件

脚手架的辅助构件包括图7-14中的：⑤斜撑；⑥抛撑；⑦扫地杆。

扫地杆设置在立杆底部基座以上，纵横向设置，主要起到稳固基座的作用。斜撑在脚手架内外排均应设置，可以有效地提高脚手架的整体性和刚度，防止脚手架整体失稳。抛撑设置于脚手架底部，自上端固定于立杆上，斜向下外侧支撑于地面上（专设基座），有效地扩大了脚手架的底部支撑面积，提高了其稳定性。

3.脚手架的特殊构件

脚手架的特殊构件主要包括图7-14中的：剪刀撑⑨。

脚手架在力学上属于四边形构造，稳定性较差，在平面内的侧向作用下，容易产生变形进而坍塌。通过剪刀撑构造，在脚手架平面内形成三角形，构成几何不变体系，能够有效地提高脚手架的稳定性。剪刀撑是脚手架稳定体系的关键性构造，在工程中应尤其注意。

（二）钢管扣件脚手架具体构造要求

1.立杆与横杆

单双排脚手架的立杆、横杆间距必须经设计计算确定，严禁随意搭设。脚手架必须配合施工进度搭设，一次搭设高度不应超过相邻连墙件以上两步（"步"为大横杆间距）。

纵向水平杆（大横杆）应设置在立杆内侧，其长度不宜小于3跨（"跨"为立杆间距）；纵向水平杆接长可以采用对接或搭接连接（优先对接）。纵向水平杆的对接扣件应交错布置：两根相邻纵向水平杆的接头不宜设置在同步或同跨内；不同步或不同跨两个相邻接头在水平方向错开的距离不应小于500mm；各接头中心至最近主节点的距离不宜大于纵距的1/3。搭接时，搭接长度不应小于1m，并等间距设置3个旋转扣件进行固定，端部扣件盖板边缘至搭接纵向水平杆杆端的距离不应小于100mm。

主节点（立杆、纵向水平杆、横向水平杆三杆紧靠的扣接点）处必须设置一根横向水平杆，用直角扣件扣接且严禁拆除。主节点处的两个直角扣件的中心距不应大于150mm，在双排脚手架中，离墙一端的外伸长度不应大于0.4倍的两节点的中心长度，且不应大于500mm。作业层上非主节点处的横向水平杆，最大间距不应大于纵距的1/2。施工时，施工平台、翘板一般搭设在小横杆上，因此为了保证安全，小横杆必须搭设在大横杆的上部。

立杆接长除顶层顶步可采用搭接外，其余各层各步接头必须采用对接扣件进行连接。立杆上的对接扣件应交错布置，两根相邻立杆的接头不应设置在同步内，同步内每隔一根立杆的两个相邻接头在高度方向错开的距离不宜小于500mm；各接头中心至主节点的距离不宜大于步距的1/3。顶层顶步采用搭接构造时，搭接长度不应小于1m，应采用不少于2个旋转扣件进行固定，端部扣件盖板的边缘至杆端距离不应小于100mm。

2.脚手板

脚手板包括冲压钢脚手板、木脚手板、竹串片脚手板等，优先采用定制的冲压钢制脚手板。脚手板应设置在三根横向水平杆上，当脚手板长度小于2m时，可用两根横向水平杆支撑，但应将脚手板两端与其可靠固定，严防倾翻。

脚手板的铺设可采用对接平铺，亦可采用搭接铺设。在脚手板对接平铺时，接头处必须设两根横向水平杆，脚手板外伸长度应取130～150mm，两块脚手板外伸长度之和不应大于300mm；在脚手板搭接铺设时，接头必须支在横向水平杆上，搭接长度应大于200mm，其伸出横向水平杆的长度不应小于100mm。

3.扫地杆

脚手架必须设置纵、横向扫地杆。纵向扫地杆应采用直角扣件固定在距底座上皮不大于200mm处的立杆上；横向扫地杆宜采用直角扣件固定在紧靠纵向扫地杆下方的立杆上。当立杆的基础不在同一高度上时，必须将高处的纵向扫地杆向低处延长两跨与立杆固定，高低差不应大于1m。靠边坡上方的立杆轴线到边坡的距离不应小于500mm。

4.连墙构造

立杆必须用连墙件与建筑物可靠连接，连墙件布置间距要符合规定要求。一字形、开口形脚手架的两端必须设置连墙件，连墙件的垂直间距不应大于建筑物的层高，并不应大于4m或2步。

高度在24m以下的单、双排脚手架，宜采用刚性连墙件与建筑物可靠连接，也可采用钢筋拉结与顶撑配合使用的附墙连接方式，但严禁使用只有钢筋拉结的柔性连墙件。顶撑应牢靠地顶在混凝土圈梁、柱等结构部位；拉筋应采用两根以上直径4mm的钢丝拧成一股，使用时不应少于两股；亦可采用直径不小于6mm的钢筋进行拉结。

对高度在24m以上的双排脚手架，必须采用可同时承受拉力和压力的刚性连墙件与建筑物可靠连接。

5.剪刀撑（斜撑）

剪刀撑也称为斜撑，应随立杆、纵向和横向水平杆等同步设置，各底层斜杆下端均必须支承在垫块或垫板上。高度在24m以下的单、双排脚手架，均必须在外侧立面的两端各设置一道剪刀撑，并应由底至顶连续设置；中间各道剪刀撑之间的净距不应大于15m。一字形、开口形双排脚手架的两端均必须设置横向斜撑，中间宜每隔六跨设置一道。

📖 **扩展阅读——其他脚手架的构造**

（一）满堂架体

1.满堂架体的含义

满堂架体包括满堂脚手架和满堂支撑架，一般均可简称为满堂脚手架（如图7-15所示）。

图7-15　满堂架体

满堂脚手架，是指在纵、横方向，由不少于三排立杆与水平杆、水平剪刀撑、竖向剪刀撑、扣件等构成的脚手架，该架体顶部施工荷载通过水平杆传递给立杆，立杆呈偏心受压状态。

满堂支撑架，是指在纵、横方向，由不少于三排立杆并与水平杆、水平剪刀撑、竖向剪刀撑、扣件等构成的脚手架，该架体顶部钢结构安装模板工程等施工荷载通过可调托轴心传力给立杆，顶部立杆呈轴心受压状态。

2.满堂架体构造原则

（1）满堂脚手架。

满堂脚手架搭设高度不宜超过36m，施工层不超过1层。其立杆的构造应符合规范规定：立杆接长接头必须采用对接扣件连接，对接扣件的布置、水平杆的连接与一般脚手架相同，水平杆长度不宜小于3跨。

满堂脚手架的架体外侧四周及内部纵、横向，应每6~8m由底至顶设置连续竖向剪刀撑。当架体搭设高度在8m以下时，应在架顶部设置连续水平剪刀撑；当架体搭设高度在8m及以上时，应在架体底部及竖向间隔不超过8m处分别设置连续水平剪刀撑。水平剪刀撑宜在竖向剪刀撑斜相交平面设置，剪刀撑宽度6~8m为宜。

剪刀撑应用旋转扣件固定在与之相交的水平杆或立杆上，旋转扣件中心线至主节点的距离不宜大于150mm。

满堂脚手架的高宽比不宜大于3，当高宽比大于2时，应在架体的外侧四周和内部水平间隔6~9m、竖向间隔4~6m处设置连墙件与建筑结构拉结。在无法设置连墙件时，应采取设置钢丝绳张拉固定等措施。

跨度小于3跨的满堂脚手架，宜按双排脚手架的原则设置连墙件。当满堂脚手架局部承受集中荷载时，应按实际荷载计算并应局部加固。满堂脚手架应设爬梯，爬梯踏步间距不得大于300mm。满堂脚手架操作层支撑脚手板的水平杆间距不应大于1/2跨距，脚手板的铺设应符合有关规定。

（2）满堂支撑架。

满堂支撑架步距与立杆间距应根据计算确定，并不得超过规范限值。立杆伸出顶层水平杆中心线至支撑点的长度不应超过0.5m，满堂支撑架搭设高度不宜超过30m。满堂支撑架立杆、水平杆的构造要求应符合前文满堂脚手架的规定。

另外，在施工中应根据设计荷载和架体功能，确定满堂支撑架的类型——普通型还是加强型，并根据不同的类型设置剪刀支撑，满足在不同状态下对稳定性的要求。

● 普通型满堂支撑架

普通型满堂支撑架体外侧周边及内部纵、横向每5~8m，应由底至顶设置连续竖向剪刀撑，剪刀撑宽度应为5~8m。在竖向剪刀撑顶部交点平面处应设置连续水平剪刀撑。当支撑架的支撑高度超过8m，或施工总荷载大于15kN/m²，或集中线荷载大于20kN/m时，在扫地杆的设置层应设置水平剪刀撑。水平剪刀撑至架体底平面的距离与水平剪刀撑的间距不宜超过8m。

● 加强型满堂支撑架

当立杆纵、横间距为0.9m×0.9m～1.2 m×1.2m时，在架体外侧周边及内部纵、横向每4跨（且不大于5m），应由底至顶设置连续竖向剪刀撑，剪刀撑宽度应为4跨。

当立杆纵、横间距为0.6m×0.6m～0.9 m×0.9m（含0.6m×0.6m，0.9 m×0.9m）时，在架体外侧周边及内部纵、横向每5跨（且不小于3m），应由底至顶设置连续竖向剪刀撑，剪刀撑宽度应为5跨。

当立杆纵、横间距为0.4m×0.4m～0.6 m×0.6m（含0.4m×0.4m）时，在架体外侧周边及内部纵、横向每3m～3.2m应由底至顶设置连续竖向剪刀撑，剪刀撑宽度应为3～3.2m。

竖向剪刀撑顶部交点平面处应设置水平剪刀撑。扫地杆设置层水平剪刀撑的设置应符合普通型满堂支架的规定，水平剪刀撑至架体底平面的距离与水平剪刀撑的间距不宜超过6m，剪刀撑宽度应为3～5m。

不论以上哪一种满堂支撑架，其竖向剪刀撑斜杆与地面的倾角均应为45°～60°，水平剪刀撑与支架纵（或横）向夹角应为45°～60°，剪刀撑斜杆的接长、固定等构造应符合前文的相关规定。

满堂支撑架的可调底座、可调托撑螺杆伸出长度不宜超过300mm，插入立杆内的长度不得小于150mm。

当满堂支撑架高宽比大于2或2.5时，为了保证其稳定性，满堂支撑架应在支架四周和中部与结构系统进行刚性连接，连墙件水平间距应为6～9m，竖向间距应为2～3m。但支撑架高宽比不应大于3，避免失稳。在周边无可靠的结构体系时，应尽量减小其高宽比。

（二）单排脚手架及其限制条件

单排脚手架属于简易型脚手架，仅设置一排立杆、大横杆，并用小横杆直接与建筑物墙体相连。由于仅设置单排，故其承载能力、稳定性相对较差，多用于高度不大的简单施工中。

在下列情况中，严禁使用单排脚手架：

（1）墙体厚度小于或等于180mm。

（2）建筑物高度超过24m。

（3）空斗砖墙、加气块墙等轻质墙体。

（4）砌筑砂浆强度等级小于或等于M10的砖墙。

（三）碗扣式脚手架

碗扣式多功能脚手架是在吸取国外同类型脚手架的先进接头和配件工艺的基础上，结合我国实际情况研制的一种新型脚手架，是具有国内自主知识产权的施工设施。

1. 碗扣式脚手架的基本构造

碗扣式脚手架由立杆、上下碗扣、水平杆和固定销钉构成。在架设时，将上下碗扣的开口对置，套于立杆之上，将水平杆的端口嵌于碗扣之中，确定位置后，将销钉打入碗扣与立杆的间隙处，进行固定（如图7-16所示）。

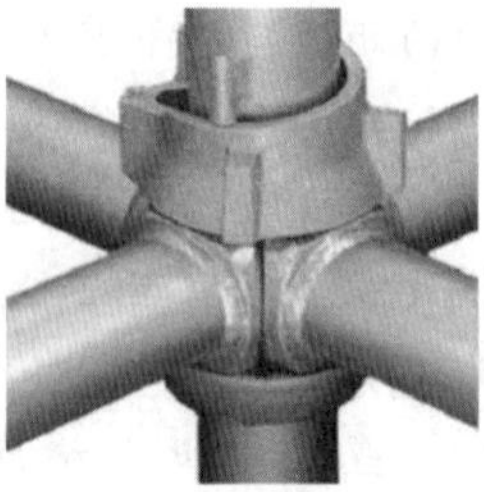

2. 碗扣式脚手架的优势

与一般钢管扣件式脚手架相比，碗扣式脚手架构件之

图7-16　碗扣式脚手架

间对中效果好，受力更加均匀，承载更大。碗扣式脚手架节点结构合理，力杆轴向传力，使脚手架整体在三维空间的结构强度高、整体稳定性好、并具有可靠的自锁性能，能更好地满足施工安全的需要。不仅如此，由于碗扣式脚手架的立杆、横杆的构造不同，均为专用，因此在设计制造过程中可以针对特定构件的力学性质进行专门设计，使之更加合理、安全。

同时，碗扣式脚手架组架形式灵活，适用范围广，可以根据施工要求，组成模数为0.6m的多种组架尺寸和荷载的单排、双排脚手架、支撑架、物料提升脚手架等多功能施工装备，不仅能进行曲线布置，还可以在任意高差的地面上使用，根据不同的负载要求，灵活调整支架间距。

在施工过程中，碗扣式脚手架劳动强度低，装拆功效高，接头装拆速度比常规脚手架快2~3倍，工人仅用一把小铁锤便可完成全部作业。由于碗扣式脚手架完全避免了螺栓作业，构件轻便、牢固、经碰经磕、一般锈蚀不影响装拆作业，因此，维护简单，运输方便，成本也相对低廉。

正是由于以上优势，碗扣式脚手架被当时的建设部列为2000年以前十项重点推广新技术之一，并获得了很好的发展。

（四）门式脚手架

前文所讲述的各种脚手架，均存在着一个共同的问题——对架设者的基本素质要求较高，对结构力学中几何不变体系的理解尤为重要。只有透彻理解这一问题，才能保证在脚手架的架设过程中，形成有效的力学体系，防止坍塌事故的发生。显然，这对于一般架子工来讲，是一个非常难以解决的问题，即使对于一般结构工程专业的本科生来说，这一问题也不是那么简单的。脚手架坍塌事故比较多见，从某一侧面来看，其力学体系的不确定性是十分重要的原因。

但门式脚手架的出现，基本上改变了这一状况，成为一种在理论上非常安全的脚手架体系（如图7-17所示）。

1. 门式脚手架的基本构成

门式脚手架由两侧门架、上部水平连接杆件、斜撑构成基本单元。基本单元通过上下连接杆可以在高度上不断复制，通过水平连接杆件并共用一榀门架可以在水平方向上进行复制，并形成较大范围的整体脚手架体系。

2. 门式脚手架的优势

门式脚手架的最大优势在于其安全性。这是因为，与其他脚手架的架设过程

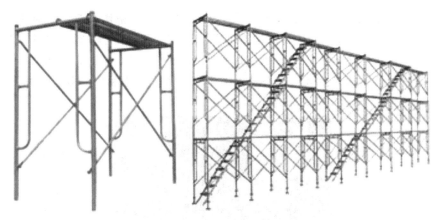

图7-17　门式脚手架

与结构体系的相对随意性相比，门式脚手架的基本单元是完全固定的。这一固定的单元，是经过严格的力学设计计算的，是可以保证安全性的。在具体施工架设过程中，现场工人不需要，也不可能对门式脚手架的构成进行调整，仅需要按照规则进行搭设、复制。只要在施工过程中满足相关要求，该脚手架几乎不能坍塌。

除此之外，门式脚手架的架设过程非常简便，可以实现快速按拆，有效地提高了现场的施工效率。

3.门式脚手架的问题

从目前脚手架的发展与门式脚手架的推广应用来看，该类脚手架在我国的应用状况并不理想，甚至有些省份建设行政管理部门曾专门发文指出，该脚手架属于相对危险的构造，不建议推广使用。这与当前此类脚手架在欧美、日本的广泛使用形成了极为鲜明的对比。

调查表明，导致这一问题的根本原因在于脚手架的产品质量存在着较大的缺陷。与其他脚手架相比，脚手架零部件的质量问题，完全可以通过在架设过程中的力学构造进行弥补，如减小杆件之间的间距等，从而有效避免了问题的发生。但是，门式脚手架微观单元的固定性，恰恰制约了现场架设环节的调整过程，使其必须按照特定的构造进行架设——尽管材料或零部件可能是不合格的。

可见，当零部件或材料不能满足要求时，门式脚手架的安全性根本无从谈起。这正是此类脚手架最大的问题——必须保证材料与零部件的质量，必须在使用尤其是在周转过程中不断进行监测，只要零部件存在缺陷，就必须淘汰，以避免问题的发生。现场相对粗放的施工过程，成为门式脚手架淘汰率居高不下的重要原因，这也导致了该类脚手架较高的使用成本，极大地限制了该类脚手架的推广和使用。

（五）轮扣式（盘扣式）脚手架

轮扣式脚手架是一种具有自锁功能的直插式新型钢管脚手架，主要构件为立杆和横杆，盘扣节点结构合理，立杆轴向传力，使脚手架整体在三维空间结构强度高、整体稳定性好，并具有可靠的自锁功能，能有效提高脚手架的整体稳定强度和安全度，能更好地满足施工安全的需要。其具有拼拆迅速、省力，结构简单、稳定可靠，通用性强，承载力大，安全高效，不易丢失，便于管理，易于运输等特点。轮扣式脚手架节点如图7-18所示。

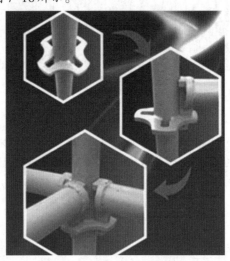

图7-18 轮扣式脚手架节点

轮扣式脚手架在脚手架发展史上实现了三个第一：即"第一个"实现了钢管脚手架在结构上无任何专门的锁紧零件；"第一个"实现了在钢管脚手架上无任何活动零件；"第一个"实现了我国对整体新型钢管脚手架的自主知识产权。该产品至今深受国内外用户的欢迎，泰国外环路高架桥、苏丹的麦洛维大坝，国内的沈阳建设大道立交桥、北京军事博物馆、北京天安门前、郑西客运专线、武广客运专线、哈大客运专线、京沪高铁、云南昆明世纪城等项目大量使用。

1.轮扣式脚手架的特点

轮扣式脚手架可以根据具体的施工要求，组成不同的组架尺寸、形状和承载能力的单、双排脚手架，支撑架，支撑柱等多种功能的施工装备；构造简单、拆装简便、快速，完全避免了螺栓作业和零散扣件的丢损，接头拼装拆速度比常规快5倍以上，拼拆快速省力，工人用一把铁锤即可完成全部作业。

同时，这种脚手架承载力大，立杆连接是同轴心承插，节点在框架平面内，接头具有抗弯、抗剪、抗扭力学性能，结构稳定、安全可靠性。接头设计时考虑到自重力的作用，使接头具有可靠的双向自锁能力，作用于横杆上的荷载通过盘扣传递给立杆，盘扣具有很强的抗剪能力（最大为199KN）。

产品标准化包装，维修少、装卸快捷、运输方便、易存放，使用寿命比扣件脚手架长很多，一般可以用10年以上，由于抛弃了螺栓连接，因此，构件经碰耐磕，就算锈蚀也不影响拼拆使用。

不仅如此，轮扣式脚手架还具有早拆功能，横杆可提前拆下周转，节省材料，节省木方，节省人工，真正做到节能环保，经济、实用。实践表明，作为梁跨度在15m以内，净空层高度在12m以下的单跨、多跨连续梁、框架结构房屋模板支撑体系，其稳定性和安全性好于碗扣式脚手架，优于门式脚手架。

2.轮扣式脚手架的功能与用途

轮扣式脚手架周转性好，长期使用成本低，广泛用于建筑模板工程（包括路桥施工）的支撑，特别是高支模；高低楼房建筑的外墙脚手架；大、中、小仓库货架（立体货架）；装修工程和机电安装的高处作业"工作平台"，船舶修造业的内外脚手架。

除了工程上的使用，在工程业之外，这种脚手架的身影也非常多见，比如各种演唱会、运动会、临时看台、观礼台及舞台棚架等。在野外工作时中，各种流动工棚的主体结构也可以使用这种脚手架进行搭设。

3.轮扣式脚手架的施工要点

使用轮扣式脚手架时，施工方前期应做好支撑体系的专项施工方案设计，并由总包单位放线定位，使支撑体系横平竖直，以保证后期剪刀撑和整体连杆的设置，确保其整体稳定性和抗倾覆性。

与一般脚手架相同，轮扣式脚手架安装基础必须要夯实平整并采取混凝土硬化措施。轮扣式脚手架宜使用同一标高的梁板底板的标高范围，对于高度和跨度较大的单一构件支撑架使用时对横杆进行拉力和立杆轴向压力（临界力）的验算，确保架体的稳定性和安全性。

架体搭设完成后要加设足够的剪刀撑，在顶托与架体横杆300~500mm之间的距离要增设足够的水平拉杆，使其整体稳定性得到可靠的保证。

（六）圆盘式脚手架

圆盘式脚手架（如图7-19所示）又称菊花盘式脚手架系统，最早由德国LAYHER（雷亚）公司发明，也被业内人士称为"雷亚架"。该体系初始功能主要用于大型演唱会的灯光架、背景架，后来被工程界所接受，逐步在建筑业中得到使用。

图7-19　圆盘式脚手架

1.圆盘式脚手架的构成

这种脚手架的主要构成，是φ48*3.5mm、Q345B钢管作为主构件，钢管上每隔0.60m焊接上一个直径133mm、厚10mm的圆盘，圆盘上开设8个孔，用这种圆盘连接横杆，底部带连接套。横杆是在钢管两端焊接上带插销的插头制成。

安装时只需将横杆接头对准菊花盘位置，然后用手将插销插入菊花盘孔并穿出接头底部，再用手锤敲击插销顶部，使横杆接头上的圆弧面与立杆紧密结合。

该产品于20世纪80年代从欧洲引进，是继碗扣式脚手架之后的升级换代产品，广泛应用于一般高架桥等桥梁工程，隧道工程，厂房，高架水塔，发电厂，炼油厂等以及特殊厂房的支撑设计，也适用于过街天桥，跨度棚架，仓储货架，烟囱、水塔和室内外装修，大型演唱会舞台、背景架、看台、观礼台、造型架、楼梯系统，晚会的舞台搭设、体育比赛看台等工程。

2.圆盘式脚手架的优势

（1）圆盘式脚手架具有多功能性

根据具体施工要求，圆盘式脚手架能组成模数为0.6m的多种组架尺寸和荷载的单排、双排脚手架、支撑架、支撑柱、物料提升架等多种功能的施工装备，并能做曲线布置。脚手架能与可调下底托、可调上托、双可调早拆、挑梁、挑架等配件配合使用，可与各类钢管脚手架相互配合使用，实现各种功能。

特别值得指出的是，圆盘式脚手架可在任何不平整斜坡及阶梯形地基上搭设；可支撑阶梯形模板，可实现模板早拆；可配合搭设爬架、活动工作台、外排架等，实现各种功能支护作用；可作为仓储货架，可用于搭设各种舞台，广告工程支架等。

其立杆具有按600mm模数任意接长的功能，还具有倒头对接使用功能，为特别高度尺寸的使用提供了便利条件。轮盘式多功能钢管脚手架还为大型标准化模板的使用，以及新型模板的挂接、安装、固定提供了技术支持。

（2）圆盘式脚手架结构少，搭建及拆卸方便

圆盘式脚手架只由立杆、横杆、斜拉杆三类构件组成，立杆、横杆和斜拉杆全部在工厂内制成，最大限度地防止了传统脚手架活动零配件易丢失，易损坏的问题，降低了施工单位的经济损失。另外，该体系无任何活动锁紧件，最大限度地防止了传统脚手架活动锁紧件造成的不安全隐患。

（3）承载能力大，安全可靠

圆盘式脚手架立杆轴向传力，使脚手架整体在三维空间、结构强度高、整体稳定性好、圆盘具有可靠的轴向抗剪力，且各种杆件轴线交于一点，连接横杆数量比碗扣接头多出1倍，整体稳定强度比碗扣式脚手架提高了20%。

结构上采用独立楔子穿插自锁机构，由于互锁和重力作用，即使插销未被敲紧，横杆插头亦无法脱出。搭设时可以按下插销进行锁定或拔下进行拆卸，加上扣件和支柱的接触面大，从而提高了钢管的抗弯强度，并可确保两者相结合时，支柱不会出现歪斜。轮盘式多功能钢管脚手架的立杆轴心线与横杆轴心线的垂直交叉精

度高，受力性质合理。

总之，该脚手架体系承载能力大，整体刚度大，整体稳定性强。每根立杆允许承载3~4吨，斜拉杆的使用数量大大少于传统脚手架。

（4）高度的经济性，综合效益好

圆盘式脚手架使用更方便、更快捷。在使用中，只需要把横杆两端插头插入立杆上相对应的锥孔中，再敲紧即可，其搭拆的快捷性和搭接的质量是传统脚手架无法比拟的。

其搭拆速度是扣件钢管脚手架的4~8倍，是碗扣式脚手架的2倍以上，因此，采用圆盘式脚手架可以有效减少劳动时间与劳动报酬，减少运费使综合成本降低，而且接头构造合理，作业容易，轻巧简便。

另外，构件系列标准化，便于运输和管理，无零散易丢构件，损耗低，后期投入少。

📖 扩展阅读——国内外脚手架的发展状况

长期以来，与木模板、砌筑工程配套的支承系统，普遍使用木支撑和竹支撑。20世纪初，英国首先应用了以连接件与钢管组成的钢管支架，并逐步发展完善为扣件式钢管支架。由于这种支架具有加工简便、拆装灵活、搬运方便、通用性强等特点，很快推广应用到了世界各国。在许多国家已形成各种形式的扣件式钢管支架，成为当前应用最普遍的模板支架之一。

20世纪30年代，瑞士发明了可调钢支柱，这是一种单管式支柱，利用螺管装置可以调节钢支柱的高度。由于这种支柱具有结构简单、装拆灵活等特点，在各国都已得到了普遍的应用。其结构形式有螺纹外露式和螺纹封闭式两种。与螺纹外露式钢支柱相比，螺纹封闭式钢支柱，具有防止砂浆等污物粘结螺纹、保护螺纹，并在使用和搬运中不被碰坏等优点。所以，螺纹封闭式钢支柱在欧洲一些国家应用较普遍。20世纪80年代以来，为了增强钢支柱的使用功能，不少国家在钢支柱的转盘和顶部附件上进行了改进，使钢支柱的使用功能得到大大增强。还有的在底部附设了可折叠的三角架，使单管式支柱可以独立安装，更有利于钢支柱的装拆施工。

20世纪50年代以来，美国首先研制成功了门形支架（门式脚手架），由于它具有装拆简单、承载性能好和使用安全可靠等特点，所以发展速度很快。到了20世纪60年代初，欧洲、日本等国家先后引进并发展了这种脚手架，并形成了各种规格的门型支架体系。法国、德国、意大利等国家还研制和应用了与门型支架结构形式基本相似的梯形、四边形和三角形等模板支架体系。在欧洲、日本等国家，门式支架的使用量最多，约占各类支架的50%左右，各国还建立了不少生产各种门式脚手架体系的专业公司。

20世纪60年代以来，承插式钢管支架被大量应用。这种支架结构与扣件式钢管支架基本相似，只是在立杆上焊接多个插座，替代了扣件，避免了螺栓作业和扣件丢失，用横杆和斜杆插入插座，即可拼装成各种尺寸的模板支架。这种支架的种类繁多，使用功能也不一样，在欧洲各国应用较普遍，东南亚和我国也有应用。其中，英国SGB公司研制的碗扣式支架在设计和技术上都居领先地位，它可以在1个碗形插座内，同时连接4个方向的横杆或斜杆。近几年，德国又研制了一种插座可以同时连接8个不同方向的横杆或斜杆的承插式多功能支架，据德国专家介绍，这种支架比碗扣式支架更先进。

日本最早使用的脚手架是木脚手架，到了20世纪50年代开始大量使用扣件式钢管脚手架。1955年，日本许多建筑公司开始引进这种门式脚手架，但当时日本扣件式钢管脚手架的应用仍占主导地位。由于扣件式钢管脚手架的安全事故不断发生（曾在一年内伤亡2 856人），所以当1958年扣件式钢管脚手架再次发生倒塌事故后，脚手架的安全性被提到日程上来，特别强调脚手架的安全性。由于门式脚手架装拆方便，承载性能好，安全可靠，在一些工程中开始大量应用。

门式脚手架首先被使用在地铁、高速公路的支架工程中。1956年，日本JIS（日本工业标准）有关脚手架的标准制定，1963年，日本劳动省在劳动安全卫生规定里也制定了有关脚手架、支撑的一些规定。这样，门式脚手架已成为在建筑施工中必不可少的施工工具。1963年，日本一些规模较大的建筑公司开发、研制或购买门式脚手架，并在工程中大量应用。1965年，随着日本高层建筑的增多，脚手架的使用量也越来越多。1970年，各种脚手架租赁公司开始激增，由于租赁脚手架能满足建筑施工企业的要求，减少企业投资，所以，门式脚手架应用量迅速增长，成为施工企业的主导脚手架，在各类脚手架中，其使用量占50%左右。目前，日本极少因脚手架质量安全问题产生伤亡事故。

我国脚手架的技术水平与日本等发达国家的差距很大。我国脚手架仍然以扣件式钢管脚手架为主，专业脚手架厂很少，技术水平低，生产工艺落后，尤其是大量竹脚手架还在使用，安全性得不到保证。扣件脚手架具有拆装灵活、运输方便，通用性强等特点，所以，在我国的应用十分广泛。在脚手架工程中，其使用量占60%以上，是当前使用量最多、应用最普遍的一种脚手架。但扣件脚手架安全保证较差，施工工效低，不能适应基本建设工程发展的需要。

门式脚手架在国内许多工程中也曾被大量使用过，取得了较好的效果。后来，采用门式脚手架的施工工程越来越少，最主要的原因是产品质量问题，如采用的钢管规格不符合设计要求，门架刚度小，在运输和使用中易变形，加工精度差，使用寿命短等。

在今后脚手架技术的发展中，我国应该吸取日本在脚手架发展应用历史中的经验教训，将门式脚手架的规范化、标准化确立为主要的发展方向。

☐ 本章小结

砌筑工程是最古老的建筑施工工艺，在中国有"秦砖汉瓦"之称。在现代的建筑工程中，砌筑一般仅作为填充墙体使用，并且材料也有很大的变化。普通黏土砖、石材、空心砖以及加气混凝土砌块、混凝土空心砌块等有着各自不同的特点和工艺要求；水泥砂浆、石灰砂浆、混合砂浆的特点与用途也有不同。这些特点与要求，对于一名工程师来讲非常重要。不管是什么材料，在砌筑过程中，均要保证横平竖直、灰缝整齐、没有通缝、衔接正确。尤其在临时洞口、脚手架眼、衔接构造、构造柱、圈梁等环节，要求更加严格。

　　砌筑过程一般要使用脚手架，作为操作平台、周转性材料临时堆放和小型工器具的放置场所。脚手架必须满足基础稳固、选材合格、构造正确、检修及时、拆卸合理等关键性要求。常用的脚手架是钢管扣件式，其架设程序和基本构造是保证安全的关键环节。除了钢管扣件式脚手架之外，碗扣式、门式脚手架也比较多见。尤其是门式脚手架，由于其基本单元的固定性，力学构造的合理性，安全度相对较高，已经成为发达国家普遍使用的脚手架。

□ 关键概念

　　常见的砌筑工程种类、特点；常用的砌筑胶结材料种类、特点和使用范围；砌筑砂浆的性能指标、要求；一般墙体的接槎工艺要求；砌筑过程中脚手架眼的留设；砌筑过程中临时洞口的留设；墙体中的构造柱施工工艺；填充墙体砌筑时与混凝土结构之间的衔接构造；砌筑工程的施工速度、工作段落；脚手架的作用；脚手架使用中的安全制度；脚手架的底部构造要求；普通脚手架的材料要求；钢管扣件脚手架整体构造及其要求；脚手架的检查、验收与拆除过程的具体要求；混凝土小型空心砌块的工艺要求；加气混凝土砌块的砌筑要求；普通黏土砖基础砌筑的要求

□ 复习思考题

　　1.常见的砌筑有哪些种类？各有什么特点？

　　2.常用的砌筑胶结材料有哪些种类？各有什么特点和使用范围？

　　3.砌筑砂浆的性能指标有哪些？各有什么要求？

　　4.一般墙体的接槎工艺有什么要求？

　　5.如何在砌筑过程中正确留设脚手架眼？

　　6.如何在砌筑过程中正确留设临时洞口？

　　7.墙体中的构造柱施工工艺是什么？

　　8.填充墙体砌筑时，与混凝土结构之间的衔接构造有哪些？如何处理？

　　9.砌筑工程的施工速度如何确定？如何划分工作段落？

　　10.脚手架的作用是什么？

　　11.脚手架在使用中的安全制度包括哪些？

　　12.对脚手架的底部构造有什么要求？

　　13.普通脚手架的材料要求是什么？

14. 钢管扣件脚手架整体构造及其要求是什么？

15. 脚手架的检查、验收与拆除过程有哪些具体要求？

16. 混凝土小型空心砌块的工艺要求是什么？

17. 加气混凝土砌块的砌筑要求是什么？

18. 普通黏土砖基础砌筑的要求是什么？

第八章

建筑防水工程

□ **学习目标**

掌握：防水工程的基本原则，包括屋面防水、墙面防水、室内楼地面防水和地下室防水；防水工程的基本分类；防水卷材的分类、主要性能及指标参数、优势与问题；防水涂料的种类与使用范围、问题与使用限制；防水材料的使用原则；柔性防水的基本环境要求，包括自然环境要求、作业环境要求；卷材防水基本施工工艺；涂膜（料）防水基本施工工艺；室内防水处理；刚性材料防水基本原理与措施；地下和屋面工程的防水等级要求；防水工程施工的验收方法。

熟悉：柔性防水具体部位的特殊处理工艺；刚性防水的问题、优势；构造防水的优势、问题；一般屋面刚性防水施工；防水砂浆施工；抗渗防水混凝土施工。

了解：建筑密封材料；堵漏灌浆材料；防水工程施工常见质量问题处理；地下防水工程施工质量问题处理；屋面防水工程施工质量问题处理。

对建设工程而言，防水分部工程的重要性不言而喻。尽管防水工程出现质量问题一般不会造成建筑物的坍塌或导致严重的安全事故，但渗漏在使用功能方面所造成的损失仍是难以估量的，甚至会导致建筑功能的彻底丧失。

从我国当前建筑业的发展状况来看，防水工程依旧是工程质量问题较易多发的环节，被称为"质量通病"的问题较多。目前没有哪一位工程师可以宣称他做过的工程都是不漏的——对于一座建筑物来讲，很难做到屋面、厨厕、墙面、地下室等环节均不发生任何渗漏状况。

但防水工程并非"不可完成之任务"。把握工艺流程，精心施工，并采用必要的措施，不发生任何渗漏，是完全可以做到的，这样的建筑也是大量存在的。

第一节　防水工程概述

一、防水工程的基本原则

防水工程的基本原则，一直存在着"以防为主、以排为辅"与"以排为主、以防为辅"的争论。实际上，针对建筑物中不同的位置，水的不同来源与性质，可以分别采取防、排，或者防排结合的方式，并不存在唯一的原则。但从根本上来说，除非存在持久性的作用，一般都应采取"以排为主"的原则，只要及时地将水排出，渗漏的概率会大幅度降低。

（一）屋面防水

对于一般屋面来讲，必须"以排为主"，因此设置必要的坡度十分关键。即使是平屋面，设计者也会提出基本坡度的设计原则。当采用结构找坡时，一般坡度不小于3%；当采用屋面附加层（如保温层）材料找坡时，相对容易，可以控制在2%左右。这样，积水会迅速排走，再辅以防水层，屋面基本不会产生渗漏。应该注意的是，当屋面采用材料找坡且尺度较大时，应该分区域设置屋脊，避免由于保证排水坡度而形成的局部保温或填充材料厚度过大。一般而言，保温层厚度在100~300mm为宜。

分区域排水可能在屋面形成一些特殊的倒置式区域，应予以注意。这里可能形成滞水，除了保证坡度进行排水外，还必须做好防水层，并加设特殊的排水管道，才能保证不发生渗漏。

一个值得推荐的做法是，在采用坡屋面的同时，在坡屋面结构的下部设置钢筋混凝土平屋顶夹层，即双屋面形式。这样不仅防水问题可以得到彻底的解决——双层屋面同一位置发生渗漏的概率极低，而且还解决了屋面的隔热问题，这也是一直困扰着建筑物顶层的问题之一。

（二）墙面防水

对于墙面，由于其表面的垂直状态和抹灰构造等，基本不存在积水的可能性。因此除了特殊的墙体构造性缝隙，如各种变形缝、门窗口、穿墙洞口、预制墙板缝等之外，几乎不存在渗漏的可能性。只要将相关缝隙采用有效的密封材料进行填塞，即可满足防水要求。

（三）室内楼地面防水

普通室内楼地面一般不考虑任何防水构造，在正常使用中，也不可能产生大量的积水。但是厨房、卫生间等室内空间，必须做好防水。由于室内地面不可能像屋面一样做成坡度模式，因此防水至关重要。室内地面一般采用防排结合的方式，以较小的坡度设计（避免因坡度过大妨碍使用功能）保证排水并设置相应的排水管道的同时，做好各种防水构造处理，避免渗漏的发生。

（四）地下室防水

地下室无法通过排水来减少水量，必须采取有效的防水措施才能解决问题。地下室防水存在着作用时间长、水压大、不易维修的特点，施工难度大、质量要求高。

因此地下防水一般要设置多道防线，综合解决问题。即便如此，目前出现渗漏的地下工程仍比比皆是，以至于有专家提出沿外墙室内边缘设置专用排水沟的方式来解决问题。实际上，有些地下大型工程，如隧道、地铁等，确实是采用内壁侧专用排水沟与排水泵站相结合的方式来解决地下水的渗漏问题（如纽约地铁工程）。但是，这一方式所产生的运行、维护及管理的成本较高，问题也较多，在常规建筑工程中，极少采用。

二、防水工程的基本分类

常规建筑物防水多采用两种模式，即构造防水与材料防水。

构造防水是依靠结构材料（混凝土）的自身密实性及某些构造措施来达到建筑物防水的目的；材料防水是依靠不同的防水材料，经过施工形成整体的防水层，附着在建筑物的迎水面或背水面而达到建筑物防水的目的。

材料防水依据不同的材料又分为刚性防水和柔性防水。刚性防水主要采用的是砂浆、混凝土或掺有外加剂的砂浆或混凝土类的刚性材料，不属于化学建材范畴；柔性防水采用的是柔性防水材料，主要包括各种防水卷材、防水涂料、密封材料和堵漏灌浆材料等。

从目前建筑工程防水技术的发展现状来看，采用材料防水且使用柔性防水材料在建筑防水工程中占主导地位。

📖 扩展阅读——防水材料及其基本性能

本部分所述的防水材料是指定型的产品，包括防水卷材、防水涂料、密封材料与堵漏材料，不包括需要在现场制备的防水砂浆或防水混凝土。在具体防水施工中，应根据不同的工艺要求，选择相应的材料，以便达到防水效果。

（一）防水卷材

1.防水卷材的分类

防水卷材是最重要的防水材料，可以用于屋面、地下和特殊构筑物的防水，特别适用于表面平整、需要大面积使用的防水构造。防水卷材主要包括沥青防水卷材、高聚物改性沥青防水卷材和高聚物防水卷材三大系列。

（1）沥青防水卷材。

沥青防水卷材是传统的防水材料，俗称"油毡纸"。其拉伸强度和延伸率低，温度稳定性较差，高温易流淌，低温易脆裂；耐老化性较差，使用年限较短，属于低档防水卷材，在国内基本已被淘汰。但由于其成本较低，可以在简易建筑或临时性房屋构造中使用。另外，由于其与混凝土不会产生粘连，有时也作为施工中的间隔材料使用，如特殊的模板部位。

（2）高聚物改性沥青防水卷材。

高聚物改性沥青防水卷材和高聚物防水卷材都是新型防水材料，各项性能较沥青防水卷材优异，能显著提高防水功能，延长建筑物使用寿命，工程应用非常广泛。高聚物改性沥青防水卷材按照改性材料的不同分为弹性体改性沥青防水卷材（SBS）、塑性体改性沥青防水卷材（APP）和其他改性沥青防水卷材。SBS 卷材适用于工业与民用建筑的屋面及地下防水工程，尤其适用于较低气温环境的建筑防水；APP 卷材除了适用于一般工业与民用建筑的屋面及地下防水工程外，还适用于道路、桥梁等工程的防水，尤其适用于较高气温环境的建筑防水。

高聚物改性沥青防水卷材是新型建筑防水卷材的重要组成部分。利用高聚物改性后的石油沥青作涂盖材料，改善了沥青的温度敏感性，有着良好的耐高低温能力，提高了增水性、黏结性、延伸性、韧性、耐老化性和耐腐蚀性，具备优异的防水性能。高聚物改性沥青防水卷材作为建筑防水材料的主导产品已被广泛应用于建筑工程各领域。

（3）高聚物防水卷材。

高聚物防水卷材，亦称高分子防水卷材，是以合成橡胶、合成树脂或者两者共混体系为基料，加入适量的各种助剂、填充料等，经过混炼、塑炼、压延或挤压成型、硫化、定型等加工工艺制成的片状可卷曲的防水材料。

高聚物防水卷材按基本原料种类的不同分为橡胶类防水卷材、树脂类防水卷材和橡塑共混防水卷材。

2.防水卷材的主要性能及指标参数

防水卷材的主要性能包括防水性、机械力学性能、温度稳定性、大气稳定性、柔韧性等几个方面：

（1）防水性。

防水性是防水卷材的基本性能，一般用不透水性、抗渗透性等指标表示。

（2）机械力学性能。

机械力学性能是反映防水卷材在使用过程中可以承担外部作用强度的能力，该性能越好，则卷材对于基层的变形适应能力越强，防水性越好。该性能常用拉力、拉伸强度和断裂伸长率等表示。

（3）温度稳定性。

这一指标对使用在屋面的卷材非常重要，反映的是卷材在酷夏和寒冬保持良好防水性能的能力。温度稳定性常用耐热度、耐热性、脆性温度等指标表示。

（4）大气稳定性。

大气稳定性主要反映防水卷材抵抗大气氧化、抗老化的能力，该指标直接体现了卷材的使用寿命。目前，我国相关技术标准规定，防水工程的保修期至少为5年，因此卷材必须具备足够的抗老化能力。大气稳定性常用耐老化性、老化后性能保持率等指标表示。

（5）柔韧性。

柔韧性反映了防水卷材对基层各种成角度位置的适应性，其柔韧性越好，对小角度的适应性越强，防水效果越佳。柔韧性常用柔度、低温弯折性、柔性等指标表示。

3.防水卷材的优势与问题

质量符合要求的防水卷材是不会漏水的，但防水卷材的宽度（幅宽）和长度是有限的，必须通过胶粘剂进行衔接；防水卷材在平整表面上的铺贴是完全可以满足防水要求的，但很难适应各种凸凹沟槽。因此，当基层构造复杂，面积较小的时候，如室内防水、复杂表面的防水层等，防水卷材难以适应需求。

（二）防水涂料

防水涂料是指常温下为液体，涂覆后经干燥或固化形成连续的能达到防水目的的弹性涂膜的柔性材料。

1.防水涂料的种类与使用范围

防水涂料按照使用部位可分为屋面防水涂料、地下防水涂料和道桥防水涂料。也可按照成型类别分为挥发型、反应型和反应挥发型。一般按照主要成膜物质种类进行分类，如丙烯酸类、聚氨酯类、有机硅类、高聚物改性沥青类及其他防水涂料。

防水涂料可以根据基层的几何形状形成无接缝的完整防水膜，涂布的防水涂料既是防水层的主体，又是胶粘剂，可以做到完全无缝隙，施工质量容易保证，维修也较简单。从目前的发展来看，防水涂料广泛应用于屋面防水工程、地下室防水工程和地面防潮、防渗等构造，特别适用于各种复杂、不规则部位的防水，如复杂的屋面构造、室内地面等。

2.防水涂料的问题与使用限制

防水涂料就是为了解决防水卷材的问题而产生的。尽管理论上防水涂料适用于任何位置的防水构造，但在绝大多数情况下，防水涂料被用于室内环境中，或相对复杂表面的防水构造上。这是因为，防水涂料能够完全固结在基层表面，因此很难适应基层产生的变形，会产生破碎，这在屋面工程中表现得尤为明显——冬冷夏热的循环作用会加速对防水涂膜的破坏进程。

为了提高防水涂料成膜后的膜材强度，可以采用工程无纺布作为胎体增强材料进行加强，但仍难以与卷材的空铺法、点粘法等非满粘工艺相比。另外，涂膜防水的施工工艺过程对工人的操作技术要求较高，成膜的均匀性、厚度、覆盖性等均会对后期的防水性能产生影响。因此涂膜防水在屋面工程中一般仅作为卷材防水的辅助措施来使用，而室内工程则是其最主要的领域。

同时还应明确的是，防水涂料在施工过程中，其溶剂属挥发性物质，一般有一定的毒性、易燃性。由于涂膜防水常用于室内地面的施工，在室内较为封闭空间内的劳动安全问题较为突出，需要采取有效措施做好防护。

（三）建筑密封材料

为了适应各种异常变形，防止建筑因特殊变形发生破损，建筑物中经常留有特定的变形缝。在使用过程中，变形缝必须被处理密实，防止发生渗漏。

变形缝的密封必须采用柔性材料，既可以保证密封效果，又能够实现变形的目的，该类材料被称为建筑密封材料。需要指出的是，建筑密封材料仅在特定的变形缝、安装缝隙等部位使用，不能用于防水层破裂之后的缝隙修补过程。

建筑密封材料分为定型和非定型密封材料两大类型。定型密封材料是具有一定形状和尺寸的密封材料，包括各种止水带、止水条、密封条等，一般用于特定的工程，如装饰工程、设备安装工程等，在建筑变形缝中的处理使用较为罕见；非定型密封材料是指密封膏、密封胶、密封剂等黏稠状的密封材料，广泛用于各种建筑变形构造中。

（四）堵漏灌浆材料

堵漏灌浆材料是由一种或多种材料组成的浆液，用压送设备灌入缝隙或孔洞中，经扩散、胶凝或固化后能达到防渗堵漏目的，被专门用于防水工程失败后的处理与补救施工工艺中，在常规防水施工中并不采用。

（五）防水材料的使用

基于以上分析可以看出，在不同的条件下应使用不同的防水材料，以达到特殊的效果——在大面积平整表面的防水构造中，宜使用防水卷材；在各种细节处理、复杂表面和小型室内工程中，涂膜防水更加适合；在各种建筑变形缝的处理上，建筑密封材料大有用武之地；当防水工程失败后，如果不能采用前三种材料进行处理，只能借助于堵漏灌浆材料。

当然，这仅仅分析的是柔性防水材料。如果考虑防水砂浆、防水混凝土等刚性材料或构造，防水工程的工艺更加复杂。只要切合实际进行选择使用，就完全可以满足建筑的防水需求。

📖 扩展阅读——防水工程与材料的发展

在我国古建筑中，建筑防水采用以排为主，防水为辅，防排结合的原则，以及以构造防水为主，材料防水为辅，构造防水与材料防水相结合的办法。其集中的体现就是坡屋顶与瓦屋面。当下雨时，雨水直接从屋面排下，不会滴漏进室内。

秦汉时期的建筑屋面一般呈直线型，属早期的坡屋顶形式（如图8-1a所示）。

唐宋时期，气候温暖湿润，雨量较大，屋面开始变成夸张的大飞檐构造，不仅可以加速排水，而且可以有效防止雨水对墙面的侵蚀（如图8-1b所示）。日式建筑多传承中国唐代建筑的风格，而国内反而少见。

明清时期雨量减少，排水量减小，建筑屋顶构造逐渐收敛形成小檐口模式，如故宫的建筑（如图8-1c所示）。

a

b

c

图8-1 我国古建筑的屋面排水

相对富裕阶层的房屋一般采用瓦屋面进行防水，其耐用性和防水性能要比茅草好很多，该类房屋称为"瓦房"。普通民居则多采用茅草覆盖的方式进行防水，称为"茅草房"。唐代诗人杜甫就曾有诗云"八月秋高风怒号，卷我屋上三重茅"，可见当时民居的防水做法。

由于生产力条件的限制，古人的地下结构较少，主要是墓葬。除了皇室和贵族之外，普通人的墓葬不做任何防水处理。皇帝墓葬所采用的防水技术，主要依靠密实的黏土——通过夯实墓室壁外侧的黏土来起到密闭的作用。但不同地区黏土成分差异较大，除个别较为成功外——如长沙马王堆墓葬，采用白膏泥（高岭土）进行密封，绝大多数只能短时间满足要求。当然，如果从短期看，黏土防水完全可以满足要求，并不比现代材料的效果差，但是施工工艺复杂，对材料的要求较高，不易满足要求。

柔性防水材料是随着现代化学工业的发展而出现的，是对建筑构造产生革命性作用的材料，使屋顶不再因为排水而成为坡屋顶，促使了平屋顶的诞生，简化了屋面的构造,有效地降低了成本。

早期的柔性防水材料主要是沥青及相关材料,以石油沥青纸胎油毡为主体的"三毡四油"或"两毡三油"在建筑防水工程中一统天下。随着石油化工、冶炼技术的发展,石油提纯技术的提高,沥青作为石油加工的废料,其有效成分越来越少,防水性能也逐渐降低。但随着技术的进步,耐候性能优异、耐高低温性能优良、不透水性能好、拉伸强度高、断裂延伸率大、对基层伸缩或开裂变形适应性强的新材料也相继出现,很好地解决了建筑防水的问题。

第二节　柔性防水工程的基本工艺

柔性防水包括卷材防水和涂膜防水,均为有机材料防水。从目前的发展来看,柔性防水已经成为防水的主流,防水也从"以排为主,以防为辅",逐步向"以防为主,以排为辅"转化。刚性防水、构造防水逐步成为辅助性措施。

一、柔性防水的基本环境要求

(一)自然环境要求

不论哪一种柔性防水材料,施工过程对自然环境的依赖程度均较高,其中包括温度、湿度、风速等关键性因素。

1.温度要求

采用柔性材料的防水工程施工,常规施工方法的最低温度应为5℃;当采用特殊方法时(如卷材的焊接法),可以根据相关材料的性能适当放宽要求,但也不宜低于-10℃。实际上,除非特殊情况,能够在低于5℃的环境下施工的柔性防水材料极为罕见或成本较高。

2.湿度要求

柔性防水主要采用粘接的方式形成防水膜等构造,而水对于胶粘的效果影响非常明显。所以尽管柔性防水施工对空气湿度没有特定的要求,但也不得在雨雪天露天作业,不得在大雾等空气中具有明显水汽的环境中施工。当材质表面、基层表面存在结露现象时,应禁止施工,避免胶结不良形成渗漏。

3.风速及其他要求

柔性防水所使用的胶粘剂、涂料、溶剂等,一般都属于易燃易爆材料,火灾风险较大。所以相关技术标准规定,柔性防水施工不得在五级以上大风天气下进行。如果在室内施工,应做好防火准备并注意通风,防止中毒事件的发生。

(二)作业环境要求

相对于自然环境,柔性防水施工的作业环境更加重要。在自然环境满足的前提下,柔性防水的作业环境,主要是对基层的要求。

1.基层的平整性、坡度要求

柔性防水层的基层应平整、相对光滑，没有突出的尖点、坑凹等突变构造——对于卷材来讲尤为重要，但涂膜防水可以适当放宽。一些交角部位均应做成圆弧曲面，不得呈尖锐状。基层表面应干净整洁，没有浮灰和尘土等妨碍胶结的物质。

屋面找平层的排水坡度应符合设计要求。平屋面采用结构找坡时，坡度不应小于3%，采用材料找坡时宜为2%；天沟、檐沟纵向找坡不应小于1%，沟底水落差不得超过200mm。基层与突出屋面结构（女儿墙、山墙、天窗壁、变形缝、烟囱等）的交接处和基层的转角处，找平层均应做成圆弧形。内部排水的水落口周围，找平层应做成略低的凹坑。

其他位置应根据具体情况，将基层处理平整，以便于卷材或涂膜施工。采用保温层材料找坡时，如果防水施工面积过大，可能会造成某些区域保温层过厚，此时应分区域进行找坡，保证保温层的最大厚度不大于基本厚度的2倍。

2.基层的干燥、干净要求

基层应干燥，无任何潮湿、水痕，满足施工环境平衡含水率（与大气的含水率相同）的要求。如在具体施工时无法判断基层干燥性是否满足要求，可在将0.3～0.5m²卷材覆盖在基层表面10～15min后掀开，如卷材内表面有凝结水，则可推断基层含水率较高，不适于柔性防水施工。

由于绝大多数柔性防水会选择在春、夏、秋三季施工，如遇降雨，则基层表面的干燥度难以满足要求。因此当基层表面干燥度不能满足或可能不满足要求时，应尽可能不采用涂膜防水，而改用卷材。在采用卷材防水时，屋面不宜采取满粘的方式，而采用空铺、点粘、条粘等形式，这样可以有效避免基层水蒸气挥发时产生的强烈作用导致防水层被破坏。

但是当保温层干燥确有困难，同时由于屋面坡度较大，为了避免防水层下滑而不得不采用满粘法施工时，保温层中的水蒸气持续蒸发会形成防水层鼓包。为了防止鼓包造成防水层破损，保温层宜设置排气分隔，并设置排气孔道。排气孔道的通常间距为6m，屋面每36m²宜设置一个排气孔，排气孔应进行防水处理。

3.基层的变形控制要求

另外，如果是屋面柔性防水，其基层受外部温度、阳光作用较为强烈，变形可能相对较大。为了防止因温度应力作用导致基层破坏，找平层、保温层应设置分格缝，并嵌填密封材料。找平层纵横缝的最大间距：水泥砂浆或细石混凝土找平层，不宜大于6m；沥青砂浆找平层，不宜大于4m；结构层为预制时，分格缝应与结构缝隙相一致。

二、柔性防水施工工艺

（一）卷材防水基本施工工艺

卷材防水层应铺设在结构主体的迎水面上，根据不同的卷材类型采用热熔法、冷粘法、自粘法、焊接法等进行施工。

　　1.卷材与基层的粘贴方式

　　卷材施工应根据基层的基本状况选择不同的粘贴方式。一般来说，卷材与基层之间的粘贴有满粘法、条粘法、点粘法与空铺法。

　　满粘法即卷材与基层之间全部采用胶粘剂进行粘贴，粘贴牢固，不易脱落，效果好。但由于卷材与基层之间完全固结，当基层存在或可能存在一定的变形时，或可能有气体蒸发时，将导致卷材破裂、鼓泡，形成渗漏。因此在基础底部平面防水构造、大面积小坡度屋面的防水构造中，应谨慎使用，可采用其他方式进行粘贴。

　　点粘法、条粘法一般间隔500mm左右，采用胶粘剂进行粘贴。由于不是满粘，因此卷材具有很强的变形适应能力，避免了因基层变形导致的破裂问题。卷材甚至也可以采用空铺的方式进行，但在采用空铺法时，整张卷材（包括卷材之间的连接）周边800mm的范围内应满粘，以保证卷材与基层之间不发生分离。

　　在选择非满粘法时，应注意基层的坡度，防止由于卷材与基层的粘结作用较差而形成滑落。一般来说，当基层的坡度小于3%时，可以使用任何非满粘的方式进行粘贴；当基层的坡度大于3%但小于15%时，可以使用除空铺法之外的非满粘的方式进行粘贴；当基层的坡度大于15%时，不宜再使用非满粘的方式进行卷材的铺贴；当基层的坡度超过20%时，不得再使用非满粘的方式进行卷材的铺贴。当在屋面上采用非满粘法施工时，还应注意工程所处地区最大风力的影响，若最大风力较大（超过八级）时，屋面应避免使用空铺法和点粘法。

　　2.卷材之间的衔接方法

　　目前我国防水卷材的质量相对可靠，卷材自身发生渗漏的概率很低。但卷材之间的搭接、粘结效果完全依赖于现场工人的操作状况，绝大多数的卷材防水的渗漏都是源于接缝的处理不当。

　　卷材之间的连接必须进行满粘，粘贴宽度为80～100mm，并应顺着水流的方向进行搭接。当不能确定水流方向时，可根据工程所在地区年最大频率风向进行粘贴，以保证将风、水作用降至最低。两幅相邻卷材的横缝也应错开，最小间距不小于幅宽，且不小于1.2～1.5m。

　　当卷材铺贴为两层时，第二层与第一层之间必须采用满粘法。次层卷材在铺贴时的搭接方式、搭接宽度方向与底层相同，但搭接缝隙应与底层错开——纵缝错开至少1/3幅宽，横缝错开不小于幅宽，且不小于1.2～1.5m。

（二）涂膜（料）防水基本施工工艺

　　涂膜（料）防水层包括无机防水涂料和有机防水涂料。无机防水涂料，宜用于结构主体的背水面；有机防水涂料，可用于结构主体的迎水面。用于背水面的有机防水涂料应具有较高的抗渗性，且与基层有较强的粘结性。

1.基本涂布工艺

涂膜防水施工在大面积进行涂刷前应先处理好施工缝、阴阳角、穿墙管道、变形缝等细部、薄弱部位的涂料加强层，完整封闭后再进行大面积涂刷。基层阴阳角应做成圆弧形，阴角直径宜大于50mm，阳角直径宜大于10mm。

使用涂料进行涂刷前，应先在基层上涂一层与涂料相容的基层处理剂以便结合；之后开始按要求进行刷涂、刮涂或喷涂。涂膜过程中应保证厚薄一致、均匀，一般厚度在1.5~2mm为宜。涂膜应多遍完成，后遍涂刷应待前遍涂层干燥成膜后进行，且在每遍涂刷时应交替改变涂层的涂刷方向，先后垂直进行。同层涂膜的先后搭槎宽度宜为30~50mm，对涂料防水层的施工缝（甩槎）应注意保护，搭接缝宽度应大于100mm，接涂前应将甩槎表面处理干净。

2.胎体增强材料的加设

涂膜防水成膜后的强度较低，易破裂，因此在屋面等受外部作用较大的位置实施时，应加设胎体增强材料。胎体增强材料一般是工业无纺布、玻璃纤维布等，宽度与卷材类似，多成卷生产供应。

胎体增强材料的铺设与卷材的要求基本相同，同层相邻的搭接宽度应大于100mm，两幅相邻卷材横缝之间的距离不小于幅宽。当需要铺设两层增强材料时，应待前一层防水完全固化后再进行次一层的铺设。次层胎体增强材料应与前一层铺设的方向相同，不得交叉或垂直。上下层纵向接缝应错开1/3幅宽以上，横缝错开一个幅宽以上。

使用胎体增强材料时，宜采用刮涂工艺将其内部的气泡挤出，防止形成疵点渗漏。

三、柔性防水在具体实施中的特殊处理

除以上一般铺贴或涂刷工艺之外，柔性防水在地下室、屋面、室内等环境中和一些细部构造上的处理，也需要特殊注意。

（一）地下底板与侧墙的外部防水

1.外贴法与内贴法的选择

底板等地下外防水应区别采用外贴法与内贴法，这种区分对于其他部位一般是不存在的。

所谓外贴法，就是防水层施工在结构施工后进行，将防水层铺贴在结构表面，形成防护作用的工艺做法（如图8-2a所示）。但很多情况下，外贴法难以做到，比如基础底板底面防水。此时应采用内贴法——防水层先于结构构件施工，铺设在结构构件外表面的相对面上（如垫层、胎膜或保护墙内壁），然后做好防水层的保护层，再进行结构构件的施工（如图8-2b所示）。

在采用外防外贴法施工时，卷材防水应先铺平面，后铺立面，交接处做好交叉搭接；在采用外防内贴法施工时，卷材防水应按照先铺立面，后铺平面的次序进行施工。

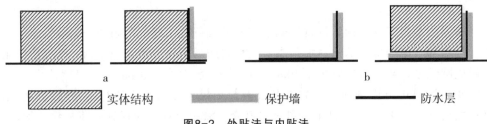

图8-2 外贴法与内贴法

2.地下卷材防水的一般工艺要求

底板垫层等混凝土结构平面部位的卷材宜采用空铺法或点粘法，其他与混凝土结构相接触的部位应采用满粘法；厚度小于3mm的高聚物改性沥青卷材，严禁采用热熔法施工。在立面与平面的转角处，卷材的接缝应留在平面上，距立面不应小于600mm；阴阳角处找平层应做成圆弧或45度（135度）角，并应增加一层宽度不宜小于500mm的相同卷材进行加强。

3.卷材的接缝与收头工艺要求

在采用外防外贴法进行施工时，从底面折向立面的卷材与永久性保护墙的接触部位，应采用空铺法进行施工。地下工程防水分次进行时，与临时性保护墙或围护结构模板接触的部位，应临时贴附在该墙上或模板上；卷材铺好后，其顶端应临时固定。当不设保护墙时，从底面折向立面卷材的接槎部位应采取可靠的保护措施。

上部结构完成后，铺贴立面卷材时，应先将接槎部位的各层卷材揭开，并将其表面清理干净，如卷材有局部损伤，应及时进行修补后与上部卷材搭接处理。卷材接槎的搭接长度，高聚物改性沥青卷材为150mm，合成高分子卷材为100mm。当使用两层卷材时，卷材应错槎接缝，上层卷材应盖过下层卷材。

4.墙、板的穿墙构造

地下室侧墙穿墙构造较多。

当固定模板用的螺栓必须穿过混凝土结构时，为了防止地下水沿螺栓表面渗入室内，可采用螺栓止水片构造——在螺栓中部焊接止水片（如图8-3所示），止水片必须双面焊严。当采用套管型穿墙螺栓时，套管外部应设有法兰盘止水构造，拆卸模板抽出螺栓时，螺栓孔应采用防水密封材料进行封堵。拆模后应采取加强防水措施，将留下的凹槽封堵密实。

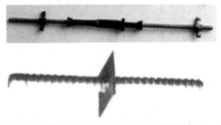

图8-3 套管型穿墙螺栓和普通型穿墙螺栓止水构造

各种管路穿过防水墙体时，必须采用带有止水环的穿墙套管。在进行大面积防水卷材铺贴前，穿墙套管应先灌实缝隙，做一层矩形加强层防水卷材。穿墙套管与内墙角凹凸部位的距离应大于250mm，套管之间的间距应大于300mm。

5.防水保护层

为了防止保护墙过于坚固而导致防水层破坏，地下防水的临时性保护墙应用石灰砂浆砌筑，内表面应用石灰砂浆做找平层，并刷石灰浆；如用模板代替临时性保护墙，应在其上涂刷隔离剂。防水层经检查合格后，应及时做保护层。顶板防水层上的细石混凝土保护层厚度不应小于70mm，防水层为单层卷材时，在防水层与保护层之间应设置隔离层。底板防水层上的细石混凝土保护层厚度不应小于50mm。侧墙防水层宜采用聚苯乙烯泡沫塑料保护层，或砌砖保护墙（边砌边填实）并铺抹30mm厚水泥砂浆。

（二）屋面防水施工

1.卷材铺贴方向

在屋面坡度小于3%时，卷材应平行于屋脊铺贴；屋面坡度在3%~15%之间时，卷材可平行或垂直于屋脊铺贴；在屋面坡度大于15%或屋面受振动时，沥青防水卷材应垂直于屋脊铺贴，高聚物改性沥青防水卷材和合成高分子防水卷材可平行或垂直于屋脊铺贴；同时应注意，上下层卷材不得相互垂直铺贴。

2.卷材铺贴方法

坡度较小的平屋面（15%以下）的卷材防水层，或防水层上有重物覆盖，或基层变形较大时，应优先采用空铺法、点粘法、条粘法或机械固定法，但距屋面檐口或女儿墙周边800mm内以及叠层铺贴的各层卷材之间应满粘。当防水层采取满粘法施工时，找平层的分格缝处宜空铺，空铺的宽度宜为100mm。当坡度大于15%时，应采用满粘法，避免卷材滑脱。在坡度大于25%的屋面上采用卷材做防水层时，应采取防止卷材下滑的固定措施。

3.卷材铺贴顺序

屋面卷材防水层在施工时，应先做好节点、附加层和屋面排水比较集中部位等的处理；随后由屋面最低处向上进行。铺贴天沟、檐沟卷材时，应顺天沟、檐沟方向铺贴，减少卷材的搭接。当铺贴连续多跨的屋面卷材时，应按先高跨后低跨、先远后近的次序。

4.卷材搭接

卷材搭接处理的基本原则，是防止卷材边角部位在水流和风的作用下发生翘起，久而久之发生卷边和渗漏的情况。因此当可以确定水流方向时，如平行于屋脊的搭接缝，应顺水流方向搭接；不能确定水流的方向时，应顺年最大频率风向搭接，如垂直于屋脊的搭接缝。叠层铺贴的各层卷材，在天沟与屋面的交接处，应采用叉接法搭接，搭接缝应错开；搭接缝宜留在屋面或天沟侧面，不宜留在沟底。

5.卷材收头

收头是指卷材的边缘处理方法。

天沟、檐沟、檐口、泛水和立面卷材收头的端部应裁齐，塞入预留凹槽内，用金属压条钉压固定，最大钉距不应大于900mm，并用密封材料嵌填封严，同时注意钉口要采用专用密封膏进行密封。

6.卷材防水保护层

卷材等柔性防水材料对于外部作用的抵抗能力较弱，所以卷材防水层完工并经验收合格后，应做好成品保护，防止后期工作以及自然作用对其产生破坏。

保护层施工采用绿豆砂时应清洁、预热、铺撒均匀，并使其与沥青玛帝脂粘结牢固，不得残留未粘结的绿豆砂；采用云母或蛭石保护层时不得有粉料，铺撒应均匀，不得露底，多余的云母或蛭石应清除。使用水泥砂浆保护层的表面应抹平压光，并设表面分格缝，分格面积宜为1m²。若使用块体材料保护层，应留设分格缝，分格面积不宜大于100 m²，分格缝宽度不宜小于20mm。使用细石混凝土保护层时，混凝土应密实，表面抹平压光，并留设隔离缝。

水泥砂浆、块料或细石混凝土保护层，属于刚性材料，与防水层之间应设置隔离层；与女儿墙、山墙之间应预留宽度为30mm的缝隙，并用密封材料嵌填严密，防止刚性材料变形致使防水层破坏。采用附有铝箔或石英颗粒的卷材为面层卷材时，可直接作为防水保护层，不需要再进行保护层施工。

7.涂膜防水处理

屋面涂膜防水需铺设胎体增强材料时，如屋面坡度小于15%，可平行于屋脊铺设；如屋面坡度大于15%，应垂直于屋脊铺设，并由屋面最低处向上进行。涂膜防水层的收头，应用防水涂料多遍涂刷或用密封材料封严。

涂膜防水屋面应设置保护层。保护层材料可采用细砂、云母、蛭石、浅色涂料、水泥砂浆、块体材料或细石混凝土等。涂膜防水的保护层做法与构造要求，与卷材防水基本相同。

8.屋面防水的细部构造要求

（1）天沟、檐沟

天沟、檐沟内附加防水层在天沟、檐沟与屋面交接处的卷材宜空铺，空铺的宽度不应小于200mm；卷材防水层应由沟底翻上至外檐顶部，卷材收头应用水泥钉固定，并应使用密封材料进行封严；涂膜收头应用防水涂料多遍涂刷或用密封材料封严；在天沟、檐沟与细石混凝土防水层的交接处，应留凹槽并用密封材料嵌填严密。

（2）檐口

檐口800mm范围内的卷材铺贴应采取满粘法；卷材收头应压入凹槽，采用金属压条钉压，并用密封材料封口；涂膜收头应用防水涂料多遍涂刷或用密封材料封严；檐口下端应抹出鹰嘴和滴水槽。

（3）女儿墙泛水

铺贴泛水处的卷材应采取满贴法。砖墙上的卷材收头可直接铺压在女儿墙压顶下，压顶应进行防水处理，也可压入砖墙凹槽内固定密封，凹槽距屋面找平层不应小于250mm，凹槽上部的墙体应进行防水处理。涂膜防水层应直接涂刷至女儿墙的压顶下，收头处理应用防水涂料多遍涂刷封严，压顶应进行防水处理。混凝土墙上的卷材收头应采用金属压条钉压，并用密封材料封严。

（4）水落口

水落口杯上口的标高应设置在沟底的最低处，卷材防水层贴入水落口杯内不应小于50mm；水落口周围直径500mm范围内的坡度不应小于5%，并采用防水涂料或密封材料涂封，其厚度不应小于2mm；水落口杯与基层接触处应留宽20mm、深20mm的凹槽，并嵌填密封材料。

（5）变形缝

变形缝的泛水高度不应小于250mm；卷材防水层应铺贴到变形缝两侧砌体的上部；变形缝内应填充聚苯乙烯泡沫塑料，上部填放衬垫材料，并用卷材封盖；变形缝顶部应加扣混凝土或金属盖板，混凝土盖板的接缝应用密封材料嵌填。

（6）伸出屋面的管道

伸出屋面的管道根部直径500mm范围内，找平层应抹出高度不小于30mm的圆台；管道周围与找平层或细石混凝土防水层之间，应预留20mm×20mm的凹槽，并用密封材料嵌填严密；管道根部四周应增设附加防水层，宽度和高度均不应小于300mm；管道上的防水层收头处应用金属箍紧固，并用密封材料封严。

（三）室内防水施工

室内防水一般面积较小，主要集中在卫生间、厨房等区域，基层凸凹状况复杂，管道较多，形状多变，处理起来十分困难。因此，除非室内游泳池等大型构造，室内防水一般推荐采用涂膜防水或刚性防水技术，采用卷材的相对较少。

1.防水材料的选择

室内防水材料的选择，以实施冷作业、对人身健康无危害、符合室内特殊环保要求及安全防火施工为原则。所有防水材料进场使用前均应进行复试，确认其基本质量合格且施工与使用安全无害后方可以使用。

2.基层与环境处理

（1）基层处理

与其他部位的柔性防水要求相同，室内防水基层也应较为干燥，含水率应符合要求，采用特殊材料（聚合物水泥、聚合物乳液等防水涂料）情况下可在略微潮湿基层上施工，但基层不得有积水或明显的潮湿。预制钢筋混凝土圆孔板板缝通过厕浴间时，板缝间应用防水砂浆堵严抹平，缝上再加一层宽度为250mm的胎体增强材料，涂刷两遍防水涂料进行增强防水处理。

卫生间防水基层应采用水泥砂浆进行找平处理，防水找平层施工应在找坡层施工之后进行，厚度不少于20mm。找平层应坚实无空鼓，表面应抹平压光。管根与墙角处抹圆弧，半径10mm，管根与找平层之间应留出20mm宽、10mm深的凹槽。地面向地漏处排水坡度为2%；地漏边缘向外50mm内排水坡度为5%；大面积公共厕浴间地面应分区，每一个分区设一个地漏，区域内排水坡度为2%，坡度直线长度不大于3m；公共厕浴间的门厅地面可以不设坡度。卫生间防水找平层应向卫生间门口外延伸250～300mm，防止卫生间内的水通过卫生间外楼板渗漏。

（2）环境安全

在室内进行防水施工时，应保证环境通风状况良好。若空间相对狭小封闭，应加设人工通风措施，防止工人在施工时因吸入过多异味气体而产生中毒反应。同时，施工中无论是否需要动火施工，均应做好消防准备，防止意外失火引起爆炸事故的发生。在现场施工时尤其应注意，若不需要动火施工，应禁止使用任何火源，并注意对电器设备的静电进行防护，防止意外发生。

3.防水层施工

由于室内防水层面积较小，温差不大，其变形也较小，故室内涂膜防水一般不特殊设置胎体增强材料。在基层处理干净、坡度满足要求后，直接涂刷即可。在涂刷过程中，应先行处理边角、管沟等几何形状复杂的部位，确认无误后再进行大面积施工。

地面四周与墙体连接处，防水层应往墙面上返250mm以上；有淋浴设施的厕浴间墙面，防水层高度不应小于1.8m，并与楼地面防水层交圈。

4.管根防水

为了保证穿过楼板的管道根部不发生渗漏，同时，确保日后在使用与维修过程中可以方便拆卸更换，更要保证管道在使用过程中所产生的微小变形不会导致管根破损与渗漏，所有穿墙（板）管道应采用套管构造——外层套管固定在楼板中，内部管道从中穿过，中间缝隙采用密封材料（如密封膏）进行封闭（如图8-4所示）。

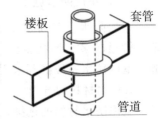

图8-4 管根防水

套管应在楼板浇筑时设置完成，在楼板结构施工完成后，不得再次打凿孔洞。套管上部应高出室内地面50mm以上，在室内可能有水时，应高出150mm以上。套管与结构层衔接部位采用法兰止水构造，套管内径要比立管外径大2～5mm，套管内侧与管道之间的缝隙必须采用密封膏进行封堵密实，套管管根平面与管根周围立面转角处应做涂膜防水附加层。

5.防水保护层

室内防水在蓄水试验合格后，应立即进行防水保护层施工。保护层采用20mm厚、比例为1：3的水泥砂浆，在其上面铺设饰面层，材料由设计选定。在防水层进行最后一遍施工且涂膜未完全固化时，可在其表面撒少量干净粗砂，以增强防水层与保护层之间的黏结性；也可用掺入建筑胶的水泥浆在防水层表面进行拉毛处理，然后再做保护层。

第三节　刚性防水与构造防水工程的基本工艺

采用刚性材料的防水，称为刚性防水，如使用砂浆、细石混凝土进行防水；依靠结构自身的构造实现防水功能的，称为构造防水，如抗渗混凝土和钢板止水带。

一、刚性防水与构造防水概述

（一）刚性防水

1.刚性防水的问题

从目前防水技术的发展来看，刚性防水属于辅助性的防水措施。这主要是因为刚性防水自身的变形适应性较差，基层以及自身微小的变形，都会导致防水层破裂失效，难以满足防水的要求。

为了防止变形产生裂缝，刚性防水一般都要分块施工，留有构造缝隙防止产生不确定性的碎裂。防水层完成后，再采用密封材料将缝隙密实。同时，对于一些有侧向构造的边缘位置，如女儿墙底部，刚性防水不能直接与之接触，也应留有缝隙，避免变形破坏。正因为如此，刚性防水很少在地下工程的外防水中采用，避免因荷载作用破坏后失效。

2.刚性防水的优势

刚性防水也有着自身的优势，这主要体现为对基层的适应性较强，甚至没有特殊要求——凸凹不平、尖锐构造、潮湿甚至水渍、污迹、尘沙等均不会影响防水层的施工。一般只要不存在积水，即可满足环境要求，这是柔性防水无法比拟的。另外，刚性防水自身会形成一定的强度，具有一定的破坏抵抗能力，完成后的防水层即使受到踩踏作用，也不会遭到破坏。因此，刚性防水被广泛运用于上人屋面防水、小面积室内防水（主要是住宅建筑卫生间）和渗漏之后的内防水抢修工程中。

3.刚性防水的发展状况

目前的刚性防水材料主要有防水砂浆、防水细石混凝土等，但新型的树脂混凝土、树脂砂浆、钢纤维混凝土等新型防水材料和技术也在很多地区推广使用，取得了一定的效果。例如，钢纤维混凝土，由于其内部加入了钢纤维，对混凝土的抗裂性、强度等指标会有显著的提高，因而也具有很好的防水性，尤其适用于水压较大的内防水工程抢修，其强度可以很好地对抗水压，是其他防水材料难以做到的。通过刚性防水做好基层后，再采用其他防水层进行面层处理，基本上可以做到万无一失。

（二）构造防水

依靠结构自身的密实度来实现防水效果，称为构造防水，主要是钢筋混凝土结构及特殊构造的自防水。

1.构造防水的优势

构造防水的优势在于简便，即在浇筑结构混凝土的时候，防水工程也随之一次完成，不需要后期再进行特定的防水施工过程，有效地加快了工程的进度。因此构造防水尤其适用于特大型结构，或不能保证实施材料外防水所需的特定工作面的工程，或无法进行材料防水施工的结构中，例如，水坝（水下厂房）、地铁与隧道工程等。在这些结构中，外防水几乎不可能实现，而在采用内防水之前，必须采取有效措施降低水压。在这种情况下，结构自身的防水将非常必要，当局部构造防水不能满足防水需求时，再通过内防水或堵漏的方式进行处理即可——这是成本最低的施工方案。

2.构造防水的问题

由于构造防水以结构自身的密实度作为抗渗的基本前提，当结构发生破损或裂缝时，防水也会随之失效。钢筋混凝土结构的抗裂性较低，在很低的应力状态下就可能发生裂缝——这种裂缝虽然对其承载能力并无任何影响，但对于防水来讲，这些细小的、对结构承载没有任何影响的裂缝，仍将导致结构防水的失效。这就是几乎没有一个房屋建筑工程采用该模式实现防水的主要原因——虽然在设计图纸中，地下混凝土外墙、底板的抗渗等级均要达到抗渗混凝土的要求，但是在具体施工时，几乎所有建筑物都要在结构外部再做一层防水层，一般以柔性防水做法居多。

而对于水利工程、隧道工程来讲，混凝土体积相对较大，其构造作用远大于承载作用，因此裂缝相对较少，或尽管存在裂缝但一般不会贯通，并且这类结构的抗渗性要求也较低，所以多数情况下能够满足要求。

二、刚性防水与构造防水渗漏原因分析

刚性防水与构造防水都是靠材料自身的密实度实现防水功能的，因此材料内部的密实度是保证防水的关键。同时在施工过程中不能一次完成的分部分项工程之间的衔接构造，也是产生渗漏的主要环节。

（一）材料密实度不足

刚性材料产生渗漏的原因是：材料内部裂缝、材料内部孔隙、材料内部胶结不良和后期养护不当等所形成的材料内部密实度不足，形成细小裂缝并逐步发展贯通，形成渗漏。

1.材料内部裂缝

在非外部力学作用下，刚性材料内部的裂缝主要源于材料收缩，即水泥胶体材料在凝结硬化过程中产生的收缩现象。当构件或构造尺度较小时，这种收缩所产生

的宏观累积变形较小，收缩应力小于水泥胶体的抗拉强度，不会产生裂缝。但当材料尺度加大，收缩累积并产生较大应力时，就会产生裂缝，当裂缝贯通时，渗漏就会随之产生。

2.材料内部孔隙

材料内部的孔隙也与水泥胶体有关。对于砂浆和混凝土来讲，其流动性与水泥、水的用量有很大的关系，尤其是水的用量。实际上，砂浆或混凝土中水的用量远超过水泥水化所需的水量，主要目的是提高其流动性，满足施工的需要。但是当砂浆或混凝土凝结硬化时，这些多余的水分会从其内部蒸发出来，形成大量的毛细孔隙。如果这些孔隙贯通，则会导致渗漏的发生。

3.材料内部胶结不良

砂浆和混凝土都是由多种材料聚合而成的，除了水泥胶结材料外，骨料（也称之为集料，如砂子、石子）在其中也起到了关键性作用。但是如果骨料表面状态影响水泥胶体与之黏结的效果，如骨料含泥量较高，胶接效果就会降低。若骨料自身成分与水泥发生反应，如骨料中的活性二氧化硅与水泥中的碱性物质发生碱骨料反应，体积膨胀导致周边胀裂，也会产生不良裂缝，导致渗漏。

4.养护不当的收缩裂缝

刚性防水在施工后需要进行必要的养护，以保证水泥胶结材料性能顺利增强。在此过程中如果养护不当，尤其是保湿效果不能满足要求时，就会由于水分散失过大，产生表面干裂，严重时裂缝向内部延伸，形成贯通，导致渗漏。

（二）衔接构造渗漏

1.衔接构造的位置不当

对于多层地下结构，或者超大面积的混凝土筏板基础，由于现有技术条件或施工条件的限制，在很多情况下混凝土结构不可能是一次浇筑完成的。当混凝土结构通过多次浇筑形成整体时，各个浇筑过程之间便形成了衔接构造——施工缝。尽管该构造具备成熟的衔接处理方式，对结构受力不会产生影响，却可能出现渗漏。

除此之外，由于穿墙构件（如地下穿墙螺栓、管件）所形成的周边缝隙，也是产生渗漏的主要位置。为了防止出现这些渗漏状况，一方面要在相应的位置上加设防水层，另一方面也需要对衔接构造本身采取有效的措施，以降低渗漏的风险。

2.水力梯度过大

渗透性与水力梯度呈正相关性，水力梯度为渗透两端的水压差与渗透路径的比值。因此降低水力梯度，是防止自由水渗流的主要措施，在地下水中是这样，在混凝土构造防水中也是如此。降低水力梯度的方法，最直接的就是延长水的渗透路径。

三、刚性防水与构造防水基本施工工艺

（一）减少材料内部空隙与微裂缝的施工措施

根据以上现象，在施工中只要材料内部不产生收缩变形或收缩变形所产生的应力不足以导致裂缝，材料内部没有毛细孔隙、没有黏结不良和养护不当等问题的发生，混凝土或砂浆的抗渗性完全可以满足要求。

1.合理使用减水剂、膨胀剂和引气剂

减水剂是现代混凝土的关键性技术之一，高效减水剂可以保证混凝土流动性、强度的前提下，有效减少水、水泥的用量，并可以提高混凝土的密实度。因此在抗渗混凝土与防水砂浆中，必须添加减水剂，这样可以减少混合物中水泥胶体的含量，对于控制收缩非常有效。

除了减水剂外，膨胀剂也是非常关键的外加剂。加入膨胀剂后，材料在微观上会产生较为均匀的膨胀，可以有效补偿水泥胶体产生的收缩作用。根据膨胀剂的使用量，材料可以在宏观上形成减小收缩、补偿收缩（无变形）或微膨胀的效果。通过膨胀剂的使用，可以满足混凝土或砂浆内部收缩补偿的效果，消除初始裂缝产生的部分因素。

另外，在混凝土中使用引气剂，对抗渗也具有很好的效果。所谓引气剂，就是可以在混凝土内部产生微小泡沫的外加剂。由于毛细气泡的封闭作用，可以在混凝土内部毛细孔隙之间有效形成阻隔，防止水的渗透。但引气剂的使用必须受到严格的限制，当混凝土含气量低于2%时，混凝土的抗冻性、抗渗性均有所改善，且不影响其强度；当大于2%时，尤其是大于5%时，由于气泡导致混凝土内部疏松，强度会有所降低。另外，防水砂浆、结构表面细石混凝土防水中的引气剂的使用宜慎重，主要是因为这些防水层相对较薄，加入引气剂后的强度折减会产生不利的后果。

2.选择骨料并确定合理的级配

粗细骨料的成分、状态、级配等因素，与混凝土或砂浆的密实度关系密切。

通过施工前有效的检验，可以杜绝碱活性骨料的使用，从而避免碱骨料反应问题的发生。需要明确的是，低碱水泥的使用虽然也能降低这种不良反应的发生率，但不能完全避免这种情况。另外可以通过检测、筛选或水洗的方式降低骨料的含泥量，满足骨料黏结的要求。

同时，良好的级配会很好地降低骨料之间的孔隙率，减少水泥胶体在孔隙中的填充量，并可以有效减少水泥的使用量，减少收缩。

3.保湿养护

养护不仅是防止混凝土与砂浆表面水分流失的有效手段，而且对其内部水分的保持也具有非常重要的作用。实践证明，养护良好的混凝土与砂浆，表面均匀、无裂缝，内部凝结硬化效果好，毛细孔隙较少，对混凝土的抗渗性具有很好的作用。

因此，一般有抗渗性要求的混凝土或防水砂浆，均要求进行至少21天的保湿养护，且不得受冻。

4.主动缝隙的设置

主动缝隙（预设缝隙）是建筑构造中的常见做法，其目的是通过主动设置相关缝隙，减小抗裂能力不佳的材料或构造的尺度，减小变形作用产生的应力；同时，利用主动缝隙可以产生释放变形，释放变形应力，起到良好的抗裂作用。主动缝隙的设置可以按照使用者的要求来进行，既可以防止裂缝的产生，也可以达到美观的效果。建筑结构中的沉降缝、伸缩缝、抗震缝等，都是主动缝隙的实例。

在防水砂浆中，经常在6m左右的间隔处设置10～15mm宽的缝隙，在竖向凸起的边缘通常也设置相关缝隙，用以释放变形，防止开裂。缝隙中以防水密封材料（如密封油膏、沥青麻丝等）进行填塞。

由于抗渗混凝土强度较高，整体性要求也较高，一般不需要也不能预设缝隙。但当混凝土体积巨大，可能出现变形时，一方面可以增加配筋抵抗变形与应力，另一方面可以设置后浇带加以解决。

（二）防止衔接构造渗漏的施工措施

延长渗漏水流的路径，就可以有效降低水力梯度，降低渗漏的概率。在工程中可以采取以下具体做法：

1.止水带与法兰盘

止水带，即为在混凝土构造缝隙处的不透水带状材料，多采用钢板制作而成，称为钢板止水带。由于止水带不透水，因此当渗流水通过缝隙到达该处时必须绕流，从而使得渗流路径加长，有效降低了水力梯度，防止了渗漏的发生（如图8-5a所示）。

法兰盘与止水带原理相同，但法兰盘主要用于穿墙构件的周边构造，如穿墙套管的周边构造和在墙体混凝土施工中用以固定模板的对拉螺栓等（如图8-3、图8-4所示）。

2.构造企口

构造企口是通过施工缝衔接面的企口模式，实现渗流路径延长、水力梯度降低的抗渗要求的。但是在一般现浇钢筋混凝土结构中，由于钢筋的连接阻挡，构造企口十分困难，或者根本就难以实现。现在常见的是在预制结构中采用该构造模式，比如预制钢筋混凝土墙板、大型管道等（如图8-5b、c所示）。

（三）防水砂浆施工工艺

根据添加剂的不同，防水砂浆可以分为很多种类。很多防水施工专业承包商均具有独特的防水砂浆添加剂与配合比，可以满足相应的防水要求。绝大多数的添加剂为聚合物，但也有掺加其他一些添加剂的配方。随着技术的进步，相关新型添加剂也会不断出现。

a钢板止水带

b构造企口

上部墙体

下部墙体
预留300~500mm

c地下室侧墙构造企口

图8-5　止水构造

不论采用哪一种添加剂，防水砂浆的基本工艺均包括清底、抹灰、压光、养护四个过程。

采用防水砂浆作为防水构造，其底部基层的清理一般不需达到柔性防水的要求，但也应尽可能保持平整、干净，可以不要求绝对干燥，至少不能有积水等肉眼可见、有明显潮湿感的水痕。基层的缝隙需要事先进行密封处理，可采用灌浆堵漏材料进行封闭。如果基层表面过于光滑，则需要对其表面进行打毛，防止砂浆层不能很好地与之进行衔接。

防水砂浆的抹灰工艺与一般抹灰工艺基本相同，但应特别注意转角、衔接等构造。抹灰时应先将凸凹角部位抹压呈圆弧形，之后再进行大面积的抹灰。抹灰应分次分区域完成，下一层抹灰与上一层应进行拖槎衔接，拖槎衔接区域不小于300mm。

在抹灰完成后，应对其表面进行压光。压光应在砂浆接近初凝时进行，可以采用与防水砂浆同成分、同水灰比的素水泥浆进行表面处理，封闭所有空隙，之后再进行养护。养护只是为了保湿，以防止抹灰层表面出现失水导致的细小裂缝，养护时间一般为7天以上。

防水砂浆相对较薄，强度较低，对基层的变形十分敏感，易发生裂缝。因此采用该做法时，应设置好分隔区域，多以4～6m的间距设置10～15mm的缝隙，内部采用密封材料进行填塞。正因为如此，防水砂浆很少在大面积防水中使用，多在室内卫生间防水施工中采用。同时，在地下外防水出现渗漏，防水砂浆在室内侧进行补救时，也相对比较有效。

（四）防水混凝土施工工艺

防水混凝土本身就是混凝土，具有混凝土的基本特性。在具备很好的承载能力的同时，防水混凝土自身密实度较高，能够满足防水的要求。防水混凝土既可以作为结构来使用，也可以作为表面防水层使用——既可以是构造防水，也可以是材料防水。

1.防水混凝土构造防水

防水混凝土适用于地下防水等级为1～4级的整体式防水混凝土结构，也可以浇筑在结构的表层作为刚性防水来使用。防水混凝土的关键性工艺，包括配合比、施工缝、养护等过程。

（1）防水混凝土配合比。

为了保证防水混凝土的流动性与密实度，其水泥用量不得少于300kg/m；掺有活性掺合料时，水泥用量不得少于280kg/m；砂率宜为35%～45%，灰砂比宜为1∶2～1∶2.5。同时，应尽量控制水灰比，水灰比不得大于0.55，并采用高效减水剂；普通防水混凝土坍落度不宜大于50mm，泵送时入泵坍落度宜为100～140mm；水泥强度等级不应低于32.5MPa。为了防止碱骨料反应产生局部裂缝，在防水混凝土中严格要求不得使用碱活性骨料。

（2）防水混凝土施工缝与养护。

在浇筑过程中，防水混凝土应连续浇筑，宜少留施工缝。但在地下结构施工时，不可能做到墙体与楼板（底板）同时浇筑完成，必须留设施工缝。在留设施工缝时，墙体水平施工缝不应留在剪力与弯矩最大处或底板与侧墙的交接处，应留在高出底板表面不小于300mm的墙体上；拱（板）墙结合的水平施工缝，宜留在拱（板）墙接缝线以下150～300mm处；墙体有预留孔洞时，施工缝距孔洞边缘不应小于300mm；垂直施工缝应避开地下水和裂隙水较多的地段，并宜与变形缝相结合。

防水混凝土水平施工缝应加设止水钢板，垂直施工缝加设止水钢板或遇水膨胀止水条。选用的遇水膨胀止水条应具有缓胀性能，其7d的膨胀率不应大于最终膨胀率的60%；遇水膨胀止水条件应牢固地安装在缝表面或预留槽内；采用中埋式止水带时，应确保位置准确、固定牢靠。后浇带及施工缝处应先做防水附加层，再做大面积防水施工。

防水混凝土终凝后应立即进行养护，养护时间要满足设计要求，一般不少于21天。

2.作为材料防水的防水混凝土

当防水混凝土作为结构表面防水层时，其做法、程序与防水砂浆类似。

所不同的是，防水砂浆采用多次抹压成形，并且在平面、立面均可以采用；而防水混凝土则是一次浇筑完成，一般只用于平面，不用于立面。防水混凝土在结构表面做防水层的厚度较大，一般为30～50mm，并应留设构造缝隙，避免因基层变形产生破裂。为了加强表面防水混凝土的抗裂性，其内部可以加配钢筋，一般可采用Φ6@200设置。尽管防水混凝土面层有一定的厚度，但其内部严禁铺设任何管道、管线，防止对其截面产生损害，发生裂缝。

为了防止用于表面的防水混凝土产生裂缝，可以在其中掺入一定数量的钢纤维，形成钢纤维混凝土。但由于该材料中的钢纤维在混凝土中的排列没有规律，有时也可能贯穿防水层，且无法在其表面设置法兰止水环（主要是成本过高），因而水可能会沿着其表面渗流，造成内壁渗水。但在工程实践中，这种渗流并不十分严重，如果发生则在表面采用防水砂浆抹面即可。

但是钢纤维的意义在于，由于钢纤维的存在，这种混凝土的抗裂性非常好，而且强度较高，尤其是早期强度更高，特别适用于地下室外防水失败，严重渗漏的堵漏工程。由于渗流水压较大，一般的防水材料在堵漏时难以奏效，钢纤维混凝土恰好可以发挥其作用。当通过钢纤维混凝土将水压降低后，再采用其他防水材料可彻底解决渗漏问题。

（五）一般屋面刚性防水施工的特殊要求

屋面刚性防水层主要分为普通细石混凝土防水层、补偿收缩混凝土防水层、块体刚性防水层、预应力混凝土防水层、钢纤维混凝土防水层等几类，尤以前两种应用最为广泛。

刚性防水屋面应采用结构找坡，坡度宜为2%～3%。天沟、檐沟应用水泥砂浆找坡，当找坡厚度大于20mm时，宜采用细石混凝土。由于防水层较薄，易破损，因此刚性防水层内严禁埋设任何管线。在进行防水层施工时，应设置分格缝，分格缝内应嵌填密封材料。分格缝应设在屋面板的支承端、屋面转折处、防水层与突出屋面结构的交接处，并应与板缝对齐。普通细石混凝土和补偿收缩混凝土防水层的分格缝，宽度宜为5～30mm，纵横间距不宜大于6m，上部应设置保护层。

刚性防水层与山墙、女儿墙、变形缝两侧墙体等突出屋面结构的交接处，应留宽度为30mm的缝隙，并应用密封材料嵌填；泛水处应铺设卷材或涂膜附加层。细石混凝土防水层与基层间宜设置隔离层，隔离层可采用纸筋灰、麻刀灰、低强度等级砂浆、干铺卷材等。

细石混凝土防水层的厚度不应小于40mm，并应配置直径为46mm、间距为100mm～200mm的双向钢筋网片（宜采用冷拔低碳钢丝），且施工时应放置在混凝土中的上部；钢筋网片在分格缝处应断开，其保护层厚度不应小于10mm。

第四节　防水工程的验收以及问题处理

与结构工程相比，虽然防水工程的质量问题不会造成房倒屋塌的严重事故，但这并非意味着防水工程的质量标准可以相对降低。事实上，防水工程与建筑物使用功能之间的关系极为密切，很难想象一个防水失败的建筑物还可以满足使用功能。当人们坐在天花板滴水的房间中工作和生活，其难堪的程度不言而喻。而防水失败的建筑非常多，在实际工程中几乎找不到一座没有任何渗漏的建筑（包括屋面、卫生间、地下室和外墙）；也没有一个工程师可以承诺，他所做的工程不会出现任何渗漏缺陷。

一、防水工程施工的基本质量要求

对于不同的建筑以及针对不同功能的要求，防水等级也会有所差异。目前国家标准针对地下防水、屋面防水提出了明确的等级要求。要注意的是，尽管防水等级不同，但根据国家质量管理的有关要求，其保修年限均为5年。

（一）地下防水等级要求

根据所要达到的抗渗标准，以及渗漏之后的状态，地下防水可以分为四个级别，不同级别对施工的要求不同，一级最高，四级最低。

1.一级防水：不允许渗水，结构表面无湿渍

一级看不到水，适用于：人员长期停留的场所；有少量湿渍会使物品变质、失效的贮物场所；有少量湿渍会严重影响设备正常运转和危及工程安全运营的部位；极重要的战备工程。

一级防水工程仅通过使用一种防水措施一般很难达到防水效果，经常采用多级防水构造。实际工程中多采用混凝土结构自防水，外部附加材料防水层的构造，必要时采用黏性回填土夯填提高防水效果。对于要求特别高的地下工程，甚至可以采用内衬墙隔离的方式来彻底解决防水问题——具体做法是在地下室外墙内部重新做一道内衬墙，结构墙体与内衬墙体之间设置截水沟，截水沟间隔8~10m设置集水井。当地下外墙防水失效后，渗漏水经两墙之间的排水沟流至集水井中，再定期用水泵抽出即可保证内侧墙体表面满足干燥性的要求。底板防水也可以采用架空混凝土预制板地面的方式来解决，其原理和做法与内衬墙相同。

2.二级防水：不允许漏水，但结构表面可有少量湿渍

二级防水可以看到水，但摸不到水。对于一般工业与民用建筑来说，二级防水要求满足湿渍总面积不大于总防水面积的1‰，单个湿渍面积不大于$0.1m^2$，任意$100m^2$防水面积不超过1处。其他地下工程，湿渍总面积不大于总防水面积的6‰，

单个湿渍面积不大于 0.2m²，任意 100m² 防水面积不超过 4 处。

二级防水工程适用于：人员经常活动的地下场所；有少量湿渍的情况下不会使物品变质、失效的贮物场所；基本不影响设备正常运转和工程安全运营的部位；重要的战备工程。

二级防水采用混凝土结构自防水，外部附加材料防水层的构造基本可以满足要求。

3.三级防水：可以有少量漏水点，但不得有线流和漏泥砂

三级防水可以看到水、摸到水，但是不流水。

三级防水的具体要求是单个湿渍面积不大于 0.3m²，单个漏水点的漏水量不大于 2.5L/d，任意 100m² 防水面积不超过 7 处。三级防水工程适用于人员临时活动的场所或一般战备工程等，不属于日常使用的建筑，或渗漏会造成严重影响的地下工程。

三级防水采用 P6 以上级别的混凝土结构自防水，基本可以满足要求，无需在其外部附加材料防水层。

4.四级防水：可以有漏水点，但漏点处不得有线流和泥砂渗漏

四级防水可以有少量流水，但是不喷水。

四级防水要求满足整个工程平均漏水量不大于 2L/m²·d，任意 100m² 防水面积的平均漏水量不大于 4L/m²·d。

四级防水标准较低，一般不适用于普通民用建筑，仅适用于对渗漏水无严格要求的工程。四级防水仅采用 P4 以上级别的混凝土结构自防水，基本可以满足要求。

（二）屋面防水等级要求

根据国家最新标准，屋面防水等级分为两级。

其中一级防水（Ⅰ级）用于重要的建筑和高层建筑，需要设置两道防水；二级防水（Ⅱ级）用于一般建筑，设置一道防水即可。

二、防水工程施工的验收

防水细部构造处理和施工过程应符合设计要求，施工完毕后应组织验收，并做隐蔽工程记录。防水工程验收，一方面需要对施工过程中相关操作的正确性进行检验，包括基层处理、卷材铺贴方式与方向、涂膜厚度及胎体材料的搭接方式等工艺问题；另一方面是对防水效果进行检验，需要针对不同部位的防水工程，采取不同的方式进行。

（一）地下防水工程检验

地下防水工程完成并做好保护层后，应及时进行地面的回填作业，因此无法立即实施防水效果的检验。但在地下室内，由于地下水的作用，防水不满足要求的部位会出现渗漏点。此时，应绘制地下室背水内表面的结构工程展开图，核对并标记地下水的渗漏位置。当渗漏不满足要求、影响使用功能时，应采用灌浆堵漏工艺进

行封堵。

由于地下工程的特殊性，地下防水不需要进行具体的防水效果试验过程。

（二）屋面防水工程检验

屋面防水工程完成后，可以选择淋（蓄）水试验或雨后检验的方式进行检验。在采用淋水试验时，应持续淋水2小时以上；对有蓄水可能的屋面，应蓄水24小时以上。实际上，对于绝大多数屋面来讲，难以实施淋水与蓄水试验，可以采用雨后检验的方式，检查屋面有无渗漏、积水和排水系统是否畅通，在均符合要求的情况下，即可验收。

大型建筑物的防水效果若想通过淋水试验即刻检验出来，实施难度非常大，也是不现实的，因而雨后发生渗漏的情况比较多，如深圳机场新航站楼工程、石家庄火车站工程等。因此，通过对施工过程进行严格监控来避免防水问题的发生至关重要。

（三）室内防水工程检验

室内厨房、卫生间、开水间等，地面防水施工完成后需要经过特定的渗漏检测过程，满足要求后才可以验收。这是因为，一方面室内空间相对较小，检验容易进行；另一方面，室内防水多在较为关键的房间内进行，一旦渗漏会给日常生活带来诸多不便。

在室内防水工程进行过程中与完成后，要进行两次蓄水试验，蓄水时间均在24小时以上，蓄水深度在5cm以上。第一次蓄水试验，在防水工程完成后进行；第二次试验在面层完成后进行。两次蓄水试验，均要求排水顺畅、不渗漏，方为合格。

除此之外，对于有防水要求的墙面，还要进行间歇性淋水试验，持续时间30分钟以上，墙面当时不发生渗漏，后期没有渗水为合格。

三、防水工程施工常见质量问题处理

防水工程在施工检验验收过程中发现构造、工艺等方面的问题应及时处理，避免出现"船到江心补漏迟"的尴尬状态，防患于未然。但在很多情况下，是否渗漏必须在有水的作用下才能发现，这时如果渗漏，需要采取有效措施进行封堵处理。

防水问题，根据渗漏状况，可以采取补漏、封堵和重新施工的方式来处理。

补漏，即直接针对防水层的渗漏点、破损点进行处理，这对于可以直接确定少量渗漏点的施工来说非常有效；重新施工，则是针对较严重的渗漏或多处漏点来进行的，局部施工处理已经无法满足要求；封堵施工则多针对地下防水，由于无法重新将室外回填土挖出，底板以下的防水更无法重新施工，因此只能在室内一侧采取措施进行封堵。

（一）地下防水工程施工质量问题处理

1.防水混凝土施工缝渗漏水

施工缝属于结构中的衔接部位，对于受力来讲，其衔接质量影响不大，但对于地下防水来说，则是十分重要的，尤其是仅采用混凝土自防水的结构。

混凝土施工缝渗漏水一般表现为施工缝处混凝土松散，骨料集中，接槎明显，沿缝隙处渗漏水。

在具体治理过程中，可以根据渗漏、水压大小情况，对渗漏的缝隙采用促凝胶浆或氰凝灌浆堵漏。氰凝灌浆材料不遇水不反应，稳定性好；当被灌注到渗漏水部位时，与水发生反应，同时放出二氧化碳气体，使浆液体积膨胀并自动扩散（即产生二次渗透），最终形成容积大、强度高的固结体。浆液在被灌物内反应，由于外界的压力和空间的限制，最终形成的固结体相应紧密，抗压强度与抗渗能力均有所提高。

对于不渗漏但有缺陷的施工缝，可沿缝剔成八字形凹槽，将松散石子剔除，刷洗干净，用水泥砂浆找平压实即可。

2.防水混凝土裂缝渗漏水

混凝土是带裂缝工作的，这一混凝土基本原理决定了混凝土结构的力学计算基础，抗渗混凝土也不例外。因此尽管采用了一些特定的技术，但在混凝土内部都会产生裂缝，如果贯通于混凝土结构，就会有渗漏水现象。

与施工缝处的处理方式类似，促凝胶浆或氰凝灌浆材料对混凝土的裂缝也十分有效。对于不渗漏的裂缝，采用灰浆或水泥压浆法处理即可。对于在水平方向出现的长度较长的环形裂缝，可将裂缝处内表面保护层剥离，采用埋入式橡胶止水带、后埋式止水带、粘贴式氯丁胶片以及涂刷式氯丁胶片等方法处理即可。

（二）屋面防水工程施工质量问题处理

1.卷材屋面开裂

卷材屋面开裂一般有两种情况：一种是装配式结构屋面上出现的有规则的横向裂缝，这些裂缝与板缝相一致，容易开裂，由结构变形导致，修补后也容易再次开裂；另一种是无规则裂缝，其位置、形状、长度各不相同，出现的时间也无规律，一般在贴补后不再裂开。

对于基层未开裂的无规则裂缝（老化龟裂除外），一般在开裂处贴补卷材即可。有规则的横向裂缝在屋面完工后的几年内，正处于发生和发展阶段，只有逐年治理方能收效。

2.卷材屋面流淌

由于屋面坡度的影响，当卷材铺贴方式错误、粘贴不够或卷材层过多过厚而底部附着力相对较弱时，会出现流淌下滑的现象。

流淌分为严重、中等和轻微三个级别。

严重流淌，指流淌面积占屋面50%以上，大部分流淌距离超过卷材搭接长度，卷材大多折皱成团，垂直面卷材拉开脱空，卷材横向搭接有严重错动，在一些脱空和拉断处，产生漏水。

中等流淌，指流淌面积占屋面20%～50%，大部分流淌距离在卷材搭接长度范围之内，屋面有轻微折皱，垂直面卷材被拉开100mm左右，只有天沟卷材脱空耸肩。

轻微流淌，指流淌面积占屋面20%以下，流淌长度仅2～3cm，在屋架端坡处有轻微折皱。

对于严重流淌的卷材防水层可考虑拆除重铺，但对于轻微流淌的卷材防水层如不发生渗漏，一般可不予处理。中等流淌可采用切割折皱局部重铺的方式进行处理。

3.屋面卷材起鼓

当卷材基层不够干燥时，在其受到太阳照射或人工热源影响后，体积膨胀，就会造成鼓泡，严重时就会破裂。卷材起鼓一般在施工后不久产生。在高温季节，有时上午施工下午就起鼓。鼓泡一般由小到大，逐渐发展，大的直径可达200～300mm，小的约数十毫米，大小鼓泡还可能成片串连。起鼓一般从底层卷材开始，其内还会有冷凝水珠。

对于直径在100mm以下的中、小鼓泡可用抽气灌胶法处理，并压上几块砖，几天后再将砖移去即可。

直径在100～300mm的鼓泡可先铲除鼓泡处的保护层，再用刀将鼓泡按斜十字形割开，放出鼓泡内的气体，擦干水分，清除旧胶结料，用喷灯把卷材内部吹干。随后按顺序把旧卷材分片重新粘贴好，再新贴一块方形卷材（其边长比开刀范围大100mm），压入卷材下。最后，粘贴覆盖好卷材，四边搭接好，并重做保护层。上述分片铺贴顺序是按屋面流水方向先下再左右后上。

直径更大的鼓泡用割补法处理，先用刀把鼓泡卷材割除，按上一做法进行基层清理，再用喷灯烘烤旧卷材槎口，并分层剥开，除去旧胶结料后，依次粘贴好旧卷材，上铺一层新卷材（四周与旧卷材搭接不小于100mm），然后贴上旧卷材。再依次粘贴旧卷材，上面覆盖第二层新卷材，最后粘贴卷材，周边压实刮平，重做保护层。

本章小结

防水工程非常重要，防水失效会导致建筑功能的折损甚至完全丧失。根据建筑物要求的不同，可以采用不同等级的防水构造。

在普通建筑中，防水工程包括屋面、地下室、厨房与卫生间和外墙面。防水工程根据其基本实现模式，分为构造防水和材料防水。

构造防水属于结构自防水，采用抗渗混凝土来实现，在施工中应注意保证混凝土的密实度和做好施工缝的处理，可以采用钢板止水带和企口方式进行。材料防水包括刚性防水和柔性防水。刚性防水适应性好，但抗变形能力差，大面积防水效果不理想，主要采用防水砂浆和防水细石混凝土来进行。柔性防水的防水效果相对较好，但施工过程复杂，对于基层与环境的要求较严格。柔性防水又分为卷材和涂膜两类。卷材适用于大面积较为平整的基层，可以采用沥青、改性沥青和合成高分子卷材，使用中应注意各种卷材的技术性能与指标。涂膜防水对基层的几何适应性好，但作业环境较差，整体大面积使用功效较低，特别适用于室内和几何造型复杂的基层防水处理。

对防水工艺的要求比较严格，接头、搭缝、收边、找坡等过程尤其要精心施工，才能保证不产生任何渗漏问题。在防水工程完成后，要进行相应的检查，对不满足要求的部分要及时处理。

□ 关键概念

防水工程的基本原则；防水工程的基本分类；防水卷材的分类、主要性能及指标参数、优势与问题；防水涂料的种类与使用范围、问题与使用限制；防水材料的使用原则；柔性防水的基本环境要求；卷材防水的基本施工工艺；涂膜（料）防水的基本施工工艺；室内防水处理；刚性材料防水基本原理与措施；地下和屋面工程的防水等级要求；防水工程施工的验收方法

□ 复习思考题

1. 各个部位防水工程的基本原则分别是什么？

2. 防水工程的基本分类有哪些？

3. 防水卷材如何分类？

4. 防水卷材的主要性能及相关指标参数有哪些？

5. 防水卷材的优势与不足是什么？

6. 防水涂料的种类与使用范围是什么？

7. 防水涂料有哪些问题与使用限制？

8. 在工程中如何选择不同的防水材料？

9. 柔性防水的基本环境要求有哪些？

10. 卷材防水的基本施工工艺是什么？

11. 涂膜（料）防水的基本施工工艺是什么？

12. 室内防水有哪些特殊处理工艺？

13. 刚性材料防水的基本原理与措施是什么？

14. 地下和屋面工程的防水等级要求有哪些？

15. 不同的防水工程在施工中如何进行验收？

16. 刚性防水有什么问题和优势？

第九章

装饰装修工程

□ **学习目标**

掌握：装饰装修工程的特点与注意事项，尤其是"三不一问"的基本原则，抹灰工程的分类与一般抹灰工程的材料要求，抹灰施工的准备工作与环境要求，不同基层之间的抹灰预处理工艺，一般抹灰的基本工艺过程。室内污染物的种类及其主要来源，室内工程环保验收的基本要求，民用建筑装饰装修工程防火要求。

熟悉：装饰抹灰的水磨石与水刷石工艺，对装饰装修工程施工过程中污染物控制的基本要求、措施。

了解：如何对装饰装修工程所使用原材料污染物的含量进行控制。

第一节　装饰装修工程的特点与注意事项

装饰装修工程是建筑施工的最后一个工艺过程。

没有进行装饰装修工程的建筑物是不可想象的、丑陋的和无法实现必要功能的。自古以来，几乎不存在没有装饰装修工程的建筑物，即便是黄土高原的原始窑洞，其内壁也需要进行简单的粉刷或裱糊，以使室内更加光亮。

通常，人们认为装饰装修工程只具有美观作用，但在工程师的眼中，装饰装修工程不仅可以实现美观，而且可以起到保护和实现特定功能的作用。装饰装修工程中最常见、最基本的抹灰工艺，就是对结构构件的保护，可以有效地防止外部环境的侵蚀；而对室内环境有特殊要求的空间，装饰装修工程可以实现特定的光学、声学效果，这在各种礼堂、会场等公共建筑中十分普遍。

随着社会的发展与进步，人们对建筑物的美学要求、功能要求也越来越多，装饰装修工程在现在的建设项目中的地位也越来越重要,其工艺构成也越来越复杂,所占投资比例也越来越大,甚至成为最大的投资项目。对于普通的教学楼来讲,实现基本功能所需的装饰装修工程所占总投资的比例一般不会超过30%;但对于高级宾馆、会议中心或音乐厅来讲,则截然不同,各种复杂的工艺和奢华的材料,将装饰装修工程的成本大幅度提高,所占总投资比例会超过60%,甚至更高。

装饰装修工程直接影响到普通人对建筑的认识和评价,从古代的宫殿、庙宇,到近现代的住宅、会议中心、办公楼莫不如此,因此工程师们必须重视装饰装修工程。

与前面章节所阐述的分部分项工程有所不同,装饰装修工程有很多独特的地方,需要工程师们注意。

一、工艺复杂、专业化程度高、成本控制困难

装饰装修工程特别强调材料的作用与价值,不同的材料可以体现出迥异的表观效果。目前,所使用的建筑装饰装修工程材料的种类十分繁多,设计师为了达到特殊的效果,更可能出其不意地选择令人惊叹的材料。普通结构工程的材料只有钢筋、混凝土、钢材、砌块、木材等数得过来的几类,掌握起来并不困难,但装饰修工程的材料种类是数以万计的、难以想象的。

材料复杂直接导致了装饰装修工程工艺的复杂,特殊的材料需要特殊的工艺进行处理,这些工艺往往属于特定企业的专有性技术,垄断性较强,价格较高。与一般土建工程相比,装饰装修工程的材料、工艺、工种繁多,属于"精细活"——分工明确、细致,专业化程度极高,十分看重工人的技术水平。而在土建工程中较为重要的"体力",则不在装饰装修工程的用工考虑范围内,更罕有土建工程中多见的通用型工人。

正因为如此,在装饰装修工程的成本中,材料、工艺所占的比例较高,而且难以控制。在有些工程建设项目中,装饰装修工程成本占到了总投资额的一半以上,而且这种现象愈加严重。完全可以想象到,一个采用高级水晶吊灯、全大理石地面、高级木材内饰的大堂,其用于装饰装修工程的投资额可能比整个建筑结构部分的投资总和还要多。

二、多工种、多工艺,协调难度大

装饰装修工程工艺繁多,单一工种不可能体现出完美的效果,各种工艺的协作非常关键。除了装饰装修工程工艺以外,装饰装修工程与土建工程、设备工程的协调也十分重要。

一般来说,装饰装修工程均在土建工程完工后与设备工程同步进行。在装饰装修工程施工过程中,由于装饰装修工程强调效果、设备强调功能、土建强调安全,因此不同的目的导致了各种工艺的协调工作十分困难,冲突与纠纷较多。由于装饰装修工程属于最终的效果表现过程,但又不能对原有结构安全或设备的功能造成影

响，因此协调工作更多，而且更加困难。

在绝大多数情况下，装饰装修工程对结构与设备工程的协调原则是：不加荷载、不减结构、不动设备和设计协调。

（一）不加荷载

所谓不加荷载，就是在装饰装修工程施工过程中，不过度增加原结构荷载，不改变原结构的荷载设计等级，不改变原结构的承载与受力模式，避免因受力不当造成原结构损坏或坍塌。在具体施工中，不当的行为表现为：设置加层、夹层（在较大层高的层间加设一层）；不当设置与加挂重型设备设施，如大型风机、冷却塔、吊灯、外置灯箱、广告牌、玻璃幕墙等；改变功能，如办公楼改为仓库、阅览室改为书库等。这些改动会使原结构所承受的荷载等级、模式、动力特征等发生改变，原结构的计算模型发生改变，原有结构失效。

（二）不减结构

不减结构，就是在装饰装修工程施工过程中，不能采取减损原结构的施工方式，不得在承载结构中乱凿孔洞。在具体施工中，不当的行为最多的表现就是在墙体上不当开洞或打凿沟槽等，如开门、窗、水平沟槽等。一般来说，砖混原结构中的墙体是明确不得随意打凿的，包括承重墙、自承重墙、横墙、山墙、墙垛、砖柱、基础等。装饰装修工程施工方在不能明确原结构受力、传力模式与计算模型的前提下，原则上厚度180mm以上的墙体不得实施开洞打凿，但简单的穿墙管道和截面面积小于 $0.1m^2$、边长小于 $0.3m$ 的小型空洞是可以的。原主体结构不得有任何打凿行为，间隔墙可以根据需要适当移位或拆除。

（三）不动设备

设备系统包括供水、排水、供热、通风、空调、制冷、燃气、电力（照明或动力）、通信、电梯以及具有各种特殊功能的设备。只有这些设备系统有效运行，才能为建筑物提供多种多样的室内空间环境，有利于实现建筑物的现代化功能。装饰装修工程施工过程中的不动设备，就是原有建筑中的设备系统，包括机组、管路、传感器等不得随意触碰、移位、改变功能等，否则将导致设备系统的运行不当，甚至会发生危险，例如目前国内发生爆炸事故的主要原因就是装饰装修工程中随意改动燃气管道。

（四）设计协调

对于装饰装修工程项目，如果完全按照前述三个原则来施工，那么几乎所有的工作均无法正常进行。因此，当装饰装修工程施工的工艺做法可能与以上三原则相冲突时，需要施工方通过发包人与有关设计方进行沟通确认。由相关专业且不低于原资质等级的设计单位重新进行审核，出具正式的施工说明、设计图纸等技术资料，由发包人提供给施工方，按要求施工。

没有这一关键性的技术协调过程，擅自施工是绝对不允许的，造成工程质量问题更要承担修复与赔偿责任，如果造成伤亡或重大损失事故还要追究刑事责任。

以上几个原则被称为装饰装修工程中的"三不一问"原则。

三、评价标准多变，纠纷较多

装饰装修工程体现为最终的效果，其关键是"美感"和"协调"。与工程结构、设备系统的国家强制性标准相比，装饰装修工程除个别标准之外，绝大多数标准相对宽松，以发包人、委托人的观感意见为主。

土建工程与设备工程专业性较强，没有特殊专业基础的人难以提出相关意见，承包人的自主性相对较大。但装饰装修工程则完全不同，尽管专业性也很强，但外部效果更加重要，因此在装饰装修工程施工期间，发包人的主要负责人均会亲临施工现场，查看各种装饰装修工程效果。不仅如此，装饰装修工程的最终效果是各种渲染图、电脑模拟图难以具体展示的，其最终场景、特点必须亲临现场才能够感受到。所以在装饰装修工程的最后阶段，发包人可能会提出各种意见，引发巨大变更。这种变更在施工阶段更是非常多见，甚至数不胜数，临时性的修改、调整如家常便饭。世界著名的七星级酒店——迪拜的帆船酒店，直到最后接近竣工时，委托方仍然对内饰的色彩提出了更改要求，最终装饰装修工程的施工方以天才的灯光秀完美地实现了梦幻般色彩。

基于以上状况，装饰装修工程承包人必须在工程开始之前与发包人做好协商，深入了解发包人的思路、理念，尽可能满足其要求。同时在施工中，每一个工艺过程都要及时与之沟通，并向其作出细致的技术分析与解释。

当发包人提出新的构思或意见时，施工方应该仔细地从工程师的角度来审视，不能简单按照发包人的意见执行。如果发生问题，承包人将承担主要责任，这是专业工程师的必要责任。当发包人的意见符合工程技术要求，与国家强制性标准不发生冲突时，应与发包人协调，按照工程施工确定的程序进行变更、调整，切勿简单地直接实施，避免在完成后出现实施程序错误引发纠纷。而当发包人的意见不符合工程技术要求，或与国家强制性标准发生冲突时，则向发包人做出具体的说明和解释，避免违反相关法律法规，造成严重的后果，这一后果必然要承包方来承担。

第二节　装饰装修工程的最基本工艺——抹灰

抹灰工艺是最基本的装饰装修工程施工工艺，是几乎所有的建筑物都需要进行的。不仅是装饰装修工程，在有些土建工程的施工过程中，如防水工程，抹灰工艺也是必不可少的。抹灰工艺，就是将膏状抹料，主要是砂浆，包括水泥砂浆、水泥混合砂浆、石灰砂浆等，涂（刮、压）抹在基底材料的表面，起到保护基层和美观的作用。所谓抹灰层的保护与防护作用，就是保护墙体不受风、雨、雪的侵蚀，增加墙面防潮、防风化和隔热的能力，提高墙身的耐久性能、热工性能；而抹灰层的美观功能，则是改善室内卫生条件、净化空气、美化环境、提高居住舒适度。

因此，抹灰工程几乎是所有建筑工程不可缺少的，是所有装饰装修工程的基础性工作。在很多工程中，也经常将抹灰工程视为土建工程的组成部分。在土建工程完工后，要对其表面进行处理、抹灰，可以起到很好的保护作用，为日后的高级装饰装修工程做准备。

一、抹灰工程的分类与材料的基本要求

（一）抹灰工程的分类

1.一般抹灰

一般抹灰是指在建筑墙面（包括混凝土、砖砌体、加气混凝土砌块等墙体立面）涂抹石灰砂浆、水泥砂浆、水泥混合砂浆、聚合物水泥砂浆和麻刀石灰、纸筋石灰、石膏灰等。在没有特殊说明的前提下，抹灰工程就是指一般抹灰。一般抹灰的关键是将基层表面涂抹平整，为后续的高端装饰装修工程施工、表面处理，提供一个平整的基层。

一般抹灰按施工方法不同，又可以分为普通抹灰和高级抹灰两个等级，并在施工图中注明，当设计无要求时，按普通抹灰施工。普通抹灰与高级抹灰的主要区别在于抹灰基层与面层的过渡过程。普通抹灰的中间过渡过程较少，处理简单，面层表面粗糙，部分位置会出现裂纹；高级抹灰的中间过渡过程较多，表面细腻平滑，质感好，基本不会出现裂纹。

2.装饰抹灰

装饰抹灰，是指在建筑墙面涂抹水刷石、斩假石、干粘石、假面砖等，即通过抹灰工艺，形成特殊的表面效果，直接完成装饰装修工程施工，而不是在后期附加面层的过程。相对高端面层装饰装修工程施工工艺，装饰抹灰的表观效果好、施工简单、成本低廉，是中低档建筑广泛采用的外墙装饰装修工程工艺。

（二）一般抹灰工程的材料

按砂浆的组成材料不同，分为石灰砂浆、水泥砂浆、水泥混合砂浆、聚合物水泥砂浆和麻刀石灰、纸筋石灰、石膏灰等。

1.水泥

为了保证抹灰效果，抹灰工艺所采用的水泥强度等级应不小于32.5MPa。抹灰所采用的水泥主要是常规水泥，当用于装饰抹灰时，如果其颜色有特殊要求，则必须使用白水泥并添加相关颜料。在施工中，不同品种、不同强度等级的水泥不得混用，以免出现水泥之间的反应，导致抹灰层胀裂。

2.砂子

抹灰所采用的砂子可以选用中砂、细砂，但特细砂、粉砂不宜使用。由于抹灰对表面的质感要求较高，因此，砂子在使用前应过筛（不大于5mm的筛孔），不得

含有杂质。

3.石灰膏

抹灰用的石灰膏的熟化期不应少于15天，石灰膏应细腻洁白，不得含有未熟化颗粒，对任何进场的熟石灰，不论是否合格，均必须实施陈伏工艺，具体做法是将石灰浸入水中，石灰表面至水面在5cm以上，陈伏期不少于2周。已冻结风化的石灰膏不得使用。

4.其他材料

抹灰所采用的磨细石灰粉，其细度过0.125mm的方孔筛，累计筛余量不大于13％，使用前用水浸泡使其充分熟化，磨细石灰粉的熟化期不应少于3天。如果在水磨石等装饰抹灰中使用彩色石粒，需由天然大理石破碎而成，具有多种颜色。掺入装饰装修工程灰浆中的颜料，应用耐酸和耐晒（光）的矿物颜料。装饰装修工程灰浆常用的颜料有：氧化铁黄、铬黄（铅铬黄）、氧化铁红、甲苯胺红、群青、铬蓝、钛青蓝、钴蓝、铬绿、群青与氧化铁黄配用、氧化铁棕、氧化铁紫、氧化铁黑、炭黑、锰黑、松烟、钛白粉等。

5.配合比

对抹灰工程砂浆配合比的要求并不是很严格，只要符合设计要求、满足施工工艺即可，一般不要求有严格的配比单、操作流程和实验室资质等。

二、抹灰施工的准备工作与环境要求

（一）抹灰工程施工的准备工作

抹灰工程属于表面覆盖工作，因此，必须要等到主体工程经有关部门验收合格后，方可进行。在具体实施前，应检查门窗框及需要埋设的配电管、接线盒、管道套管是否固定牢固，连接缝隙是否密实。如果需要的话，采用1∶3水泥砂浆将其分层嵌塞密实，并事先将门窗框包好。

在具体施工前，先将混凝土构件、门窗过梁、梁垫、圈梁、组合柱等表面的凸出部分剔平，对有蜂窝、麻面、露筋、疏松部分的混凝土表面剔到实处，并刷素水泥浆一道，然后用1∶2.5的水泥砂浆分层补平压实，把外露的钢筋头和铁丝剔除，脚手眼、窗台砖、内隔墙与楼板、梁底等处应堵严实和补砌整齐。混凝土及砖结构表面的砂尘、污垢和油渍等要清除干净，混凝土结构表面，砖墙表面应在抹灰前两天浇水湿透（每天两遍以上）。

（二）抹灰工程施工的环境要求

抹灰施工的环境要求主要是温度，只要不低于5℃即可施工。另外还应注意，抹灰施工后不宜暴晒，不宜受冻和淋雨。

三、一般抹灰工程的施工工艺

一般抹灰均按照以下流程进行：基层处理→浇水湿润→抹灰饼→墙面冲筋→分

层抹灰→设置分格缝→保护成品。

（一）基层处理

1.一般基层清理

基层的平整度、粘结度是影响建筑抹灰工程质量的重要因素。

在抹灰工程施工前，基层表面的尘土、污垢、油渍等应清除干净，并应洒水润湿。砖砌体表面洒水湿润即可，但混凝土表面应进行凿毛处理，以增加粘结效果。

2.特殊部位处理

如果基层特别光滑，或抹灰层总厚度大于或等于35mm时，如做蘑菇石、花纹等特殊的装饰抹灰效果，应采取加强措施。需要在基层表面打入钢钉，钢钉间距300mm～500mm，表面外露20mm，钢钉之间可用钢丝缠绕，形成连接胎体，再进行抹灰。

如果抹灰在不同材料基体上进行，由于基体的弹性模量差异，变形不一致，很容易产生破裂，应采取防止开裂的加强措施。一般采用加强网，即采用钢丝网将缝隙覆盖，加强网与各基体的搭接宽度不应小于100mm，并进行绷紧、钉牢处理（如图9-1所示）。

图9-1 钢丝网将缝隙覆盖

（二）浇水湿润

一般在抹灰前一天，用水管或喷壶顺墙自上而下浇水湿润。不同的墙体、不同的环境需要不同的浇水量。浇水要分次进行，最终以墙体既湿润又不泌水为宜。

（三）灰饼、冲筋与抹灰厚度设定

灰饼、冲筋的作用，是为了准确设置墙面抹灰厚度，使完成后的墙身表面平整光滑，符合水平、垂直与特定的角度要求。

1.灰饼

为了保证墙面抹灰表面的平整、光滑，控制抹灰的厚度均匀，需要在基层表面设置灰饼，作为抹灰厚度的控制标准。操作时应先抹上灰饼，再抹下灰饼，应根据室内抹灰要求确定灰饼的正确位置，再用靠尺板找好垂直与平整。灰饼宜用1：3

水泥砂浆抹成50mm见方形状（如图9-2所示）。

图9-2　设置灰饼

2.墙面冲筋

在建筑装饰装修工程时，墙面抹灰面积大，一般在抹灰前用砂浆在墙上按一定间距做出小灰饼（又称打点），然后按小灰饼继续用砂浆做出一条或几条灰筋（一般间距1m～2m），以控制抹灰厚度及平整度，此过程称为冲筋（如图9-3所示）。

图9-3　墙面冲筋

在墙面上先抹竖向条状的砂浆，条状宽度约3cm，高度从地面至天棚，即"标筋"。抹砂浆的厚度最小为0.5cm，最大厚度则由墙体的倾斜度决定。由于是条状，可较好地控制该条状面的垂直。在墙面中，每间隔约1m设一道"标筋"，并使一道墙面上的标筋在一个平面上。

（四）分层抹灰

在大面积抹灰前应设置控制厚度的"标筋"，抹灰工程应分层进行，通常抹灰构造分为底层、中层及面层。在具体操作时应注意，水泥砂浆不得抹在石灰砂浆层上，罩面石膏灰不得抹在水泥砂浆层上。

用水泥砂浆和水泥浆抹灰时，待前一抹灰层凝结后方可抹后一层；用石灰砂浆抹灰时，待前一抹灰层七八成干后方可抹后一层。底层的抹灰层强度不得低于面层的抹灰层强度。水泥砂浆拌好后，应在初凝前用完；凡结硬砂浆不得继续使用。

抹灰层与基层之间及各抹灰层之间必须粘结牢固，抹灰层应无脱层、空鼓、面层应无爆灰和裂缝。抹灰层的平均总厚度应符合设计要求，通常抹灰构造各层厚度宜为5mm～7mm，抹石灰砂浆和水泥混合砂浆时宜为7mm～9mm。

（五）设置分格缝

一般抹灰不需要设置分格缝，在特殊情况下，应按照设计要求设置。分隔缝的宽度和深度应均匀，表面应光滑，棱角应整齐。

有排水要求的部位应做滴水线（槽）。滴水线（槽）应整齐顺直，滴水线应内高外低，滴水槽的宽度和深度均不应小于10mm。

（六）保护成品

各种砂浆抹灰层在凝结前应防止快干、水冲、撞击、振动和受冻，在凝结后应采取措施防止沾污和损坏。水泥砂浆的抹灰层应在湿润条件下养护，一般应在抹灰24小时后进行养护。

四、装饰抹灰

装饰抹灰属于特殊的抹灰工艺，主要是通过表面处理或添加特殊的颜料，将抹灰层处理得更加美观，达到特殊的效果，如花纹、雕线、仿古、仿木、仿石，或做水刷石、水磨石、干粘石等。但随着社会的进步，装饰抹灰在建筑表面进行整体处理的情况日益减少，更多的是在局部进行处理。

（一）水磨石

水磨石质地坚硬，耐磨性好，彩色水磨石更是美观大方，而且成本相对较低，目前多用于普通办公楼或教学楼的地面工程，而且多数情况下均采用彩色水磨石工艺。用于楼梯、窗台或墙裙时，多采用预制水磨石制品。但由于水磨石地面过于坚硬，表面感觉十分冰冷，因此，不适合在高级装饰装修工程中使用，尤其不适用于家庭装饰装修工程。

水磨石在施工时，首先采用12mm厚1∶3的水泥砂浆打底，待砂浆终凝后，洒水润湿，刮水泥素浆一层（厚1.5mm～2mm）作为粘结层，找平后按设计的图案镶嵌条，嵌条有黄铜条、铝条或玻璃条，宽约10mm，其作用除可做花纹图案外，还可防止面层由于面积过大而开裂。设置分隔条时两侧用素水泥砂浆粘结固定（如图9-4所示）。

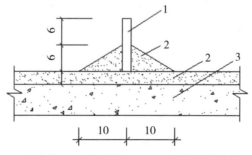

1.玻璃条；2.水泥素浆；3.1∶3水泥砂浆底层

图9-4　水磨石施工

待分隔条牢固后，再在底部刮一层水泥素浆，随即将拌合好的水泥石子浆（水泥∶石子＝1∶1～1∶2.5）填入分格网中，抹平压实，厚度要比嵌条稍高1mm～2mm。待铺设水泥石子浆收水后，用滚筒滚压，再浇水进行养护。

在确定石子不松动、不脱落后，可以实施水磨工艺，在水磨时表面不宜过硬。水磨分粗磨、中磨和细磨，采用磨石机洒水磨光。粗、中磨后用同色水泥浆擦一遍，以填补砂眼，并养护2天。细磨后应擦一道草酸，使石子表面残存的水泥浆全部分解，石子显露清晰（如图9-5所示）。

图9-5　水磨工艺

面层干燥后打蜡，使其光亮如镜。

（二）水刷石

水刷石质感强烈，一般多用于外墙面或室外小品，如花坛、围栏等。由于其档次较低，从目前来看，采用水刷石的建筑外墙相对较少（如图9-6所示）。

图9-6　水刷石墙面

水刷石的基本工艺制作过程如下：

首先，用12mm厚的1∶3水泥砂浆打底，待底层砂浆终凝后，在其上按设计的分格弹线，根据弹线安装分格木条，用水泥浆在两侧粘结固定，以防大片面层收缩开裂。

　　然后，将底层浇水润湿后刮水泥浆（水灰比 0.37～0.40）一道，以增加与底层的粘结。随即抹上稠度为 5cm～7cm、厚 8mm～12mm 的水泥石子浆（水泥：石子=1：1.25～1：1.50）面层，拍平压实，使石子密实且分布均匀。

　　待面层凝结前，即用棕刷蘸水自上而下刷掉面层水泥浆，使石子表面完全外露为止。为使表面洁净，可用喷雾器自上而下喷水冲洗。

　　水刷石的质量要求是石粒清晰、分布均匀、色泽一致、平整密实，不得有掉粒和接槎的痕迹。

📖 扩展阅读——几种装饰装修工程的高级工艺

　　抹灰是最为基本的、最普遍的装饰装修工程工艺过程，绝大多数的房屋建筑都采用这一过程，有些建筑甚至仅有这一种装饰装修工程过程。但随着时代的进步，装饰装修工程的高级工艺也越来越多，建筑物的外观表现也越加复杂，成本越来越高。

　　装饰装修工程的高级工艺非常复杂，种类繁多，本书仅对几种较为普遍的工艺过程做以简单的介绍。施工时，应结合具体情况按照相关规范或标准执行。

　　一、饰面板（砖）工程

　　（一）饰面板（砖）工程分类

　　饰面板（砖）工艺是装饰装修工程施工中墙面、地面的重要组成部分，在各种公共建筑、居住建筑中非常普遍。比较多见的是石材贴面、陶瓷面砖（地砖）贴面，有时还采用玻璃、木材、金属等饰面板材。传统的饰面板（砖）的施工做法，主要采用水泥砂浆进行粘贴。但随着施工技术的发展，目前除了粘贴之外的很多新型墙面做法，如干挂等，逐渐成为主流。但在地面主流的施工做法中，依旧采用水泥砂浆做法。

　　1.饰面板与饰面砖

　　按面层材料不同，分为饰面板工程和饰面砖工程。饰面板包括石材饰面板工程、瓷板饰面板工程、金属饰面板工程、木质饰面板工程、玻璃饰面板工程、塑料饰面板工程等；饰面砖工程按面层材料的不同，分为陶瓷面砖工程和玻璃面砖工程。

　　材料被称为板或砖，主要源于工程中约定俗成的说法，并无绝对标准。一般来说，石材、木材、金属、塑料等均称为板；用于地面施工的除了石材以外的其他材料被称为砖；在墙面施工时，陶瓷、玻璃的尺寸大于 600mm 时，多被称为板，其他的被称为砖。

　　2.粘贴与安装

　　按施工工艺不同，分为饰面板安装和饰面砖粘贴工程。其中，饰面砖粘贴工程按施工部位不同分为内墙饰面砖粘贴工程、外墙饰面砖粘贴工程。

在使用时除按照设计要求外，还应注意的是，饰面板安装工程一般适用于内墙饰面板安装和高度不大于24m、抗震设防烈度不大于7度的外墙饰面板安装工程；饰面砖粘贴工程一般适用于内墙饰面砖粘贴工程和高度不大于100m、抗震设防烈度不大于8度、采用满粘法施工的外墙饰面砖粘贴工程。

当高度或抗震等级高于此标准时，应建议发包人与设计方协商采用其他方式的装饰装修工程做法。

（二）施工环境、准备与材料的要求

1.基本环境要求

装饰装修工程施工对环境要求较高，饰面板（砖）工程也不例外。

施工的环境条件应满足施工工艺的要求，特别是对环境温度的要求。采用掺有水泥的拌合料粘贴（或灌浆）时，即湿作业施工现场的环境温度，一般不应低于5℃；当采用有机胶粘剂粘贴时，不宜低于10℃。如环境温度低于上述规定，原则上应避免施工，防止出现质量问题。必须施工时，应采取保证工程质量的有效措施。

同时，施工现场的通风、照明、安全、卫生防护设施应符合劳动作业的要求。

2.施工准备要求

安装或粘贴工艺属于表层最终施工过程，其基层墙面必须验收合格；有防水要求的部位防水层已施工完毕，经验收合格；门窗框已安装完毕，并检验合格。

采用饰面板（砖）时，墙体、地面表层可以无须抹灰，原结构表面裸露，满足施工要求即可。

如果墙地面中设置有水电管线、卫生洁具等预埋件、预留孔洞等，其安装位置应确定，并准确留置，避免后期打凿、钻孔，破坏表面效果。

3.材料的技术要求

在饰面板（砖）工程所有材料进场时应对品种、规格、外观和尺寸进行验收。其中室内用花岗石、粘贴用水泥、外墙陶瓷面砖应进行复验，金属材料、砂（石）、外加剂、胶粘剂等施工材料按规定进行性能试验，所用材料均应检验合格。

采用湿作业法施工的天然石材饰面板应进行防碱、背涂处理。这是由于在采用传统的湿作业法安装天然石材时，水泥砂浆在水化时析出大量的氧化钙，泛到石材表面，产生不规则的花斑，俗称"泛碱"现象，严重影响建筑物室内外石材饰面的装饰装修工程效果（如图9-7所示）。因此，在天然石材安装前，应对石材饰面用"防碱背涂剂"进行背涂处理。

（三）饰面板（砖）工程常规施工工艺——湿做法

饰面板（砖）的材料较多，工艺复杂，本书仅对常规的石材、陶瓷材料的板（砖）进行介绍，这也是最为传统的材料与工艺（如图9-8所示）。

图9-7　泛碱现象

图9-8　饰面板（砖）湿做法

1.瓷砖饰面施工

（1）瓷砖饰面的基本工艺流程

不论瓷砖、面砖还是地砖，其施工过程基本上是一致的，均采用水泥砂浆进行镶贴。其基本过程是：基层处理→底层砂浆找平→排砖及弹线→浸砖→镶贴面砖→清理。

（2）瓷砖饰面的具体施工工艺

①基层处理与底层砂浆找平

瓷砖饰面的基层应平整、干净，满足水泥砂浆的粘贴要求。

首先，将残存在基层的砂浆粉渣、灰尘、油污等清理干净，并提前浇水湿润基层。对于混凝土墙面基层，应将凸出墙面的混凝土剔平，基体混凝土表面很光滑的要凿毛，或用可掺界面剂（胶）的水泥细砂浆做小拉毛墙，也可刷界面剂（胶），并浇水湿润基层。

随后，为了防止基层的误差导致面层尺度错位，需要采用水泥砂浆进行底层找平——用10mm厚1:3的水泥砂浆打底，分层涂抹砂浆，随抹随刮平抹实。为了保证砂浆表层与饰面板材的粘结效果，其表面采用木抹子搓毛。

②排砖及弹线

饰面板（砖）要符合一定的排列规则，才会有美感。不论什么具体要求，原则上一般使用整砖，避免切割，尤其是视线所及的位置，应尽量做到对称、均衡、整体效果好。这就需要施工方根据材料的尺寸、面层的尺寸进行排砖处理。

排砖应待底层灰六、七成干时进行，并注意灰缝的关键性调整作用。

③浸砖

陶瓷材料的吸水率较大，在施工前应进行浸泡预处理——将面砖清扫干净，放入净水中浸泡2小时以上，取出待表面晾干或擦干净后方可使用。严禁对干砖进行镶贴作业，同时，瓷砖出水后直接施工也是不可取的。

④镶贴面砖

粘贴过程应按照排砖计划，自下而上进行。具体粘贴单块面砖时，先抹8mm厚水泥石灰膏砂浆结合层，刮平后，随抹随自上而下粘贴面砖。面砖镶贴的砂浆要饱满，避免空鼓，尤其在北方地区的外墙施工中要特别注意。如有空鼓情况，必须取下重贴。镶贴过程中随时用靠尺检查平整度，同时保证缝隙宽度一致。

⑤清理

镶贴完成后，确定无空鼓现象，待表面平整、灰缝整齐后，将板（砖）材表面用棉纱擦干净，再用勾缝胶、白水泥或拍干白水泥擦缝，用布将缝的素浆擦匀，砖面擦净即可。

2.石材湿做法施工工艺

石材湿做法与干做法相对应，是指采用水泥砂浆进行粘贴的工艺过程。

（1）石材湿做法基本工艺流程

施工准备（钻孔、剔槽）→穿铜丝或镀锌铁丝与块材固定→绑扎、固定钢丝网→放线→石材表面处理→安装石材→灌浆→擦缝。

（2）石材湿做法具体施工工艺

①钻孔、剔槽

安装前先将饰面板按照设计要求用台钻打眼，事先应钉木架使钻头直对板材上端面，在每块板的上、下两个面打眼，孔位打在距板宽的两端1/4处，每个面各打两个眼，孔径为5mm，深度为12mm，孔位距石板背面8mm为宜。

②穿铜丝或镀锌铁丝与块材固定

把备好的铜丝或镀锌铁丝剪成长200mm左右，一端用木楔粘环氧树脂将铜丝或镀锌铁丝楔进孔内固定牢固，另一端将铜丝或镀锌铁丝顺孔槽弯曲并卧入槽内，使大理石或磨光花岗石板上、下端面没有铜丝或镀锌铁丝突出，以便和相邻石板接缝严密。

③绑扎、固定钢丝网

首先，剔出墙上的预埋筋，把墙面镶贴大理石的部位清扫干净。先绑扎一道竖向Φ6钢筋，并把绑好的竖筋用预埋筋弯压于墙面。横向钢筋为绑扎大理石或磨光花岗石板材所用，如板材高度为600mm时，第一道横筋在地面以上100mm处与主筋绑牢，用作绑扎第一层板材的下口固定铜丝或镀锌铁丝。第二道横筋绑在500mm水平线上70mm～80mm，比石板上口低20mm～30mm处，用于绑扎第一层石板上口固定铜丝或镀锌铁丝，再往上每600mm绑一道横筋即可。

④放线

首先，将要贴大理石或磨光花岗石的墙面、柱面和门窗套用大线坠从上至下找出垂直。找出垂直后，在地面上顺墙弹出大理石或磨光花岗石等外廓尺寸线。

⑤石材表面处理

石材表面充分干燥（含水率应小于8%）后，用石材防护剂进行石材六面体防护处理。

⑥安装石材

按部位取石板并舒直铜丝或镀锌铁丝，将石板就位，把石板下口铜丝或镀锌铁丝绑扎在横筋上。绑扎时不要太紧可留余量，只要把铜丝或镀锌铁丝和横筋拴牢即可，把石板竖起，便可绑大理石或磨光花岗石板上口铜丝或镀锌铁丝，并用木楔垫稳，块材与基层间的缝隙一般为30mm～50mm。用靠尺板检查调整木楔，再拴紧铜丝或镀锌铁丝，依次向另一方进行。

⑦灌浆

把配合比为1∶2.5的水泥砂浆放入大桶加水调成粥状，用铁簸箕舀浆徐徐倒入，注意不要碰大理石，边灌边用橡皮锤轻轻敲击石板面使灌入砂浆排气。第一层浇灌高度为150mm，不能超过石板高度的1/3；第一层灌浆很重要，既要锚固石板的下口铜丝又要固定饰面板，所以要轻轻操作，防止碰撞和猛灌。如发生石板外移错动，应立即拆除重新安装。

⑧擦缝

在全部石板安装完毕后，清除所有石膏和余浆痕迹，擦洗干净，并按石板颜色调制色浆嵌缝，边嵌边擦干净，使缝隙密实、均匀、干净、颜色一致。

（四）石材饰面的新型工艺——干挂施工

由于石材湿做法会出现泛碱现象，尽管通过处理可以在一定程度上有所缓解，但很难最终消除。同时，对于高层建筑来讲，湿做法本身的可靠性较低，尤其在北方地区，受冻融循环的影响，万一脱落，其后果将不堪设想。为了避免这些状况，近年来，石材干挂法非常流行。

干挂法不用水泥粘贴，而是采用机械固定的方式进行施工，可靠性好，安全度高，已经逐渐成为石材贴面的主流做法（如图9-9所示）。

1.石材干挂法的基本工艺流程

测量放线→钻眼开槽→石材安装→密封嵌胶。

2.石材干挂法的具体施工工艺

（1）测量放线

在测量放线时先将要干挂石材的墙面、柱面、门窗套用经纬仪从上至下找出垂直。同时，应该考虑石材厚度及石材内皮距结构表面的间距，一般以60mm～80mm

图9-9　石材干挂法

为宜。根据石材的高度，用水准仪测定水平线并标注在墙上，一般板缝为6mm～10mm。弹线要从外墙饰面中心向两侧及上下分格，误差要匀开。

（2）钻眼开槽

安装石板前先测量准确位置，然后再进行钻孔开槽。对于钢筋混凝土或砖墙面，先在石板的两端距孔中心80mm～100mm处开槽钻孔，孔深20mm～25mm，然后在墙面相对于石板开槽钻孔的位置钻直径8mm～10mm的孔，将不锈钢膨胀螺栓一端插入孔中进行固定，另一端挂好锚固件。钢筋混凝土柱梁，由于构件配筋率高，钢筋面积较大，在有些部位很难钻孔开槽，在测量弹线时，应该先在柱或墙面上躲开钢筋的位置，准确标出钻孔位置，待钻完孔及固定好膨胀螺栓锚固件后，再在石板的相应位置钻孔开槽。

（3）石材安装

安装底层石板，应根据固定在墙面上不锈钢锚固件的位置进行安装，具体操作是将石板孔槽和锚固件固定对位安装好，利用锚固件的长方形螺栓孔，调节石板的平整，用方尺找阴阳角方正，拉垂直水平通线找石板上口平直，然后用锚固件将石板固定牢固，用嵌固胶将锚固件填堵固定。

一般石板（行石）安装，先往下一行石板的插销孔内注入嵌固胶，擦净残余胶液后，将上行石板按照下行石板的安装操作方法就位。检查安装质量，符合设计及规范要求后进行固定。对檐口等石板上边不易固定的部位，可用同样的方法对石板两侧进行固定。

（4）密封嵌胶

待石板挂贴完毕后，进行表面清洁和清除缝隙中的灰尘，先用直径8mm～10mm的泡沫塑料条填板内侧，留5mm～6mm深缝，在缝两侧的石板上，靠缝粘贴10mm～15mm宽的塑料胶带，以防止在打胶嵌缝时污染板面，然后用打胶枪填满封胶，若密封胶污染板面，必须立即擦净。最后揭掉胶带，清洁石板表面，打蜡抛光，达到质量标准后，拆除脚手架。

二、吊顶工程

吊顶工程是高级装饰装修工程必不可少的组成部分。由于建筑物室内特殊的物理环境以及对安全消防等的要求，需要设置相应的设备设施，如空调、制冷、排风、灯光、广播、网络、自动喷洒、烟感等，这些管路、设备一般均设置在房间室内的上半部。这些管路、设备不仅不美观，而且在运行时会产生轻微的噪声，因此，需要设置吊顶将其屏蔽。另外，有些室内空间也需要特殊的美观效果，吊顶也是必然的选择（如图9-10所示）。

图9-10　吊顶

（一）吊顶工程的构成与分类

1.吊顶的构成

（1）吊顶的基本构成

吊顶的形式、种类非常多，功能效果也不同。但不论哪一种吊顶，其构成均包括以下几个部分：吊杆、龙骨和面板。

从工程角度来看，在吊杆式吊顶中最为关键的部分是将吊顶整体荷载传递至结构上，因此，必须保证安全。龙骨吊挂在吊杆下部，承接面板，形成吊顶的整体形态（如图9-11所示）；面板覆于龙骨表面，起到美化表面的作用。

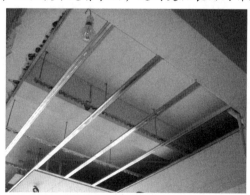

图9-11　龙骨

（2）吊顶工程材料的技术要求

吊顶所使用的材料，除吊杆外，一般没有特殊的对力学安全性的要求。在具体使用中，选用龙骨、配件及罩面板，其材料的品种、规格、质量应符合设计要求；对人造板、胶粘剂的甲醛、苯含量进行复检，检测报告应符合国家环保的规定要求；各种材料的使用要符合消防的要求。

凡是有可能产生锈蚀、蛀蚀、腐蚀的材料，均要对其表面及内部进行相应的处理。吊顶表面一个视觉单元范围内所使用的面板，采购批次应一致，以确保表面效果、色彩完全一致，避免产生色差。

2. 吊顶的分类

根据龙骨与面板的关系，吊顶通常分为暗龙骨吊顶和明龙骨吊顶。

（1）暗龙骨吊顶

暗龙骨吊顶又称隐蔽式吊顶，是指龙骨不外露，饰面板表面呈整体的形式。这种吊顶一般多用于上人吊顶——吊顶内部空间较大，维护人员可以直接进入内部进行相关操作。由于没有龙骨外露，吊顶表面连续性好，可以做出完整的图案或花饰，在高等级的装饰装修工程中较为多见。

（2）明龙骨吊顶

明龙骨吊顶又称活动式吊顶，一般是和铝合金龙骨或轻钢龙骨配套使用——将轻质装饰装修工程板明摆浮搁在龙骨上，便于更换。龙骨可以是外露的，也可以是半露的。这种吊顶一般不考虑上人，由于龙骨外露，吊顶整体性相对较差，不适合做特殊的效果，属于简便低档吊顶。

（二）吊顶工程的前期准备与要求

吊顶属于室内空间上部构造的最终施工过程，也是各种设备系统最重要的协调过程。

在吊顶施工前应按设计要求对房间的净高、洞口标高和吊顶内的管道、设备及其支架的标高进行交接检验，并对吊顶内的管道、设备的安装及水管试压进行验收，确保无误后才可以进行吊顶施工。不论是否是上人的吊顶，安装面板前均应完成吊顶内管道和设备的调试和验收。

（三）吊顶工程的主要施工工艺

1. 吊杆的确定与安装

吊杆是吊顶最为重要的安全性构件，吊杆间距一般均在1.0m以内，如梁和管道固定点大于设计和规程要求，应增加吊杆的固定点。

如原结构施工未设置埋件或拉结螺栓，吊杆可以采用膨胀螺栓固定。吊挂杆件应通直并有足够的承载能力。当预埋的杆件需要接长时，必须搭接焊牢，焊缝要均匀饱满。吊杆距主龙骨端部距离不得超过300mm，否则应增加吊杆。吊顶灯具、风口及检修口等应设附加吊杆。不上人的吊顶，如果吊杆长度小于1000mm，可以采用φ6的吊杆；如果大于1000mm，应采用φ8的吊杆；如果吊杆长度大于1500mm，还应在吊杆上设置反向支撑。上人的吊顶，如果吊杆长度小于等于1000mm，可以采用φ8的吊杆；如果大于1000mm，可以采用φ10的吊杆；如果吊杆长度大于1500mm，同样应在吊杆上设置反向支撑。

在梁上或风管等机电设备上设置吊挂杆件，需进行跨越施工，即在梁或风管设备两侧用吊杆固定角铁或者槽钢等钢性材料作为横担，跨过梁或者风管设备。再将龙骨吊杆用螺栓固定在横担上形成跨越结构（如图9-12所示）。

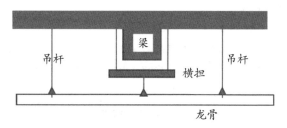

图9-12 跨越结构

2.龙骨的设置与安装

（1）安装边龙骨

边龙骨应直接固定在侧墙上，在没有预埋件时，混凝土墙（柱）上可用射钉固定，射钉间距应不大于吊顶次龙骨的间距。

（2）安装主龙骨

主龙骨应吊挂在吊杆上，间距900mm～1 000mm，平行房间长向安装，同时应视龙骨材质适当起拱。主龙骨的悬臂段不应大于300mm，否则应增加吊杆。主龙骨的接长应采取对接，相邻龙骨的对接接头要相互错开，主龙骨挂好后应基本调平。

跨度大于15m的吊顶，应在主龙骨上，每隔15m加一道大龙骨，并垂直主龙骨焊接牢固。

（3）安装次龙骨

次龙骨应紧贴主龙骨安装，间距300mm～600mm。次龙骨不得搭接，在通风、水电等洞口周围应设附加龙骨，附加龙骨的连接用拉铆钉铆固。

3.罩面板安装

吊挂顶棚罩面板常用的板材有纸面石膏板、埃特板、防潮板等。选用板材应牢固可靠，装饰装修工程效果好，便于施工和维修，也要考虑质量轻、防火、吸音、隔热、保温等要求。

罩面板可以通过螺钉、粘贴、搁置、卡固等方式进行安装固定。大面积的石膏板要做好缝隙处理，必要时留设平衡通气孔，防止门窗气流流通导致吊顶振颤和出现裂缝。

三、地面工程

（一）建筑地面工程分类与材料要求

地面工程可以按照工艺过程分为整体面层和块料面层。细石混凝土、水泥砂浆、水磨石等地面属于整体面层；地砖、石材地面属于块料面层。

本部分主要阐述块料面层的工艺。整体面层的做法工艺，与抹灰基本相同，不同的是作为地面工程的抹灰，其强度要求更高。但是随着社会的进步，目前直接采用抹灰、细石混凝土作为地面的民用建筑几乎不存在，因此，整体面层仅仅作为后期地面工艺的基层来施工。此时其强度要求不高，甚至为了后期钻孔、射钉等工艺的进行，强度还有所限制。

（二）建筑地面工程施工环境要求

地面工程应在室内装饰装修工程的最后进行，在地面工程完工后，装饰装修工程除局部特殊装饰装修工程外，均应完成。在其他设备安装工程中，除特殊小型终端，如灯具、插座、风口等，也应全部完成。

在施工前，应做好水平标志，以控制铺设的高度和厚度，各种竖向穿过地面的立管应安装完，并装有套管。如有防水层，基层和构造层应已找坡，管根应已进行防水处理。

（三）块料面层施工工艺

在块料面层施工前应先处理好基层，将其上的浮浆、落地灰等清理干净，进行放线确定完成后的标高，并在四周墙、柱上弹出面层的上表面标高控制线。

采用地砖铺贴时，要先浸砖，在水中充分浸泡，以保证铺贴后不致吸走灰浆中的水分而导致粘贴不牢。浸水后的瓷砖应阴干备用，阴干的时间视气温和环境温度而定，一般为3小时~5小时，以瓷砖表面有潮湿感但手按无水迹为准。

将房间地面依照石材、地砖的尺寸，排出面料的放置位置，并在地面弹出十字控制线和分格线。

在铺设前应将基底湿润，并在基底上刷一道素水泥浆或界面结合剂，随刷随铺设搅拌均匀的干硬性水泥砂浆。之后将面砖、石材放置在干拌料上，用橡皮槌敲击找平。然后，再将石材拿起，在干拌料上浇适量素水泥浆，同时在块料背面涂厚度约为1mm的素水泥膏，再将其放置在找过平的干拌料上，用橡皮锤将石材按标高控制线和方正控制线坐平坐正。

面层铺贴完后应进行养护，养护时间不得小于7天。当面层的强度达到可上人的时候（结合层抗压强度达到1.2MPa），进行勾缝，用同种、同强度等级、同色的掺色水泥膏或专用勾缝膏。颜料应使用矿物颜料，严禁使用酸性颜料。缝要求清晰、顺直、平整、光滑、深浅一致，缝色与面层颜色一致。

四、涂饰工程

涂饰工程一般均属于装饰装修工程的最后工艺过程，在涂饰工程完成后，除了小品、灯具安装、清理等，其他工作基本完成。由于涂饰工程特别强调最终的色彩与效果，所以，该工艺过程如果属于室内装饰装修工程，完成后应特别强调成品的保护过程，避免污染。

建筑装饰装修工程常用的涂料有乳胶漆、美术漆、氟碳漆等。

涂饰工程应在抹灰、吊顶、细部、地面湿作业及电气工程等已完成并验收合格后进行。其中，新抹的砂浆常温要求7天以后、现浇混凝土常温要求28天以后，方可涂饰建筑涂料，否则，会出现粉化或色泽不均匀等现象。水性涂料涂饰工程施工的环境温度应在5℃~35℃，并注意通风换气和防尘。冬期施工室内温度不宜低于5℃，相对湿度为85%，并在采暖条件下进行，室温保持均衡，不得突然变化。

涂饰的基层应干燥，混凝土及抹灰面层的含水率应在10%以下，基层的pH值不得大于10。在施工前门窗、灯具、电器插座及地面等应进行遮挡，以免在施工时被涂料污染。

在涂饰工程施工前应做好基层处理，将墙面起皮及松动处清除干净，并用水泥砂浆将墙面磕碰处及坑洼、缝隙等处补抹、找平，干燥后用砂纸将凸处磨掉，将残留灰渣铲干净，然后将墙面扫净。

仅仅采用水泥砂浆抹面，表面较坚硬、生冷、质感较差，因此，需要在墙体表面刮腻子，形成细腻、温暖的质感，这在室内工程中尤其重要。对于室外涂饰工程，刮腻子的过程也可以起到防水、防止裂缝与保护的作用。刮腻子遍数可由墙面平整程度决定，通常为三遍，第一遍用胶皮刮板横向满刮，干燥后打磨砂纸。将浮腻子及斑迹磨光，然后将墙面清扫干净。第二遍用胶皮刮板竖向满刮，所用材料及方法同第一遍腻子，干燥后用砂纸磨平并清扫干净。第三遍用胶皮刮板找补腻子或用钢片刮板满刮腻子，将墙面刮平刮光，干燥后用细砂纸磨平磨光，不得遗漏或将腻子磨穿。批刮的腻子层不宜过厚，且必须待第一遍干透后方可批刮第二遍。底层腻子未干透不得做面层。

确认腻子干燥后，进行底漆涂刷，涂刷顺序是先刷天花板后刷墙面，墙面是先上后下。将基层表面清扫干净，底漆干燥后复补腻子，腻子干燥后再用砂纸磨光，并清扫干净。之后涂刷面漆，面漆涂刷一般是一至三遍，操作要求同底漆，使用前充分搅拌均匀。在刷二至三遍面漆时，需待前一遍漆膜干燥后，用细砂纸打磨光滑并清扫干净后再刷下一遍。

在涂饰工程施工时，应设专人负责测试和开关门窗，以利通风和排除湿气。

第三节 装饰装修工程的特殊问题——环保与消防

尽管装饰装修工程一般不会有坍塌等关键性安全质量问题，但与人们工作生活的舒适度休戚相关，尤其是装饰装修工程所使用的材料、工艺的环保性、防火性，更是十分重要。

一、装饰装修工程的环保性要求

装饰装修工程的环保性要求，主要针对室内工程，一般室外工程不作要求。为了有效控制室内污染物，国家相关标准规定在对装饰装修工程完成后的空气中污染物的含量进行限制的同时，也对原材料中污染物的含量进行限制。

同时，对不同的民用建筑工程，根据控制室内环境污染的不同要求，划分为以下两类：

Ⅰ类民用建筑工程，包括：住宅、医院、老年建筑、幼儿园、学校教室等；

Ⅱ类民用建筑工程，包括：其他办公楼、商店、旅馆、文化娱乐场所、书店、图书馆、展览馆、体育馆、公共交通等候室、餐厅、理发店等。

（一）室内污染物的种类及主要来源

从目前装饰装修工程的施工工艺与材料使用来看，室内工程的主要污染物是甲醛和放射性物质氡，其他的还有氨、苯和总挥发性有机化合物（TVOC）等。

甲醛是一种无色易溶的刺激性气体，可经呼吸道吸收，对人体的危害较大，尤其对婴幼儿、老人更是如此。胶粘剂是甲醛的主要来源，各种人造板材（刨花板、纤维板、胶合板等）中由于使用了胶粘剂，因此含有甲醛。新式家具的制作，墙面、地面的装饰装修工程铺设，都要使用胶粘剂。凡是大量使用胶粘剂的地方，都会有甲醛释放。此外，某些化纤地毯、油漆涂料也含有一定量的甲醛。

苯是无色透明的液体，有强烈的芳香气味，易燃、易挥发，是高毒、致癌物。苯的室内来源是各种建筑材料的有机溶剂，装饰装修工程中使用的胶、漆、添加剂、稀释剂和防水材料中的添加剂等。

氨是一种无色而有强烈刺激气味的气体，主要来源为混凝土防冻剂等外加剂、防火板中的阻燃剂等。

氡是一种无色、无味、无法察觉的惰性气体，有资料称该物质可引发肺癌。装饰装修工程中所使用的水泥、砖、砂，尤其是花岗岩、瓷砖等建筑材料是氡的主要来源。

（二）装饰装修工程所使用的原材料污染物含量控制

民用建筑工程中所采用的材料，不论是否用于装饰装修工程，均必须有放射性指标检测报告，并应符合设计要求和相关规定。

1.基本要求

室内装饰装修工程采用天然花岗岩石材或瓷砖面积大于200㎡时，应对不同产品、不同批次的材料分别进行放射性指标复验；所采用的人造木板及饰面人造木板进场时，必须有游离甲醛含量或游离甲醛释放量检测报告，在采用的某一种人造木板或饰面人造木板面积大于500㎡时，应对不同产品、批次材料的游离甲醛含量或游离甲醛释放量分别进行复验，以符合设计要求和相关规范的规定。

民用建筑工程室内装饰装修工程所采用的水性涂料、水性胶粘剂、水性处理剂必须有同批次产品的挥发性有机化合物（VOC）和游离甲醛含量检测报告；溶剂型涂料、溶剂型胶粘剂必须有同批次产品的挥发性有机化合物（VOC）、苯、甲苯+二甲苯、游离甲苯二异氰酸酯（TDI）含量检测报告，并应符合设计要求和相关规范的规定。

当建筑材料和装饰装修工程材料的产品检测报告项目不全或对检测结果有疑问时，必须将材料送有资质的检测机构进行检验，检验合格后方可使用。

2.有机材料的特殊要求

人造木板及饰面人造木板，根据游离甲醛含量或游离甲醛释放量划分为E_1类和E_2类。I类民用建筑必须采用E_1类材料，II类民用建筑采用E_2类材料时应采用有效的措施控制污染物的释放，如对板端进行封闭处理等。

饰面人造木板可采用环境测试舱法或干燥器法测定游离甲醛的释放量，当发生争议时应以环境测试舱法的测定结果为准；胶合板、细木工板宜采用干燥器法测定游离甲醛的释放量；刨花板、中密度纤维板等宜采用穿孔法测定游离甲醛的含量。

（三）装饰装修工程施工过程中的污染物控制

1.污染物控制的基本要求

当建筑材料和装饰装修工程材料进场检验，发现不符合设计要求及规范的有关规定时，严禁使用。

民用建筑工程室内装饰装修工程，当多次重复使用同一设计时，宜先做样板间，并对其室内环境污染物浓度进行检测。样板间室内环境污染物浓度检测方法，应符合规范的有关规定，当检测结果不符合规范的规定时，应查找原因并采取相应的措施进行处理。

2.污染物控制的其他措施与要求

采取防氡设计措施的民用建筑工程，其地下工程的变形缝、施工缝、穿墙管（盒）、埋设件、预留孔洞等特殊部位的施工工艺应符合现行国家标准的有关规定。当Ⅰ类民用建筑工程采用异地土作为回填土时，该回填土应进行镭-226、钍-232、钾-40的比活度的测定，当内照射指数不大于1.0和外照射指数不大于1.3时，方可使用。

民用建筑工程室内装饰装修工程所采用的稀释剂和溶剂，严禁使用苯、工业苯、石油苯、重质苯及混苯；不应使用苯、甲苯、二甲苯和汽油进行除油和清除旧油漆作业。

涂料、胶粘剂、水性处理剂、稀释剂和溶剂等使用后，应及时封闭存放，废料应及时清出室内。严禁在民用建筑工程室内用有机溶剂清洗施工用具。

民用建筑工程室内装饰装修工程中，进行饰面人造木板拼接施工时，对达不到E_1级的芯板，应对其断面及无饰面部位进行密封处理。

（四）室内工程环保验收

室内装饰装修工程完工后，需要进行环保验收，符合国家相关标准后，才能够交付竣工。

1.室内工程环保验收的基本要求

室内环境质量验收，应在工程完工至少7天以后、工程交付使用前进行。

民用建筑工程及其室内装饰装修工程验收时，应检查下列资料：

（1）工程地质勘察报告、工程地点土壤中氡浓度或氡析出率检测报告、工程地点土壤的天然放射性核素镭-226、钍-232、钾-40含量检测报告。

（2）涉及室内新风量的设计、施工文件，以及新风量的检测报告。

（3）涉及室内环境污染控制的施工图设计文件及工程设计变更文件。

（4）建筑材料和装饰装修工程材料的污染物含量检测报告、材料进场检验记录、复验报告。

（5）与室内环境污染控制有关的隐蔽工程验收记录、施工记录。

（6）样板间室内环境污染物浓度检测记录（不做样板间的除外）。

民用建筑工程所用建筑材料和装饰装修工程材料的类别、数量和施工工艺等，应符合设计要求和规范的有关规定。

2.室内工程环保验收的特殊要求

民用建筑工程验收时，应抽检每个建筑单体有代表性的房间室内环境污染物浓度，氡、甲醛、苯、TVOC的抽检数量不得少于房间总数的5%，每个建筑单体不得少于3间；房间总数少于3间时，应全数检测；凡进行了样板间室内环境污染物浓度检测且检测结果合格的，抽检数量减半，并不得少于3间。

当房间内有2个及以上检测点时，应取各点检测结果的平均值作为该房间的检测值。现场检测点应距内墙面不小于0.5m、距楼地面高度0.8m～1.5m处均匀分布设置，避开通风道和通风口。

对室内环境中的甲醛、苯、氡、TVOC浓度进行检测时，对采用集中空调的民用建筑工程，应在空调正常运转的条件下进行；对采用自然通风的民用建筑工程，应在对外门窗关闭1小时后进行。

在对甲醛、氡、苯、TVOC取样检测时，装饰装修工程中完成的固定式家具，应保持正常使用状态。

室内环境中氡浓度检测时，对采用集中空调的民用建筑工程，应在空调正常运转的条件下进行；对采用自然通风的民用建筑工程，应在房间的对外门窗关闭24小时以后进行。

当室内环境污染物浓度检测结果不符合规范的规定时，应查找原因并采取措施进行处理，并可对不合格项进行再次检测。再次检测时，抽检数量应增加1倍，并应包含同类型房间及原不合格房间。当再次检测结果全部符合规范的规定时，应判定为室内环境质量合格。

二、民用建筑装饰装修工程的防火要求

建筑装饰装修工程的防火与消防要求，主要在于材料的使用上。

根据可燃物的燃烧性能，国家相关标准将其分为四个级别：A级、B1级、B2级和B3级。

A级为不燃材料，自身在空气中常规火焰的作用下，不能燃烧；B1级为难燃材料，自身在常规火焰下不会燃烧，只有在特殊的高温火焰下才可以燃烧，一般很难达到燃烧环境，除非已经形成很大的火灾；B2级属于可燃材料，但自身不是火焰的起点，在火焰作用下才能燃烧，火焰移除后，逐渐熄灭，一般不会引起剧烈的燃烧现象；B3级属于易燃性材料，在较低温度下就可以剧烈燃烧，燃烧迅速，不易控制。

基于以上材料的燃烧性能，在工程中所使用的装饰装修工程材料，应符合以下原则：

首先，绝对禁止B3级材料的使用，在任何情况下均是如此。

其次，除非有特殊的装饰装修工程效果和功能要求，且在没有更好的替代材料的情况下，才可以使用少量的B2级材料，并应做好防火处理。严禁将B2级材料作为装饰装修工程的主要材料使用，不得大面积使用，不得在消防疏散的关键通道、空间和消防设施中使用B2级材料。

最后，关键部位必须采用A级材料。所谓关键部位，是指工程中常见的起火点，如配电箱、燃气管道间、设备间等；还包括关键的消防控制点，如消防箱、消火栓、机房、消防控制室等；也包括大面积使用的材料，如消防逃生通道所使用的材料等。这些部位在火灾中不燃烧，是早期灭火、人群疏散的关键，可以有效避免火灾的扩大，并保证人群得以疏散逃生。

在满足以上材料的使用要求后，在其他没有特殊要求的地方，可以使用B1级材料，以求得丰富多彩的装饰装修工程效果。

本章小结

装饰装修工程是建筑施工最后的工艺过程，工种繁多、工艺复杂、材料多变、价格高昂。本书仅对装饰装修工程的基本原则和工艺进行简单介绍，未涉及木地板、玻璃幕墙、铝合金装饰装修工程、玻璃隔墙、墙面裱糊等。读者如果有需要，应选读其他专业书籍。

装饰装修工程的基本原则是"三不一问"：不加荷载、不减结构、不动设备和设计协调。如果工程施工确有需要，则要征得不低于原相关专业等级的设计单位的正式同意（书面），根据设计要求进行施工。装饰装修工程最基本的工艺是抹灰，分为一般抹灰和装饰抹灰，一般抹灰又分为普通抹灰和高级抹灰。在没有特殊说明时，抹灰就是一般抹灰中的普通抹灰。

装饰装修工程完成后，除了基本验收外，还需要进行环保和消防的验收，以确保室内环境符合要求并能有效抵御火灾。

关键概念

装饰装修工程的特点与注意事项；"三不一问"基本原则；抹灰工程的分类与一般抹灰工程的材料要求；抹灰施工的准备工作与环境要求；不同基层之间的抹灰预处理工艺；一般抹灰的基本工艺过程；室内污染物的种类及主要来源；室内工程环保验收的基本要求；民用建筑装饰装修工程的防火要求；装饰抹灰的水磨石与水刷石工艺；对装饰装修工程施工过程中污染物控制的基本要求、措施

复习思考题

1.装饰装修工程的"三不一问"原则是什么？应如何执行？

2.抹灰工程是如何分类的？

3.一般抹灰工程的材料要求有哪些？

4.抹灰施工的准备工作与环境要求是什么？

5.在抹灰施工中，不同基层之间的预处理工艺是什么？

6.室内环境污染物的种类及主要来源是什么？

7.室内工程环保验收的基本要求是什么？

8.民用建筑装饰装修工程的防火要求有哪些？

第十章

施工工艺流程组织与进度计划控制

□ 学习目标

掌握：建设项目工作空间的层次划分与工作分解结构、几种常见的施工组织模式、流水施工的数学表述参数、流水施工中的逻辑关系、流水施工的简单表达方式、等节拍流水施工、无节拍流水施工、单代号网络图、双代号网络图、双代号时标网络图。

熟悉：施工进度计划的编制、建筑工程施工进度控制。

了解：进度计划的调整与优化、了解异节拍流水施工。

在施工过程中，任何一个工艺的实施，都是由三个基本参数来确定的，即时间、空间和资源。在正确的时间、空间，合理使用资源。满足这一要求，就可以得到满足要求的工程质量、符合合同的工期和相对低廉的成本，否则，一切均无从谈起。作为施工的管理者和组织者，就是要针对不同的工艺过程，协调这三个基本变量，使之统一，以便收到最好的效果。

对于以上三个参数变量，往往采用以时间参数为主导的协作模式，即在时间坐标轴上，协调空间和资源变量，确保施工工艺的有效实施。这是因为，在施工过程中，空间、工作面具有唯一性，只能提供给一个工作过程，而且难以有效量化；资源供应的刚性限制比较小，在理论上，如果采取有效的手段，甚至可以做到无限供应，同时，资源种类较多，不易采用统一的参数；而时间过程稳定客观，不受任何主观因素的影响，因此，几乎所有有关施工管理的理论，均从时间管理开始。

时间、空间、资源三个参数有效合成为最终实现工艺的结果。如果流程安排得当，现场的各项资源就会得到充分的利用——在合理的成本限度内，选择适当的进度，完成相应的工作。

一个大型的建设项目是由多个不同的工艺过程构成的，因此如何将一个建设项目复杂的工艺过程分部分项安排好，既是一个技术问题，又是一个管理问题。

第一节　流水施工模式的提出与简单的组织形式

一、建设项目工作空间的层次划分与工作分解

一个建设项目是由成千上万个构件和施工工艺过程按照固有的逻辑构成的，为了清晰描述这一复杂的过程，需要将整体建设项目的构成按照功能、空间和工艺等多方面的原则，分解成若干个相互联系而又相互独立的组成部分，从而才能够合理地组织施工过程、有效地进行相关管理——这是一个将复杂问题简单化的过程。

目前，我国最为常见的建设项目分解模式，是按照建设项目、单项工程、单位工程、分部工程、分项工程的层次进行分解的。

1.建设项目

建设项目是指按一个总体设计组织施工，建成后具有完整的系统，可以独立形成生产能力或者使用价值的建设工程。建设项目是最高层次的工作对象，建设项目完成后，可以完全独立地行使其各项功能，完成既定的建设目标。新建一座大学校园，就是一个建设项目；新建一个住宅小区也是一个建设项目；新建一座办公楼，也可以是一个建设项目。一个建设项目需要一份相关的项目审批文件，一份土地与规划文件。

2.单项工程

单项工程，是指在一个建设工程项目中，具有独立的设计文件，竣工后能独立发挥生产能力或效益的工程项目。

从施工的角度来看，单项工程是一个独立的系统，在工程项目总体施工的部署和管理目标的指导下，形成自身的项目管理方案和目标，依照其投资和质量要求，如期建成并交付使用。单项工程是有独立的设计文件，竣工后可以独立发挥生产能力或效益的工程。一般的建设施工管理、项目管理，均以单项工程为对象。

单项工程是建设项目的组成部分。一个建设项目由一个或多个单项工程组成。如前文所述，新建一座大学校园是一个建设项目，其内部的一栋教学楼、办公楼或实验中心，就是一个单项工程。但当一个建设项目仅有一个单体建筑时，如某五星级宾馆的建设，则其建设项目就是这一单项工程。

大多数的建设项目以单项工程进行招标、竣工验收和实施档案的移交等工作，但一个建设项目之中的单项工程不需要独立的审批文件，不需要独立的土地与规划文件。在单项工程的实施过程中，各个项目管理的参与方，在单项工程的层次上组建项目管理班子，配备管理人员和技术人员，其责任者为项目经理。

3.单位工程

单位工程是指具有单独设计和独立施工条件，完成后能形成独立的使用功能，但对于建筑物整体来讲，不能最终形成完整的使用功能的建筑物或构筑物，是单项

工程的组成部分。

在建设工程专业门类的划分中，一般均以单位工程为界限，各种工程档案、成本分析报告、招标标书、竣工报告等，大多以单位工程进行分卷。在普通民用建设工程项目中，一个单项工程可以分解为建筑工程、装饰工程和若干个设备工程（如供水、排水、通风、空调、消防、电力、通信、机械）等几项单位工程。

建设工程项目在单位工程层次上可以出现分包，即项目的承包方可以将部分专业化的单位工程向其他施工单位分包，并承担管理职能和最终的责任。

各项目管理参与方施工现场的管理人员、工程技术人员在单位工程的层次上，表现为技术负责人。

4.分部工程

分部工程是单位工程的组成部分，分部工程一般是按单位工程的结构形式、工程部位、构件性质、使用材料、设备种类等的不同而进行划分的工程对象或空间。某一个分部工程完成后，则该空间相应的工作全部完成，可以成为建筑中独立的构成部分。

在具体的施工组织与管理中，一般以分部工程为对象进行整体控制与协调。

一般工业与民用建筑工程的分部工程包括：地基与基础、主体结构、建筑装饰装修、建筑屋面、建筑给排水及采暖、建筑电气、智能建筑、通风与空调、电梯、建筑节能等十个分部工程。另外，当分部工程较大时，可将其分为若干子分部工程。如建筑装饰装修分部工程可分为地面、门窗、吊顶等子分部工程；建筑电气分部工程可划分为室外电气、电气照明安装、电气动力等子分部工程。

各项目管理参与方施工现场的管理人员、工程技术人员在单位工程的层次上，表现为技术工程师。

5.分项工程

分项工程是指分部工程的组成部分，是施工组织管理和成本分析控制最基本的单位，是按照不同的施工方法、不同材料的不同规格确定的，是完整工艺流程的组成部分。分项工程是各种技术文件最基本的单元，尽管其下也有相关表格或记录，但不能独立成册，不能独立表述一个完整的施工过程。

钢筋工程、模板工程、混凝土工程等就是分项工程，尽管工艺过程是独立、完整的，但完成后的整体却是无法独立存在的，必须与其他分项工程合在一起，才能够形成一个相对独立的过程或构件。

需要注意的是，理论上还可以将分项工程继续进行分解，而且是无限可分的。但在具体实践操作中，如果不对工艺、动作等进行专项研究，像著名的科学管理学之父弗雷德里克·温斯洛·泰勒（Frederick Winslow Taylor，1856—1915）那样，那么这种微观性的分解意义并不大。分项工程的层次，已经足以满足现场各种工作协调与组织管理的要求。

根据一个建设项目的工艺、空间、功能等因素所划分的不同层次的工作对象，需要施工方以不同的施工作业与之应对——将一个整体的建设工程任务，分解为若干个不同层次、相互独立又相互联系的微观工作的组合。

作为管理者，就是根据其自身的施工队伍、协作分包的能力和专业，结合施工对象的特点与要求，将工作进行有效分解，在恰当的工作面（工作对象）上组织有效的工作，从而在最低的成本下满足最高的效率要求。

二、流水施工模式的提出

在具体施工中，在相关工作空间内进行合理的工艺组织是施工管理者的重要职责，选择何种组织模式非常重要。

（一）几种常见的施工组织模式

假定某工程由多个施工段落空间构成，在每个段落空间上，需要进行多个不同的工艺过程。在具体施工中，比较多见的施工组织模式包括三种，即依次施工、全面施工和流水施工。

1.依次施工

由于空间、工艺的差异，依次施工有两种表现模式：一种是空间依次；另一种则是工艺依次。

所谓空间依次，是指组成施工段落空间的每一个工艺流程，在一个工作段落空间上全部依次完成后，再转移至下一个工作段落空间上依次进行——一个空间段落全部完成后，再进行下一个。

而工艺依次，是指一个工艺过程，在所有的工作段落空间上依次进行并完成后，下一个工艺过程再进行相应的施工——一个工艺工序过程全部实施完毕后，再进行下一个工序。

2.全面施工

全面施工，是指在所有可能的工作面上，同步进行相关的施工工作。具体表现为在各个施工空间段落上，同时、同步开展相应的工艺过程。由于全面施工是在不同的工作段落上，相同工艺同步展开，因此有些资料中将其称为平行施工。

3.依次施工与全面施工的评价

由上可见，不论哪一种依次施工，现场均仅有一个工艺过程在一个施工段落上进行着，作业强度（单位时间所投入的工作量）较小，几乎是一条简单的线性过程，一个一个地做，组织管理简单，但工期较长。而在进行全面施工时，则是所有可能进行的施工段落，同步开始相关工作，现场作业强度高、齐头并进，工期自然会很短，但组织难度也较大，尤其是各种资源协调供应相对困难，并且必须能够保证有多个同种工艺的施工作业队伍同步施工。

可见，这两种施工组织的模式均不是最佳的，或者存在工作面闲置的现象（依次施工），或者存在资源紧张的现象（全面施工）；一种组织方式工期较长，另一种组织方式协调困难。尽管两种方式的静态成本（各个施工过程成本的算术和）不会增加，但在具体施工中由于期限长和资源供应强度高所形成的动态成本则会上升。

4.流水施工

但当我们具体观察施工段落空间与工艺过程时，就会发现，尽管不同的工作段落空间是固定的，但同一个工艺过程及施工人员（作业队伍）是完全可以在不同工作空间上依次进行流转的，而不同工艺过程也是可以在一个工作段落空间上依次进行的。这种同一个工艺过程在不同的工作空间上依次进行，不同的工艺过程也在一个工作空间上依次进行，如流水一般的施工组织模式，被称为流水施工。

这种施工组织模式的最大特点，是所有的工作面均有相关工作在进行，有效减少各个工作面的闲置状况；各种工艺过程相继开始，一个施工工艺过程连续进行，没有窝工的现象发生。因此其工作强度与工期的协调性较好，能够更好地利用工作面，有效利用时间，合理压缩工期；工作队、机械设备连续作业，工艺相邻专业工作队的开工时间能够最大限度地衔接，减少窝工和其他支出，更可以实现专业化施工，有利于工作质量和效率的提升；单位时间内资源投入量较均衡，有利于资源的组织与供给，从而实现动态成本最低的目标。

（二）流水施工的数学表述参数

为了更好地阐述流水施工，首先应该掌握流水施工的几个基本参数，包括空间参数、工艺参数和时间参数。

1.空间参数

空间参数，是指在组织流水施工时，用于表达流水施工在空间布置上划分个数的参数，一般为施工段落数，也可以是多层建筑的施工层数，数目一般用"M"表示。

在施工中，一般按照建设项目→单项工程→单位工程→分部工程→分项工程的层次组织施工，在同一层次中，同类工程进行段落划分。一个施工段落内的施工任务由多个施工工艺构成，一个施工工艺由一个专业工作队完成；不同施工段落内的同工艺施工任务，由同一个专业工作队依次完成；两个施工段落之间的衔接会形成一个施工技术间歇或施工缝。

施工段落数量的多少，将直接影响流水施工的效果——段落过少，工作面过大，流水组织困难；段落过多，工作面过小，工作效率低下。因此，在工程中，应按照下列原则划分施工段落：

（1）同一专业工作队在各个施工段落上的劳动量应大致相等，相差幅度不宜超过10%～15%，目的是使每一段落相同工艺的流水节拍相同。

（2）每个施工段落内要有足够的工作面，目的是保证工人的数量、主导施工机械的生产效率，能够满足合理劳动组织的要求。

（3）施工段落的界限应尽可能与结构界限（如沉降缝、伸缩缝等）相吻合，或设在对建筑结构整体性影响小的部位，目的是减少相同工艺在不同施工段落之间所形成的衔接过程，保证建筑结构的整体性。

（4）施工段落的数目要满足合理组织流水施工的要求，施工段落数目过多，会降低施工速度，延长工期；施工段落过少，不利于充分利用工作面，可能造成窝工。

（5）对于多层建筑物、构筑物或需要分层施工的工程，应既分施工段落又分施工层，各专业工作队依次完成第一施工层中各施工段落的任务后，再转入到第二施工层的施工段落上作业，依此类推，以确保相应专业队在施工段落与施工层之间组织连续、均衡、有节奏的流水施工。

施工段落之间的关系也可以称为组织关系，是指同一工艺过程在不同施工段落上的流转程序。显然组织关系并不是绝对的，有些时候同类工艺过程先在哪一个段落上进行，对最终的工作成果影响不大，不会产生严重的质量和安全问题。因此，施工管理者可以根据现场的实际情况，选择合适的组织程序进行施工。

2.工艺参数

工艺参数是指组织流水施工时，用以表达流水施工在施工工艺方面进展状态的参数，通常包括施工过程和流水强度两个参数。

（1）施工过程

根据施工组织及计划安排需要而将计划任务划分成的子项称为施工过程。施工过程可以是单位工程，可以是分部工程，也可以是分项工程，甚至是将分项工程按照专业工种不同分解而成的施工工序。施工过程的数目一般用"N"表示。

由于建造类施工过程占用施工对象的空间，直接影响工期的长短，因此必须列入施工进度计划，并在其中作为主导施工过程或关键工作。运输类与制备类施工过程一般不占用施工对象的工作面，不影响工期，故不需要列入流水施工进度计划中。只有当其占用施工对象的工作面而影响工期时，才列入施工进度计划之中。

决定施工工艺过程的关键性因素是工作之间的工艺关系，即在一个施工段落内，为完成确定的最终工作效果而必须进行的几项工艺、工序之间特定的顺序关系。这种关系是固定的、特定的，是技术过程所要求的，如果不按照这一程序进行相关工作，则无法完成确定的工作目标。因此这一关系在施工过程中是不可以随意改变的，除非有特殊的技术可以保证工程施工的效果、质量和安全。

例如，在梁板结构的钢筋混凝土工程施工中，必须先架设模板，再绑扎钢筋，最后进行混凝土的浇筑，然后实施养护。这一过程是不可改变的。如果先进行混凝土浇筑，再绑扎钢筋，然后进行养护，最后架设模板，这种混乱的过程是绝对不可以的。

（2）流水强度

流水强度是指流水施工的某施工过程（专业工作队）在单位时间内所完成的工程量，也称为流水能力或生产能力。

3.时间参数

时间参数，是指在组织流水施工时，用以表达流水施工在时间安排上所处状态的参数，主要包括流水节拍、流水步距和流水施工工期等，是最重要的参数。

（1）流水节拍

流水节拍是指在组织流水施工时，某个专业队在一个施工段上的施工时间，以符号"T_{ij}"表示第 i 个施工工艺在第 j 个施工段落上的持续时间。

（2）流水步距

流水步距是指两个相邻的专业队进入流水作业的时间间隔，以符号"$K_{i, i+1}$"表示第 i+1 工艺的施工专业队伍与第 i 工艺的施工专业队伍开始工作时的时间差。

（3）流水施工工期

流水施工工期是指从第一个专业队投入流水作业开始，到最后一个专业队完成最后一个施工过程的最后一段工作、退出流水作业为止的整个持续时间。由于一项工程往往由许多流水组组成，所以，这里所说的是流水组的工期，而不是整个工程的总工期。工期可用符号"TP"表示。

可见，如果每一个工艺过程连续施工的话，则工期 TP 的计算为：

$$TP = \sum_{i=1}^{n-1} K_{i, i+1} + \sum_{m=1}^{M} T_{n,m} \tag{10-1}$$

式中，"$K_{i, i+1}$"表示第 i+1 工艺与第 i 工艺的流水步距；n 为施工过程数；$T_{n, m}$ 表示第 n 项工艺过程在各个施工段落上（1~M）的持续时间。

（三）流水施工简单表达方式

流水施工可以简单地采用横道图或垂直图来进行表达。

1.流水施工的横道图

横道图，国外亦称为甘特图，表达方式十分简单明确。横坐标表示流水施工的持续时间；纵坐标表示施工工艺过程的名称或编号。n 条带有编号的水平线段表示 n 个工艺过程或专业工作队的施工进度安排，编号 m 表示不同的施工段落。

横道图表示法绘图简单，工艺过程及其先后顺序表达清楚，时间和空间状况形象直观，使用方便，因而，在工程施工组织领域被广泛用来表达施工进度计划。当然，横道图不仅在建设施工领域，几乎在所有的有关进度管理的领域中，其作用都是毋庸置疑的。一个简单的横道图见表10-1，其意义在后文中将加以阐述。

表10-1   横道图

	t	t	t	t	t	t
n=1	m=1	m=2	m=3			
n=2		m=1	m=2	m=3		
n=3			m=1	m=2	m=3	
n=4				m=1	m=2	m=3

2.流水施工的垂直图

相比于横道图，垂直图使用较少，表达的明晰度相对也差一些。

在垂直图中，横坐标表示流水施工的持续时间；纵坐标表示流水施工所处的空间位置，即施工段落的编号。n条斜向线段表示n个工艺过程或专业工作队的施工进度。垂直图表示法的优点是工艺过程及其先后顺序表达清楚，时间和空间状况形象直观，斜向进度线的斜率可以直观地表示出各工艺过程的进展速度（见表10-2）。

表10-2　　　　　　　　　　　　　　　　垂直图

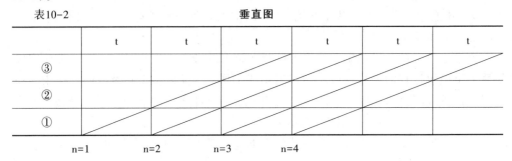

📖 扩展阅读——甘特图

甘特图以图示的方式通过活动列表和时间刻度形象地表示出任何特定项目的活动顺序与持续时间，基本是一条线条图，横轴表示时间，纵轴表示活动（项目），线条表示在整个期间计划和实际的活动完成情况。它直观地表明任务计划在什么时候进行及实际进展与计划要求的对比。管理者由此可便利地弄清一项任务（项目）还剩下哪些工作要做，并可评估工作进度。

甘特图是基于作业排序的目的，将活动与时间联系起来的最早尝试之一。该图能帮助企业描述对诸如工作中心、超时工作等资源的使用情况。当用于表示负荷时，甘特图可以显示几个部门、机器或设备的运行和闲置情况。这表示该系统的有关工作负荷状况，这样可使管理人员了解何种调整是恰当的。例如，当某一工作中心处于超负荷状态时，则低负荷工作中心的员工可临时转移到该工作中心以增加劳动力，或者，制品存货可在不同工作中心进行加工，则高负荷工作中心的部分工作可移到低负荷工作中心完成，多功能的设备也可在各中心之间转移。但甘特负荷图也有一些局限性，它不能解释生产变动如意料不到的机器故障及人工错误所形成的返工等。甘特图可用于检查工作完成的进度。它可以显示哪件工作如期完成，哪件工作提前完成或延期完成。在实践中，还可以发现甘特图的多种用途。

甘特图的发明人，亨利·劳伦斯·甘特（Henry Laurence Gantt，1861—1919）是人际关系理论的先驱者之一、科学管理运动的先驱者之一，也是科学管理之父泰勒创立和推广科学管理制度的亲密合作者。甘特对科学管理理论的重要贡献有：提出了任务和奖金制度；强调对工人进行教育的重要性；重视人的因素在科学管理中的作用；在科学管理运动先驱中最早注意到人的因素；制定了甘特图，即生产计划进度图（是当时管理思想的一次革命）。

他在20世纪早期引用了这种工作方法。在图上，项目的每一步在执行的时间段中用线条标出。在完成以后，甘特图能以时间顺序显示所要进行的活动，以及那些可以同时进行的活动。

个人甘特图和时间表是两种不同的任务表达方式，个人甘特图使用户可以直观地知道有哪些任务在什么时间段要做，而时间表则提供更精确的时间段数据。此外，用户还可以在时间表中直接更新任务进程。

甘特图采用图形化概要，非常易于理解，对于一般不超过30项活动的中小型项目来说，非常有效，用手工操作即可实现既定目标；如果有专业软件支持，无需担心复杂计算和分析。

事实上，甘特图仅仅部分地反映了项目管理的三重约束（时间、成本和范围），因为它主要关注进程管理（时间）；尽管能够通过项目管理软件描绘出项目活动的内在关系，但是如果关系过多，复杂的线图必将增加甘特图的阅读难度。

目前，甘特图在现代的项目管理领域中被广泛应用。这可能是最容易理解、使用且最全面的一种方法。它可以让你预测时间、成本、数量及质量上的结果并回到开始。它也能帮助你考虑人力、资源、日期、项目中重复的要素和关键的部分，你还能把10张各方面的甘特图集成一张总图。以甘特图的方式，可以直观地看到任务的进展情况、资源的利用率等。

现在经常采用的可以有效编辑计算甘特图的软件有：Microsoft OfficeProject、GanttProject、VARCHART XGantt、jQuery.Gantt等。

📖 扩展阅读——组织关系的重要价值

理解流水施工过程中的组织关系及其特点是非常重要的。合理有效的组织关系，会在资源供应、成本需求均不增加的基础上，缩短工期，提高企业的效益。

【例10-1】某工程分为Ⅰ、Ⅱ两个工作段，每个工作段均包括工艺过程A、B，相应的持续时间见表10-3。

表10-3 　　　　　　　　　　　　持续时间表　　　　　　　　　　　　单位：周

工艺 ＼ 工作段	Ⅰ	Ⅱ
A	2	1
B	1	2

A-B程序属于工艺关系，不可随意调整；Ⅰ-Ⅱ过程属于组织关系，可以按照Ⅰ-Ⅱ程序施工，也可以按照Ⅱ-Ⅰ方式进行组织。为了保证每个工作段落上A、B工艺过程的连续进行，可以实施以下两种不同的组织模式，见表10-4、表10-5。

表10-4 模式一，Ⅰ-Ⅱ

	1	2	3	4	5
A	Ⅰ A		Ⅱ A		
B			Ⅰ B	Ⅱ B	

表10-5 模式二，Ⅱ-Ⅰ

	1	2	3	4
A	Ⅱ A	Ⅰ A		
B			Ⅱ B	Ⅰ B

对比发现，模式二的总工期比模式一缩短1周，缩短20%，这对于实际工程来说是非常有意义的。但实施起来却不像这个例子如此简单，因为具体工程同一层次的施工段落可能较多，当段落数为M时，其组织关系在理论上为M的全排列，即：

R（M）=M!

如果同一层次的施工段落为M=3，其组织关系数目为R（M）=6；M=4，R（M）=24；M=5，R（M）=120。在如此巨大数量的排列中优选工期最短的组织关系，其工作量显然是巨大的。值得欣慰的是，对这种巨大数量的排列结果进行优选的算法（一般称为"货郎担问题"），相关研究已经获得了有效的进展。对于一个普通工程建设项目来讲，M的量值不会很大，在大多数情况下M≤10，完全可以采用有效的计算机程序进行优化解决。（限于本书的内容，相关数学与优化问题，请参考有关书籍，本书不再赘述）

三、流水施工的基本组织形式

在流水施工中，根据流水节拍的特征将流水施工分为以下几类：等节拍流水（等节奏流水）、无节拍流水施工（无节奏流水）、异节拍流水（异节奏流水、含倍节奏流水）。

（一）等节拍流水施工

等节拍流水施工，是指在流水工艺过程中，各工艺过程在各个施工段落上的流水节拍都相等的流水施工，也称为固定节拍流水施工或全等节拍流水施工。

1.等节拍流水施工的特点

由以上表述可见，等节拍流水施工的特点体现为以下几个方面：

（1）所有工艺过程在各个施工段落上的流水节拍均相等。

（2）相邻工艺过程的流水步距相等，且等于流水节拍。

（3）专业工作队数等于工艺过程数，即每一个工艺过程成立一个专业工作队，由该队完成相应工艺过程所有的施工任务。

（4）各个专业工作队在各施工段落上连续作业，施工段落之间没有空闲时间。

可见，在该模式下，若流水节拍为t，施工段落数为M，工艺过程数为N，则工程进展的总工期为：

TP=（N-1）t + M t

可以说，等节拍流水施工，是最为理想的工艺组织方式。

2.等节拍流水施工的表达方式

等节拍流水过程可以采用横道图（甘特图）来有效表达。

【例10-2】假设某工作过程包括3个施工段落，M=3；每个施工段落又包括4个工艺过程，N=4；所有施工段落中的每一个工艺过程持续时间均相等，为t。

如果按照一个施工段落内的工作流程连续进行来表达，其横道图如下（见表10-5）。

表10-5 横道图

	t	t	t	t	t	t
n=1	m=1	m=2	m=3			
n=2		m=1	m=2	m=3		
n=3			m=1	m=2	m=3	
n=4				m=1	m=2	m=3

（二）无节拍流水施工

等节拍流水施工固然是一种最佳的施工组织模式，但过于理想化。在具体工程中，更加常见的是所有工艺过程在各个施工段落上的流水节拍都是不同的，尽管个别有相同的，但从整体上讲，在组织施工时并无意义，此时，称之为无节拍流水施工，即在施工时，全部或部分工艺过程在各个施工段落上的流水节拍不相等的流水施工，是流水施工中最常见的一种。

1.无节拍流水施工的特点

根据无节拍流水施工的基本定义，可以看出无节拍流水施工的特点，有以下几个方面：

（1）各工艺过程在各施工段落的流水节拍不全相等。

（2）相邻工艺过程的流水步距也不尽相等。

（3）专业工作队数等于工艺过程数。

（4）各专业工作队能够在施工段落上连续作业，但有的施工段落之间可能有间隔时间。

2.无节拍流水施工的表达

这里将用一个例子说明无节拍流水施工的基本表述。在其他工作中，方法相同，仅仅是在数据计算上的差异。该方法的核心是"累加数列错位相减取大差法"（简称"大差法"），目的是求得不同的施工工艺过程相继开始工作的流水步距。

【例10-3】某工程包括3个结构形式与建造规模类似的单体建筑，均由5个工艺过程组成，每个工艺过程要求相同，分别为土方开挖、基础施工、地上结构、二次砌筑、装饰装修。现在拟采用5个专业工作队组织施工,各工艺过程的流水节拍见表10-6。

表10-6 各工艺过程的流水节拍 单位:周

流水节拍			施工段落		
			段落1	段落2	段落3
施工过程	Ⅰ	土方开挖	2	3	4
	Ⅱ	基础施工	4	3	4
	Ⅲ	地上结构	6	7	7
	Ⅳ	二次砌筑	5	4	5
	Ⅴ	装饰装修	8	7	7

按照流水施工的有关定义,上述5个专业工作队组织的流水施工属于异节拍流水施工。具体使用大差法计算流水步距的程序如下:

①各工艺过程流水节拍的累加数列:

工艺过程Ⅰ:2,5,9　　　注:5=2+3,9=5+4

工艺过程Ⅱ:4,7,11

工艺过程Ⅲ:6,13,20

工艺过程Ⅳ:5,9,14

工艺过程Ⅴ:8,15,22

②错位相减,取最大值得流水步距:

$K_{Ⅰ-Ⅱ}$:

$$
\begin{array}{rrrr}
2 & 5 & 9 & \\
-)\ & 4 & 7 & 11 \\
\hline
2 & 1 & 2 & -11
\end{array}
$$

以上相减的结论中,最大数据为2,因此$K_{Ⅰ-Ⅱ}=2$

$K_{Ⅱ-Ⅲ}$:

$$
\begin{array}{rrrr}
4 & 7 & 11 & \\
-)\ & 6 & 13 & 20 \\
\hline
4 & 1 & -2 & -20
\end{array}
$$

以上相减的结论中,最大数据为4,因此$K_{Ⅱ-Ⅲ}=4$

$K_{Ⅲ-Ⅳ}$:

$$
\begin{array}{rrrr}
6 & 13 & 20 & \\
-)\ & 5 & 9 & 14 \\
\hline
6 & 8 & 11 & -14
\end{array}
$$

以上相减的结论中,最大数据为11,因此$K_{Ⅲ-Ⅳ}=11$

K_{IV-V}：

$$
\begin{array}{r}
5 \quad 9 \quad 14 \\
-)\quad 8 \quad 15 \quad 22 \\
\hline
5 \quad 1 \quad -1 \quad -22
\end{array}
$$

以上相减的结论中，最大数据为5，因此 $K_{IV-V}=5$

③计算总工期

$$
TP=\sum_{i=1}^{n-1}K_{i,i+1}+\sum_{m=1}^{M}T_{n,m}
$$

　　　$=$ （2+4+11+5）+（8+7+7）

　　　$=44$ （周）

其横道图表达见表10-7：

表10-7　　　　　　　　　　　　　　横道图

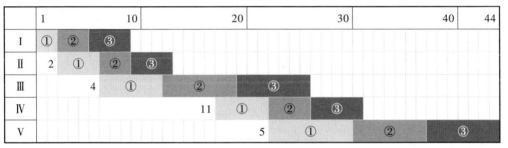

（三）异节拍流水施工

异节拍流水施工，是指在相同的工艺过程中任何施工段落上的流水节拍均相等，而同一施工段落上的不同工艺过程的流水节拍不尽相等的流水施工。在组织异节拍流水施工时，又可以根据流水节拍之间是否呈倍数关系，组织异步距和等步距两种方式的流水施工。

1.无倍数关系的异步距异节拍流水施工

无倍数关系的异步距流水施工组织方法与无节拍流水施工模式非常接近，采用大差法可以有效解决流水步距的计算问题。但由于在异步距异节拍流水施工中，相同的工艺过程在各个施工段落上的流水节拍均相等，因此可以更加简单地计算出流水步距。

若异步距异节拍流水施工的施工段落数是M，工艺流程数是N，相应的工艺流水节拍为 t_i，则有：

当 $t_i \leqslant t_{i+1}$ 时，有：

$K_{i,i+1}=t_i$ ；

当 $t_i \geqslant t_{i+1}$ 时，有：

$K_{i,i+1}=Nt_i-$ （N−1） t_{i+1} ；

然后，根据流水步距，依次绘制出流水施工横道图即可。

【例10-4】若某工程由相同工艺过程所构成的施工段落数为3（M=3），每个施工段落内包括4项工艺过程（N=4），基本指标参数见表10-8，绘制横道图与垂直图。

表10-8　　　　　　　　　　　基本指标参数　　　　　　　　单位：周

工艺过程　　　施工段落　　　流水节拍	段落1	段落2	段落3
流程1	2	2	2
流程2	3	3	3
流程3	5	5	5
流程4	4	4	4

计算流水步距：

$t_1 < t_2$，因此 $K_{1,2} = t_1 = 2$；

$t_2 < t_3$，因此 $K_{2,3} = t_2 = 3$；

$t_3 > t_4$，因此 $K_{3,4} = Nt_i - (N-1)t_{i+1} = 3×5 - 2×4 = 7$；

总工期：

$TP = K_{1,2} + K_{2,3} + K_{3,4} + T_4$

$= 2+3+7+12$

$= 24$（周）

绘制的横道图，见表10-9。

表10-9　　　　　　　　　　　横道图

	1	2	3	4	5	6	7	8	9	10	11	12	13	14	15	16	17	18	19	20	21	22	23	24
I		①			②		③																	
II				①				②				③												
III										①						②					③			
IV																①					②			③

采用垂直图表示，见表10-10。

表10-10　　　　　　　　　　　垂直图

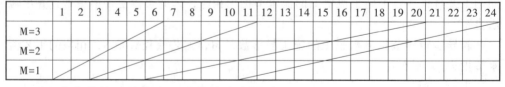

2.存在倍数关系的等步距异节拍流水施工

如果同一工艺过程在各个施工段落上的流水节拍均相等，不同工艺过程的流水节拍不等，但为倍数关系，且各个工艺过程之间流水节拍的倍数不大于施工段落数，可以通过增加施工专业队（班组）的方式，组织等步距流水施工，有效地缩短工期。这种流水施工被称为成倍节拍流水。

若某工程的施工段落数是M，工艺流程数是N，相应的工艺流水节拍为 t_i，

i=1~N，且各施工工艺的流水节拍存在倍数关系，且该倍数关系不大于M，则可以组织以 t_i 的最大公约数GCD（t_i）为流水步距的流水施工。

【例10-5】若某工程由相同工艺过程所构成的施工段落数为3（M=3），每个施工段落内包括4项工艺过程（N=4），基本指标参数见表10-11，绘制其横道图。

表10-11　　　　　　　　　　　　　　　　**基本指标参数**　　　　　　　　　　单位：周

工艺过程 ＼ 流水节拍 ＼ 施工段落	段落1	段落2	段落3
流程1	2	2	2
流程2	6	6	6
流程3	4	4	4
流程4	2	2	2

K=GCD（t_i）= 2，

施工队伍数量：

$P_1 = t_1/2 = 1$

$P_2 = t_2/2 = 3$

$P_3 = t_3/2 = 2$

$P_4 = t_4/2 = 1$

绘制的横道图，见表10-12。

表10-12　　　　　　　　　　　　　　　　**横道图**

		1	2	3	4	5	6	7	8	9	10	11	12	13	14	15	16	17	18
I	—		①		②		③												
II	班组1								①										
II	班组2										②								
II	班组3												③						
III	班组1												①				③		
III	班组2														②				
IV	—														①		②		③

在该横道图中，工艺的施工班组N按照流水步距间隔时间依次进入与其编码相同的工作段落N，当其工作完成后，若仍存在未施工的段落，则进入相应的N+1段落进行施工即可。应该注意的是，当增加施工作业班组数量时，不能进行简单的叠加，认为在某一工艺过程中班组的数量加倍，则流水节拍减半。这是因为一个工作面上只能容纳一个作业班组进行施工工作。

成倍节拍流水通过增加作业班组的方式可以有效地加快工期，但劳动力短时需求量增加，对现场的后勤保障要求较高。

📖 扩展阅读——建设项目管理基础知识

建设项目的建设过程是十分复杂而专业化的，有着不同的工艺流程、不同的材料使用、不同的技术标准，更有着不同背景的参与者。在如此之多的不同之中，寻求一个可以依赖的路径或过程，得以保障建设项目完整而顺利地实施，就是建设项目管理这一学科研究与实践的基本目的。

简单地说，建设项目管理就是在有限的资源供给的前提条件下，对于一个复杂目标的完成过程实施的有效控制与管理，从而最终实现建设目标的理论与方法。因此建设项目管理的基本工作包括设定目标、确定资源、制订计划、实施计划、比较事实与计划之间的偏差、修正偏差、实现目标等几个关键流程。

一、建设项目目标体系的设定——目标分解及其结构体系

（一）目标分解及其意义

根据项目管理理论，建设项目的实施首先要确定目标，没有明确目标的项目管理是没有任何意义的。然而建设项目自身是十分复杂的，如果以该项目作为一个终极式的目标，在实施上是毫无意义的。因此，项目管理有关理论在目标的设定上，采取了分解方法——将一个复杂的目标，分解为若干个相互独立但同时相互联系与依存的相对简单目标的集合。

1.复杂目标简单化

目标分解是项目管理的基础，也是其基本理论的精髓之一，通过有效的目标分解过程，可以将任何复杂的目标，分解为若干个相对简单并可控的子项目标的集合。在目标的实现过程中，管理者只需要控制这些相对简单目标的实现过程，并协调好这些子目标之间的相互关系与实施流程，即可保证最终目标的实现。更加重要的是，当管理者对于这些子目标仍难以实施控制时，也可以将这些一级子目标依据目标分解原则，分解为更加简单的二级子目标，甚至继续分解为三级乃至N级子目标，直至成为最简单的、可以直接实现的目标，从而有效地降低了目标实施的难度。

从这个意义上讲，项目管理几乎可以完成任意复杂的目标，只要管理者能够有效地控制目标之间的构成关系就可以实现最终极的目标。在工程实践中也是如此，不论是三峡建设，还是阿波罗登月计划，其实现过程无一例外都是依据项目管理的理论体系才得以有效实施并最终实现目标的。

2.独立目标外包化

依据目标分解原则，可以将复杂的目标分解为简单的、多层次的目标集合，但管理者必须面对一个特殊的问题——由于管理的层次过多、参与方过多而形成的混乱，尽管有很多方法可以控制这种混乱，但微观上的失效概率仍然可能存在，并可能进而导致项目整体目标的失败。因此，减少目标层级、减少控制对象是项目管理的另一个选项。

由于分解后的子目标具有相对的独立性，因此完全可以通过外包的方式将其委

托给更加专业化的承包人来完成，从而形成项目管理体系下的独特的目标完成模式——分包。自古以来，分包就是建设工程项目实施过程中重要的方式之一。通过分包模式，项目中复杂的专业化的施工过程可以独立地由专业化的分包人实施，从而更加有效地解决问题，并保证项目在整体进行过程中的实施效率。

（二）目标（工作）分解结构（体系）

1.目标分解体系的基本构成

如果一个目标可以分解为N个子目标，每一个子目标又可以分解为Ni个次级目标，并可以再次分解，那么就可以将这一目标分解体系绘制成一个目标分解结构树，每一个目标即为一项需要完成的工作，一般称之为工作分解体系（或结构）（Work Breakdown System（or Structure），WBS），如图10-1所示。

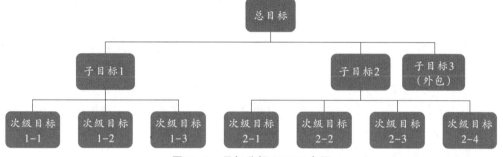

图10-1　目标分解WBS示意图

通过目标的分解过程以及特殊目标的外包，作为项目管理者的主要工作复杂性大幅度降低，其工作主要内容也由目标实现的具体实施，转为子目标之间的协调控制，确定各子目标之间的构成关系，信息传递、物质传递、工作流转与交接验收。

2.目标分解体系的层级构成

通过分解过程可以将复杂的目标简单化，当子目标依旧相对复杂时，可以继续进行分解，直至成为可以直接实施的工作。理论上看，一个复杂的目标可以分解为无限个层级，但作为管理者，不可能也不需要对复杂的目标进行这种分解。实际上，目标管理者所需要进行的仅是两级分解即可：一级目标分解，使复杂目标相对简单化，并确定子目标的负责人与工作流程；二级目标分解，通过二级目标的构成与实施流程，使一级目标的完成过程清晰化，有效保证一级目标的完成效果。简单地说，就是管理者需要明确自己在做什么，知道其直接下属在做什么，确定其直接下属的工作可以保证管理者的最终目标的实现即可。

因此，项目管理并不会存在无限分解的复杂过程，而是以最简单的方式保证复杂目标的实现过程。

二、建设项目管理的基本流程

在确定建设项目的目标与目标体系后，项目管理的具体实施过程包括4个基本步骤：制订计划、实施计划、比较实施过程与原计划的偏差、采用有效措施进行偏差的纠正。

（一）项目的策划与计划

将建设项目进行目标分解，确定各项子目标之间的构成关系、逻辑关系、工艺流程与组织关系，是项目管理策划与计划的开始。在这一过程中，管理者需要确定以下几个基本工作：工作流程的确定、工作资源与限制条件的确定、工作流程的优化、工作实施的控制指标体系的确定等。

1.工作流程的确定

工作流程的确定是实施项目管理，进行项目管理计划的最基础性的工作。通过工作流程的确定，将已经分解的目标体系逐步逻辑化——确定工作实施的先后次序与相互之间的制约关系。在确定这些关系时，最为重要的逻辑依据是工艺和组织。

工艺关系，即两个工作之间因工艺的次序所形成的必需的先后逻辑的关系。例如对于框架结构来讲，施工管理者需要根据梁的跨度、层高等因素，确定混凝土结构的基本工艺流程，并确定一个构件内的钢筋、模板、混凝土工艺的先后协调过程。由于技术、质量与安全的限制，工艺关系的逻辑调整余地相对较小。

组织关系，即同种类工作之间因空间平面位置不同而形成的非必需的先后逻辑关系。例如，同层间的两个施工区域Ⅰ、Ⅱ，如果没有特殊的限制，具体施工时可以采取Ⅰ→Ⅱ的次序，也可以采取Ⅱ→Ⅰ的次序，即组织关系是可以根据具体实施状况进行调整与优化的。

2.工作资源与限制条件的确定

确定相关工作及其基本流程后，需要确定工作的资源供应与限制条件，这是项目管理最为关键的过程。每一项工作都包括以下几个基本资源与限制条件：时间资源，包括持续时间、开始与结束时间；空间资源，实施工作时的具体工作面；工艺资源，实施具体工作所需要的人员、材料、设备等。在具体工程中，这些资源都不是也不可能是绝对充足的，因此需要进行有效的协调。在协调过程中，一般都以时间坐标为基础协调各项工艺过程，并依据时间坐标进行资源的整合与分布。基于时间的工作计划是一切项目管理的基本前提，这也将是本章讲解的主要内容。

3.工作流程的优化

根据前述原则所确定的工作与工艺流程并非是最优的，有时还会由于同一资源的需求过多导致供应紧张，成本增加。因此需要对工艺流程实施优化，使得资源供应趋于合理。如现场劳动力供应就是管理者所需要面对的问题，短期的大量的劳动力增加，会使现场的住宿、食品短缺，管理难度增加。因此，需要管理者在满足工艺、质量与安全的前提条件下，适当调整不同工作流程之间的关系，使得现场单位时间内的资源供应量，也称为资源强度的最大值得以降低，从而缓解现场的管理难度。

除此之外，优化工作流程的目的还包括加快工程进度、协调现场空间、降低综合成本等多方面，不同的项目需求下，管理者应采用不同的方式加以解决。

4.工作实施的控制指标体系的确定

具体确定工作与工艺流程后，还需要将每一个工作过程的结果指标化，用以衡量与检测该工作过程的实施效果，即确定工作实施的控制指标及其体系。一个工作过程在不同的侧面会有不同的指标体系，包括质量、进度、成本等，项目管理者必须确定每一个工作初始的、相对理想化的指标体系，用以指导具体工作的实施。

与此同时，项目管理者还需要制定具体的、能够保证这些相关指标实现的实施方案，确定相关责任人员、选择设备与仪器、确定材料供应计划以及对项目实施所将要经历的自然与社会环境进行预测，从而确保项目的顺利进行。

（二）项目的实施与监控

项目的实施与监控，就是按照确定的工作与工艺流程确定的生产组织方式，具体实施与实现目标的过程。

这一过程看似相对简单，按照计划实施即可。但实际上，任何项目的实施过程都不可能是按照原计划一成不变的，在实施过程中会受到来自项目外部和内部的各种干扰，有些还会导致项目的实施结果与原计划之间产生巨大的偏差。因此项目的实施过程，除了具体的完成项目中的各项工作之外，最重要的就是根据项目计划中所确定的监测指标及其体系，对工程实践进行对应性指标数据的收集与整理，从而确定并评价各项工作的具体完成状况。

（三）项目实施后的数据分析与比较

这一阶段是建设项目管理的最为关键的过程之一。项目在实施过程中必然会存在与理想状态的偏差，这些偏差会通过监控过程的数据反映出来。因此，项目管理者必须对这些偏差进行有效的分析，包括偏差的度量、偏差的来源分析、偏差对最终工作结果的影响性预测，以及是否需要和应该采取何种手段或措施来纠正这些偏差。

（四）项目实施结果的偏差纠正

偏差纠正是建设项目管理工作的核心与关键过程。通过偏差分析，忽略掉大量的、对于最终结果没有实质性影响的偏差后，管理者必须对那些已经形成目标偏离的或将要导致目标偏离的偏差采取有效措施进行修正，即纠偏。

一般来讲，纠偏措施主要包括四个方面：组织措施、管理措施、经济措施和技术措施。

组织措施是最为关键的，也是最为有效的措施，是针对项目管理者、子项目工作的责任人所实施的措施；管理措施是针对具体的工作流程、资源计划等进行调整的措施；经济措施则偏重于资金、现金流的调控与人员的经济奖惩环节；技术措施则是具体的工程技术工艺措施的改进与调整。

通过采取有效的措施，项目实施过程中的偏差一般可以消除，从而达到、实现最初的目标，完成项目管理工作。当然，有些项目由于偏差过大或其他原因难以消除偏差，此时会调整最初的目标，这也是现代项目管理的一个分支——变革管理。

三、施工组织与建设项目管理的关系

从前面的阐述中可以看出，建设项目管理是针对建设项目所实施的全过程的、全方面的管理，是所有建设项目参与方均要参加的管理过程。所有参与方均应根据自身的需要和所要参与实施的工作，编制自身的工程项目管理规划、实施纲要等文件。在所有各参与方中，由施工方在工程项目开工前所编制的针对施工过程的相关控制与协调的方案计划，一般称为施工组织设计。

施工组织设计侧重于施工方在建设项目施工前期所进行的施工流程规划、资源计划与优化，施工方案、工艺与设备选择，关键性技术协调等方面。其中最为关键的工作，是对工程项目中各有关分部分项工程进行全面计划，在确定基本施工方案与工艺后，确定相关工艺关系、实施程序与步骤，确定具体的实施时间、开始与结束时间，并以此进行设备、材料、场地、人员与资金的规划协调。

因此，确定各个分部分项工程之间的关系、确定其实施程序与步骤，确定具体的实施时间、开始与结束时间，是一切施工管理的基础。

第二节　施工组织的复杂方法——网络计划技术

横道图和垂直图可以简洁明了地表述流水施工的组织过程，在工程中应用极为广泛。但这两种方式的使用仍存在一定的问题。一个工艺过程在相同的施工段落上依次进行的逻辑控制关系非常清楚，但不同工艺在同一施工段落上依次进行的逻辑关系则不明确。而且除了总工期之外，横道图一般不能将每一个施工工艺、每一个施工段落的具体操作的完整时间参数表述清楚，尤其是每一施工过程可能存在的时间间歇、可调整范围等在施工中非常关键的参数。

因此，复杂的工程需要更好的表达方式，网络计划技术为我们提供了新的思路。

一、简单网络计划的提出——单代号网络图

（一）单代号网络图的基本表示方法

在单代号网络图中，首先要确定的是工作，即一个施工段落上的某一工艺过程，一般以一个方框分隔表示（如图10-2所示）。

| No. | Name | t |

图10-2　单代号网络图

其中："No."为相关工作代码，在同一个单代号网络图中各个工作代码必须是不同的，是否采用连续数字，可根据制图者的意向确定。"Name"为相关工作名称，当某一工艺过程在不同段落实施时，需要表明工作段落的名称，如"××段××工艺"。"t"为相关工作的持续时间。

由于在单代号网络图中没有时间坐标，因此也没有流水步距和总工期两个参数。

（二）单代号网络图的逻辑关系

所谓逻辑关系，就是相关工作之间的前后工序关系，前面的工作完成，才可以开始后面的工作。这其中有两个约束条件：其一是工作面，当前面的工作占用工作面时，后面的工作则无法进行；其二是作业班组，当一个作业班组在其他工作面上

进行施工时，另一个工作面的同类工作则无法进行（同类作业多班组进行除外，如成倍节拍流水）。

如果两个工作成前后紧密相关关系，前面工作的完成是后面工作的直接前提条件，中间没有工作相间隔，则前面的工作（先期进行的）称为紧前工作（也称为前导工作），后面的工作称为紧后工作（也称为后续工作）。也就是说，如果在A工作完成后进行B工作，则A是B的紧前工作，B是A的紧后工作。但是，如果在A工作完成后进行B工作，B工作完成后进行C工作，则C与A并无任何关系，A不是C的紧前工作，C也不是A的紧后工作。

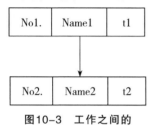

图10-3 工作之间的逻辑关系

在单代号网络图中，以箭线来表达工作之间的逻辑关系，箭线自紧前工作指向紧后工作。如果一项工作存在多个紧后工作，则自该工作发出多条箭线指向紧后工作；反之，如果一项工作存在多个紧前工作，则该工作将收到多条源于其各项紧前工作的箭线（如图10-3所示）。同时要明确，箭线起始工作的代号必须小于其终止工作的代号。

多项工作经由多条箭线相连所构成的网状结构，即为单代号网络图——用一个代号表述一项工作的单代号网络图。

（三）单代号网络图的制图规则及其简单绘制

在采用单代号网络图来表达一个施工过程时，需要按照特定的规则进行才可以。

1.单代号网络图中工作之间的关系，必须符合实际工程的需要，逻辑关系表达正确。

2.箭线起始工作的代号必须小于其结束工作的代号。

3.箭线的首尾均必须存在相关工作且仅存在一项工作。

4.在单代号网络图中，由箭线所构成的多条路径，必须均自起始工作开始并结束于终止工作，不得出现回路，不得中途中断，也不得中途开始。

5.单代号网络图中必须仅存在一项起始工作，当多项工作同时开始时，应设置一项虚拟起始工作St，其他实际的起始工作均作为St工作的紧后工作（如图10-4所示）。

6.单代号网络图中必须仅存在一项终止工作，当多项工作同时结束时，应设置一项虚拟终止工作Fin，其他实际的终止工作均作为Fin工作的紧前工作（如图10-4所示）。

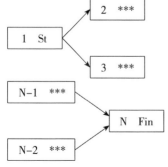

图10-4 单代号网络图中必须仅存在一项起始工作或终止工作

需要明确的是，由于St和Fin两项工作是在绘制单代号网络图时，根据制图要求所添加的，在实际工程中并无意义，因此可称为虚工作，存在编号，但其持续时间为0，不占用实际工期，也无须资源投入。单代号网络图的虚工作仅存在于St工作和Fin工作中，在其他环节没有虚工作。

【例10-6】对【例10-3】所述的工程绘制单代号网络图。

根据【例10-3】的工艺流程，确定相关工作的逻辑关系，见表10-13。

表10-13　　　　　　　　　　相关工作的逻辑关系

工作名称	紧前工作	紧后工作
土方1	—	土方2、基础1
土方2	土方1	土方3、基础2
土方3	土方2	基础3
基础1	土方1	基础2、结构1
基础2	土方2、基础1	基础3、结构2
基础3	土方3、基础2	结构3
结构1	基础1	结构2、砌筑1
结构2	基础2、结构1	结构3、砌筑2
结构3	基础3、结构2	砌筑3
砌筑1	结构1	砌筑2、装饰1
砌筑2	结构2、砌筑1	砌筑3、装饰2
砌筑3	结构3、砌筑2	装饰3
装饰1	砌筑1	装饰2
装饰2	砌筑2、装饰1	装饰3
装饰3	砌筑3、装饰2	—

根据单代号网络图的制图规则和逻辑关系，【例10-3】所述工程的单代号网络图简单绘制如下（如图10-5所示）。

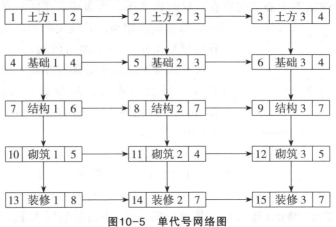

图10-5　单代号网络图

（四）单代号网络图的时间参数

仅仅表达逻辑关系的单代号网络图，在实际工程中并无更多的意义，但在相应增加了时间参数之后，其价值就完全不同了。

1.单代号网络图的时间参数

一般在单代号网络图中各项工作的时间参数包括六项，最早开始时间（ES，

No.	Name	t
ES	EF	TF
LS	LF	FF

图10-6　完整的单代号网络图

Early Start）、最早完成时间（EF，Early Finish）、最迟开始时间（LS，Late Start）、最迟完成时间（LF，Late Finish）、总时差（TF，Total Float）和自由时差（FF，Free Float），结合原有的三个参数，可以构成单代号网络图的工作表达图形——九宫图（如图10-6所示）。

除此之外，单代号网络图所表达的时间参数还包括计算工期 T_c 和计划工期 T_p。其中，T_c 是根据单代号网络图的基本时间参数计算出来的，完成工程项目的最终工期，是较为理想的进度计划；T_p 是根据任务计划确定的工程进度计划，只要在此前完成工作，即满足要求。

因此，单代号网络图的进度计算结果应保证：计算工期 T_c≤计划工期 T_p

当没有特殊说明时，可以默认为：计算工期 T_c = 计划工期 T_p

2.基本时间参数的原理与计算

单代号网络图所表述的六项基本时间参数，其意义及算法如下：

最早开始时间（ES），即在所有紧前工作均完成的情况下，本工作可以开始的最早时刻。若某项工作具有n项紧前工作，则该工作的ES，为其所有紧前工作最早完成时间的最大值。若该工作为起始工作，则ES=0。

最早完成时间（EF），即在所有紧前工作均完成的情况下，本工作可以完成的最早时刻。在确定本工作的ES后，本工作的最早完成时间为EF=ES+t；若该工作为起始工作，则EF = 0 + t = t。

最早开始时间（ES）、最早完成时间（EF），均与紧前工作相关。

最迟开始时间（LS），即在不耽误总工期的前提下，可以推迟至最迟的开始时刻。

最迟完成时间（LF），即在不耽误总工期的前提下，该工作被允许的最迟结束（完成）时刻。若某项工作具有m项紧后工作，则该工作的最迟完成时间LF，为其所有紧后工作最迟开始时间的最小值。若该工作为结束工作，则LF=T_p。

根据LS与LF之间的关系，可以明确：

LS= LF-t，t为该项工作的持续时间。

因此对于最终的结束工作，LS = LF-t =Tp- t。

总时差（TF），是指在不耽误总工期的前提下，该工作可以自由支配的时间。所谓自由支配，是指该项工作可以确定其开始工作时刻的自由度。显然不能早于ES，因为受制于紧前工作；也不能迟于LS，否则会对总工期造成影响。因此，相

关工作的总时差：

TF=LS－ES

　　=（LF－t）－（EF－t）

　　=LF－EF

总时差的意义及其计算，是单代号网络图中非常重要的基础与核心概念，正是因为相关工作存在该指标，因此在具体施工时，可以根据现场状况，在不影响总工期的前提下，调整工作的开始时间，优化资源配置。另外，在遇到意外因素导致相关工作出现延误时，也可以利用总时差来进行协调，只要该延误时间 ΔT 并未超出 TF 的范围，即：

$\Delta T \leqslant TF$

则延误不会对总工期造成实质性影响。

自由时差（FF），是指在不耽误其所有紧后工作最早开始时间的前提下，本工作可以自由支配的时间。此处的自由支配，与 TF 有所不同，TF 是不耽误总工期，而 FF 是不影响紧后工作，因此 FF 的时间范围更小。在计算中，若相关工作不属于结束工作，在其后存在紧后工作时，FF 为其所有紧后工作最早开始时间的最小值与本工作最早完成时间之差；当相关工作是结束工作，其后再无紧后工作时，其 FF 为计划工期 T_p 与本工作的最早完成时间之差。

确定 FF 的意义在于，只要相关延误或耽搁 ΔT 未超出 FF 的范围，即：

$\Delta T \leqslant FF$

则延误不会对任何紧后工作造成实质性影响，当然也不会对总工期造成影响。

基于以上分析可得，在单代号网络图中，FF≤TF。

📖 扩展阅读——时刻与时段

对单代号网络图进行计算与分析，一定要理清时间表达中时刻与时段的概念。

所谓时刻，即时间点，因此 0 时刻是完全可能的，两项先后进行的工作，前一项的结束时刻就是后一项的开始时刻。

所谓时段，即持续的时间，是一项工作自开始至结束的时间过程。在该时间过程中，前一项工作不完成，后一项工作无法进行，因此该时间段落对于特定的工艺和空间具有独占性。

由单代号网络图时间参数的意义可知，ES、EF、LS 和 LF 均为时刻的概念，而 t 则属于时段的概念。

（五）单代号网络图的表述算例

【例10-7】结合上述说明，对【例10-3】所述工程进行单代号网络图的计算如下（如图10-7所示）：

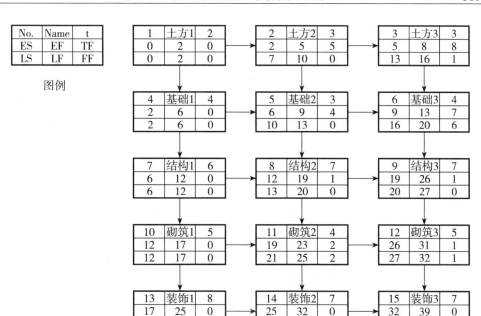

图10-7　单代号网络图时间参数计算

图中各项参数的计算过程如下：

1.计算所有工作的ES、EF和T_c

（1）土方工程

土方1：

土方1为起始工作，所以：

$ES_{土方1}=0$，其持续时间$t_{土方1}=2$，因此有：

$EF_{土方1}=ES_{土方1}+t_{土方1}=0+2=2$

土方2：

土方2的紧前工作为土方1，因此有：

$ES_{土方2}=EF_{土方1}=2$，且其持续时间$t_{土方2}=3$，所以：

$EF_{土方2}=ES_{土方2}+t_{土方2}=2+3=5$

同理，对于土方3，其紧前工作为土方2，因此有：

$ES_{土方3}=EF_{土方2}=5$，且其持续时间$t_{土方3}=3$，所以：

$EF_{土方3}=ES_{土方3}+t_{土方3}=5+3=8$

（2）基础工程

基础1：

基础1的紧前工作也为土方1，因此有：

$ES_{基础1}=EF_{土方1}=2$，且其持续时间$t_{基础1}=4$，所以：

$EF_{基础1}=ES_{基础1}+t_{基础1}=2+4=6$

基础2：

基础2相对复杂，其紧前工作包括土方2，也包括基础1，前者为工艺关系约束条件，后者为组织关系约束条件，因此有：

$ES_{基础2}=max（EF_{土方2}，EF_{基础1}）=max（5，6）=6$，且其持续时间 $t_{基础2}=3$，所以：

$EF_{基础2}=ES_{基础2}+t_{基础2}=6+3=9$

同理，对于基础3，其紧前工作包括土方3，也包括基础2，因此有：

$ES_{基础3}=max（EF_{土方3}，EF_{基础2}）=max（8，9）=9$，且其持续时间 $t_{基础3}=4$，所以：

$EF_{基础3}=ES_{基础3}+t_{基础3}=9+4=13$

（3）其他工程的 ES、EF 及 T_c、T_p。

其他工程的计算方法与原理，可参照基础施工，当只有一项紧前工作时，本项工作的 $ES_本$ 为其紧前工作 $EF_前$，如结构1、砌筑1、装饰1；当包括多项（本题目均为两项）紧前工作时，本工作的 $ES_本=max（EF_{前1}，EF_{前2}，\cdots，EF_{前n}）$。另外，尽管本项工作的 $ES_本$ 算法有所差异，但本项工作的 $EF_本$ 算法均相同，为本工作的最早开始时间 $ES_本$ 与本工作的持续时间 $t_本$ 之和：

$EF_本=ES_本+t_本$

具体计算结果如图10-6所示，并最终计算得出 $EF_{装饰3}=39$。由于装饰3在本工程中为最终工作，完成该工作项目意味着整体工程的竣工，因此 $EF_{装饰3}$ 就是本工程的计算工期 $T_c=39$。

另外，在没有进行特殊说明时，本建设项目的计划工期与计算工期相同，所以：

$T_p=T_c=39$

2.计算所有工作的 LS、LF

ES、EF 与工程的开工时刻相关，但 LS、LF 却与工程的竣工时刻相关，是在不会造成工期延误的前提下，相关工作可以推迟的开始与结束时刻。因此 LS、LF 需要自竣工时刻进行反算，自装饰工程算起，具体如下：

（1）装饰工程

装饰工程自装饰3开始向装饰1逆序计算：

装饰3：

本工作的 $EF_{装饰3}=39$，$T_p=T_c=39$，所以：

$LF_{装饰3}=39$

本工作的持续时间 $t_{装饰3}=7$，所以：

$LS_{装饰3}=LF_{装饰3}-t_{装饰3}=39-7=32$

装饰2：

不耽误总工期、不耽误紧后工作的开始是十分必要的，因此本工作的最迟完成时间即为紧后工作的最迟开始时间。工作装饰2的紧后工作为装饰3，所以有：

$LF_{装饰2}=LS_{装饰3}=32$

本工作的持续时间 $t_{装饰2}=7$，所以：

$LS_{装饰2}=LF_{装饰2}-t_{装饰2}=32-7=25$

同理，对于装饰1：

$LF_{装饰1} = LS_{装饰2} = 25$

本工作的持续时间 $t_{装饰1} = 8$，所以：

$LS_{装饰1} = LF_{装饰1} - t_{装饰1} = 25 - 8 = 17$

（2）砌筑工程

砌筑工程是装饰工程的紧前工作，也由砌筑3向砌筑1逆序计算。

砌筑3：

砌筑3的紧后工作为装饰3，所以有：

$LF_{砌筑3} = LS_{装饰3} = 32$

本工作的持续时间 $t_{砌筑3} = 5$，所以：

$LS_{砌筑3} = LF_{砌筑3} - t_{砌筑3} = 32 - 5 = 27$

砌筑2：

砌筑2也相对复杂，其紧后工作包括装饰2，也包括砌筑3，前者为工艺关系约束条件，后者为组织关系约束条件，因此有：

$LF_{砌筑2} = \min(LS_{装饰2}, LS_{砌筑3}) = \min(25, 27) = 25$，且其持续时间 $t_{砌筑2} = 4$，所以：

$LS_{砌筑2} = LF_{砌筑2} - t_{砌筑2} = 25 - 4 = 21$

同理，对于砌筑1，其紧后工作包括装饰1，也包括砌筑2，因此有：

$LF_{砌筑1} = \min(LS_{装饰1}, LS_{砌筑2}) = \min(17, 21) = 17$，且其持续时间 $t_{砌筑1} = 5$，所以：

$LS_{砌筑1} = LF_{砌筑1} - t_{砌筑1} = 17 - 5 = 12$

（3）其他工程的LS、LF

其他工程的计算方法与原理，可参照砌筑工程施工，当只有一项紧后工作时，本项工作的 $LF_{本}$ 为其紧后工作 $LS_{后}$，如结构3、基础3、土方3；当包括多项（本题目均为两项）紧后工作时，本工作的 $LF_{本} = \min(LS_{后1}, LS_{后2}, \cdots, LS_{后m})$。另外，尽管本项工作的 $LF_{本}$ 算法有所差异，但本项工作的 $LS_{本}$ 算法均相同，均为本工作的最迟完成时间 $LF_{本}$ 与本工作的持续时间 $t_{本}$ 之差：

$LS_{本} = LF_{本} - t_{本}$

具体计算结果如图10-7所示，并最终计算得出土方1，$LS_{土方1} = 0$。

当计算工期与计划工期相等，即 $T_c = T_p$ 时，起始工作一定存在 $ES_{起} = LS_{起} = 0$。

当计算工期与计划工期不相等时，即 $T_c \neq T_p$ 起始工作则存在 $LS_{起} - ES_{起} = T_p - T_c$。

3.计算所有工作的TF和FF

当确定了每一项工作的ES、EF、LS、LF之后，就可以计算TF和FF了。

根据前文的阐述，对于任意工作，可得：

$TF = LS - ES = LF - EF$

因此，可以计算出所有工作的TF。

FF相对复杂一些，需要对后续工作进行判断。任意工作FF的计算：

$$FF_{本}=\min（ES_{后1}，ES_{后2}，\cdots，ES_{后m}）-EF_{本}$$

根据上式可计算出所有工作的自由时差FF。

至此，单代号网络图的相关时间参数计算完成。

（六）关键工作与关键线路

计算时间参数的意义，在于明确每一项工作的开始与结束时间，并同时确定在不影响总工期或后续工作的前提下，开始与结束时间的允许调整范围。这就为现场的工作协调提供了非常重要的依据，也为各种资源的供应提供了基本时间指标。

1.关键工作

通过对比发现，在各项工作中，总时差的数值带有一定的不确定性，有的比较大，如$TF_{土方3}=8$；但有些很小，而且相当多为0。对于TF=0的工作，就意味着该工作没有可以自由支配的时间，稍有延误，就会对总工期产生实质性的影响。因此TF=0的工作称为关键工作，在施工协调与管理中处于关键性地位，相关资源有效供应，防止延误。其他TF>0的工作为非关键工作，因为存在总时差，因此在出现异常延误时，只有在该延误超出总时差的范围时，才会对总工期形成延误。

当某工程的计划工期与计算工期相等时，其关键工作的总时差为0。

当计划工期与计算工期不相等时，关键工作为总时差最小的工作，其总时差$TF_{关键}>0$，且$TF_{关键}=T_p-T_c$。尽管此时关键工作的总时差不为0，但依旧是最小的，在实际工作中，相关工作仍处于资源协调优先的地位。

综上所述，可以得出，在单代号网络图中一定存在若干个总时差最小的工作，这些工作的有效进行对总工期的控制至关重要，称为"关键工作"。在图中可以采用加强边框或底色来表示。

2.关键线路

在一个建设项目的单代号网络图中存在多个关键工作，其起始工作、结束工作一定也是关键工作，而且与其他关键工作一起，一定能够构成至少一条自起始工作开始到结束工作为止的，全部由关键工作构成的线路，如图10-8所示，称为关键线路。在图中采用加强、加粗的线条表示。在工程施工时，必须协调好关键线路上各个关键工作之间的关系，只有这样才能保证工作的有效进行。

二、复杂的网络计划——双代号网络图

单代号网络图非常清楚明了，绘制也比较简单，只要明确各项工作的内容及其逻辑关系，即可完成。其时间参数计算也不复杂，其中逻辑关系也是最为重要的计算依据。因此目前国际上比较流行的建设管理、项目管理的方法或软件，均将单代号网络图作为最基本的表现方式。

但是由于历史原因，我国目前主流的方式并非单代号网络图，而是相对复杂的双代号网络图。

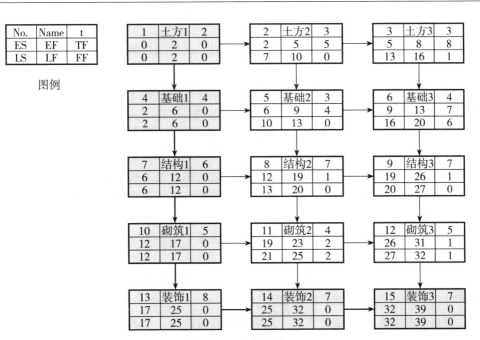

图10-8 关键线路

（一）双代号网络图的基本表达方式

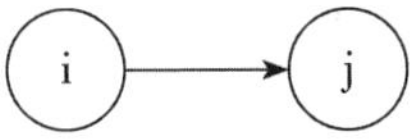

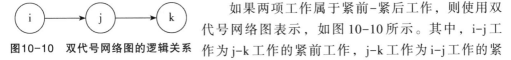

图10-9 双代号网络图

与单代号网络图不同的是，双代号网络图采用两个代码表示工作，具体如图10-9所示。图中，圆圈也称为节点，表示工作的开始与结束；箭线表示工作，代码i、j表示工作的编码，且i<j。由于该图采用两个代码来表示工作，因此称为双代号网络图。当某节点仅存在指向其他节点的箭线时，称为起点节点或初始节点；当某节点仅存在指向该节点的箭线时，称为终点节点或结束节点；当某节点既存在指向其他节点的箭线，又存在指向该节点的箭线时，称为中间节点。

（二）双代号网络图的逻辑关系及其绘图规则

双代号网络图所表示的工程进程，与单代号网络图相同，因此其逻辑关系也一样，包括组织关系与工艺关系，也存在着紧前工作与紧后工作。

1.双代号网络图的逻辑关系

在双代号网络图中，既可以使用工作的具体名称表示工作，也可以使用一组编码来表示工作，如工作A、工作3-5均可以。

图10-10 双代号网络图的逻辑关系

如果两项工作属于紧前-紧后工作，则使用双代号网络图表示，如图10-10所示。其中，i-j工作为j-k工作的紧前工作，j-k工作为i-j工作的紧后工作。

2.双代号网络图的基本绘图规则

在采用双代号网络图表达一个施工过程时，同样也需要按照特定的规则进行才可以。

（1）双代号网络图中工作之间的关系，必须符合实际工程的需要，逻辑关系表达正确。

（2）箭线起始节点的代号，必须小于其结束节点的代号。

（3）在双代号网络图中，由箭线所构成的多条路径，必须均自初始节点开始并结束于终止节点，且不得出现回路，不得中途中断，也不得中途开始。

（4）在双代号网络图中必须仅存在一个初始节点，当多项工作同时开始时，采用自该节点向外发出的不同箭线表示不同的工作。

（5）在双代号网络图中必须仅存在一个终止节点，当多项工作同时结束时，采用指向该节点的不同箭线表示不同的工作。

（6）在双代号网络图中可以有任意多个中间节点，均以不同的编号进行标记，编号方式可以不连续，但不得重复。

（7）双向箭头、无起始节点、无结束节点的箭线，不表示任何工作，是没有意义的。

（8）为了表示清楚，在箭线两侧可以进行标注，包括工作名称、持续时间等参数。

（9）不同的箭头必须采用不同组的编号表示，可以起点相同，也可以终点相同，但不能起点与终点均相同，即编号ij、ik或ik、jk的表达方式是符合要求的，但两项工作不得同时使用ij编码。

3.双代号网络图的特殊问题——虚工作

如前文所述，根据单代号网络图的规则，图中只能有一个起始节点和一个终止节点，当多项工作同时开始或结束时需要采用虚工作St和Fin。若某工程包括A、B两项工作，同步进行，则单代号网络图简单表达，如图10-11a所示。

若这种关系采用双代号网络图表示，根据双代号网络图的规则，可以满足只能有一个起始节点和一个终止节点的要求，但出现图10-11b的表示方式则是明显错误的。这是因为工作A、B均采用了编码1-2，为了防止这种问题的出现，在双代号网络图中也引入了虚工作的概念。双代号网络图的虚工作以虚箭线表示，由于在实际工程中并无此工作，因此也不占用时间、不占用资源，仅仅是图中的逻辑存在。当采用虚工作后，图10-11b可以调整为图10-11c，此时，A工作代码1-3，B工作代码1-2，代码2-3表达的就是虚工作。

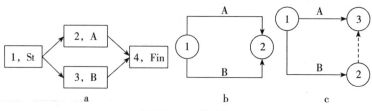

图10-11 虚工作

　　和单代号网络图中的虚工作仅仅存在于初始节点的 St 和终止节点的 Fin 相比，双代号网络图中的虚工作比较复杂，可以出现在图中的任意位置，起到联系、区分、断路等作用，主要是为了保证逻辑关系的正确性。这也正是双代号网络图的复杂之处，初学者可以很顺利地绘制单代号网络图，但双代号网络图的绘制则相对困难，即使是资深工程师，对于复杂的工艺关系，不借助电脑也会出现问题。这也是目前双代号网络图在世界范围内逐步被弃用的主要原因之一。

　　增加虚工作后原有的工作逻辑关系并不改变，因此当一项工作在双代号网络图上的紧后工作为虚工作时，该虚工作的紧后工作就是本工作的实际紧后工作；同样，当一项工作在双代号网络图上的紧前工作为虚工作时，该虚工作的紧前工作就是本工作的实际紧前工作。

　　4.常见的双代号网络图的逻辑关系及其表述

　　由于双代号网络图绘制相对困难，因此需要对一些承建的逻辑关系给出基本的表示方式，在具体工程中，应根据这些基本构成关系和实际工程的要求进行绘制（见表 10-14）。

表10-14　　　　　　　　　**常见的双代号网络图的逻辑关系**

序号	工作之间的逻辑关系	双代号网络图的表示方法
1	A 完成之后进行 B、C	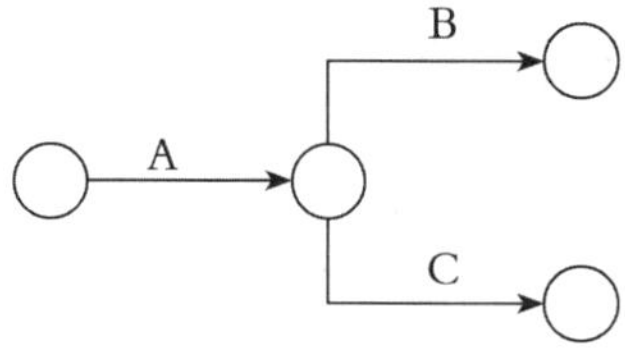
2	A、B 均完成之后进行 C	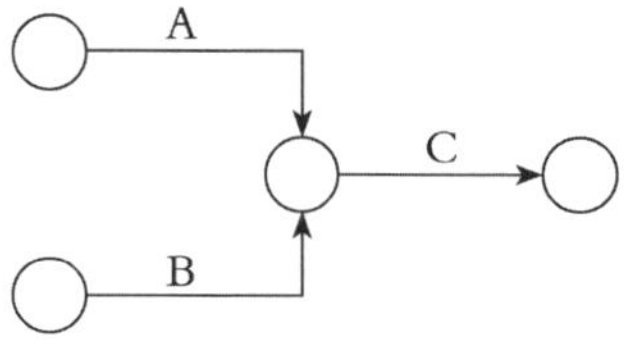
3	A、B 均完成后同时进行 C、D	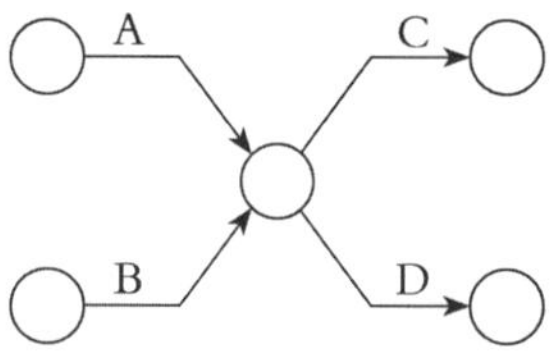
4	A 完成后进行 C，A、B 均完成后进行 D	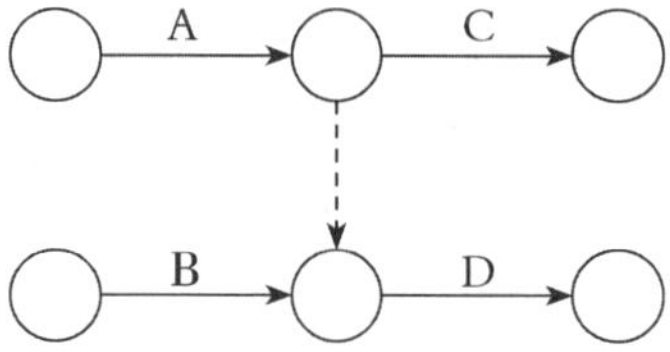

序号	工作之间的逻辑关系	双代号网络图的表示方法
5	A、B均完成后进行D， A、B、C均完成后进行E， D、E均完成后进行F	
6	A、B均完成后进行C， B、D均完成后进行E	
7	A、B、C均完成后进行D， B、C均完成后进行E	
8	A完成之后进行C， A、B均完成后进行D， B完成后进行E	
9	A、B两项工作分为三个施工段，分段流水施工，A工艺是B工艺的紧前工作，段落1完成后进行段落2，再进行段落3	
10	A、B、C三项工作分为三个施工段，分段流水施工，A工艺是B工艺的紧前工作，B工艺是C工艺的紧前工作，段落1完成后进行段落2，再进行段落3	

【例10-8】如果对【例10-3】所述的工作流程采用双代号网络图表示，则最终如图10-12所示。

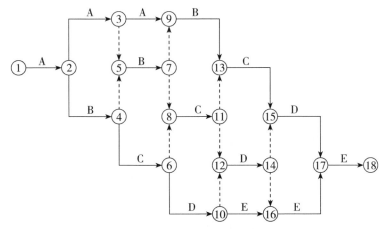

图10-12　双代号网络图

其中，土方开挖为A、基础施工为B、地上结构为C、二次砌筑为D、装饰装修为E。

应该注意的是，用以上表格以及例题中逻辑关系的双代号网络图表述图形并非是唯一的，也可以有其他的样子，但逻辑关系必须是符合要求的，至于箭线的表述，如角度、长度等，依个人喜好而定。

（三）双代号网络图的时间参数

双代号网络图中每一个工作的时间参数与单代号网络图完全相同，即包括ES、EF、LS、LF、TF和FF，其意义也完全相同，因此算法也是一致的。只要确定相关工作的先后逻辑关系，就可以进行计算，此处不再赘述。因为双代号网络图中没有如单代号网络图中表格状的图形，因此需要在箭线两侧补充表达，一般如图10-13所示。

图10-13　双代号网络图的时间参数

在双代号网络图中的虚工作，由于不占用时间，也不占用资源，尽管按照逻辑关系可以进行计算（其持续时间按0计算），但其计算结果并无实际意义，因此可以在实际操作中忽略计算。同时要明确，虚工作的紧前工作就是其紧后工作实际施工的紧前工作；同理，虚工作的紧后工作就是其紧前工作实际施工的紧后工作。

【例10-9】如果对【例10-3】所述的工作流程采用双代号网络图表示，并计算其相关时间参数，最终如图10-14所示。

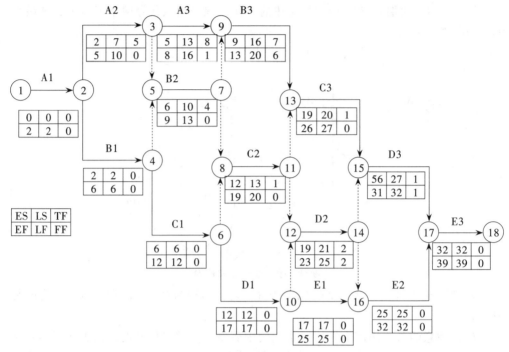

图10-14　双代号网络图时间参数计算

（四）双代号网络图的关键工作与关键线路

在双代号网络图计算完成后，也可以根据总时差的大小比较关系，确定若干项总时差最小的工作，称为关键工作。关键工作在图中一般以双线条或加重的线形进行表示，而其首尾节点的圆圈不采取特殊表达（如图10-15所示）。

在确定关键工作后，就可以依据关键工作之间的关系，在网络图中确定至少一条自始至尾的关键工作的连线，称为关键线路。如果在双代号网络图的时间参数计算过程中，没有计算虚工作，那么由于虚工作的存在，会形成关键线路的断路。此时应注意，如果虚工作的紧前工作、紧后工作都是关键工作，且该虚工作构成前后两项工作之间的唯一路径通道时，该虚工作也将成为关键工作。但当虚工作并不是唯一通道时，该虚工作将不是关键工作。

双代号网络图中的关键工作与关键线路的意义与单代号网络图相同。由于总时差相对较少或没有，相关工作延误之后，对总工期会形成影响，因此这些工作均处于进度管理的关键环节，必须保证资源的充分供应。同样，在加快工程进度时，也必须首先从这些工作的工期压缩开始。

三、网络计划与时间坐标的结合——双代号时标网络图

双代号网络图的逻辑关系与单代号网络图相同，时间参数也完全一致，作用、意义并无优势，但绘制却比较复杂，因此其存在的意义与价值一直受到质疑。目前双代号网络图更有被取代之势，国际上主流的项目管理软件，都没有列出双代号网

络图的选项，但单代号网络图均可以自动生成。

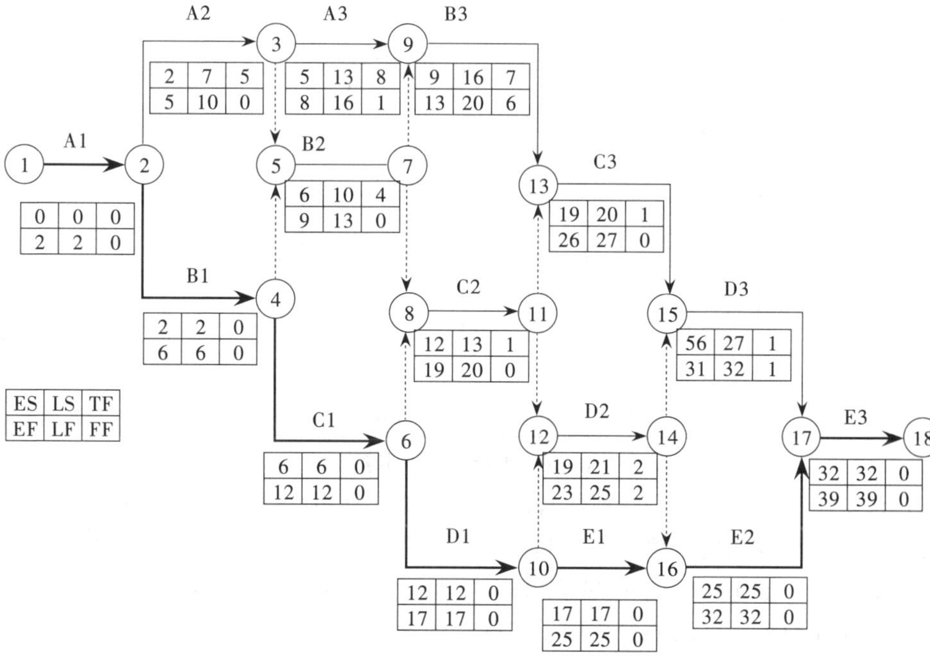

图10-15　双代号网络图关键工作与关键线路

但是双代号网络图的一项优势决定了这一技术方法的生命力，表示工作的箭线能够根据工作所持续的时间长短，在时间坐标中形象地予以表达，在工期进度管理中形成新的方法——双代号时标网络图。

（一）双代号时标网络图的表示方式

双代号时标网络图在绘制上，其逻辑表述与双代号网络图相同，但在时间坐标中，有特定的具体要求。

（1）双代号时标网络图中的具体工作，必须用水平线表示，这是因为具体工作的实施必须要产生时间消耗。

（2）仅仅在逻辑上存在而在具体工程施工中不存在的虚工作，必须用垂直方式进行表示，其原因在于虚工作并不存在，因此其持续时间为0，只能以垂直方式表述才能满足要求。

（3）箭线起止节点的圆圈应尽量小一些，其圆心应处于工作的起始点、结束点的时间坐标上。

（4）所有工作的箭线，均按照最早完成时间开始确定其起始位置，自起点向终点进行绘制。

（5）当某项工作具有多项紧前工作时，该工作的箭线起始点必须不得早于其所有紧前工作最早完成时间的最迟位置。

（6）当箭线的终点不能达到紧后工作起始节点的圆圈时，采用水平的波浪线进行连接，其箭头也移至波浪线的终点。

【例10-10】按照以上规则，可将【例10-3】所述的工作绘制成双代号时标网络图，如图10-16所示。

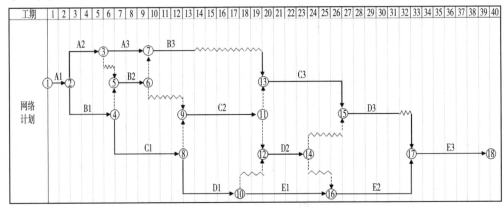

图10-16　双代号时标网络图

在该图中可以看到，有些箭线首尾均有节点，有些会通过波浪线与后部节点相连接。从中也可以找到至少一条自起始节点到结束节点的、没有波浪线的路径，这就是关键线路，如①-②-④-⑧-⑩-⑯-⑰-⑱线路即是，关键线路上的工作即为关键工作。与前两种网络图通过关键工作确定关键线路不同，双代号时标网络图是先确定关键线路，再通过关键线路确定关键工作的。表示关键工作的箭线，其尾部没有波浪线，但没有波浪线的工作箭线，并非都属于关键工作。只有自起始节点到结束节点全过程的线路中没有波浪线的线路上的工作才是关键工作。

由于双代号时标网络图中的所有工作箭线都是以最早开始时间为起点进行绘制的，因此，波浪线所代表的，就是本工作在不影响后续工作最早开始时间的前提下，可以自由支配的时间，即自由时差。

（二）双代号时标网络图的时间参数、优势和作用

双代号网络图兼有横道图和网络图的优势，既能够清晰地表述逻辑关系，又可以非常直观地表达工程进展的基本状况，还能够在时间坐标中非常容易识别每一项工作的开始与结束时间，看出总工期并找出关键线路，简单有效，因此受到工程界的广泛欢迎。

在双代号时标网络图中，能够直接识别的时间参数包括最早开始时间ES、最早完成时间EF、持续时间t和自由时差FF。但是由于图中无法按照最迟开始时间LS进行表示，因此最迟完成时间LF也就无法显示，在工期计划管理中比较关键的时间参数总时差TF也就无法明确表示，仍需通过计算才能得出。

双代号时标网络图的作用也是不言而喻的，正是在时间坐标中完整地表示了建设项目的逻辑关系，因此可以将现场各种参与方的工作任务、各种资源的供应等复杂的协调工作变得相对简单。所有参与方、供应方均可以从图中掌握其工作或资源的开始时间，从而做好相关的准备；也可以明确地知道，其工作不会对紧后工作形成影响的可以完全自由支配的时间。尤其是后一点，在现今建设管理中，大量协作参与方、供应方，均是采用分包、外部委托的方式进行的，双代号时标网络图的清晰表达，更有利于相关工作的有效进行。

　　与此同时，通过双代号时标网络图还可以将现场的全部工作进展状况加以描述。例如，针对图10-13所标示的工程，如果在第14天末进行工程进展状况的检查中发现，B3工作完成50%、C2工作完成28.6%、D1工作全部完成，则可以在相关工作箭线的相应位置上进行标记，并对标记点进行连线，得到工程进展状况的"前锋线"，如图10-17所示。

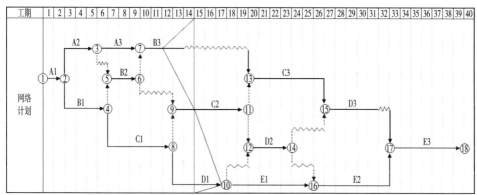

图10-17　双代号时标网络图的"前锋线"

　　从前锋线可以明确看到，工作B3已经滞后，C2进展顺利，而D1已经提前完成。由于B3工作具有6天的自由时差，因此其滞后不会产生问题；而D1在关键线路上，该工作的提前进行将可能带来整个工程的提前竣工。根据前锋线的基本情况，可以继续绘制后期的工作进展计划，如图10-18所示。此时，由于D1工作提前完成，制约工程进度的关键线路也将随之调整为⑨-⑪-⑬-⑮-⑰-⑱，并最终提前工期1周完成工作，实现竣工。

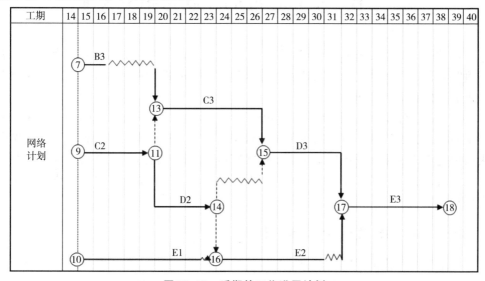

图10-18　后期的工作进展计划

四、几种网络图的对比分析与讨论

单代号网络图、双代号网络图和双代号时标网络图都是目前较为多见的工程进度管理与协调的方法。

相比较而言，单代号网络图的绘制过程更加简单，逻辑关系表述清楚，更适合初学者进行绘制和使用。双代号网络图的绘制过程比较复杂，虚工作更是初学者难以掌握的。箭线的长短与时间坐标相结合而构成的双代号时标网络图则在工程中有着十分方便的应用。因此，如果在工程进度管理中，仅仅进行工作之间的协调，采用单代号网络图即可，但如果需要复杂的协调过程，则最好采用双代号时标网络图。

不论采用哪一种表达方式，工程进行过程中的逻辑关系是不变的、相同的，各种时间参数指标的计算结果也是完全相同的，意义也是一样的。如果灵活掌握，三种方式可以完成相同的任务和实现同样的功能，只是某一种表述在某方面可能更加方便而已。

观察还可以发现，采用网络图对【例10-3】的工期进度进行计算的结果与横道图不同——网络图为39周，而横道图为44周。这是由于在横道图的绘制过程中，没有全面的逻辑关系控制，仅仅要求特定工艺过程的实施连续性，而没有考虑空间的有效利用性，因此导致了进度的拖延。而在网络图中，当将各种逻辑关系表述清楚后，最大限度地从工艺关系、组织关系两方面实施了进度控制，尽管相关工艺过程出现了间歇，但总工期则有效地提前了。这也正是网络图相比于横道图的优势之一。

第三节　工程进度的控制与相关管理

通过横道图或网络图，可以编制出工程施工过程中各项工艺以时间为核心的施工组织流程，再在该流程的基础上，进行其他相关资源的协调，这是施工管理的重要组成部分和基本工作之一。

施工进度计划就是施工现场各项施工活动在时间、空间上前后顺序的体现，合理编制施工进度计划必须遵循施工技术程序的规律、根据施工方案和工程开展程序去组织施工，才能保证各项施工活动的紧密衔接和相互促进，充分利用资源，确保工程质量，加快施工速度，达到最佳工期目标；同时也能降低建筑工程成本，充分发挥投资效益。

一、施工进度计划的编制

施工程序和施工顺序随着施工规模、性质、设计要求、施工条件和使用功能的不同而变化，其中最重要的原则是，要充分考虑施工组织要求的空间顺序和施工工艺要求的工艺顺序；必须在满足施工工艺的条件下，尽可能地充分利用工作面，使相邻两个工艺过程在时间、空间上合理地、最大限度地搭接。

在编制工程建设项目的施工进度计划时，首先应确定该施工进度计划的层次，不同层次的计划、对象不同，其作用与方法也有所不同。一般来说，工程进度计划按照工作任务对象的层次进行划分，自高而低的是施工总进度计划、单位工程进度计划、分阶段（或专项）工程进度计划、分部分项工程进度计划四种。

（一）施工总进度计划

施工总进度计划是以一个建设项目或一个建筑群体为编制对象，用以指导整个建设项目或建筑群体施工全过程进度控制的指导性文件，是按照总体施工部署确定每个单项工程、单位工程在整个项目施工组织中所处的地位，安排各类资源计划的主要依据和控制性文件。

1.施工总进度计划的特点

施工总进度计划一般以单位工程为基本工作，按照各个单位工程之间的工艺关系和组织关系进行编制，多采用相对简单的、易于表述的单代号网络图或横道图表示，属于宏观控制性的进度计划，由于总体工程实施时间较长，因此一般以"月"为基本时间单位，个别以"旬"为单位进行编制与控制。

施工总进度计划由于施工的内容较多、施工工期较长，故其计划项目综合性强，较多控制性，较少有具体作业性或实时性的计划。施工总进度计划一般在总承包企业的总工程师（总计划师）的领导下进行编制。

2.施工总进度计划的编制依据

施工总进度计划要根据以下基本情况或文件来进行编制，包括：

（1）工程项目承包合同及招标投标书。

（2）工程项目全部设计施工图纸及变更洽商文件。

（3）工程项目所在地区位置的自然条件和经济技术条件。

（4）工程项目设计概算和预算资料、劳动定额及机械台班定额等。

（5）工程项目拟采用的主要施工方案及措施、施工顺序、流水段划分等。

（6）工程项目需用的主要资源。这主要包括：劳动力状况、机具设备能力、物资供应来源条件等。

（7）建设方及上级主管部门对施工的要求。

（8）现行规范、规程和技术经济指标等有关技术规定。

3.施工总进度计划的内容

施工总进度计划的内容应包括：编制说明，施工总进度计划表（图），分期（分批）实施工程的开、竣工日期及工期一览表，资源需要量及供应平衡表等。

施工总进度计划表（图）为最主要内容，用来安排各单项工程和单位工程的计划开（竣）工日期、工期、搭接关系及实施步骤。资源需要量及供应平衡表是根据施工总进度计划表编制的保证计划，可包括劳动力、材料、预制构件和施工机械等资源的计划。其中，编制说明是最为基本的文件，是总进度计划的基本前提条件，内容包括编制的依据、假设条件、指标说明、实施重点和难点、风险估计及应对措施等。

由于建设项目的规模、性质、建筑结构的复杂程度和特点不同，建筑施工场地条件差异和施工复杂程度不同，其内容也不一样。

4.施工总进度计划的编制步骤

施工总进度计划在编制时，要根据独立交工系统的先后顺序，明确划分建设工程项目的施工阶段；按照施工部署要求，合理确定各阶段各个单项工程的开（竣）工日期；根据 WBS 规则和工作流程关系分解单项工程，列出每个单项工程的单位工程和每个单位工程的分部工程；具体计算每个单项工程、单位工程和分部工程的工程量，确定单项工程、单位工程和分部工程的持续时间。最后，形成编制初始施工总进度计划。为了使施工总进度计划清楚明了，可分级编制，例如：按单项工程编制一级计划；按各单项工程中的单位工程和分部工程编制二级计划；按单位工程的分部工程和分项工程编制三级计划；大的分部工程可编制四级计划，具体到分项工程。

经过以上步骤，再进行综合平衡后就可以绘制正式的施工总进度计划图。

（二）单位工程进度计划

单位工程进度计划，就是将复杂的施工总进度计划中的一个工作的细节单独展开，重新形成一个相对独立的计划系统。

1.单位工程进度计划的特点

单位工程进度计划，是以一个单位工程为编制对象，在项目总进度计划控制目标的原则下，用以指导单位工程施工全过程进度控制的指导性文件。单位工程进度计划按照相关分部工程的工艺关系和工作面所形成的组织关系进行编制。由于单位所包含的施工内容比较具体明确，施工期限较短，故其作业性较强，是进度控制的直接依据，一般以"周"为时间单位，也可以采用"日"为单位，但相对较少，仅在小型工程中使用。在具体实施时，单位工程进度计划宜采用双代号网络图或双代号时标网络图进行编制，采用单代号网络图时，应做好时间规划的具体说明。

单位工程进度计划，应该在单位工程开工前，由项目经理组织，在项目技术负责人的领导下进行编制。

2.单位工程进度计划的编制依据

单位工程进度计划属于具体执行计划，其编制过程的依据也比较明确，一般包括：

（1）主管部门的批示文件及建设单位的要求。

（2）施工图纸及设计单位对施工的要求。

（3）施工企业年度计划对该工程的安排和规定的有关指标。

（4）施工组织总设计或大纲对该工程有关部门的规定和安排。

（5）资源配备情况。如：施工中需要的劳动力、施工机具和设备、材料、预制构件和加工品的供应能力及来源情况。

（6）建设单位可能提供的条件和水电供应情况。

（7）施工现场的条件和勘察资料。

（8）预算文件和国家及地方的规范资料等。

3.单位工程进度计划的内容

单位工程进度计划根据工程性质、规模、繁简程度的不同，其内容和深广度要求也不同，不强求一致，但内容必须简明扼要，使其真正起到指导现场施工的作用。

单位工程进度计划的内容一般应包括：

（1）工程建设概况：拟建工程的建设单位，工程名称、性质、用途、投资额，开（竣）工日期，施工合同要求，主管部门和有关部门的文件要求以及组织施工的指导思想等。

（2）工程施工情况：拟建工程的建筑面积、层数、层高、总高、总宽、总长、平面形状和平面组合情况，基础、结构类型，室内外装修情况等。

（3）单位工程进度计划，分阶段进度计划，单位工程准备工作计划，劳动力需用量计划，主要材料、设备及加工计划，主要施工机械和机具需要量计划，主要施工方案及流水段划分，各项经济技术的指标要求等。

4.单位工程进度计划的编制步骤

在编制单位工程进度计划时，首先收集编制依据；其次，根据施工状况划分工艺过程、施工段落和施工层并确定施工顺序；再次，计算工程量、计算劳动量或机械台班需用量并确定持续时间；最后，绘制施工进度计划图进而优化并绘制正式的施工进度计划图。

（三）其他进度计划

1.分阶段（或专项）工程进度计划

分阶段（或专项）工程进度计划，是以工程施工过程中阶段性目标（或专项工程）为编制对象，用以指导不同施工阶段（或专项）工程实施过程的进度控制文件。如果在一般施工中没有相关专项工程，也可以不特别制订该计划。

2.分部分项工程进度计划

分部分项工程进度计划是以分部分项工程为编制对象，用以具体实施其工艺过程进度控制的专业性文件，其编制对象为阶段性工程目标或分部分项细部目标，目的是把进度控制做到进一步具体化、可操作化，是专业工程具体安排控制的体现。此类进度计划与单位工程进度计划类似，由于比较简单，且非常具体，通常由专业工程师或负责分部分项的工长进行编制，一般都采用"日"为基本时间单位。

需要说明的是，限于计划具体编制人的能力和水平，同时也由于施工工艺过程的逻辑关系相对简单，分部分项工程进度计划很少采用网络图进行，也较少进行时间参数的严格计算，多以横道图表示。

二、建筑工程施工进度控制

在项目实施过程中，必须对进展过程实施动态监测，随时监控项目的进展情况，收集实际进度数据，并与进度计划进行对比分析，若出现偏差，找出原因及对工期的影响程度，并相应采取有效的措施做必要调整，使项目按预定的进度目标进行，这一不断循环的过程称为进度控制。

项目进度控制的基本目标就是确保项目按既定工期目标实现，如果有可能的话，还要在实现项目目标的前提下适当缩短工期。除此之外，由于建设工程项目是一项多方参与的高度合作的过程，是同步协同化工作的基本前提，使各方时间参数实现一致性，也是工程进度控制的基本出发点。只有施工的总协调方把握工程进展状态，并与原计划相吻合，才能有效协调各方的工作，否则必然陷入混乱。

（一）施工进度控制程序

施工进度控制是工程建设过程中各项目标实现的前提，其任务是实现项目的工期目标和各个阶段性目标。在控制过程中，分为事前控制、事中控制和事后控制三个流程。

1.事前控制内容

所谓事前控制，就是在具体施工开始之前制订相关的计划与控制措施，编制项目实施总进度计划，论证并确定工期目标——总工期。不仅如此，在总工期的基本目标确定后，将总目标分解为阶段性目标和不同的施工段落目标，制订相应的可执行的计划，在进度管理中，称为 Bench Mark（控制点 BM）。

对施工进度控制的总目标进行分解，可按单项工程分解为交工分目标；按承包的专业或施工阶段分解为完工分目标；按年、季、月计划分解为时间分目标。

仅有目标是不够的，在确定目标的同时，还要制订完成计划的相应施工方案和保障措施，并将任务落实，确保目标的实现。

2.事中控制内容

所谓事中控制，就是在工程进度的执行过程中，不断地检查工程进度，审核计划进度与实际进度的差异，即对比 BM 点，审核形象进度、实物工程量与工作量指标完成情况的一致性。

在审核中，如果发现实际执行进度与计划进度的差异，如时标网络图的前锋线，就需要进行工程进度的动态管理，即分析进度差异的原因，提出调整的措施和方案，相应调整施工进度计划、资源供应计划。

3.事后控制内容

所谓事后控制，就是针对发生的问题，寻找解决的措施。当实际进度与计划进度发生偏差时，在分析原因的基础上采取相应的措施，包括：制定保证总工期不突破的对策措施；制定总工期突破后的补救措施；调整相应的施工计划，并组织协调相应的配套设施和保障措施。

（二）进度计划的实施与监测

对施工进度计划实施监测的方法有：横道计划比较法、网络计划法、实际进度前锋线法、S形曲线法、香蕉型曲线比较法等。其中，横道计划比较法、网络计划法和实际进度前锋线法，前文已经提及。

1.工程进度的S曲线

所谓工程进度的S曲线，就是在进度-成本坐标中所绘制的施工累计投入成本随工程进展变化的曲线，如图10-19所示。

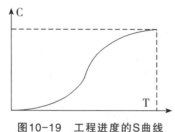

图10-19　工程进度的S曲线

2.工程进度的香蕉图

所谓工程进度的香蕉图，就是在进度-成本坐标中，分别按照ES状态和LS状态所绘制的不同的施工累计投入成本随工程进展而变化的曲线，由于两种状态的初始点0和结束点100%是相同的，只是在执行过程中存在差异，因此其理想形状最终能够形成一个如图10-20所示的状态，称为香蕉图。

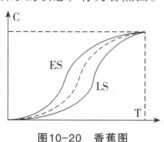

图10-20　香蕉图

S曲线和香蕉图是工程进度-成本累计的较为理想的状态，实际上会有较大的差异，但具体的趋势应与此相同。在具体工程中，当绘制出香蕉图后，实际工程的进展图形就会在香蕉图中的ES与LS曲线内部形成，但不会超出此边界。当实际进展曲线向ES偏移时，工程进展状况较为顺利，工程成本会增加；向LS偏移时，工程延误的可能性增加，但成本相对较低。

3.施工进度计划监测

在工程进行过程中，管理者需要对工程进展状况进行监测，不断观测每一项工作的实际开始时间、实际完成时间、实际持续时间、目前现状等内容加以记录，并与原计划时间参数进行对比。与此同时，要定期观测关键工作的进度和关键线路的变化情况，并采取相应措施进行调整。除了关键线路外，也要检查非关键工作的进度，以便更好地发掘潜力，调整或优化资源，以保证关键工作按计划实施。

对工程进展过程中出现的异常，要定期检查工作之间的逻辑关系变化情况，以便适时进行调整。

在项目进度计划监测后，应形成书面进度报告，内容主要包括：进度执行情况的综合描述；实际施工进度；资源供应进度；工程变更、价格调整、索赔及工程款收支情况；进度偏差状况及导致偏差的原因分析；解决问题的措施；计划调整意见等。对该报告，要责成专人负责，进行实施。

三、进度计划的调整与优化

（一）工程进度计划的调整

当进度实施状态与原计划发生偏差时，应尽可能调整实时状态，使之与原计划相吻合。但是当偏差较大时，则需要对原计划进行一定的调整，以便保证在实施过程中的安全与质量。

1.施工进度计划的调整内容与程序

施工进度计划的调整应依据进度计划检查结果，调整的内容包括：施工内容、工程量、起止时间、持续时间、工作关系、资源供应等。

对调整过程进行汇总，首先，要分析进度计划的检查结果，分析进度偏差的影响并确定调整的对象和目标；然后，根据分析所得结论，选择适当的调整方法，编制调整方案，并对调整方案进行评价和决策。当确定调整方案可行且有效时，开始实施调整，确定调整后付诸实施的新施工进度计划。

2.施工进度计划的调整方法

进度计划的调整，一般首先从关键工作开始，这是由于关键工作、关键线路决定最终的工期，加快关键工作的时间，缩短关键线路，就会加快工程进度。但应注意的是，此时的调整并非针对原始关键线路，而是针对尚未完成工作的关键线路。这是因为在外部因素的干扰下，关键线路有可能发生改变。

在关键线路的调整不能满足要求时，可以考虑改变某些工作间的逻辑关系。此种方法效果明显，但只有在允许改变关系的前提下才能进行，除非能够采取有效的技术措施，否则一般从改变组织关系入手。

与此同时，非关键工作的时差也是重要的资源，尤其是总时差——在不延误总工期的前提下可以自由支配的时间，这就意味着对于非关键工作可以选择恰当的时间，适时开始，避免对关键工作形成资源争夺，可以更充分地利用资源，降低成本。

另外，所有的工作都源于有效的资源供应，因此若资源供应发生异常，或某些工作只能由某特殊资源来完成时，应进行资源调整，在条件允许的前提下将优势资源用于关键工作的实施。

（二）网络计划优化

工程进度的调整必须以网络优化为基础，如果不进行优化，调整之后肯定会延误工期。然而，网络优化并不仅仅是在工程发生延误之后才产生作用的一种方法，在制订网络计划时，就可以通过优化，有效缩短工程进度。

如前文所述，在通常情况下，在优化网络计划时，只能调整工作间的组织关系，而不进行工艺关系的调整。网络计划的优化目标按计划任务的需要和条件可分为三个方面：工期目标、费用目标和资源目标。根据优化目标的不同，网络计划的优化相应分为工期优化、资源优化和费用优化三种。

1.工期优化

工期优化也称时间优化，其目的是当网络计划的计算工期不能满足要求工期时，通过不断压缩关键线路上的关键工作的持续时间等措施，达到缩短工期，满足要求的目的。

在具体优化过程中，不是每一项关键工作都是可以被压缩的。选择优化对象应考虑下列因素：缩短持续时间对质量和安全影响不大的工作；有备用资源的工作；缩短持续时间需增加资源、费用最少的工作。

【例10-11】某工程关键线路上的工作按工艺次序分别是A、B、C、D，持续时间分别为1周、2周、3周、4周，且相关工作资源的供应强度处于平均状态（单位时间内供应资源量相同），现根据工程现场的状况提出缩短工期2周的要求，现场不存在安全质量问题，各项资源供应充足，该压缩计划应如何实施？

根据工期优化的原则，在各种前提条件较好时，应对缩短持续时间后需要增加资源与费用最少的工作进行压缩。本工程各项工作的压缩时间与资源供应量的提高比率见表10-15，因此选择D工作首先要压缩1周的工期，使原工作持续时间优化为1周、2周、3周、3周；此时，如果再进行1周的时间优化，则相应的资源供应量提高率见表10-16，因此选择工作C进行第2周的优化。

<table>
<tr><td colspan="2">表10-15　压缩时间与资源供应量的提高比率</td><td colspan="2">表10-16　　资源供应量提高率</td></tr>
<tr><td>工作</td><td>压缩1周工作时间资源供应量提高比率</td><td>工作</td><td>再压缩1周工作时间资源供应量提高比率</td></tr>
<tr><td>A</td><td>∞</td><td>A</td><td>∞</td></tr>
<tr><td>B</td><td>100%</td><td>B</td><td>100%</td></tr>
<tr><td>C</td><td>50%</td><td>C</td><td>50%</td></tr>
<tr><td>D</td><td>33.3%</td><td>D</td><td>100%</td></tr>
</table>

因此最终优化的结论是，工作C、D各压缩工期1周。

此处应该注意的是，如果仅从表10-16来看，仅在工作D进行2周工期的压缩是完全错误的，这将导致工作D的资源供应量提高过大，成本迅速增加。

2.资源优化

资源优化是指通过改变工作的开始时间和完成时间，使资源按照时间的分布符合优化目标。通常分两种模式："资源有限、工期最短"的优化，"工期固定、资源均衡"的优化。

在优化过程中，资源优化的前提条件是，不改变网络计划中各项工作之间的逻辑关系；不改变网络计划中各项工作的持续时间；网络计划中各工作单位时间所需资源数量为合理常量；除明确可中断的工作外，在优化过程中一般不允许中断工作，应保持连续性。

【例10-12】如果【例10-3】中每项工作的劳动力需求强度均为10人/日，请进行劳动力的均衡与优化。

根据图10-15所示的双代号时标网络图，可以得出相应的劳动力计划，如图10-21所示。

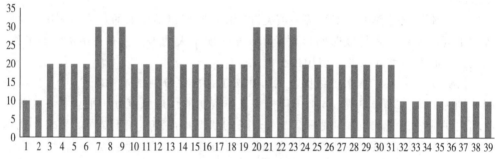

图10-21　劳动力计划

由图可见，其劳动力需求存在着一定的波动。如果将非关键工作B2、B3向后延迟，在ES与LS之间确定实际开始时间，直至将其推迟至自由时差末，可以得到新的劳动力计划，如图10-22所示。可见，该劳动力需求计划更加均衡，变化合理，更有利于现场的管理。

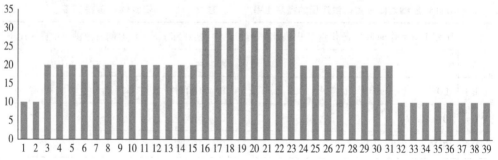

图10-22　新的劳动力计划

3.费用优化

费用优化也称为成本优化，其目的是在一定的限定条件下，寻求工程总成本最低时的工期安排，或在满足工期要求的前提下寻求最低成本的施工组织过程。

费用优化的目的是使项目的总费用最低，优化应从以下几个方面进行考虑：在既定工期的前提下，确定项目的最低费用；在既定的最低费用限额下完成项目计划，如何确定最佳工期；若需要缩短工期，则考虑如何使增加的费用最小；若新增一定数量的费用，则可将工期缩短到多少。

除了这些简单的费用优化之外，更重要的是通过网络计划可以计算出工程所需的现金流，包括流出现金流（施工中的支出）、流入现金流（获得发包人的支付）和由此产生的净现金流。由于发包人支付会有延迟，一般为承包人完成相关工作的4周之后（2周之内报送工作完成状况，发包人接到报告后，审核无误，2周之内进行支付），因此承包人的现金流会出现负值。此时，承包人必须做好相应的资金计划（如贷款等），避免短时资金紧张。同时，承包人还可以对该现金流进行调整，将前期工作的价格上调，后期工作的价格下调，从而在报价的代数和不变甚至降低的前提下，获得更好的折现指标。这就意味着承包人的报价具有优势，并同时可以在集体施工中获益。

针对【例10-11】中的工程，如果假设每一个施工工艺过程的基本费用价格为10万元/周，且假设施工单位的成本与价格相同，发包人延迟支付期为4周，资金折现率为0.1346%/周，则可以根据以上原则进行相应的调整与优化，其过程如下：

（1）当承包人按照基本费用价格进行报价时，承包人的现金流，如图10-23所示。此时，承包人所获工程款的折现额为719.25万元，报价为740万元。

（2）若承包人进行价格调整，将先期进行的工作价格上调，后期进行的工作价格下调，具体为A工作调整为12.5万元/周，B工作为12.0万元/周，C工作为11.3万元/周，D工作为8.5万元/周，E工作为7.5万元/周，则此时承包人所获工程款的折现额为720.06万元，报价为739.5万元。现金流量图如图10-24所示。

比较发现，后者的报价较前者稍有降低，这在投标时非常有利；与此同时，资金的折现额要比前者稍高，这意味着后者将获得实际的收益，对施工方更加有利，这是最佳的投标策略。

同时分析也表明，工程前期工作价格上调越多，后期价格下调越多，这种效果也愈加明显。但在具体施工中的调整也要慎重，要有依据，有成本测算的逻辑，否则发包人、招标人也不会通过。

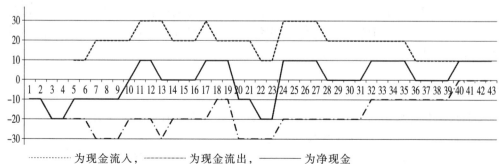

········为现金流入，－－－－－为现金流出，———— 为净现金

图10-23　承包人原始现金流

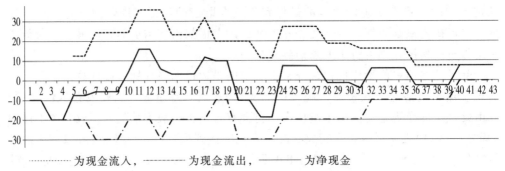

·········· 为现金流入，　———— 为现金流出，　———— 为净现金

图10-24　承包人调整后的现金流

□ 本章小结

　　流水施工是施工组织的最好模式，组织流水施工的方式有三种，分别对应不同的时间参数状况，包括等节奏、异节奏和无节奏。流水施工的表述形式可以采用简单的横道图，但由于缺乏逻辑关系的表达，尽管简单但不严谨。网络图是比较好的一种表达施工组织的方式，包括单代号、双代号和双代号时标网络图三种基本形式。尽管采用不同的表达方式，但网络图的基本意义、逻辑关系和时间参数完全相同，所达到的效果也一样。利用网络图可以计算出各项工作的时间参数，尤其可以计算出时差，包括总时差和自由时差。前者是在不耽误总工期的前提下可以自由支配的时间，后者是不耽误紧后工作的自由支配时间，这在工程中非常重要。合理的利用这些自由时间，可以更好地平衡资源供应，加快工程进度和有效降低成本。工程组织过程中的优化，基本上就是基于网络计划而进行的，包括工期、资源和费用优化等。

□ 关键概念

　　建设项目；单项工程；单位工程；分部工程；分项工程；工作/作业分解结构；依次施工；全面施工；流水施工；流水施工的数学表述参数；流水施工中的逻辑关系；横道图；垂直图；流水施工的基本组织形式及计算与横道图的绘制；单代号网络图的绘制与计算；关键工作与关键线路；总时差的意义；双代号网络图的绘制与计算；双代号时标网络图的绘制及应用；施工进度计划的编制；建筑工程施工进度控制；工程进度的S曲线；工程进度的香蕉图；工程进度计划的调整方法；网络计划优化的方法

□ 复习思考题

　　1.什么是建设项目、单项工程、单位工程、分部工程、分项工程？

　　2.什么是工作/作业分解结构？如何进行？

　　3.什么是依次施工、全面施工和流水施工？流水施工的优势是什么？

　　4.流水施工的数学参数有哪些？各有什么意义？

5.流水施工中的逻辑关系有哪些种类？在工程中的意义是什么？

6.横道图、垂直图的原理是什么？

7.流水施工的基本组织形式有哪些？

8.什么是网络图的关键工作与关键线路？

9.总时差的意义是什么？

10.什么是工程进度的S曲线和工程进度的香蕉图？

11.工程进度计划的调整方法有哪些？有什么原则？

12.网络计划优化的方法有哪些？

13.什么是虚工作？单代号和双代号网络图中的虚工作有什么异同？

第十一章
施工现场管理与施工组织设计

□ **学习目标**

　　掌握：施工总平面图设计原则、施工用电的安全管理、现场消防管理、动火作业的管理程序、施工组织设计的类别与基本要求、施工组织设计的变更管理。

　　熟悉：施工总平面图的设计内容与设计要点、施工临时用水量的计算、供水系统和配水设施的基本要求、施工组织设计的编制与审批管理。

　　了解：施工现场生活区临时设施与文明施工的相关规定、施工现场环境保护的有关规定。

　　在确定相关分部分项工程的基本工艺和具体的实施时间计划、资源计划后，工程管理者需要制订一个有关工程具体实施的全面方案，这其中既包括施工技术方案、工程进度计划，也包括资源的组织与管理、现场的平面布置、临时设施规划、现场异常风险控制等，并将相关内容一一阐述清楚，必要时还要分列成册发给相关施工班组进行强化培训，以确保施工过程万无一失。

　　这种以文字表述的用于现场施工管理的全面方案，一般称为施工组织设计，与工程施工承包合同并称为施工现场最为基本的技术与管理文件。

　　建设项目的一切工作必须以建筑施工过程为核心，施工现场管理自然是建设项目管理的核心工作。作为工程管理者，必须对建筑施工活动的过程与特点具有足够的认识，根据其特点实施不同的管理方案。

第一节 施工现场管理综述

一、建设工程施工的特点

建筑施工的特点主要由建筑产品的特点所决定。尽管建筑业也被称为建筑工业，但实质上建筑业与以制造业为核心的一般工业行业相比，尤其是建筑业的终端产品，不论是建筑物还是构筑物，和其他工业产品相比，则完全不同。这些不同决定了施工与生产的差异，也决定了施工现场的基本问题与解决方式。

（一）建筑产品的特点

建筑产品、建筑物的特点，简单而言包括体积庞大、多样化、整体化、固定性等特点。

1.建筑的体积庞大

建筑物与构筑物的体积是制造业难以比拟的，即使是最小的建筑物，普通办公楼或住宅楼，通常也要比最大的制造设备，如船舶要大，更不用说大型建筑物。

2.建筑物的多样化

尽管建筑物与构筑物在微观上的材料与工艺是类似的，但除了一次性建设的标准住宅之间在外形上有些类似外，几乎不存在宏观上一样的建筑物。那些外形看上去一样的建筑，其内部构造、设备设施、地基基础也基本上是不一样的。

3.建筑物的整体化

建筑物和构筑物不仅要保证安全使用功能，更要在较长的设计周期内满足安全使用要求。这就需要建筑物与构筑物必须能够抵抗各种自然界的外部作用，比如风和地震，而整体性则是满足结构抗震性能的基本要求。

4.建筑物的固定性

除简易的、小型的临时建筑能够被设计为可移动物外，建筑物与构筑物一般都是不可移动的，固定于地面上的。

（二）建筑产品生产过程——建筑施工的特点

建筑产品的特点决定了建筑施工的特点，作为一名建筑施工的管理者和工程技术人员，必须对此具有深刻的理解。

1.生产的流动性

建筑物自身是固定的，施工时的工作对象是不可移动的，因此流水施工的组织必须以劳动者和施工设备的流转为前提。这种流转一方面在宏观上体现为施工机构随着建筑物或构筑物坐落位置变化而不断地转移地点；另一方面在微观上则体现为在一个工程的施工过程中，施工人员和各种机械设备随着施工部位、工作面的不同而流动，不断转移操作场所。

2.产品形式的多样性

建筑物因其所处的自然环境条件和功能用途的不同，设计师所采用的结构形式、外部造型和建筑装饰材料也会不同。而差异化的审美趋势无疑也促使了这种不同的扩大化，随之而来的是越来越奇特的建筑。这给建筑施工方所带来的困难和挑战是空前的，甚至从一开始人们就怀疑这些建筑物从图纸变为现实的可能性。这种多样性的另一个结果就是，除了施工方法的多变性之外，零部件、构配件的差异化、非标准化。

3.施工技术与工艺的复杂性

这也是产品多样性的一个衍生问题，不同的建设项目需要采用不同的工艺流程与技术手段进行处理，施工过程、设备、关键性技术等均存在着不同。另外，一个建筑物的功能需求与构成多样化，建筑施工常需要根据建筑情况进行多工种配合作业，多单位（土石方、土建、吊装、安装、运输等）交叉配合施工，所用的物资和设备种类繁多，因而施工组织和施工技术管理的要求较高。

4.劳动密集性

尽管建筑工业化已经取得了长足的进步，但相比其他制造业，建筑业仍属于以手工操作为主的行业，机械化程度较低，人工成本高。不仅如此，由于大量使用生产工人，现场的安全隐患较多，事故率高，安全生产形势严峻。

5.施工环境的复杂性

建筑物体量庞大，必须是露天作业；而建筑物的高度也决定了施工过程会存在大量的高空作业；建筑物建设周期长，受自然气候条件和季节变化的影响是必然的。因此，施工的管理者与工程技术人员必须根据不同的施工自然环境，保证工艺流程的作业环境，选择有效的技术手段，保证工程质量与安全。

二、建设工程施工现场管理的内容

建设工程施工现场管理内容繁多，包括组织机构的组建与协调管理、成本控制与现金流管理、技术方案选择与质量管理、工期控制与进度管理、职业健康安全与环境管理、劳动力组织与人力资源管理、材料采购与储存管理、设备租赁与运行管理、履约索赔与合同管理等多方面。前面已经对施工技术、进度管理做了详细的介绍，现仅就与施工安全相关的基本环节进行简单的阐述。

（一）施工现场安全管理与文明施工

安全生产管理是一个系统性、综合性的管理，其管理的内容涉及建筑生产的各个环节。因此，建筑施工企业在安全管理中必须坚持"安全第一，预防为主，综合治理"的安全方针，制定安全政策、计划和措施，完善安全生产组织管理体系和检查体系，加强施工安全管理。

建筑工程施工现场是企业对外的"窗口"，直接关系到企业和城市的文明与形象。施工现场应当实现科学管理、安全生产，做到文明有序施工。

施工现场文明施工的主要环节与基本要求，不仅是规范场容，保持作业环境整洁卫生，保证现场的有序化，避免施工过程对现场施工作业人员形成不利的影响，同时也包括避免或减少对施工区域周边居民和环境造成不利影响。

（二）施工现场临时用水、用电管理

施工过程中，许多工艺流程都需要使用大量的水。尽管从目前来看，绝大多数城市已经禁止使用现场搅拌混凝土，并大力推广使用商品供应砂浆，但是很多辅助工艺，如混凝土与砂浆的养护、砌筑材料的润湿等仍需要使用水。除此之外，现场的清洁、工具的清理、人员的生活与办公以及消防等都需要水。但是由于工程正处于建设过程，完整的供水措施与设施并不完善，需要施工方根据需要设计临时用水的需求量，并设置各种临时设施，保证水的供应。

同样，没有电力供应的施工现场也是难以想象的，大量的动力设备、施工照明、生活与办公等都需要使用电。与用水仅仅是水量确定和管路设计相比，施工现场用电更多的问题在于安全，防止发生触电和用电设备、设施产生火灾和雷击等事故，是用电管理的关键核心点。

（三）施工现场环保与消防管理

施工过程会产生各种废弃物、建筑垃圾、有毒有害物质，如何妥善处理这些环境污染物，是一个建筑企业是否具有社会责任感的基本标志。具体来讲，施工现场对环境的不良影响因素较多，包括废水、废气（粉尘）、固体废弃物、噪声和光污染等。在不同的施工过程中，会有不同的废弃物或污染物的排放。

施工现场易燃材料较多，施工过程中动火作业也较多，火灾隐患巨大。同时，施工现场通道复杂，障碍物多，各种设施多为临时性，火灾发生后救助困难。在高层建筑施工中，火灾尤其是巨大的威胁。由于高度的限制，高层建筑火灾基本依靠自救；但在施工过程中，建筑物自身的各种消防设施并未竣工，没有形成完整功能体系，在火灾发生时难以满足要求。这就意味着，高层建筑施工时，火灾一旦发生与扩大，其后果就可能是灾难性的。

因此作为施工现场的管理人员和普通工人，都必须对消防问题有足够的认识，防患于未"燃"。

（四）施工现场总平面图设计

施工方案的选择与设计首先要确定施工现场的基本状况，工程管理者必须将时间、季节、资源、工艺因素相结合并有效地集成于施工现场。

根据项目总体施工部署，管理者要绘制分别在不同施工阶段发挥作用的现场总平面图，一般包括三个：土方与基础工程平面图、主体结构工程施工平面图和装饰装修工程施工现场总平面图。在实施时，也可以具体简化或增加。

（五）施工组织设计

施工组织设计，也称为施工组织计划，是用来指导施工项目全过程各项活动的技术、经济和组织的综合性文件，是施工技术与施工项目管理的有机结合，是有效保证工程开工后施工活动有序、高效、科学合理进行的纲领性与执行性文件。

施工组织设计是对施工活动实行科学管理的重要手段，它具有战略部署和战术安排的双重作用。它体现了实现基本建设计划和设计的要求，提供了各阶段的施工准备工作内容，协调了施工过程中各施工单位、各施工工种、各项资源之间的相互关系。因此，建设工程施工管理必须编制行之有效的施工组织设计文件，并将其分解为若干层次的分项工程施工方案，在具体实施中贯彻执行。

第二节　施工现场的安全、消防、环境与文明施工管理

安全、消防、环境与文明施工管理是施工现场管理的最基本内容，是成功建设项目的关键。安全是必需的，毋庸置疑的，任何工程事故所带来的损失都是无法弥补的；消防是现场安全的重要组成部分，但又具有独特性，因此需要施工人员特别注意；施工受环境的影响，但同时也会对周边环境产生各种不利的影响，作为施工方必须将这种影响降到最低，既不破坏自然与生态，也不能影响人们正常的生产与生活；文明施工则是安全、消防与环境管理的基本保证，看似虽小但非常重要，没有文明施工，工程中的问题随时可能发生。

一、施工现场安全管理

安全生产管理是一个系统性、综合性的管理，其管理的内容涉及建筑生产的各个环节。因此，建筑施工企业在安全管理中必须坚持"安全第一，预防为主，综合治理"的安全方针。制定安全政策、计划和措施，完善安全生产组织管理体系和检查体系，加强施工安全管理。

（一）建筑施工安全管理的目标与主要内容

施工现场的安全管理属于建设项目风险管理的一个组成部分，重点是监测施工现场在施工过程中的危险源，防止施工事故的发生。从风险管理理论来看，施工现场危险源相关监控与管理体系，主要属于技术风险范畴。

1.建筑施工的基本安全管理目标

防止发生安全事故，避免伤亡事故，最大限度地减少健康威胁与伤害，是建筑施工企业与现场安全管理的基本目标。

建筑施工企业应依据企业的总体发展目标，制定企业安全生产年度及中长期管理目标，包括生产安全事故控制指标、安全生产隐患治理目标，以及安全生产、文明施工管理目标等。安全管理目标应具体量化，并应分解到各管理层及相关职能部门，并定期进行考核。企业各管理层和相关职能部门应根据企业安全管理目标的要求制定自身管理目标和措施，共同保证目标实现。

施工现场管理者应该根据企业的统一部署，并结合现场工程工艺与环境的特点，制定切实可行的安全管理目标与实施方案，确定以项目经理为核心的管理体制，并将管理职责分解到各个部门、作业队伍、作业班组与具体工作人员。

2.建筑施工安全管理的主要内容

建筑施工安全管理，不论在企业还是现场，首先需要制定完备的安全管理制度与政策，不仅要满足法律上的规定和道义上的责任，而且要最大限度地满足业主、雇员和公共要求。施工单位的安全政策必须有效并有明确的目标，保证现有的人力、物力资源的有效利用，并且减少发生经济损失和承担责任的危险源。安全政策能够影响施工单位很多决定和行为，包括资源和信息的选择、产品的设计和施工以及现场废弃物的处理等。

加强制度建设是确保安全政策顺利实施的前提，一定的组织结构和系统，是确保安全政策、安全目标顺利实现的前提。

建立、健全安全管理组织体系，最重要的是实行安全生产责任制，做到安全生产的三层次管理体制：企业领导是安全生产的第一责任人、项目经理是施工现场安全生产的主要负责人、专业技术人员与施工班组长是安全生产的具体实施人。企业需设置专门的安全管理部门及责任工程师，大中型项目要设立专职安全管理人员，小型项目设立以技术负责人为核心的安全生产兼职管理人员。

在安全管理具体实施过程中，重点是使用风险管理的方法，确定清除危险和规避风险的目标以及应该采取的步骤和先后顺序，建立有关标准以规范各种操作。对于必须采取的预防事故和规避风险的措施，应该预先加以计划，要尽可能通过对设备的精心选择和设计，消除或通过使用物理控制措施来减少风险。如果上述措施仍不能满足要求，就必须使用相应的工作设备和个人保护装备来控制风险。

施工单位还应采用涉及一系列方法的自我监控技术，用于判断控制风险的措施成功与否，包括对硬件（设备、材料）和软件（人员、程序和系统），也包括对个人行为的检查进行评价，也可通过对事故及可能造成损失的事件的调查和分析，识别安全控制失败的原因。但不管是主动的评价还是对事故的调查，其目的都不仅仅是评价各种标准中所规定的行为本身，而更重要的是找出安全管理系统的设计和实施过程中存在的问题，以避免事故和损失。

同时，施工单位需要对过去的资料和数据进行系统的分析总结，作为今后工作的参考，这是安全生产管理的重要工作环节。安全业绩良好的施工单位能通过企业内部的自我规范和约束以及与竞争对手的比较，不断持续改进。

（二）建筑施工安全管理的基本程序

建筑施工企业与现场项目管理者，必须按照安全管理的基本程序实施安全管理，从各种危险源因素的识别开始，至相关措施与计划的制定实施为止，全面、全员、全过程实施安全管理，防止各类事故的发生。

1.建筑施工的危险源管理

危险源就是可能带来不良结果的因素，就是安全隐患。建筑施工管理人员必须依据正确而完备的程序，实施危险源管理，确保各种危险源处于受控范围内。具体而言，危险源管理的基本程序包括：危险源识别、危险源评估、制定相应措施实施危险源控制。

（1）危险源识别

所谓危险源识别，顾名思义，即判断工程中的危险源。现场危险源识别是安全管理的基础工作，主要目的就是从组织的活动中识别出可能造成人员伤害或疾病、财产损失、环境破坏的危险或危害因素，并判定其可能导致的事故类别和导致事故发生的直接原因的过程。施工危险源识别在施工工艺基础上进行，具体包括：整体工艺流程、施工设备与机具、施工环境与工序作业环境、操作人员等方面。

A.两类危险源识别法

两类危险源识别法，就是根据危险源在安全事故发生发展过程中的机理，把危险源划分为两大类，即第一类危险源和第二类危险源。能量和危险物质的存在是危害产生的最根本原因，通常把可能发生意外释放的能量或危害物质称作第一类危险源，是事故发生的物理本质。一般来说，系统具有的能量越大，存在的危险物质越多，则其潜在的危险性和危害性也就越大。造成约束、限制能量和危险物质措施失控的各种不安全因素称为第二类危险源。该类危险源主要体现在设备故障或缺陷、人为失误和管理缺陷等几个方面。

事故的发生是两类危险源共同作用的结果。第一类危险源是事故发生的前提，第二类危险源的出现是第一类危险源导致事故的必要条件。

危险源识别的方法：危险源识别的方法有很多，常用的方法有专家调查法、头脑风暴法、德尔菲法、现场调查法、工作任务分析法、安全检查表法、危险与可操作性研究法、事件树分析法和故障树分析法等。但不论哪一种方法都存在不足，不尽完善，应该根据实际情况选择多种方法加以相互印证，避免遗漏。

B.三因素危险源识别法

三因素危险源识别法，即将危险源分为三个基本来源，根据不同的来源进行控制，包括人的不安全因素、物的不安全状态、管理上的不安全程序。

人的不安全因素，即从事施工作业的具体人员，由于其生理、心理、能力等方面的制约而导致的可能造成施工事故的行为；物的不安全状态，是指施工工具、设备、施工对象以及施工环境等客观事物所存在的导致危险发生的状态，如防护等装置缺乏或有缺陷、设备（设施、工具、附件）有缺陷、个人防护用品缺少或有缺陷、施工生产场地环境不良等。

尽管人、物因素非常关键与重要，但是严格的管理制度和程序，是完全可以避免事故的发生的。所以杜绝管理上的不安全因素、管理上的缺陷，是避免风险发生的最关键因素，主要包括：对物的管理失误，包括技术、设计、结构上有缺陷，作业现场环境有缺陷和防护用品有缺陷等；对人的管理失误，包括教育、培训、指示和对作业人员的安排等方面的缺陷；管理工作的失误，包括对作业程序、操作规程、工艺过程的管理失误以及对采购、安全监控、事故防范措施的管理失误。

（2）危险源评估

危险源评估一般采用风险评价的方法，就是针对经过识别确定的危险源进行具体的评估，确定事故发生的可能性与危害，为寻求解决措施提供相应的基础。

常规的危险源评价采用五级分类法，如表11-1所示。

表11-1　　　　　　　　　　　　危险源评价分类法

发生概率 ╲ 风险等级 Q ╲ 产生后果	轻度损失（轻伤）	中度损失（重伤）	重大损失（死亡）
大	3	4	5
中	2	3	4
小	1	2	3

1级风险，一般可以忽略，提醒有关人员注意。

2级风险，提醒有关人员注意，并应及时做好处理。

3级风险，加强管理，立即处理，同时对类似风险进行检查。

4级风险，立即处理，局部工艺停工检查，同时对类似风险进行排查。

5级风险，必要时整体项目停工排查，彻底消除隐患。

（3）制定具体措施实施危险源控制

针对所识别的危险源及其经评估后的等级，施工管理者需要采用不同的措施进行应对，形成完整的施工项目安全管理措施计划。常规的施工危险源控制措施包括规避、减轻、自留转移及组合策略，并及时向保险公司购买工程有关保险，尽可能降低事故发生造成的损失。

对危险源实施控制的措施中，规避危险源是最为理想的。所谓规避，即采取有效的措施，防止相关危险源出现，如为了避免高空跌落事故，将高空作业在技术允许的前提下，移至地面实施。在实施规避时应注意，不得采用风险高的工艺替代风险低的工艺。

不仅如此，我国相关安全管理规定还要求，对于工程中超过一定规模或等级的，可能发生安全事故的施工过程，均需要制定专项安全施工方案。专项安全施工方案由施工总承包方组织编制，总承包方技术、质量、安全等部门专业技术人员实施审核；如果相关工艺流程在施工中实施了分包，则分包方需要制定专项安全施工方案，分包技术负责人审核签字。所有专项安全施工方案最后由施工总承包技术负责人签字后，报请项目监理单位，总监理工程师审核签字后实施。

当施工规模或难度达到一定等级后，还需要由工程的总承包方组织相关专家实施论证，并必须严格按照论证的最终结果进行实施。在实施过程中，如果相关因素发生变化，致使原方案不能实施时，需要重新制订方案或组织论证，确保万无一失。

2.建筑施工安全措施计划与安全检查

（1）安全措施计划的主要内容

施工单位在施工前必须制订安全措施计划，并在施工中严格实施。安全措施计划一般包括：工程概况、安全管理目标、安全管理组织机构与职责权限、安全管理规章制度、施工现场风险分析与控制措施、专项安全施工方案、施工现场应急准备与响应、资源配置与费用投入计划、安全教育与培训、安全检查评价验证与持续改进等内容。

（2）建筑工程安全检查

施工安全检查是针对施工现场的安全管理实施状况进行检查，主要以查安全思想、查安全责任、查安全制度、查安全措施、查安全防护、查设备设施、查教育培训、查操作行为、查劳动防护用品使用和查伤亡事故处理等为主要内容。具体实施时，应根据施工生产特点，确定检查的项目和检查的标准。

建筑工程施工安全检查可以采用日常巡查、专项检查、定期安全检查、经常性安全检查、季节性安全检查、节假日安全检查、开工复工安全检查、专业性安全检查和设备设施安全验收检查等形式，根据检查的目的、内容而具体实施。

在实施安全检查时，根据检查内容配备力量，抽调专业人员，确定检查负责人，明确分工。检查中发现的隐患应该进行登记，并发出隐患整改通知书，引起整改单位的重视，并作为整改的备查依据。对凡是有即发性事故危险的隐患，检查人员应责令其停工，按"三定"原则（定人、定期限、定措施）落实整改，经复查整改合格后，进行销案。

📖 扩展阅读——危险性较大分部分项工程的专项施工方案

根据国家有关要求，对于各种建设工程施工过程中可能发生施工事故的危险性较大的分部分项工程，即施工过程中存在的、可能导致作业人员群死群伤或造成重大不良社会影响的分部分项工程，需要在施工单位编制的施工组织（总）设计文件的基础上，单独编制安全技术措施文件。如果该分部分项工程超过一定规模，施工单位应当组织专家对专项方案进行论证。

一、专项方案编制的基本要求

施工单位应当在危大工程施工前组织工程技术人员编制专项施工方案。

实行施工总承包的，专项施工方案应当由施工总承包单位组织编制。危大工程实行分包的，专项施工方案可以由相关专业分包单位组织编制。

专项施工方案应当由施工单位技术负责人审核签字、加盖单位公章，并由总监理工程师审查签字、加盖执业印章后方可实施。

危大工程实行分包并由分包单位编制专项施工方案的，专项施工方案应当由总承包单位技术负责人及分包单位技术负责人共同审核签字并加盖单位公章。

对于超过一定规模的危大工程，施工单位应当组织召开专家论证会对专项施工方案进行论证。实行施工总承包的，由施工总承包单位组织召开专家论证会。专家论证前，专项施工方案应当通过施工单位审核和总监理工程师审查。

专家应当从地方人民政府住房和城乡建设主管部门建立的专家库中选取，符合专业要求且人数不得少于5名。与本工程有利害关系的人员不得以专家身份参加专家论证会。

专家论证会后，应当形成论证报告，对专项施工方案提出通过、修改后通过或者不通过的一致意见。专家对论证报告负责并签字确认。

专项施工方案经论证需修改后通过的，施工单位应当根据论证报告修改完善后，重新履行程序。

专项施工方案经论证不通过的，施工单位修改后应当按照《危险性较大的分部分项工程安全管理规定》的要求重新组织专家论证。

二、专项施工方案内容

危大工程专项施工方案的主要内容应当包括：

（一）工程概况：危大工程概况和特点、施工平面布置、施工要求和技术保证条件；

（二）编制依据：相关法律、法规、规范性文件、标准、规范及施工图设计文件、施工组织设计等；

（三）施工计划：包括施工进度计划、材料与设备计划；

（四）施工工艺技术：技术参数、工艺流程、施工方法、操作要求、检查要求等；

（五）施工安全保证措施：组织保障措施、技术措施、监测监控措施等；

（六）施工管理及作业人员配备和分工：施工管理人员、专职安全生产管理人员、特种作业人员、其他作业人员等；

（七）验收要求：验收标准、验收程序、验收内容、验收人员等；

（八）应急处置措施；

（九）计算书及相关施工图纸。

三、专家论证会参会人员要求

超过一定规模的危大工程专项施工方案专家论证会的参会人员应当包括：

（一）专家；

（二）建设单位项目负责人；

（三）有关勘察、设计单位项目技术负责人及相关人员；

（四）总承包单位和分包单位技术负责人或授权委派的专业技术人员、项目负责人、项目技术负责人、专项施工方案编制人员、项目专职安全生产管理人员及相关人员；

（五）监理单位项目总监理工程师及专业监理工程师。

四、专家论证内容

对于超过一定规模的危大工程专项施工方案，专家论证的主要内容应当包括：

（一）专项施工方案内容是否完整、可行；

（二）专项施工方案计算书和验算依据、施工图是否符合有关标准规范；

（三）专项施工方案是否满足现场实际情况，并能够确保施工安全。

五、专项施工方案修改程序

超过一定规模的危大工程专项施工方案经专家论证后结论为"通过"的，施工单位可参考专家意见自行修改完善；结论为"修改后通过"的，专家意见要明确具体修改内容，施工单位应当按照专家意见进行修改，并履行有关审核和审查手续后方可实施，修改情况应及时告知专家。

六、安全专项施工方案的监测

进行第三方监测的危大工程监测方案的主要内容应当包括工程概况、监测依据、监测内容、监测方法、人员及设备、测点布置与保护、监测频次、预警标准及监测成果报送等。

七、安全专项施工方案的验收人员要求

危大工程验收人员应当包括：

（一）总承包单位和分包单位技术负责人或授权委派的专业技术人员、项目负责人、项目技术负责人、专项施工方案编制人员、项目专职安全生产管理人员及相关人员；

（二）监理单位项目总监理工程师及专业监理工程师；

（三）有关勘察、设计和监测单位项目技术负责人。

八、安全专项施工方案论证专家的条件

设区的市级以上地方人民政府住房和城乡建设主管部门建立的专家库专家应当具备以下基本条件：

（一）诚实守信、作风正派、学术严谨；

（二）从事相关专业工作15年以上或具有丰富的专业经验；

（三）具有高级专业技术职称。

九、危险性较大的分部分项工程范围

（一）基坑工程

（1）开挖深度超过3m（含3m）的基坑（槽）的土方开挖、支护、降水工程。

（2）开挖深度虽未超过3m，但地质条件、周围环境和地下管线复杂，或影响毗邻建、构筑物安全的基坑（槽）的土方开挖、支护、降水工程。

（二）模板工程及支撑体系

（1）各类工具式模板工程：包括滑模、爬模、飞模、隧道模等工程。

（2）混凝土模板支撑工程：搭设高度5m及以上，或搭设跨度10m及以上，或施工总荷载（荷载效应基本组合的设计值，以下简称设计值）10kN/m²及以上，或集中线荷载（设计值）15kN/m及以上，或高度大于支撑水平投影宽度且相对独立无联系构件的混凝土模板支撑工程。

（3）承重支撑体系：用于钢结构安装等满堂支撑体系。

（三）起重吊装及起重机械安装拆卸工程

（1）采用非常规起重设备、方法，且单件起吊重量在10kN及以上的起重吊装工程。

（2）采用起重机械进行安装的工程。

（3）起重机械安装和拆卸工程。

（四）脚手架工程

（1）搭设高度24m及以上的落地式钢管脚手架工程（包括采光井、电梯井脚手架）。

（2）附着式升降脚手架工程。

（3）悬挑式脚手架工程。

（4）高处作业吊篮。

（5）卸料平台、操作平台工程。

（6）异型脚手架工程。

（五）拆除工程

可能影响行人、交通、电力设施、通讯设施或其他建、构筑物安全的拆除工程。

（六）暗挖工程

采用矿山法、盾构法、顶管法施工的隧道、洞室工程。

（七）其他

（1）建筑幕墙安装工程。

（2）钢结构、网架和索膜结构安装工程。

（3）人工挖孔桩工程。

（4）水下作业工程。

（5）装配式建筑混凝土预制构件安装工程。

（6）采用新技术、新工艺、新材料、新设备可能影响工程施工安全，尚无国家、行业及地方技术标准的分部分项工程。

十、超过一定规模的危险性较大的分部分项工程范围

（一）深基坑工程

开挖深度超过5m（含5m）的基坑（槽）的土方开挖、支护、降水工程。

（二）模板工程及支撑体系

（1）各类工具式模板工程：包括滑模、爬模、飞模、隧道模等工程。

（2）混凝土模板支撑工程：搭设高度8m及以上，或搭设跨度18m及以上，或施工总荷载（设计值）15kN/m²及以上，或集中线荷载（设计值）20kN/m及以上。

（3）承重支撑体系：用于钢结构安装等满堂支撑体系，承受单点集中荷载7kN及以上。

（三）起重吊装及起重机械安装拆卸工程

（1）采用非常规起重设备、方法，且单件起吊重量在100kN及以上的起重吊装工程。

（2）起重量300kN及以上，或搭设总高度200m及以上，或搭设基础标高在200m及以上的起重机械安装和拆卸工程。

（四）脚手架工程

（1）搭设高度50m及以上的落地式钢管脚手架工程。

（2）提升高度在150m及以上的附着式升降脚手架工程或附着式升降操作平台工程。

（3）分段架体搭设高度20m及以上的悬挑式脚手架工程。

（五）拆除工程

（1）码头、桥梁、高架、烟囱、水塔或拆除中容易引起有毒有害气（液）体或粉尘扩散、易燃易爆事故发生的特殊建、构筑物的拆除工程。

（2）文物保护建筑、优秀历史建筑或历史文化风貌区影响范围内的拆除工程。

（六）暗挖工程

采用矿山法、盾构法、顶管法施工的隧道、洞室工程。

（七）其他

（1）施工高度50m及以上的建筑幕墙安装工程。

（2）跨度36m及以上的钢结构安装工程，或跨度60m及以上的网架和索膜结构安装工程。

（3）开挖深度16m及以上的人工挖孔桩工程。

（4）水下作业工程。

（5）重量1 000kN及以上的大型结构整体顶升、平移、转体等施工工艺。

（6）采用新技术、新工艺、新材料、新设备可能影响工程施工安全，尚无国家、行业及地方技术标准的分部分项工程。

二、施工现场消防管理

（一）施工现场基本消防制度

消防制度是防止火灾发生的基本前提保证。在任何施工现场，都要建立健全的防火检查制度，建立多方参与的义务消防队，包括总承包人和相关作业分包方，其人数不少于施工现场总人数的10%，由项目经理或其指定的人员负责。

施工单位的施工组织设计，必须包括防火安全的有关内容和应急预案，定期进行演练。

现场的工艺、技术与材料必须符合防火要求。施工现场要设置明显的防火标志，设置符合要求的消防车道，并随时保证畅通。现场各种易燃易爆材料的存放与使用要符合要求，专区、专库进行储存，由专人负责。现场各种电器、设施的过载保护要完备，防火要符合要求。除必要的动火作业施工、食堂用火外，现场不得使用明火，包括取暖等。现场的消防器材要专区放置，数量位置应符合规定要求。

（二）动火作业的管理程序

1.动火审批制度

动火作业是指使用气焊、电焊、喷灯等焊割工具，在煤气、氧气的生产设施、输送管道、储罐、容器和危险化学品的包装物、容器、管道及易燃易爆危险区域内的设备上，能直接或间接产生明火的施工作业。现场所有动用明火作业的施工环节，必须进行审批程序，未经审批的动火作业不得进行。

现场动火作业，根据危险程度，分为三个级别：

一级动火作业：禁火区域内的动火作业；油罐、油箱、油槽车和储存过可燃气体、易燃液体的容器及与其连接在一起的辅助设备的各种受压设备的动火作业；危险性较大的登高焊、割作业；比较密封的室内、容器内、地下室等场所的动火作业以及现场堆有大量可燃和易燃物质场所的动火作业。

一级动火作业属于高危作业过程，必须由项目负责人组织编制防火安全技术方案，填写动火申请表，报企业安全管理部门审查批准后，方可实施动火作业。

二级动火作业：在具有一定危险因素的非禁火区域内进行临时焊、割等动火作业；在小型油箱等容器用火作业和登高焊、割等动火作业。

二级动火作业属于一般危险性作业过程，由项目责任工程师组织拟定防火安全技术措施，填写动火申请表，报项目安全管理部门和项目负责人审查批准后，方可动火。

在非固定的、无明显危险因素的场所进行动火作业，均属三级动火作业。

三级动火作业相对风险等级较低。由所在班组填写动火申请表，经项目责任工程师和项目安全管理部门审查批准后，方可动火。

2.现场动火管理

在现场动火作业时，应划定明确的动火区域和禁火区域，动火区域要求场地明确、设施完备、交通便利、场地整洁，并由专人负责。

动火作业要实施动火作业负责人制度，对相关问题、环节和现场进行全面监督与管理，随时纠正违章作业，并做好火灾扑救准备。动火操作人员在作业前须核实各项内容是否落实，审批手续是否完备，现场是否满足要求，若发现不具备条件时，有权拒绝动火。

（三）现场消防器材的配备

1.消防器材的基本要求

现场易燃易爆场所、动火区域、可燃物的存放与加工使用场所、厨房、锅炉房、发电与配电用房、设备间、办公区和宿舍等，均要根据可燃物的类型，配置相应的灭火器材和设备，如干粉、泡沫和二氧化碳等。

灭火器应设置在明显的地点，如房间的出入口、通道、走廊、门厅及楼梯等部位，铭牌必须朝外，以方便人们直接看到灭火器的主要性能指标。灭火器不得放置在潮湿或有腐蚀性的地点，不得设置在环境温度超出其使用温度范围的地点。环境条件较好的场所，手提式灭火器也可直接放在地面上。放置在室外时，应有保护措施。

手提式灭火器设置在挂钩、托架上或灭火器箱内，竖向放置，其顶部离地面高度应小于1.50m，底部离地面高度不宜小于0.15m，以便于保管、维护及方便取用，同时也便于平时打扫卫生，防止潮湿的地面对灭火器有不利影响。

灭火器必须在合格期内使用，从灭火器出厂日期算起，达到灭火器报废年限的必须进行报废。

2.消防器材的配备

临时搭设的建筑物区域内每100m²配备2只10L灭火器，大型临时设施总面积超过1 200 m²，应配有专供消防用的太平桶、积水桶（池）、黄沙池，且周围不宜堆放易燃物品。临时木工间、油漆间、木机具间等，每25 m²配备一只灭火器；油库、危险品库应配备数量与种类合适的灭火器、高压水泵，每组灭火器不少于4个，组间距不大于30m，消防水源进水口一般不应少于两处。

在高度超过24m的建设工程项目中，现场应设置管径不小于75mm的消防立管，通至各个工作层间的消火栓口，配备足够的水龙带。地面室外消火栓应沿消防车道或堆料场内交通道路的边缘设置，消火栓之间的距离不应大于120m；消防箱内消防水管的长度不小于25m。

（四）施工现场其他防火要求

除了以上要求外，施工现场管理中的防火要求还包括以下几个方面：

第一，施工组织设计中的施工平面图、施工方案均要符合消防安全的要求，经有关消防管理部门确认后实施；施工现场明确划分作业区、易燃可燃材料堆场、仓库、易燃废品集中站和生活区，不得交错布置，不得在高压线下搭设临时性建筑物或堆放可燃物品。

第二，施工现场夜间应有照明设施，保持车辆畅通；施工现场所配备的消防器材，设专人维护、管理，定期更新，保证完整好用；施工时，应先将消防器材和设施配备好，有条件的室外铺设好消防水管和消火栓。

第三，现场危险物品仓储距离应符合要求，不得少于10m，危险物品与易燃易爆品的距离不得少于3m；现场使用的乙炔发生器和氧气瓶存放间距不得小于2m，使用时距离不得小于5m；要保证氧气瓶、乙炔发生器等焊割设备上的安全附件完整有效，否则不准使用；施工现场的焊、割作业，必须符合防火要求。

第四，在冬期施工采用保温加热措施时，应符合规定要求，禁止不当使用明火作业。

三、施工现场的环境保护

施工过程会产生各种废弃物、建筑垃圾、有毒有害物质，如何妥善处理这些环境污染物，是一个建筑企业是否具有社会责任感的基本标志。

目前我国包括建筑物垃圾和工程弃土在内的建筑垃圾年产生量约为35亿吨，其中每年仅拆除就产生15亿吨建筑垃圾。我国的建筑垃圾普遍采取堆放和掩埋的方式处理，其综合利用率不足5%，远远低于欧盟（90%）、日本（97%）和韩国（97%）等发达国家和地区。如何有效减少并处理建筑垃圾，减少环境排放与污染是现代建筑业发展的基础性工作之一。

施工现场对环境的不良影响因素较多，包括废水、废气（粉尘）、固体废弃物、噪声和光污染等。在不同的施工过程中，会有不同的废弃物或污染物的排放：现场食堂、厕所、搅拌站、洗车点等处产生的生活、生产污水排放；施工场地平整作业、土、灰、砂、石搬运及存放，混凝土搅拌作业等产生的粉尘排放；现场渣土、商品混凝土、生活垃圾、建筑垃圾、原材料运输等过程中产生的各种固体废弃物；施工机械作业，模板支拆、清理与修复作业，脚手架安装与拆除作业等产生的噪声排放；现场油品、化学品库房、作业点，现场废弃的涂料桶、油桶、油手套、机械维修保养废液、废渣等产生的油品、化学品泄漏、有毒有害废弃物排放；城区施工现场夜间照明、电焊作业造成的光污染；现场生活区、库房、作业点等处可能发生的火灾、爆炸等。因此，施工方对于可能产生的环境危害必须加以重视，减少或消除各种污染物的排放，防止各种环境危害事故的发生。

（一）施工现场的环境影响与保护

1.建筑工程施工环境影响因素的识别与评价

建筑工程施工应从噪声排放、粉尘排放、有毒有害物质排放、废水排放、固体废弃物处置、潜在的油品化学品泄漏、潜在的火灾爆炸和能源浪费等方面着手进行环境影响因素的识别。

建筑工程施工应根据环境影响的规模、严重程度、发生的频率、持续的时间、社区关注程度和法规限定等情况对识别出的环境影响因素进行分析和评价，找出对环境有重大影响或潜在重大影响的重要环境影响因素，制定建筑施工现场废弃物与污染物评估表（见表11-2），并采取切实可行的措施进行控制，减少有害的环境影响，降低工程建造成本，提高环保效益。

2.建筑工程施工现场环境保护要求

对于施工过程可能产生的各种污染或垃圾，施工现场必须建立环境保护、环境卫生管理和检查制度，并应做好检查记录。对施工现场作业人员的教育培训、考核应包括环境保护、环境卫生等有关法律、法规的内容。在城市市区范围内从事建筑工程施工，项目必须在工程开工15日前向工程所在地县级以上地方人民政府环境保护管理部门申报登记。

表11-2 某建筑施工现场废弃物与污染物评估表

编码	施工过程	产生污染物类别	预估量	单位	处理方式	相关责任人
1-1		弃土	20 000	立方米	外运至排渣场地	王××
1-2		地下水	2 000	立方米	过滤沉淀，市政管网	王××
1-3		地表污水	200	立方米	过滤沉淀，市政管网	王××
1-4	土方开挖	有机垃圾	50	吨	集中外运至特定场地	李××
1-5		其他杂物	20	吨	集中外运至特定场地	李××
1-6		噪声	60-80db、20d	分贝、天	22：00-6：00禁止施工	李××
1-7		夜间光污染	20	天	场地四周设置内向照明	李××

施工现场的主要道路必须进行硬化处理，土方应集中堆放。裸露的场地和集中堆放的土方应采取覆盖、固化或绿化等措施。施工现场土方作业应采取防止扬尘的措施。拆除建筑物、构筑物时，应采用隔离、洒水等措施，并应在规定的期限内将废弃物清理完毕。建筑物内施工垃圾的清运，必须采用相应的容器或管道进行运输，严禁凌空抛掷。

施工现场产生的固体废弃物应在所在地县级以上地方人民政府环卫部门申报登记，分类存放。建筑垃圾和生活垃圾应与所在地垃圾消纳中心签署环保协议，及时清运处置。有毒有害废弃物应运送到专门的有毒有害废弃物中心消纳。

施工现场使用的水泥和其他易飞扬的细颗粒建筑材料应密闭存放或采取覆盖等措施。混凝土搅拌场所应采取封闭、降尘措施。除有符合规定的装置外，施工现场内严禁焚烧各类废弃物，禁止将有毒有害废弃物作土方回填。

施工现场污水排放要与所在地县级以上人民政府市政管理部门签署污水排放许可协议，申领《临时排水许可证（施工）》。雨水排入市政雨水管网，污水经沉淀处理后二次使用或排入市政污水管网。施工现场泥浆、污水未经处理不得直接排入城市排水设施和河流、湖泊、池塘。施工现场存放化学品等有毒材料、油料，必须对库房进行防渗漏处理，储存和使用都要采取措施，防止渗漏，防止污染土壤和水体。施工现场设置的食堂，用餐人数在100人以上的，应设置简易有效的隔油池，加强管理，由专人负责定期掏油。

施工现场要尽量避免或减少施工过程中的光污染。夜间室外照明灯应加设灯罩，透光方向集中在施工范围。电焊作业采取遮挡措施，避免电焊弧光外泄。

施工期间应遵照《建筑施工场界环境噪声排放标准》制定降噪措施。确需夜间施工的，应办理夜间施工许可证明，并公告附近社区居民。在居民和单位密集区域进行爆破、打桩等施工作业前，项目经理部除按规定报告申请批准外，还应将作业计划、影响范围、程度及有关措施等情况，向有关的居民和单位通报说明，以取得协作和配合。如果施工机械的噪声与振动有扰民的情况，应采取相应的措施予以控制。经过施工现场的地下管线，应由发包人在施工前通知承包人，标出位置，加以保护。

在施工时发现文物、古迹、爆炸物、电缆等，应当停止施工，保护好现场，及时向有关部门报告，按照有关规定处理后方可继续施工。在施工中如果因停水、停电、封路而影响环境时，必须经有关部门批推，事先告示，并设有标志。

综合来看，对于施工现场的各种污染和垃圾，必须按照以下原则进行处理：

未经允许，禁止排放。未经工程所在地建设行政主管部门和环保部门的允许，未获得有关批文，建设工程施工过程中的任何污染物、垃圾等禁止实施排放。

得到允许，指定排放。经工程所在地建设行政主管部门和环保部门的允许，获得有关批准文件后，建设工程施工过程中的任何污染物、垃圾等按照批准的指定时间、采取指定方式、在指定地点或区域内实施排放。

有效措施，减少排放。建设施工单位必须采取有效的措施，减少各种污染物的排放，对于污染物、废弃物实施无害化处理或重复利用，从而在最大程度上降低污染物与废弃物的总量。

公告四邻，求得谅解。对于采取措施后仍无法避免的污染，如少量废气、粉尘、噪声、光污染、振动等，施工方应及时向施工场地周边的居民、企事业单位进行通告，并协助采取有效措施，实施防范，避免损失。

必要时进行补偿。如果施工中的污染物、废弃物等对周边居民、企事业单位的正常生活与生产造成不利的影响或损失，施工方应积极协调进行补偿，避免矛盾激化。

（二）绿色建筑与绿色施工

绿色建筑是指在建筑的全寿命周期内，最大限度地节约资源，实现"四节"——节能、节地、节水、节材；保护环境和减少污染，为人们提供健康、适用和高效的使用空间，与自然和谐共生的建筑。绿色施工是指在工程建设中，在保证质量、安全等基本要求的前提下，通过科学管理和技术进步，实施最大限度地节约资源与减少对环境负面影响的施工活动。

绿色施工应对整个施工过程实施动态管理，加强对施工策划、施工准备、材料采购、现场施工、工程验收等各阶段的管理和监督。

1.绿色施工的基本要求

研究表明，建筑施工产生的尘埃占目前城市尘埃总量的30%以上；此外建筑施工还在噪声、水污染、土污染等方面带来较大的负面影响。所以，环境保护是绿色施工中一个核心问题，施工方应采取有效措施，降低环境负荷，保护环境并保护地下设施和文物等资源。

2. 节材与材料资源利用

节材是"四节"的重点环节，是针对我国工程界的现状而必须关注的重点问题。

施工单位应严格审核节材与材料资源利用的相关内容，降低材料损耗率；合理安排材料的采购、进场时间和批次，减少库存；应就地取材，装卸方法得当，防止损坏和遗撒；避免和减少二次搬运。施工现场推广使用商品混凝土和预拌砂浆、高强钢筋和高性能混凝土，减少资源消耗。推广钢筋专业化加工和配送，优化钢结构制作和安装方案，装饰贴面类材料在施工前，应进行总体排版策划，减少资源损耗。现场应采用非木质的新材料或人造板材代替木质板材。

建筑门窗、屋面、外墙等围护结构应选用耐候性及耐久性良好的材料，施工确保密封性、防水性和保温隔热性，并减少材料浪费。现场应选用耐用、维护与拆卸方便的周转材料和机具。模板应以节约自然资源为原则，推广采用外墙保温板替代混凝土施工模板的技术。

现场办公和生活用房采用周转式活动房。现场围挡应最大限度地利用已有围墙，或采用装配式可重复使用的围挡进行封闭。力争工地临房、临时围挡材料的可重复使用率达到70%。

3. 节水与水资源利用

施工中要采用先进的节水施工工艺。现场搅拌用水、养护用水应采取有效的节水措施，严禁无措施浇水养护混凝土。现场机具、设备、车辆的冲洗必须设立循环用水装置。项目临时用水应使用节水型产品，对生活用水与工程用水确定用水定额指标，并分别计量管理。现场机具、设备、车辆冲洗、喷洒路面、绿化浇灌等用水，优先采用非传统水源，尽量不使用市政自来水。力争在施工中非传统水源和循环水的再利用率大于30%。

保护地下水环境。采用隔水性能好的边坡支护技术。在缺水地区或地下水位持续下降的地区，基坑降水尽可能少地抽取地下水；当基坑开挖抽水量大于 50 万 m^3 时，应进行地下水回灌，并避免地下水被污染。

4. 节能与能源利用

施工单位要制定合理的施工能耗指标，提高施工能源利用率。根据当地气候和自然资源条件，充分利用太阳能、地热等可再生能源。现场施工优先使用国家、行业推荐的节能、高效、环保的施工设备和机具。在工艺计划时，合理安排工序，提高各种机械的使用率和满载率，降低各种设备的单位耗能，优先考虑能耗较少的施工工艺。

现场临时设施宜采用节能材料，墙体、屋面使用隔热性能好的材料，减少夏天空调、冬天取暖设备的使用时间及耗能量。临时用电优先选用节能电线和节能灯具，照明设计以满足最低照度为原则，照度不应超过最低照度的20%。合理配置采暖、空调、风扇数量，规定使用时间，分段分时使用，以节约用电。

施工现场分别设定生产、生活、办公和施工设备的用电控制指标，定期进行计量、核算、对比分析，并有预防与纠正措施。

5.节地与施工用地保护

不论是市区还是野外的建设项目，施工现场临时设施的占地面积均应按用地指标所需的最低面积设计，平面布置合理、紧凑，在满足环境、职业健康与安全及文明施工要求的前提下尽可能减少废弃地和死角，临时设施占地面积有效利用率大于90%。

在基坑施工时，应对深基坑施工方案进行优化，减少土方开挖和回填量，最大限度地减少对土地的扰动，保护周边的自然生态环境。如果确需临时占用红线（规划用地区域边界线）外土地，应尽量使用荒地、废地，少占用农田和耕地，并利用和保护施工用地范围内原有的绿色植被。

施工总平面布置应做到科学、合理，充分利用原有建筑物、构筑物、道路、管线为施工服务。施工现场道路按照永久道路和临时道路相结合的原则布置，形成环形通路，减少道路占用土地。

四、施工现场文明施工

建筑工程施工现场是施工企业对外的"窗口"，直接关系到施工企业和城市的文明与形象。施工现场应当实现科学管理、安全生产，做到文明有序施工。

（一）施工现场文明施工管理的基本要求

施工现场文明施工的主要环节与基本要求，不仅包括规范场容、保持作业环境整洁卫生、保证现场的有序化、避免施工过程对现场施工作业人员形成不利的影响，同时也包括避免或减少对施工区域周边居民和环境造成不利影响。

建筑工程施工现场应当做到围挡、大门、标牌标准化、材料码放整齐化（按照平面布置图确定的位置集中码放）、安全设施规范化、生活设施整洁化、职工行为文明化、工作生活秩序化；施工要做到工完场清、施工不扰民、现场不扬尘、运输无遗撒、垃圾不乱弃，努力营造良好的施工作业环境。

施工现场出入口应标有企业名称或企业标识，主要出入口明显处应设置工程概况牌，大门内应设置施工现场总平面图和安全生产、消防保卫、环境保护、文明施工和管理人员名单及监督电话牌等制度牌（"五牌一图"）。施工现场必须实施封闭管理，现场出入口应设门卫室，场地四周必须采用封闭围挡，围挡要坚固、整洁、美观，并沿场地四周连续设置。一般路段的围挡高度不得低于1.8m，市区主要路段的围挡高度不得低于2.5m。

施工现场的场容管理应建立在施工平面图设计的合理安排和物料器具定位管理标准化的基础上，项目经理部应根据施工条件，按照施工总平面图、施工方案和施工进度计划的要求，进行所负责区域的施工平面图的规划、设计、布置、使用和管理。施工现场的主要机械设备、脚手架、密目式安全网与围挡、模具、施工临时道路、各种管线、施工材料制品堆场及仓库、土方及建筑垃圾堆放区、变配电间、消火栓、警卫室、现场的办公室、生产和临时设施等的布置，均应符合施工平面图的要求。

施工现场的施工区域应与办公、生活区划分清楚，并应采取相应的隔离防护措施。施工现场的临时用房应选址合理，并应符合安全、消防要求和国家的有关规定。施工现场应设置办公室、宿舍、食堂、厕所、淋浴间、开水房、文体活动室、密闭式垃圾站（或容器）及盥洗设施等临时设施，临时设施所用建筑材料应符合环保、消防要求。

施工现场应设宣传栏、报刊栏，悬挂安全标语和安全警示标志牌，加强安全文明施工宣传。施工现场应加强治安综合治理和社区服务工作，建立现场治安保卫制度，落实好治安防范措施，避免失盗事件和扰民事件的发生。

施工现场应设置畅通的排水沟渠系统，保持场地道路的干燥坚实，泥浆和污水未经处理不得直接排放。施工场地应硬化处理，有条件时，可对施工现场进行绿化布置。

施工现场应建立现场防火制度和火灾应急响应机制，落实防火措施，配备防火器材。明火作业应严格执行动火审批手续和动火监护制度。高层建筑要设置专用的消防水源和消防立管，每层留设消防水源接口。

（二）现场生活区管理

现场生活区是极其重要的临时设施，也是后勤保障的关键环节。在生活区的设置与管理中，不仅要有满足日常生活的基本设施，而且对生活防疫问题要严格控制，避免由于现场卫生条件不良导致传染病的发生。

1.现场宿舍的管理

工人宿舍应设置于不受施工干扰的场所，并严禁在未完成的建筑中设置居住性房间。宿舍内要保证有必要的生活空间，室内净高不得小于2.4m，通道宽度不得小于0.9m，每间宿舍居住人员不得超过16人。宿舍必须设置可开启式的窗户，宿舍内的床铺不得超过2层，严禁使用通铺。

现场宿舍内应设置生活用品专柜，门口应设置垃圾桶。现场生活区内应提供为作业人员晾晒衣物的场地。

在野外工程中，现场要设置文体活动室，应配备电视机、书报、杂志等文体活动设施、用品。

2.现场食堂的管理

现场食堂应设置在远离厕所、垃圾站、有毒有害场所等污染源的地方；现场食堂应设置独立的制作间、储藏间，门扇下方应设不低于0.2m的防鼠挡板，配备必要的排风设施和冷藏设施，燃气罐应单独设置存放间，存放间应保持通风良好并严禁存放其他物品；现场食堂制作间的灶台及周边应铺贴瓷砖，所贴瓷砖的高度不宜小于1.5m，地面应作硬化和防滑处理，炊具宜存放在封闭的橱柜内，刀、盆、案板等炊具应生熟分开，炊具、餐具和公用饮水器具必须清洗消毒。

现场食堂储藏室的粮食存放台距墙和地面应大于 0.2m，食品应有遮盖，遮盖物品应有正反面标识，各种作料和副食应存放在密闭器皿内，并应有标识；现场食堂外应设置密闭式泔水桶，并应及时清运；现场食堂必须办理卫生许可证，炊事人员必须持身体健康证上岗，上岗应穿戴洁净的工作服、工作帽和口罩，应保持个人卫生，不得穿工作服出食堂，非炊事人员不得随意进入制作间。

3. 现场卫生设施的管理

现场应设置水冲式或移动式厕所，厕所大小应根据作业人员的数量设置；现场厕所地面应硬化，门窗应齐全；现场厕所应设专人负责清扫、消毒，化粪池应及时清掏。

现场应设置淋浴间，淋浴间内应设置满足需要的淋浴喷头，盥洗设施应设置满足作业人员使用的盥洗池，并应使用节水器具。

第三节　　施工现场临时设施与总图设计

一、施工现场临时用电管理

（一）施工现场临时用电的基本要求

在施工现场操作的电工，必须经过国家现行标准考核合格后持证上岗工作，严禁其他人员涉及供电设备、线路的架设、管理与维护工作。各类用电人员必须通过相关安全教育培训和技术交底，掌握安全用电基本知识和所用设备的性能，考核合格后方可上岗工作。安装、巡检、维修或拆除临时用电设备和线路，必须由电工完成，并不得独立作业，须在有人监护的情况下进行。

（二）临时用电组织设计的相关规定

施工现场临时用电设备在 5 台及以上或设备总容量在 50KW 及以上时，需要按照相关规定编制用电组织设计；装饰装修工程或其他特殊施工阶段，应补充编制单项施工用电方案。

临时用电组织设计及变更必须由电气工程技术人员编制，施工企业相关部门审核，具有法人资格企业的技术负责人批准，经现场监理签认后才可以实施。临时用电工程必须经编制、审核、批准部门和使用单位共同验收，合格后方可投入使用。临时用电工程定期检查应按分部、分项工程进行，对安全隐患必须及时处理，并应履行复查验收手续。

（三）现行规范关于施工现场用电的强制性条文

在现行《施工现场临时用电安全技术规范》（JGJ46-2005）中，对施工现场的临时用电安全，提出了诸多要求，其中主要的强制性条文包括：

1.施工现场临时用电工程中的电源中性点直接接地的220/380V三相四线制低压电力系统，必须采用三级配电系统、TN-S接零保护系统、二级漏电保护系统。

2.在采用专用变压器、TN-S接零保护供电系统的施工现场，电气设备的金属外壳必须与保护零线连接。保护零线应由工作接地线、配电室（总配电箱）电源侧零线或总漏电保护器电源侧零线处引出。

3.当施工现场与外电线路共用同一供电系统时，电气设备的接地、接零保护应与原系统保持一致，不得一部分设备做保护接零，另一部分设备做保护接地。

4.TN系统中的保护零线除必须在配电室或总配电箱处做重复接地外，还必须在配电系统的中间处和末端处做重复接地。

5.配电柜应装设电源隔离开关及短路、过载、漏电保护器。电源隔离开关分断时，应有明显可见的分断点。

6.配电箱的电器安装板上必须分设N线端子板和PE线端子板。N线端子板必须与金属电器安装板绝缘；PE线端子板必须与金属电器安装板做电气连接。

7.配电箱、开关箱的电源进线端严禁采用插头和插座做活动连接。

8.对混凝土搅拌机、钢筋加工机械、木工机械、盾构机械等设备进行清理、检查、维修时，必须将其开关箱分闸断电，呈现可见电源分断点，并关门上锁。

9.下列特殊场所应使用安全特低电压照明器：

（1）隧道、人防工程、高温、有导电灰尘、比较潮湿或灯具离地面高度低于2.5m等场所的照明，电源电压不应大于36V。

（2）潮湿和易触及带电体场所的照明，电路电压不得大于24V。

（3）特别潮湿场所、导电良好的地面、锅炉或金属容器内的照明，电源电压不得大于12V。

10.照明变压器必须使用双绕组型安全隔离变压器，严禁使用自耦变压器。

11.对夜间影响飞机或车辆通行的在建工程及机械设备，必须设置醒目的红色信号灯，其电源应设在施工现场总电源开关的前侧，并应设置外电线路停止供电时的应急自备电源。

（四）施工现场配电线路布置

1.架空线路敷设的基本要求

施工现场架空线必须采用绝缘导线；导线长期连续负荷电流应小于导线计算负荷电流；三相四线制线路的N线和PE线截面不小于相线截面的50%，单相线路的零线截面与相线截面相同；架空线路必须有短路保护，在采用熔断器做短路保护时，其熔体额定电流应小于等于明敷绝缘导线长期连续负荷允许载流量的1.5倍；架空线路必须有过载保护，在采用熔断器或断路器做过载保护时，绝缘导线长期连续负荷允许载流量不应小于熔断器熔体额定电流或断路器长延时过流脱扣器脱扣电流整定值的1.25倍。

2.电缆线路敷设的基本要求

电缆中必须包含全部工作芯线和用作保护零线的芯线，即五芯电缆；五芯电缆必须包含淡蓝、绿/黄两种颜色的绝缘芯线，淡蓝色芯线必须用作N线，绿/黄双色芯线必须用作PE线，严禁混用；电缆线路应采用埋地或架空敷设，严禁沿地面明设，并应避免机械损伤和介质腐蚀；直接埋地敷设的电缆过墙、过道、过临建设施时，应套钢管保护。

3.室内配线要求

室内配线必须采用绝缘导线或电缆；室内非埋地明敷主干线距地面高度不得小于2.5m；室内配线必须有短路保护和过载保护。

（五）施工现场配电箱与开关箱的设置

施工现场的配电系统应采用配电柜或总配电箱、分配电箱、开关箱三级配电方式。

总配电箱应设在靠近电源的区域，其中，电源接驳口应由发包人提供。分配电箱应设在用电设备或负荷相对集中的区域，与开关箱的距离不得超过30m。

开关箱应设置于其控制的固定式用电设备的附近，水平距离不宜超过3m。每台用电设备必须有各自专用的开关箱，严禁用同一个开关箱直接控制2台及2台以上用电设备（含插座）。

配电箱、开关箱应装设端正、牢固。固定式配电箱、开关箱的中心点与地面的垂直距离应为1.4m～1.6m。移动式配电箱、开关箱应装设在坚固、稳定的支架上，其中心点与地面的垂直距离宜为0.8m～1.6m。

配电箱电器安装板上必须分设N线端子板和PE线端子板。N线端子板必须与金属电器安装板绝缘；PE线端子板必须与金属电器安装板做电气连接。进出线中的N线必须通过N线端子板连接，PE线必须通过PE线端子板连接。

配电箱、开关箱的金属箱体、金属电器安装板以及电器正常不带电的金属底座、外壳等，必须通过PE线端子板与PE线微电气连接，金属箱门与金属箱体必须采用编织软铜线做电气连接。

二、施工现场临时用水管理

现场施工用电的核心环节是安全问题，施工用水的核心则是节约用水。施工现场应贯彻执行绿色施工规范，采取合理的节水措施并加强临时用水管理。

（一）施工临时用水量的计算

施工现场临时用水管理首先要计算临时用水量。

临时用水量包括现场施工用水量、施工机械用水量、施工现场生活用水量、生活区生活用水量、消防用水量。在分别计算了以上各项用水量之后，才能确定总用水量。

1.现场施工用水量的计算

现场施工用水量的基本计算公式是：

$$q_1 = K_1 \sum \frac{Q_1 \cdot N_1}{T_1 \cdot t} \cdot \frac{K_2}{8 \times 3\,600} \tag{11-1}$$

式中，q_1——施工用水量（L/s）；K_1——未来预计的施工用水系数（可取 1.05 ~ 1.15）；Q_1——年（季）度工程量；N_1——施工用水定额（浇筑混凝土耗水量 2 400L/s、砌筑耗水量 250L/s）；T_1——年（季）度有效作业日（天）；t——每天工作班数；K_2——用水不均衡系数（现场施工用水取 1.5）。

2.施工机械用水量的计算

施工机械用水量的基本计算公式是：

$$q_2 = K_1 \sum Q_2 \cdot N_2 \cdot \frac{K_3}{8 \times 3\,600} \tag{11-2}$$

式中，q_2——机械用水量（L/s）；K_1——未预计的施工用水系数（可取 1.05 ~ 1.15）；Q_2——同一种机械台数（台）；N_2——施工机械台班用水定额；K_3——施工机械用水不均衡系数（可取 2.0）。

3.施工现场生活用水量的计算

施工现场生活用水量的基本计算公式是：

$$q_3 = \frac{P_1 \cdot N_3 \cdot K_4}{t \times 8 \times 3\,600} \tag{11-3}$$

式中，q_3——施工现场生活用水量（L/s）；P_1——施工现场高峰昼夜人数（人）；N_3——施工现场生活用水定额，一般为 20L ~ 60L /（人·班），主要需视当地气候而定；K_4——施工现场用水不均衡系数（可取 1.3 ~ 1.5）；t——每天工作班数（班）。

4.生活区生活用水量的计算

生活区生活用水量的基本计算公式是：

$$q_4 = \frac{P_2 \cdot N_4 \cdot K_5}{24 \times 3\,600} \tag{11-4}$$

式中，q_4——生活区生活用水量（L/s）；P_2——生活区居民人数（人）；N_4——生活区昼夜全部生活用水定额；K_5——生活区用水不均衡系数（可取 1.3 ~ 1.5）。

5.消防用水量的计算

施工现场消防用水量 q_5，最小按 10L/s 计算，施工现场在 250 000㎡ 以内时，不大于 15L/s。

6.总用水量（Q）的计算

在计算总用水量时，应考虑消防用水属于临时性暂时用水，并结合火灾的特点确定：

当（$q_1 + q_2 + q_3 + q_4$）≤q_5时，则 Q= q_5+（$q_1 + q_2 + q_3 + q_4$）/2；

当（$q_1 + q_2 + q_3 + q_4$）>q_5时，则 Q= $q_1 + q_2 + q_3 + q_4$；

当工地面积小于 50 000 ㎡，而且（$q_1 + q_2 + q_3 + q_4$）< q_5时，则 Q = q_5。

最后，计算出总用水量（以上各项相加），还应增加10%的漏水损失。

（二）供水系统和配水设施

供水系统包括取水设施、净水设施、贮水构筑物、输水管和配水管管网。在进行配水管管网设置时，要遵守以下原则：首先，在保证不间断供水的情况下，管道铺设越短越好，从而避免临时管网可能遇到的各种问题；其次，由于现场施工的需要，应全面考虑施工期间各段管网具有移动的可能性；再次，主要供水管线采用环状方式，孤立点可设枝状，尽量利用已有的或提前修建的永久管道；最后，管道与管径要经过计算确定，保证供水量和供水压力。

1.供水、配水设施的基本要求

在具体管路的布设中，除末端外，有条件的话均应埋入地下0.6m且不小于标准冻深以下，既可以避免设备重压，在北方地区也可以防止冬季受冻破裂。在重型车辆的通行位置，要采取钢制套管，防止破坏。

冬季，在环境温度低于0℃时，外露管线必须采取保温措施，在-5℃以下的环境中，不得设置外露管线或末端设备。

现场应设置消防专用消火栓，且其间距不大于120m；距拟建房屋不小于5m，不大于25m，距路边不大于2m。

2.临时用水管径设计计算

供水管径是在计算总用水量的基础上按公式计算的。如果已知用水量，按规定设定水流速度，就可以进行计算。计算公式如下：

$$d = \sqrt{\frac{4 \times Q}{\pi \times v \times 1\,000}} \tag{11-5}$$

式中，d——配水管直径（m）；Q——耗水量（L/s）；v——管网中水流设计速度（1.5m/s ~ 2m/s）。

三、施工现场总平面图

施工组织设计首先要确定施工现场的基本状况，和施工过程所经历的季节环境一样，工程所在位置及周边环境也是施工过程所需的最基础性的资源，同样也是限制条件。工程管理者必须将时间、季节、资源、工艺因素相结合并有效地集成于现场。

根据项目总体施工部署，管理者要绘制现场不同施工阶段的总平面布置图，一般工程的现场总平面图包括3个，分别在不同施工阶段发挥作用，包括：土方与基础工程平面图、主体结构工程施工平面图和装饰装修工程施工现场总平面图。在实施时，也可以具体简化或增加，但至少要绘制主体结构施工总平面图。

（一）施工总平面图设计原则

不论哪一种施工平面图，尽管其具体内容和使用目的不同，但设计的基本原则完全相同：保证安全、保证质量、有效实施、节地环保。

1.科学合理，减少场地占用

在做场地占用规划时，应该注意到，如果在市区施工，减少场地面积将有效降低相关施工成本和费用（如占地费、占道费等），但同时也会由于现场场地的紧缺而导致其他问题的产生，如材料现场堆放、加工场地不足而形成的二次搬运，人员住宿场地紧张而导致的交通通勤等。工程管理者应权衡利弊，选择最佳平衡点，达到降低成本的目的。

如果在野外施工，则应在尽可能满足施工用地的前提下，减少场地占用，尤其是要采取有效措施，减少对野外自然环境的影响和破坏。

2.合理组织运输，减少现场不当周转

施工现场各种材料的堆放、加工场地的选择应能够保证材料加工、运输的需要。加工区或加工场地既要与原材料堆放场地相毗邻，又要和成品堆放区相衔接，可以有效地缩短材料的现场周转路径，达到节约时间、提高生产效率的目的。原材料堆放场地的设置要和运输路径规划相吻合，保证大宗材料进场时能够顺利运输、卸车。成品堆放区要置于起重吊装覆盖区域内，确保吊装周转的顺利进行。

3.合理划分施工区域，减少相互干扰与危险

现场不同的加工区域、作业区域内，由于生产方式、原材料构成的差异，很可能会相互干扰，轻者会造成工程质量缺陷，重者将导致安全事故的发生。例如，木工作业场地上会产生大量的锯末、刨花等，如果毗邻钢筋加工厂，当遇到钢筋加工过程中的切割、焊接火花时，极易发生火灾，不可小觑。因此，应尽可能将两个场地相分离，并注意风向，确保木材加工场地处于各种火源的上风口。现场与此类似的状况非常多，有些较为人熟知，有些则需要管理者特别注意才能发现。

4.利用既有建筑，减少临时设施的建造费用

城市施工时，在施工场地的清理过程中，如果原场地内有老旧建筑，应根据施工未来要求适当保留，并在施工中加以有效利用。一方面，既有建筑大多属于永久性建筑，各种设施比较完善，可以很好地满足办公与居住的需要；另一方面，利用既有建筑，可以减少临时设施的建设，降低成本。在使用既有建筑时，应对其基本状况进行准确评估，避免使用危房，形成安全隐患。

5.现场功能分区合理

施工现场的基本功能分区包括：生产区、仓储区、办公区和生活区。在布置现场时，应尽量做到不同区域布局合理、相对独立，尤其是办公区、生活区应与生产区、仓储区有所隔离。办公区、生活区可以毗邻，仓储区、生产区根据具体工艺情况选择相邻或隔离。

6.节能、环保、安全、消防与文明施工

有关节能、环保、安全与消防等项目，是施工平面布置的基本要求，也是工程所在地相关政府主管部门检查管理的重点内容，必须得到满足。这其中包括现场污染物的处理与排放、现场非生产必需能源的使用状况、现场安全设施及其标准、现场防火布局与设施、现场人员生活居住标准与安全设施标准等。

（二）施工总平面图的设计内容

根据以上原则，在进行施工现场总平面图设计时，应对以下内容表述清楚、完整：

（1）施工用地范围内的地形状况、坡度与排水组织；全部拟建工程与设施的位置及轮廓、高度、层数。

（2）建设施工用地范围内的加工设施、运输设施、存储设施、供电设施、供水供热设施、排水排污设施，尤其是关键性固定设备的位置，如塔吊、卷扬机、混凝土固定泵、井架、配电箱、搅拌机等的位置。

（3）临时施工道路，既包括路径、宽度，也包括转弯半径、空间需求。

（4）办公、生活等相关用房要标明具体使用功能，如宿舍、食堂、办公室、资料室或会议室。

（5）施工现场必备的安全、消防、保卫和环保设施，如围挡、门卫、场地照明、消火栓与消防器材、垃圾处理与分类区等。

（6）相邻的地上、地下既有建（构）筑物及相关环境。

（三）施工总平面图设计要点

施工总平面图应按正式绘图规则、比例、规定代号和规定线条绘制，把设计的各类内容一一标绘在图上，标明图名、图例、比例尺、方向标记、必要的文字说明。

1.设置大门，引入场外道路

施工现场宜考虑设置两个以上大门，大门应考虑周边路网的交通、通行情况以及有效的转弯半径和坡度限制，大门的高度和宽度应满足车辆运输需要，尽可能与加工场地、仓库的位置要求一致。

2.布置大型机械设备

布置塔吊时，应考虑覆盖范围（半径）、可吊物件的运输和堆放；在布置混凝土泵的位置时，应考虑泵管的输送距离，要保证混凝土罐车行走方便。

3.布置仓库、材料堆场

仓库与材料堆场一般应接近使用加工区域，其纵向宜与交通线路平行，货物装卸时间长的仓库应远离路边，并设有专用装卸区域。

4.布置加工厂

加工厂的设置应遵循一定的原则：应使材料和构件的运输量很小，有关联的加工厂和材料堆场应适当集中，如在搅拌机周边布置沙石堆场、水泥仓库和供水管路等。

5.布置内部临时运输道路

施工现场的主要道路必须进行硬化处理，主干道应有排水设施。临时道路要把仓库、加工厂、堆场和施工点贯穿起来，按运货量大小设计双行干道或单行循环道以满足运输和消防要求。主干道宽度，单行道不小于4m，双行道不小于6m。木材场两侧应有 6m 宽的通道，端头处应有 12m×12m 的回车场，消防车道不小于 4m，载重车转弯半径不宜小于 15m。

6.布置临时房屋

临时房屋尽可能利用已建的永久性房屋，当已建房屋不能满足使用要求时，再修建临时房屋。临时房屋应尽量采用可装拆的周转性活动房屋，以便降低成本；有条件的应使生活区、办公区和施工区相对独立。

宿舍区应尽量远离生产区域，减少污染并保证安全，同时在未完工的建筑中不得设置员工宿舍。作业人员所用生活福利设施，宜设在人员较集中的地方，或设在出入必经之处。食堂宜布置在生活区。

办公用房宜设在工地入口处，方便人员往来。办公用房的设置应满足最基本的办公、会议、档案管理的需要，并根据发包人、监理工程师和有关分包人的要求，协调处理办公用房的需要。

7.布置临时水电管网和其他动力设施

临时总变电站应设在高压线进入工地处，尽量避免高压线穿过工地。供水的临时水池、水塔应设在用水中心和地势较高处。水电管网一般沿道路布置，供电线避免与其他管道设在同一侧，并将支线引到所有使用地点。

第四节　施工组织设计

施工组织设计，也称为施工组织计划，是用来指导施工项目全过程各项活动的技术、经济和组织的综合性文件，是施工技术与施工项目管理的有机结合，是有效保证工程开工后施工活动有序、高效、科学合理进行的纲领性与执行性文件。

施工组织设计是对施工活动实行科学管理的重要手段，它具有战略部署和战术安排的双重作用。它体现了实现基本建设计划和设计的要求，提供了各阶段的施工准备工作内容，协调了施工过程中各施工单位、各施工工种、各项资源之间的相互关系。因此，建设工程施工管理必须编制行之有效的施工组织设计文件，并将其分解为若干层次的分项工程施工方案，在具体实施中贯彻执行。

一、施工组织设计的类别与基本要求

根据施工组织设计所针对的对象，可分为施工组织总设计、单位工程施工组织设计和施工方案三个层次。

(一)施工组织总设计

施工组织总设计是针对建设项目层次的施工规划文件，主要包括工程概况、总体施工部署、施工总进度计划、总体施工准备与主要资源配置计划、主要施工方法、施工总平面布置等几个方面。

1.工程概况

工程概况属于综述性部分，包括项目主要情况和项目主要施工条件等内容，是施工组织设计的前提和基础。

2.总体施工部署

总体施工部署应对以下三个方面进行宏观部署：

（1）确定项目施工总目标。

（2）根据总目标，确定项目分阶段（期）交付计划。

（3）明确项目分阶段（期）施工的合理顺序及空间组织。

在总体施工部署中还应对项目施工的重点和难点进行简要分析，对施工中开发和使用的新技术、新工艺做出明确部署，并对主要分包施工单位的资质和能力提出明确要求。

3.施工总进度计划

施工总进度计划既是微观分部分项工程的指导性计划，也是宏观工程总体的实施性规划。通过施工总进度计划，工程有关参与方可以准确知道各分部分项工程的计划开始与结束时间、工艺工序之间的协作过程与逻辑关系，可以有效进行各项资源的准备与协调。因此可以说，施工总进度计划是施工组织总设计的核心内容之一。

4.总体施工准备与主要资源配置计划

总体施工准备包括技术准备、现场准备和资金准备等；主要资源配置计划应包括劳动力配置计划和物资配置计划等方面。

5.主要施工方法

施工组织总设计应对项目涉及的单位（子单位）工程和主要分部（分项）工程所采用的施工方法进行简要说明；对脚手架工程、起重吊装工程、临时用水用电工程、季节性施工等专项工程所采用的施工方法进行简要说明。

6.施工总平面布置

施工组织总设计应对主体施工阶段的施工总平面进行布置，并符合如下原则：

（1）平面布置科学、合理，施工场地占用面积小。

（2）合理组织运输，减少二次搬运。

（3）施工区域的划分和场地的临时点应符合总体施工部署和施工流程的要求，减少相互干扰。

（4）充分利用既有建（构）筑物和既有设施为项目施工服务，降低临时设施的建造费用。

（5）临时设施应方便生产和生活，办公区、生活区和生产区宜分离设置。

（6）符合节能、环保、安全和消防等要求。

（7）遵守当地主管部门和单位关于施工现场安全文明施工的相关规定。

（二）单位工程施工组织设计

单位工程施工组织设计，是针对单位工程施工层次的施工指导文件，是在施工中发挥具体实施性作用的管理文件。单位工程施工组织设计主要包括工程概况、施工具体部署、进度计划、施工准备与资源配置计划、主要施工方案、施工现场平面布置等几个方面。

1. 工程概况

工程概况应包括工程的主要情况、各专业设计简介和工程施工条件等情况。

2. 施工具体部署、进度计划

在进行施工具体部署与进度计划的安排时，首先，根据施工合同、招标文件以及本单位对工程管理目标的要求等，确定本单位工程施工目标，包括进度、质量、安全、环境和成本等目标。其次，再对工程施工的重点和难点进行分析，包括组织管理和施工技术两个方面的详细分析。最后，进行具体的施工部署以及绘制相关进度计划的横道图和网络图。在选择网络图时，尽可能采用双代号时标网络图。

3. 施工准备与资源配置计划、主要实施方案

由于单位工程属于具体的实施性计划，因此，所有准备、资源配置等必须落到实处。当在本项目文件中有单列的施工方案时，具体工艺说明可以简略。在资源配置计划中，主要强调劳动力和需求状况，绘制劳动力现场需求曲线。如果现场场地紧张，则需要对现场场地的周转使用进行说明，必要时进行图示说明。

4. 施工现场平面布置

施工现场平面布置应按照施工具体要求，并结合施工组织总设计，按不同施工阶段分别绘制施工现场平面布置图。

（三）施工方案

大型工程应在单位工程施工组织设计中，针对具体分部分项工程制订专项施工方案，主要包括工程概况、施工安排、施工进度计划、施工准备与资源配置计划、施工方法及工艺要求等几个方面。

（四）危险性较大分部分项工程安全专项施工方案

危险性较大分部分项工程是指在建筑工程工艺过程中存在的、可能导致作业人员群死群伤或造成重大不良社会影响的分部分项工程。危险性较大分部分项工程的施工单位应在单位（体）工程施工组织设计的基础上编制危险性较大分部分项工程专项施工技术方案。

危险性较大分部分项工程包括：基坑支护、降水工程、土方开挖工程、模板工程及支撑体系、起重吊装及安装拆卸工程、脚手架工程、拆除爆破工程以及其他工程。超过一定规模的危险性较大分部分项工程的专项施工技术方案，须经相关专家论证安全可行后，方可报监理审批、实施。

危险性较大分部分项工程的专项施工技术方案的论证工作由总承包单位组织，按照有关规定聘请至少五位相关行业的专家参与方案的评审论证，建设单位、监理单位、分包单位等参加论证会（牵涉影响结构的设计计算时，设计单位也参加），建设单位、监理单位应在论证会上对方案及专家论证意见提供建议和评审意见。

二、施工组织设计的管理

（一）施工组织设计的编制与审批管理

施工组织设计应由项目负责人主持编制，可根据项目实际需要分阶段编制和审批。

施工组织总设计应由总承包单位技术负责人审批；单位工程施工组织设计应由施工单位技术负责人或技术负责人授权的技术人员审批；施工方案应由项目技术负责人审批；重点、难点分部分项工程和专项工程施工方案应由施工单位技术部门组织相关专家评审，施工单位技术负责人批准。

由专业承包单位施工的分部分项工程或专项工程的施工方案，应由专业承包单位技术负责人或其授权的技术人员审批；有总承包单位时，应由总承包单位项目技术负责人核准备案。

规模较大的分部分项工程和专项工程的施工方案应按单位工程施工组织设计进行编制和审批。

（二）施工组织设计的实施管理

施工组织应实行动态管理，当发生重大变动时，应进行相应的修改或补充，经修改或补充的施工组织设计应重新审批后实施。

在项目工艺过程中，当发生以下情况之一时，施工组织设计应及时进行修改或补充：

（1）工程设计有重大修改。

（2）有关法律、法规、规范和标准实施、修订和废止。

（3）主要施工方法有重大调整。

（4）主要施工资源配置有重大调整。

（5）施工环境有重大改变。

在项目施工前，应进行施工组织设计逐级交底；在项目工艺过程中，应对施工组织设计的执行情况进行检查、分析并适时调整。在工程竣工验收后，施工组织设计应按照要求进行归档保存。

☐ 本章小结

施工现场管理是施工管理所有内容的集成化体现，既包括施工技术内容，也包括施工管理内容。作为工程技术人员和管理人员，要将施工技术、工艺、方案、设备、资源等技术因素，与工期计划、劳动力供应、材料计划、现场状况等相结合，制订合理的施工现场计划，并将其文字化，形成施工组织设计，以便在工程中具体指导施工。

施工现场管理以施工现场平面布置图为基础，将施工设备与设施、现场道路、场地使用、临时水电管网、临时用房等在图中表述清楚，并要符合安全施工与文明施工的要求。在此基础上，工程管理者要结合工程的具体情况，制订施工计划、确定资源供应状况和施工进度安排等事宜，并最终形成可以指导工程施工的施工组织设计。

□ 关键概念

施工总平面图设计原则；施工用电的安全管理内容；现场消防管理的注意事项；动火作业的管理程序；施工组织设计的类别与基本要求；施工组织设计的变更管理；施工总平面图的设计内容与设计要点；施工临时用水量的计算；供水系统和配水设施的基本要求；施工组织设计的编制与审批管理；施工现场生活区临时设施与文明施工的相关规定；施工现场环境保护的有关规定

□ 复习思考题

1. 为什么要绘制施工现场平面图？一般应包括哪些基本内容？

2. 施工现场平面布置的原则有哪些？

3. 施工现场安全用电的基本要求有哪些？

4. 施工现场照明电压设置有什么要求？

5. 施工现场文明施工的基本要求有哪些？

6. 施工现场用水项目有哪些？如何节约用水？

7. 施工现场动火施工管理的程序是什么？

8. 施工现场如何配备消防器材？

9. 施工组织设计的类别有哪些？有什么要求？

10. 单位工程施工组织设计的内容是什么？

11. 施工组织设计的审批程序与变更程序是什么？

主要参考文献

［1］应惠青. 土木工程施工［M］. 2 版. 北京：高等教育出版社，2009.

［2］郭正兴. 土木工程施工［M］. 2 版. 南京：东南大学出版社，2012.

［3］刘宗仁. 土木工程施工［M］. 2 版. 北京：高等教育出版社，2009.

［4］李忠富. 现代土木工程施工新技术［M］. 北京：中国建筑工业出版社，2014.

［5］全国二级建造师执业资格考试用书编写委员会. 建筑工程管理与实务［M］. 4 版. 北京：中国建筑工业出版社，2014.